卓越工程师教育培养计划配套教材

机械工程系列

计算机控制技术

主编　周志峰

参编　吴建民　茅健

清华大学出版社

北京

内容简介

本书较系统地阐述了计算机控制系统的设计和实现方法，其内容包括：计算机控制系统概述、计算机测控通道设计、常见控制器件和驱动元件、数字控制器设计、控制系统的数据处理、系统抗干扰技术、控制网络技术。

本书可作为高等院校机械自动化、机电一体化、测控技术、自动化等专业本科生的教材或教学参考书，也可作为计算机控制技术的工程技术人员的参考书或培训教材。

图书在版编目(CIP)数据

计算机控制技术/周志峰主编. —北京：清华大学出版社，2014(2024.2 重印)
(卓越工程师教育培养计划配套教材. 机械工程系列)
ISBN 978-7-302-34974-7

Ⅰ. ①计… Ⅱ. ①周… Ⅲ. ①计算机控制－高等学校－教材 Ⅳ. ①TP273

中国版本图书馆 CIP 数据核字(2013)第 314842 号

责任编辑：庄红权
封面设计：常雪影
责任校对：刘玉霞
责任印制：曹婉颖

出版发行：清华大学出版社
网　　址：https://www.tup.com.cn，https://www.wqxuetang.com
地　　址：北京清华大学学研大厦 A 座　　**邮　　编**：100084
社 总 机：010-83470000　　**邮　　购**：010-62786544
投稿与读者服务：010-62776969，c-service@tup.tsinghua.edu.cn
质量反馈：010-62772015，zhiliang@tup.tsinghua.edu.cn
印 装 者：北京建宏印刷有限公司
经　　销：全国新华书店
开　　本：185mm×260mm　　**印　　张**：16.5　　**字　　数**：399 千字
版　　次：2014 年 3 月第 1 版　　**印　　次**：2024 年 2 月第 7 次印刷
定　　价：49.80 元

产品编号：049717-03

卓越工程师教育培养计划配套教材

总编委会名单

前言

随着科技和现代工业的发展，机械学科和计算机、电子电气、自动控制等学科的结合越来越紧密，高等院校机械类专业开设计算机控制技术课程已成趋势。由于专业原因，机械类专业学生在计算机基础、控制理论、电工电子、程序开发等方面的基础相对薄弱，而目前大部分计算机控制技术方面的教材主要是面向计算机、自动化、电力电子等专业，在内容上侧重计算机控制理论、控制方法等方面的讲授，并不适合机械类专业学生的学习，因此编写一本面向机械类专业或近机械类专业的计算机控制技术教材具有积极的意义和作用。

教材编写大纲的组织和设计参考了国内多所高等院校机械专业的培养方案和课程体系，力求教材体系完整和新颖，能较好地面向机械类专业，注重系统性和实践性，较充分地考虑机械类专业学生在计算机控制技术方面的基础，有利于学生的学习和自学。通过该课程的学习，学生能把“微机原理及应用”、“机械工程控制基础”、“电工电子”、“C 程序设计”等相关课程进行回顾、总结和提高，促进学生综合应用所学课程知识能力的提高，使学生较系统地掌握计算机控制系统相关知识，具备独立设计和实现基于单片机的计算机控制系统的能力。

全书共 7 章，围绕计算机控制系统的设计和实现展开。第 1 章介绍计算机控制系统的组成、特征、分类、发展过程及趋势，以及常见的控制计算机；第 2 章介绍计算机测控通道的设计，包括数字 I/O 通道、模拟量输入通道、模拟量输出通道、人-机接口设计、单元电路的级联和匹配以及逻辑电平的转换；第 3 章介绍常用控制器件和驱动元件，包括继电器、接触器、电磁阀、电力电子器件的基本原理，常用步进电机和伺服电动机工作原理及控制驱动电路；第 4 章介绍数字控制器设计，包括 Z 变换基础、数字控制器的模拟化设计、PID 控制算法、控制器离散化设计和大林算法；第 5 章介绍计算机控制系统常见的数据处理方法，包括程序设计基础、数据预处理、查表和排序、数字滤波等；第 6 章介绍计算机控制系统抗干扰技术，包括干扰噪声的形成、硬件抗干扰和软件抗干扰；第 7 章介绍计算机控制网络技术，包括工业控制网络概述、网络技术基础、工业以太网和现场总线。

本书由周志峰主编，并负责第 1、2、3、5、6 章内容的编写；吴建民负责第 4 章的编写；茅健负责第 7 章的编写。陈宁、陈康、宋春月等研究生在编写资料的整理方面做了大量工作。

由于作者学识水平有限，疏漏之处在所难免，敬请广大读者批评指正。

编　者

2014 年 1 月

CONTENTS

目录

第1章　计算机控制系统概述…………………………………… 1

1.1　计算机控制系统的特征和组成 ………………………………… 1

1.1.1　计算机控制系统的特征和工作原理……………………… 1

1.1.2　计算机控制系统的硬件组成……………………………… 4

1.1.3　计算机控制系统的软件…………………………………… 5

1.2　计算机控制系统的分类 ………………………………………… 6

1.2.1　操作指导控制系统………………………………………… 6

1.2.2　直接数字控制系统………………………………………… 6

1.2.3　监督计算机控制系统……………………………………… 7

1.2.4　集散控制系统……………………………………………… 8

1.2.5　现场总线控制系统………………………………………… 9

1.2.6　计算机集成制造系统……………………………………… 9

1.3　计算机控制的发展概况和趋势………………………………… 10

1.3.1　计算机控制的发展过程 ………………………………… 10

1.3.2　计算机控制理论和新型控制策略 ……………………… 11

1.3.3　计算机控制系统的发展趋势 …………………………… 13

1.4　常见的工业控制计算机………………………………………… 14

1.4.1　单片微型计算机 ………………………………………… 14

1.4.2　可编程控制器(PLC) …………………………………… 19

1.4.3　工控机 …………………………………………………… 23

习题与思考题 ……………………………………………………… 29

第2章　计算机测控通道设计 ……………………………………… 30

2.1　开关量输入/输出通道 ………………………………………… 30

2.1.1　开关量输入通道 ………………………………………… 30

2.1.2　开关量输出通道 ………………………………………… 32

2.1.3　开关量输入/输出通道设计……………………………… 33

2.2 模拟输入通道……………………………………………………………… 35
2.2.1 模拟信号数字化 ………………………………………………… 35
2.2.2 输入通道组成 …………………………………………………… 40
2.2.3 信号调理 ………………………………………………………… 41
2.2.4 模拟多路开关 …………………………………………………… 53
2.2.5 采样/保持器……………………………………………………… 54
2.2.6 A/D 转换器及接口设计 ………………………………………… 56
2.2.7 模拟输入通道设计举例 ………………………………………… 66
2.3 模拟输出通道……………………………………………………………… 67
2.3.1 模拟输出通道的基本理论 ……………………………………… 67
2.3.2 输出通道组成 …………………………………………………… 71
2.3.3 D/A 转换器及接口设计 ………………………………………… 72
2.4 人-机接口设计 …………………………………………………………… 78
2.4.1 键盘 ……………………………………………………………… 79
2.4.2 LED 数码管 ……………………………………………………… 81
2.5 单元电路的级联和匹配…………………………………………………… 85
2.5.1 电气性能的匹配 ………………………………………………… 85
2.5.2 信号耦合和时序配合 …………………………………………… 86
2.5.3 电平转换接口 …………………………………………………… 87
习题与思考题 ………………………………………………………………… 91
第 3 章 常用控制器件和驱动元件 ………………………………………… 92
3.1 继电器和接触器…………………………………………………………… 92
3.1.1 继电器 …………………………………………………………… 92
3.1.2 接触器 …………………………………………………………… 95
3.2 电磁阀……………………………………………………………………… 95
3.3 电力电子器件……………………………………………………………… 96
3.3.1 普通晶闸管(单向可控硅) ……………………………………… 96
3.3.2 双向晶闸管(双向可控硅) ……………………………………… 99
3.3.3 单结晶体管及触发电路……………………………………………… 101
3.3.4 全控型器件…………………………………………………………… 104
3.4 固态继电器 ………………………………………………………………… 110
3.4.1 交直流固态继电器…………………………………………………… 110
3.4.2 参数固态继电器……………………………………………………… 112
3.5 步进电机 …………………………………………………………………… 114
3.5.1 结构和工作原理……………………………………………………… 114
3.5.2 类型及结构…………………………………………………………… 116
3.5.3 基本特性……………………………………………………………… 118

3.5.4 步进电机控制 …… 121
3.6 直流伺服电动机 …… 125
3.6.1 结构和工作原理 …… 125
3.6.2 基本特性和技术参数 …… 126
3.6.3 工作状态 …… 131
3.7 交流伺服电动机 …… 131
习题与思考题 …… 134
第4章 数字控制器设计 …… 135
4.1 Z变换基础 …… 135
4.1.1 Z变换的定义 …… 135
4.1.2 基本序列的Z变换 …… 137
4.1.3 单边Z变换的性质 …… 138
4.2 数字控制器的模拟化设计 …… 142
4.3 PID控制算法 …… 145
4.3.1 PID控制器原理 …… 145
4.3.2 数字PID控制器 …… 147
4.3.3 数字PID控制算法的改进 …… 149
4.3.4 数字PID控制器参数的整定 …… 152
4.4 控制器离散化设计 …… 155
4.4.1 离散化设计步骤 …… 155
4.4.2 最少拍控制器设计 …… 156
4.4.3 最少拍无纹波控制器设计 …… 161
4.5 大林算法及振铃现象 …… 162
4.5.1 大林算法 …… 162
4.5.2 振铃现象及其消除方法 …… 164
习题与思考题 …… 168
第5章 控制系统的数据处理 …… 170
5.1 程序设计技术 …… 170
5.1.1 程序设计的步骤与方法 …… 170
5.1.2 工业控制组态软件 …… 172
5.2 测量数据预处理技术 …… 175
5.2.1 系统误差的自动校准 …… 175
5.2.2 线性化处理 …… 176
5.2.3 量程变换 …… 177
5.2.4 标度变换 …… 179
5.2.5 插值算法 …… 181

5.2.6 越限报警处理……183
5.3 查表及数据排序技术……184
5.3.1 数据排序技术……184
5.3.2 查表技术……186
5.4 数字滤波技术……187
5.4.1 限幅滤波和中值滤波……187
5.4.2 平均值滤波……189
5.4.3 低通数字滤波……190
5.4.4 复合数字滤波……191
习题与思考题……191
第6章 抗干扰技术……193
6.1 干扰噪声的形成……193
6.1.1 噪声源……193
6.1.2 噪声的耦合方式……194
6.1.3 噪声的干扰模式……197
6.2 硬件抗干扰技术……198
6.2.1 电源系统抗干扰……198
6.2.2 接地技术……200
6.2.3 过程通道抗干扰……206
6.2.4 印刷电路板抗干扰……209
6.3 软件抗干扰技术……213
6.3.1 软件冗余技术……213
6.3.2 软件陷阱技术……215
6.3.3 数字量传输通道软件抗干扰技术……219
6.3.4 看门狗技术……219
习题与思考题……227
第7章 控制网络技术……228
7.1 工业控制网络概述……228
7.1.1 企业信息化……228
7.1.2 控制网络的特点……229
7.1.3 控制网络的类型……229
7.2 网络技术基础……230
7.2.1 网络拓扑结构……230
7.2.2 介质访问控制技术……231
7.2.3 差错控制技术……233
7.2.4 TCP/IP 参考模型……234

7.3 工业以太网 …… 238
7.3.1 工业以太网与以太网 …… 238
7.3.2 以太网的优势 …… 239
7.3.3 工业以太网的关键技术 …… 240
7.3.4 常见工业以太网协议 …… 243
7.4 现场总线 …… 243
7.4.1 现场总线概述 …… 243
7.4.2 典型现场总线 …… 246
习题与思考题 …… 250
参考文献 …… 251

7.3 工业以太网 …… 238
7.3.1 工业以太网与以太网 …… 238
7.3.2 以太网的优势 …… 239
7.3.3 工业以太网的关键技术 …… 240
7.3.4 常见工业以太网协议 …… 243
7.4 现场总线 …… 243
7.4.1 现场总线概述 …… 243
7.4.2 典型现场总线 …… 246
习题与思考题 …… 250
参考文献 …… 251

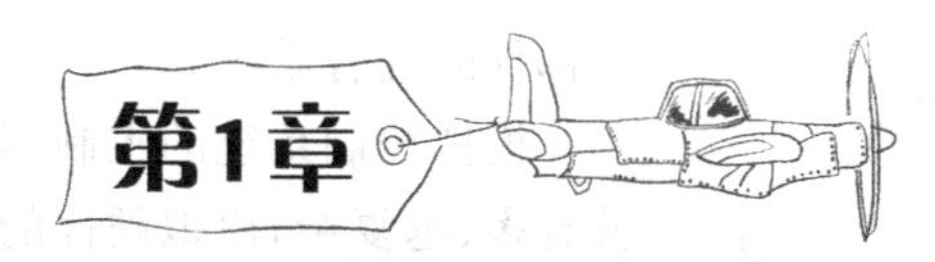

计算机控制系统概述

计算机控制是自动控制发展的高级阶段,是自动控制的重要分支。计算机控制系统利用计算机的硬件和软件代替自动控制系统的控制器,以自动控制理论、计算机技术和检测技术等为基础,广泛应用于现代工业生产的各个领域。

随着计算机技术、高级控制策略、检测和传感器技术、现场总线智能仪表、通信和网络技术的高速发展,计算机控制技术水平大大提高,已从简单的单机控制发展到复杂的集散控制系统、计算机集成制造系统等。

1.1 计算机控制系统的特征和组成

从模拟控制系统发展到计算机控制系统,控制器结构、控制器中的信号形式、系统的测控通道内容、控制量的产生方法、控制系统的组成思想等都发生了重大变化。计算机控制系统在系统结构方面有自己的特点,在功能配置方面都呈现出模拟控制系统无可比拟的优势,在工作过程、方式等方面都存在着必须遵循的准则。

1.1.1 计算机控制系统的特征和工作原理

典型的计算机控制系统如图1.1.1所示。计算机控制系统由硬件和软件两个基本部分组成,硬件指计算机本身及其外部设备,软件指管理计算机的程序及生产过程应用程序,只有软件和硬件有机结合,计算机控制系统才能正常运行。

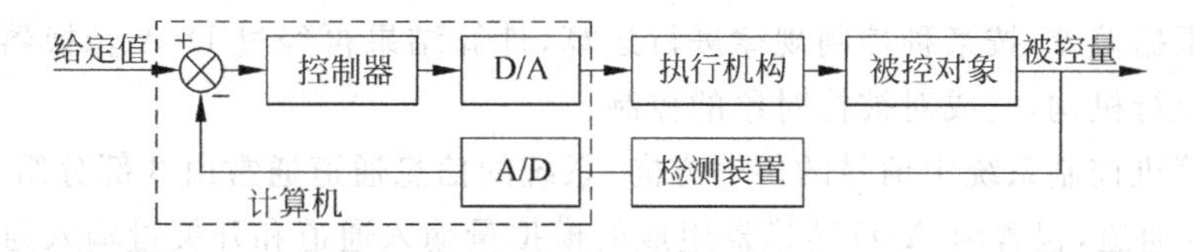

图1.1.1 计算机控制系统基本框图

1. 结构特征

模拟连续控制系统中都采用模拟器件,而在计算机控制系统中除测量装置、执行机构等常用的模拟部件外,其执行控制功能的核心部件是计算机,所以计算机控制系统是模拟和数字部件的混合系统。

模拟控制系统的控制器由运算放大器等模拟器件构成,控制规律越复杂,所需要的硬件就越多、越复杂,模拟硬件的成本几乎和控制规律的复杂程度成正比,假设要修改控制规律,一般需要改变硬件结构,而在计算机控制系统中,控制规律是用软件实现的,修改控制规律只需修改软件,一般不需要改变硬件结构,因此便于实现复杂的控制规律和对控制方案进行在线修改,使系统具有很大的灵活性和适应性。

在模拟控制系统中,一般是一个控制器控制一个回路,而计算机控制系统中,由于计算机具有高速的运算处理能力,所以可以采用分时控制的方式,同时控制多个回路。

计算机控制系统在本质上和其他控制系统没有什么区别,也存在着开环控制系统、闭环控制系统等不同类型的控制系统。

2. 信号特征

模拟控制系统中所有的信号都是连续模拟信号,而计算机控制系统中除了连续模拟信号外,还有离散模拟、离散数字等多种信号形式,计算机控制系统中的信号流程如图 1.1.2 所示。

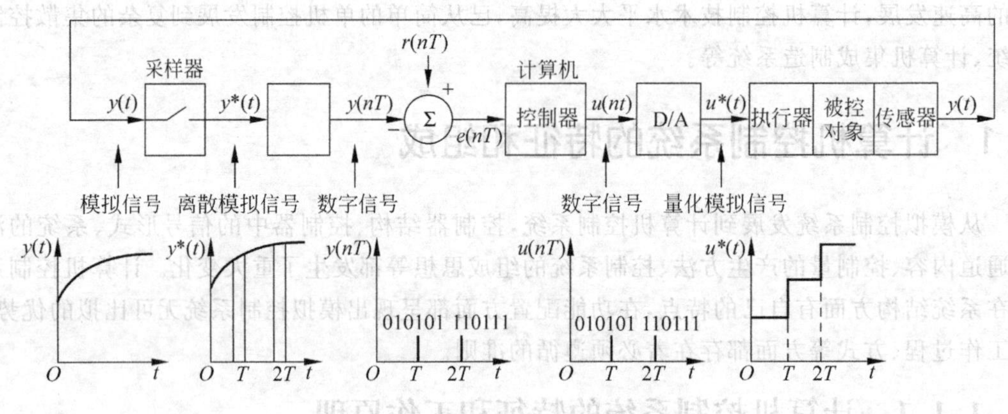

图 1.1.2 计算机控制系统的信号流程

在控制系统中引入计算机,利用计算机的运算、逻辑判断和记忆等功能完成多种控制任务。由于计算机只能处理数字信号,为了信号的匹配,在计算机的输入和输出端必须配置 A/D 转换器和 D/A 转换器。反馈量经过 A/D 转换器转换成数字量以后才能进入计算机,然后计算机根据偏差,按某种控制规律进行运算,计算结果再经过 D/A 转换器转换成模拟信号输出到执行机构,完成对被控对象的控制。

按照计算机控制系统中信号的传输方向,系统的信息通道通常由 3 部分组成:

(1) 输入通道,包含由 A/D 转换器组成的模拟量输入通道和开关量输入通道。

(2) 输出通道,包含由 D/A 转换器组成的模拟量输出通道和开关量输出通道。

(3) 人-机交互通道,系统操作者通过人-机交互通道向计算机控制系统输入相关命令,提供操作参数,修改设置内容等,计算机通过人-机交互通道向系统操作者显示相关参数、系统工作状态、对象控制效果等。

计算机通过输出通道向被控对象或工业现场提供控制量;通过输入通道获取被控对象

或工业现场信息。当计算机控制系统没有输入通道时，称为计算机开环控制系统。在开环系统中，计算机的输出只随给定值变化，不受被控参数影响，通过调整给定值达到调整被控参数的目的。当被控对象出现扰动时，计算机无法自动获取扰动信息，因此无法消除扰动，控制性能较差。当计算机控制系统仅有输入通道时，称为计算机数据采集系统。在计算机数据采集系统中，计算机的作用是对采集来的数据进行处理、归类、分析、储存、显示和打印等，计算机的输出和系统的输入通道参数有关，但不影响或改变生产过程的参数，这样的系统可认为是开环系统，但不是开环控制系统。

3. 控制方法特征

由于计算机控制系统包含连续信号和数字信号，所以计算机控制系统和连续控制系统在本质上有许多不同，需要采用专门的理论来分析和设计，常用的设计方法有模拟调节规律离散化设计方法和直接设计法。

4. 功能特征

1）软件代替硬件

主要体现在两方面：一方面当被控对象改变时，计算机及其相应的过程通道硬件只需作少量的变化，甚至不需作任何变化，而只需面向新对象重新设计一套新控制软件即可；另一方面可以用软件来实现逻辑部件的功能，从而降低系统成本，减小设备体积。

2）数据存储

计算机具有多种数据保存方式，如软盘、U盘、移动硬盘、磁盘、光盘、固定硬盘、EEPROM、RAM、纸质打印、纸质绘图等，保证系统断电时不会丢失数据，有了这些数据保存措施，人们在研究计算机控制系统时可以从容应对突发问题，在分析解决问题时可以大大减少盲目性，提高系统研发效率，缩短研发周期。

3）状态、数据显示

计算机具有强大的显示功能。常见的显示设备有CRT显示器、LCD显示器、LED数码管、LED矩阵块、LCD模块、LCD数码管、各种类型打印机、各种类型绘图仪等，显示内容有给定值、当前值、历史值、修改值、系统工作波形、系统工作轨迹仿真图等，通过显示内容可以及时了解系统的工作状态、被控对象的变化情况、控制算法的控制效果等。

4）管理功能

计算机具有串行通信或联网功能，利用这些功能可实现多套计算机控制系统的联网管理，资源共享，优势互补；可构成分级分布集散控制系统，满足生产规模不断扩大、生产工艺日趋复杂、可靠性更高、灵活性更好、操作更简易的大系统综合控制的要求，实现生产过程的最优化和生产规划、组织、决策、管理的最优化。

5. 计算机控制系统的工作原理

根据图1.1.1的计算机控制系统基本框图，计算机控制过程可归纳为以下4个步骤。

(1) 实时数据采集：对来自测量变送装置的被控量的瞬时值进行检测并输入。

(2) 实时控制决策：对采集到的被控量进行分析和处理，并按已定的控制规律决定将要采取的控制行为。

(3) 实时控制输出：根据控制决策适时地对执行机构发出控制信号，完成控制任务。

(4) 信息管理：随着网络技术和控制策略的发展，信息共享和管理成为计算机控制系统越来越重要的功能。

上述过程不断重复，整个系统按照一定的品质指标进行工作，并对控制量和设备本身的异常现象及时做出处理。

6. 计算机控制系统的工作方式

1）在线方式和离线方式

生产过程和计算机直接连接，并受计算机控制的方式称为在线方式或联机方式；生产过程不和计算机相连，且不受计算机控制，而是靠人进行联系并进行相应操作的方式称为离线方式或脱机方式。

2）实时方式

所谓实时是指信号的输入、计算和输出都要在一定的时间范围内完成，即计算机对输入信息以足够快的速度进行控制，超出了这个时间就失去了控制的时机，控制也就失去了意义。实时的概念不能脱离具体的过程，一个在线系统不一定是一个实时系统，但一个实时系统必定是在线系统。

1.1.2 计算机控制系统的硬件组成

计算机控制系统硬件组成框图如图1.1.3所示。硬件指计算机本身及其外围设备，一般包括中央处理器(CPU)、程序存储器(ROM)、数据存储器(RAM)、各种接口电路、以A/D转换器和D/A转换器为核心的模拟量输入/输出(I/O)通道、数字量输入/输出(I/O)通道以及各种显示/记录设备、运行操作台等。

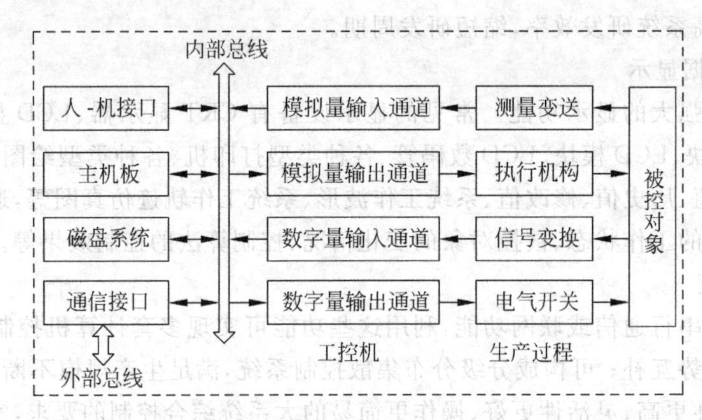

图1.1.3 计算机控制系统硬件组成框图

1. 主机

CPU、ROM、RAM及时钟电路、复位电路等构成的计算机主机是组成计算机控制系统的核心部分，主要进行数据采集、数据处理、逻辑判断、控制量计算、报警处理等，通过接口电路向系统发出各种控制命令，指挥全系统有条不紊地协调工作。

2. I/O接口

I/O接口和I/O通道是主机和外部连接的桥梁。常用的I/O接口有并行接口、串行接口等，它们大部分是可编程的。I/O通道有模拟量I/O通道和数字量I/O通道。模拟量I/O通道的作用是：一方面将由传感器得到的工业对象的生产过程参数变换成二进制代码传送给计算机；另一方面将计算机输出的数字控制信号变换成控制操作执行机构的模拟信号，实现对生产过程的控制。数字通道的作用是：除完成编码数字输入、输出外，还可将各种继电器、限位开关等的状态通过输入接口传送给计算机，或将计算机发出的开关动作逻辑信号由输出接口传送给生产设备中的各个电子开关或电磁开关。

3. 通用外部设备

通用外部设备主要是为扩大计算机主机的功能而设置的，用来显示、打印、存储和传送数据，常用的有打印机、记录仪、图形显示器(CRT)、软盘、硬盘等。

4. 传感器和执行机构

传感器的主要功能是将被检测的非电量参数转变成电学量，如热电偶把温度信号变成电压信号，压力传感器把压力变成电信号等。变送器的作用是将传感器得到的电信号转换成适合计算机接口使用的电信号，如0～10mA直流信号。此外，为了控制生产过程，还必须有执行机构，常用的执行机构有电动、液动、气动调节阀，开关，交、直流电动机，步进电机等。

5. 操作台

操作台是人-机交互的桥梁，通过它可以向计算机输入程序、修改内存数据、显示被测参数以及发出各种操作命令等。它主要由以下4部分组成。

(1) 作用开关：电源开关、操作方式(自动/手动)选择开关等。通过这些开关，人们可以对主机进行启停、设置和修改数据以及修改控制方式等，作用开关可通过接口和主机相连。

(2) 功能键：包括复位键、启动键、打印键及工作方式选择键等。

(3) LED数码管及CRT显示器：用来显示被测参数及操作人员感兴趣的内容，如显示数据表格，系统流程、开关状态以及报警状态等。

(4) 数字键：输入数据或修改控制系统的参数。

1.1.3 计算机控制系统的软件

对于计算机控制系统而言，除了硬件组成部分以外，软件是必不可少的。软件是指完成各种功能的计算机程序的总和，如完成操作、监控、管理、计算和自诊断程序等。软件是计算机控制系统的中枢，整个系统的动作都是在软件的控制下协调工作的，按功能分类，软件可分为系统软件和应用软件两大部分。

系统软件一般是由计算机厂商提供的，用来管理计算机本身资源，方便用户使用计算机的软件，主要包括操作系统、各种编译软件和监控管理软件等。这些软件一般无需用户自己设计,它们只是作为开发应用软件的工具。

应用软件是面向生产过程的程序,如 A/D 和 D/A 转换、数据采样、数字滤波、标度变换、控制量计算等程序。应用软件一般由用户自己根据实际需要开发,应用软件的优劣,对控制系统的功能、精度和效率有很大的影响,它的设计是十分重要的。

1.2 计算机控制系统的分类

计算机控制系统与其所控制的对象密切相关,控制对象不同,其控制系统也不同。计算机控制系统的分类方法很多,可按系统的功能、工作特点分类,也可按控制规律、控制方法分类。

按照控制方式分类,计算机控制系统可分为开环控制和闭环控制;按照控制规律分类,可分为程序和顺序控制、比例积分微分控制、有限拍控制、复杂规律控制及智能控制等;按照系统的功能、工作特点分类,可分为操作指导控制系统、直接数字控制系统、监督计算机控制系统、集散控制系统、现场总线控制及计算机集成制造系统等。

1.2.1 操作指导控制系统

操纵指导控制系统(Operational Information System,OIS)指计算机的输出不直接用来控制被控对象,而只是对系统过程参数进行收集、加工处理,然后输出数据,操作人员根据这些数据进行必要的操作,其原理如图 1.2.1 所示。操作指导控制系统的优点是结构简单、控制灵活安全,特别适用于未摸清控制规律的系统,常常用于计算机控制系统研制的初级阶段,或用于试验新的数字模型和调试新的控制程序等。由于需要人工操作,所以操作指导控制系统不适用于快速过程控制。

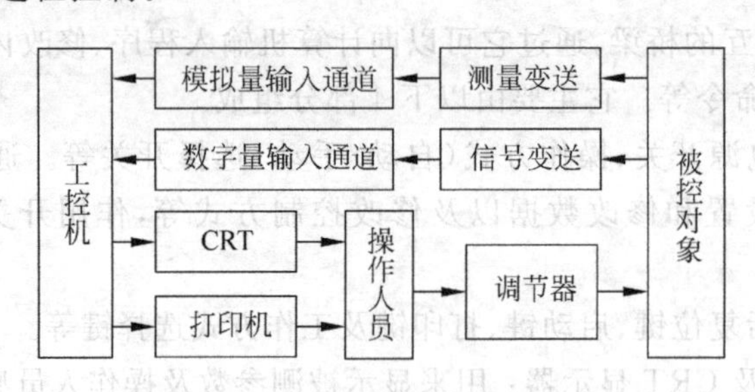

图 1.2.1 操作指导控制系统原理图

1.2.2 直接数字控制系统

直接数字控制(Direct Digital Control,DDC)是计算机用于工业过程控制最普遍的一种方式,其结构如图 1.2.2 所示,计算机通过输入通道对一个或多个物理量进行循环检测,并根据规定的控制规律进行运算,然后发出控制信号,通过输出通道直接控制调节阀等执行结构。DDC 系统中的计算机参加闭环控制过程,它不仅能完全取代模拟调节器,实现多回路的 PID 调节,而且不需要改变硬件,只需通过改变程序就能实现多种较复杂的控制规律。

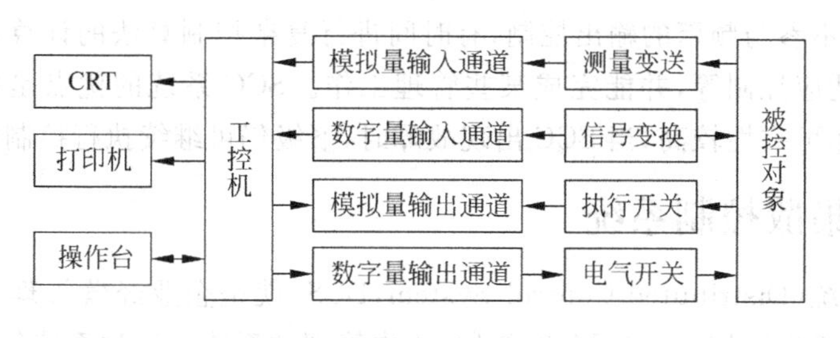

图 1.2.2 直接数字控制系统

1.2.3 监督计算机控制系统

在监督计算机控制(Supervisory Computer Control,SCC)系统中,计算机根据工艺参数和过程参量检测值,按照所设计的控制算法进行计算,计算出最佳设定值直接传给常规模拟调节器或 DDC 计算机,最后由模拟调节器或 DDC 计算机控制生产过程。SCC 系统有两种类型：一种是 SCC 加上模拟调节器；另一种是 SCC 加上 DDC 的控制系统。监督计算机控制系统构成如图 1.2.3 所示。

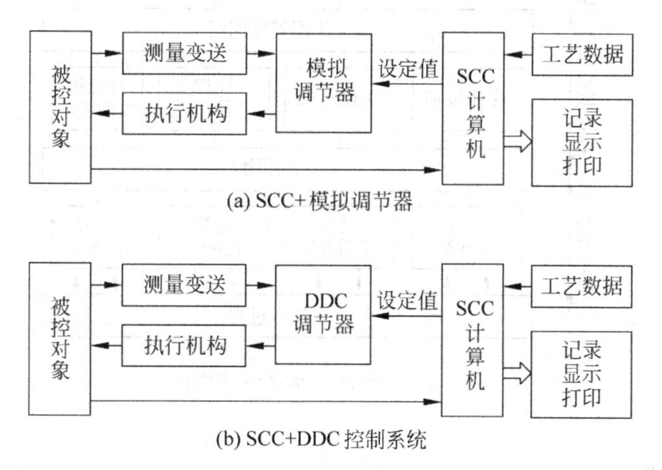

图 1.2.3 监督计算机控制系统

1. SCC 加上模拟调节器的控制系统

这种类型的系统中,计算机对各过程参数进行巡回检测,并按一定的数学模型对生产工况进行分析,计算后得出被控对象各参数的最优设定值送给调节器,使工况保持在最优状态。当 SCC 计算机发生故障时,可由模拟调节器独立执行控制任务。

2. SCC 加上 DDC 的控制系统

这是一种二级控制系统,SCC 系统可采用较高档的计算机,它与 DDC 系统之间通过接口进行信息交换。SCC 计算机完成工段、车间等高一级系统的最优化分析和计算,然后给出最优设定值,送给 DDC 计算机执行控制。

在 SCC 系统中,通常选用具有较强计算能力的计算机,其主要任务是输入采样和计算设定值。由于它不参与频繁的输出控制,有时间进行复杂控制算法的计算,因此,SCC 能进行最优控制、自适应控制等,并能完成某些管理工作。SCC 系统的优点是能进行复杂控制规律的控制,工作可靠性较高,当 SCC 出现故障时,下级仍可继续执行控制任务。

1.2.4 集散控制系统

集散控制系统(Distributed Control System,DCS)就是企业经营管理和生产过程控制分别由几级计算机进行控制,实现分散控制、集中管理的系统。这种系统每一级都有自己的功能,基本上是独立的,但级与级之间或同级计算机之间又有一定的联系,相互之间实现通信。集散控制系统的结构如图 1.2.4 所示。

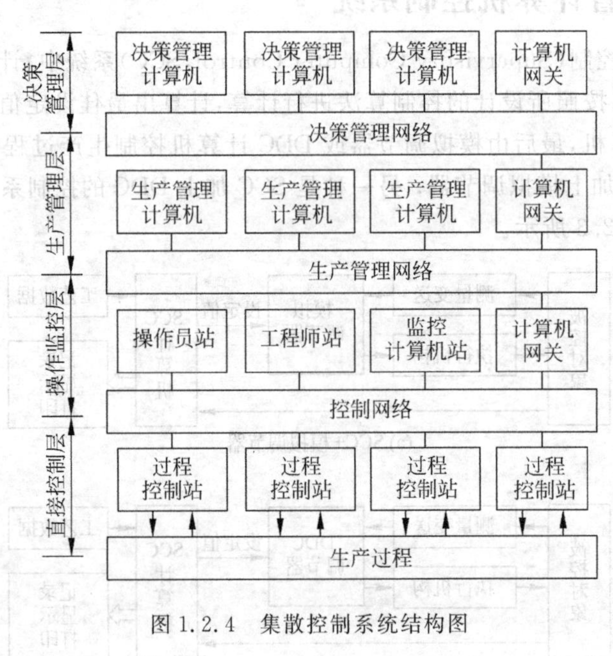

图 1.2.4 集散控制系统结构图

1. 决策管理层

该层处于公司级,管理公司的生产、供应、销售、技术和财务等部门,通过收集各部门的信息,进行综合分析,实时作出决策,协助各级管理人员指挥调度,使公司各部门的工作处于最佳运行状态。

2. 生产管理层

该层处于工厂级,根据订货量、库存量、生产能力、生产原料和能源供应情况及时制定全厂的生产计划,并分解落实到生产车间或装置;另外还有根据生产状况及时协调全厂的生产,进行生产调度和科学管理,使全厂的生产始终处于最佳状态,并能应付不可预测的事件。

3. 操作监控层

该层是 DCS 的中心,根据生产工艺信息,按照某种目标实施高等过程控制策略,实现装置级的优化控制和协调控制;对生产过程进行故障诊断、预报和分析,保证生产安全。

4. 直接控制层

该层是 DCS 的基础,它对生产工艺流程或生产设备进行巡回检测和直接控制。

1.2.5 现场总线控制系统

现场总线控制系统(Field Bus Control System,FCS)的核心是现场总线。根据现场总线基金会(Field Bus Foundation)的定义,现场总线是连接现场智能设备和控制室之间的全数字式、开放的、双向的通信网络。

现场总线的节点是现场设备或现场仪表,如传感器、变送器和执行器等,但不是传统的单功能现场仪表,而是具有综合功能的智能仪表,如温度变送器不仅具有温度信号变换和补偿功能,而且具有 PID 控制和运算功能。现场设备具有互换性和互操作性,采用总线供电,具有本质安全性。现在国际上流行的设备级通信网络有多种,如 CANBUS、LONWORKS、PROFIBUS、HART 及 FF 等。

现场总线控制系统代表了一种现场控制的控制观念。它的出现对 DCS 作了很大的变革:信号传输实现了全数字化,从最底层逐层向最高层均采用通信网络互联;系统结构采用全分散化,废弃了 DCS 的输入/输出单元和控制站,由现场设备或现场仪表取代;现场设备具有互操作性,改变了 DCS 控制层的封闭性和专用性,不同厂家的现场设备可互联互换,并可统一组态;通信网络为开放式互联网络,可方便地实现数据共享;技术和标准实现了全开放,面向任何一个制造商和用户。

和传统的 DCS 相比,新型的全数字控制系统的出现将充分发挥上层系统调度、优化、决策的功能,更容易构成 CIMS 系统,并更好地发挥其作用;其次,将降低系统投资成本和减少运行费用,仅系统布线、安装和维修费用可比现有系统减少约 2/3,节约电缆导线约 1/3。

1.2.6 计算机集成制造系统

计算机集成制造系统(Computer Integrated Manufacturing System,CIMS)是计算机技术、网络技术、自动化技术、信号处理技术、管理技术和系统工程技术等新技术发展的结果,它将企业的生产、经营、管理、计划、产品设计、加工制造、销售及服务等环节和人力、财力、设备等生产要素集成起来,进行统一控制,求得生产活动的最优化。CIMS 一般由集成工程设计系统、集成管理信息系统、生产过程实时信息系统、柔性制造工程系统及数据库、通信网络等组成。随着 CIMS 研究的进一步发展,人们将 CIMS 系统集成的思想应用到流程工业中,获得了良好的设计效果。

CIMS 采用多任务分层体系结构,经过 30 多年的发展,现在已形成多种方案,如美国国家标准局(AMRF)的自动化实验室提出的 5 层递阶控制体系结构、面向集成平台的 CIMS 体系结构、连续型 CIMS 体系结构及局域网型 CIMS 体系结构等。不管结构如何变化,其基本控制思想都是递阶控制。

1.3 计算机控制的发展概况和趋势

1.3.1 计算机控制的发展过程

在生产过程中采用数字计算机控制的思想出现在20世纪50年代中期，控制理论和计算机技术结合，产生了计算机控制系统，为自动控制系统的应用和发展开辟了新的途径。

世界上第一台电子计算机于1946年在美国问世，经过10多年的研究，到20世纪50年代末，计算机已经可以用于过程控制。例如，美国得克萨斯州的一个炼油厂，从1956开始和美国航天工业公司合作进行计算机控制的研究，到1959年，已经将Rw300计算机用于控制聚合装置。该系统控制26个流量、72个温度、3个压力和3个成分，其功能是使反应器压力最小，确定5个反应器进料量的最优分配，根据催化作用控制热水流量和确定最优循环方式。1962年，英国帝国化学工业公司实现了一个DDC系统，它的数据采集点为244点，控制阀为129个。

20世纪60年代，由于集成电路技术的发展，计算机体积缩小、运算速度加快、工作更可靠、价格更便宜。60年代后期出现了适合工业生产过程控制的小型计算机(Minicomputer)，使规模较小的过程控制项目也可采用计算机控制。70年代，由于大规模集成电路技术的发展，1972年出现了微型计算机，微型计算机具有价格便宜、体积小、可靠性高等优点，使计算机控制由集中式的控制结构转变成分散控制结构成为可能。研究人员设计和开发了以微型计算机为基础的控制装置。例如，用于控制8个回路的"现场控制器"，用于控制1个回路的"单回路控制器"等，它们可以被"分散"安装到更接近于测量和控制点的地方。这类控制装置都具有数字通信能力，通过高速数据通道和主控制室的计算机连接，形成分散控制、集中操作和分级管理的布局，这就是"集散控制系统"。对DCS的每个关键部位都可以考虑冗余措施，保证在发生故障时不会造成停产检修的严重后果，可靠性大大提高。许多国家的计算机和仪表厂商都推出了自己的DCS，如美国Honeywell公司的TDC-2000和新一代产品TDC-3000，日本横河公司的CENTUM等。

除了在过程控制方面计算机控制日趋成熟外，在机电控制、航天技术和各种军事装备中，计算机控制也日趋成熟，得到了广泛应用。例如通信卫星的姿态控制、卫星跟踪天线的控制、电气传动装置的计算机控制、计算机数控机床、工业机器人的姿态、伺服系统控制、射电望远镜天线控制、飞行器自动驾驶仪等。在某些领域，计算机控制已成为不可或缺的因素。例如，工业机器人控制中，不使用计算机控制是无法完成控制任务的。在射电望远镜的天线控制系统中由于使用了计算机控制，引入了自适应控制等先进控制方法而大大提高了控制精度。

20世纪80年代后期到90年代，计算机技术又有了飞速发展，微处理器由16位发展到32位，并进一步向64位发展。高分辨率的显示器增强了图形显示功能，采用多窗口和触摸屏技术，操作更简单、显示响应速度更快。多媒体技术使计算机可以显示高速动态图像，并有音乐和语音，增强显示效果。另一方面，人工智能和知识工程方法在自动控制领域得到应用，模糊控制、专家系统、各种神经网络算法在自动控制系统中同样得到应用。在故障诊断、生产计划和调度、过程优化、控制系统的计算机辅助设计、仿真培训和在线维护等方面越来

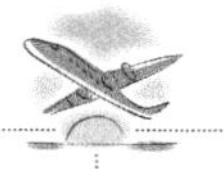

越广泛使用知识库系统和专家系统。20世纪90年代，随着集散控制系统的广泛使用和工厂综合自动化的要求，对各种控制设备提出了更高的通信要求，要求计算机控制的核心设备之间具有较强的通信能力，使它们能很方便地构成一个大系统，实现综合自动化的目标。这就是在自动化技术、信息技术和各种生产技术的基础上，通过计算机系统将工厂的全部生产活动所需要的信息和各种分散的自动化系统实现有机集成，形成能适应生产环境不确定性和市场需求多变性总统最优的高质量、高效益和高柔性的智能生产系统。这种系统在连续生产过程中被称为计算机集成生产/过程系统(Computer Integrated Production/Process System，CIPS)，在机械制造行业，称为计算机集成制造系统。

1.3.2　计算机控制理论和新型控制策略

1. 采样控制理论

计算机控制系统中包含数字环节，如果同时考虑数字信号在时间上的离散和幅值上的量化效应，严格来讲，数字环节是时变非线性环节，因此要对它进行严格的分析是十分困难的。若忽略数字信号的量化效应，则可将计算机控制系统看成采样控制系统。在采样控制系统中，如果将其中的连续环节离散化，整个系统便成为纯粹的离散系统。因此，计算机控制系统理论主要包括离散系统理论、采样系统理论及数字系统理论。

离散系统理论主要指对离散系统进行分析和设计的各种方法的研究，主要包括以下几个方面：

(1) 差分方程及Z变换理论。利用差分方程、Z变换及Z传递函数等数学工具来分析离散系统的性能和稳定性。

(2) 常规设计方法。以Z传递函数作为数学模型对离散系统进行常规设计的各种方法的研究，如有限拍控制、根轨迹法设计、离散PID控制、参数寻优设计及直接解析设计法等。

(3) 按极点配置的设计法。其中包括基于传递函数模型及基于状态空间模型的两种极点配置设计方法。在利用状态空间模型时，它包括按极点配置设计控制规律及设计观测器两方面的内容。

(4) 最优设计方法。其中也包括基于传递函数模型及基于状态空间模型的两种设计方法。基于传递函数模型的最优设计，主要包括最小方差控制和广义最小方差控制等内容。基于状态空间模型的最优设计法，主要包括线性二次型最优控制及状态的最优估计两个方面，通常简称(Linear Quadratic Gaussian，LQG)问题。

(5) 系统辨识及自适应控制。

采样控制理论除了包括离散系统的理论外，还包括以下内容。

(1) 采样理论。它主要包括香农(Shannon)采样定理、采样频谱及混迭、采样信号的恢复以及采样系统的结构图分析等。

(2) 连续模型及性能指标的离散化。为了使采样系统能变成纯粹的离散系统来进行分析和设计，需将采样系统中的连续部分进行离散化，这里首先需要将连续环节的模型表示方式离散化，由于模型表示主要采用传递函数和状态方程两种形式，因此连续模型的离散化也主要包括两个方面。实际的控制对象是连续的，性能指标函数也常常以连续的形式给出，这样将更能反映实际系统的性能要求，因此也需要将连续的性能指标进行离散化。由于主要采用最优和按极点配置的设计方法，因此性能指标的离散化也主要包括这两个方面。连续系统的极点转换为相应的离散系统的极点分布是一件十分简单的工作，连续的二次型性能指标函数的离散化则需要较为复杂的计算。

(3) 性能指标函数的计算。控制系统中的控制对象是连续的，控制器是离散的，性能指标函数也常常以连续的形式给出。为了分析系统的性能，需要计算采样系统中连续的性能指标函数，其中包括确定性系统和随机性系统两种情况。

(4) 采样控制系统的仿真。

(5) 采样周期的选择。

数字系统理论除了包括离散系统和采样系统外，还包括数字信号整量化效应的研究，如量化误差、非线性特性的影响等，同时还包括数字控制器实现中的一些问题，如计算延时、控制算法编程等。

2. 新型控制策略

常规的控制方法在计算机控制系统中得到了广泛应用，但这些控制策略存在问题：要求被控对象是精确的、时不变线性系统；要求操作条件和运行环境是确定的、不变的。当被控对象的数学模型难以建立，且为较复杂的时变非线性系统，采样常规的控制方法难以达到控制指标时，采用新型的控制策略是十分有效的。

1) 鲁棒控制

控制系统的鲁棒性是指系统的某种性能或某个指标在某种扰动下保持不变的程度(或对扰动不敏感的程度)。其基本思想是在设计中设法使系统对模型的变化不敏感，使控制系统在模型误差扰动下仍能保持稳定，品质也保持在工程所能接受的范围内。鲁棒控制主要有代数方法和频域方法，前者的研究对象是系统的状态矩阵或特征多项式，讨论多项式族和矩阵族的鲁棒控制；后者是从系统的传递函数矩阵出发，通过使系统由扰动至偏差的传递函数矩阵 H_∞ 的范数取极小来设计出相应的控制规律。鲁棒控制主要应用在飞行器、柔性结构、机器人等领域，在工业过程控制领域应用较少。

2) 预测控制

预测控制是一种基于模型又不过分依赖模型的控制策略，其基本思想类似于人的思维和决策，即根据头脑中对外部世界的了解、通过快速思维不断比较各种可能的方案，从中择优予以实施。它的各种算法是建立在模型预测-滚动优化-反馈校正三条基本原理上的，其核心是在线优化。这种“边走边看”的滚动优化控制策略可以随时考虑模型失配、时变、非线性或其他不确定性干扰因素，及时进行弥补，减少偏差，以获得较好的综合控制质量。预测控制集建模、优化和反馈于一体，三者滚动进行，其深刻的控制思想和优良的控制效果在学术界和工业界越来越重视。

3) 模糊控制

模糊控制是一种应用模糊集合理论的控制方法。模糊控制是一种能够提高工业自动化能力的控制技术。模糊控制是智能控制一个十分活跃的研究领域。凡是无法建立数学模型或难以建立数学模型的场合都可采用模糊控制技术。模糊控制的特点：一方面，模糊控制提供了一种实现基于自然语言描述规则的控制规律的新机制；另一方面，模糊控制器提供了一种改进非线性控制器的替代方法，这些非线性控制器一般用于控制含有不确定性和难

以用传统非线性理论来处理的装置。

4）神经控制

神经控制是一种基本上不依赖于模型的控制方法，比较适用于那些具有不确定性或高度非线性的控制对象，并具有较强的适应和学习功能。

5）专家控制

专家控制系统是一种广泛应用于故障诊断、各种工业过程控制和工业设计的智能控制系统。工程控制论和专家系统的结合形成了专家控制系统。专家控制系统有控制系统和专家式控制器两种主要形式。前者采用黑板等结构，较为复杂，造价较高，目前应用较少；后者多为工业专家控制器，结构较简单，且满足工业过程控制要求，应用日益广泛。

6）遗传算法

遗传算法是一种新发展起来的优化算法，是基于自然选择和基因遗传学原理的搜索算法。它将"适者生存"的达尔文进化理论引入串结构，并在串之间进行有组织且又随机的信息交换。遗传算法在自动控制中的应用主要是进行优化和学习，特别是和其他控制策略结合，能够获得较好的效果。

上述新型控制策略各有所长，但又都在某些方面有所不足，各种控制策略相互渗透和结合构成复合控制策略是主要发展趋势。组合智能控制系统的目标是将智能控制和常规控制模式有机地组合起来，以便取长补短，提高整体优势，获得人工智能和控制理论高度紧密结合的智能系统，如PID模糊控制器、自组织模糊控制器、基于神经网络的自适应控制系统等。

1.3.3 计算机控制系统的发展趋势

计算机控制技术的发展与信息化、数字化、智能化和网络化技术相关，与微电子技术、控制技术、计算机技术、网络与通信技术和显示技术的发展密切相关；各种自动化手段相互借鉴，工控机系统、自动化系统、信息技术改造传统产业、机电一体化、数控系统、先进制造系统、CIMS各有背景，相互借鉴，相互渗透和融合，彼此之间的界限越来越模糊。各种控制系统互相融合，在相当长的一段时间内，FCS、IPC、NC/CNC、DCS、PLC，甚至嵌入式控制系统，将相互学习、相互补充、相互促进、彼此共存。计算机控制发展的趋势主要集中在综合自动化、网络化、智能化、虚拟化、绿色低碳化等几个方面。

1. 综合自动化

综合自动化包括CIMS和CIPS。CIMS是基于制造技术、信息技术、管理技术、自动化技术、系统工程技术的一门发展中的综合性技术。它的最大特点是多种技术的"综合"与全企业信息的集成，它是信息时代企业自动化发展的方向。CIPS的关键技术包括计算机网络技术、数据库管理系统、各种接口技术、过程操作优化技术、先进控制技术、软测量技术、生产过程的安全保护技术等，因此，综合自动化有非常广阔的发展前景。

2. 网络化

现场总线构成的FCS和嵌入式控制系统是工控系统的两大发展热点。发展以位总线(BibBus)、现场总线(FieldBus)等先进网络通信技术为基础的DCS和FCS控制结构，并采用先进的控制策略,向低成本综合自动化系统的方向发展,实现计算机集成制造系统,特别是现场总线系统越来越受到人们青睐,已成为今后微型机控制系统发展的主要方向。虽然以现场总线为基础的FCS发展很快,最终将取代传统的DCS,但其发展仍有很多工作要做,如统一标准、仪表智能化等。同时,传统控制系统的维护和改造还需要DCS,因此FCS完全取代DCS仍有一个较长的过程。

3. 智能化

经典的反馈控制、现代控制和大系统理论在应用中遇到不少问题。首先,这些控制系统的设计和分析都是建立在精确的系统模型基础上,而实际系统一般很难获得精确的数学模型;其次,为了提高控制性能,整个控制系统变得极其复杂,增加了设备的投资,降低了系统的可靠性。人工智能的出现和发展,促进自动控制向更高的层次发展,即智能控制。

4. 虚拟化

在数字化基础上,虚拟化技术的研究正在迅速发展,主要包括虚拟现实(VR)、虚拟产品开发(VPD)、虚拟制造(VM)及虚拟企业(VE)等。

5. 绿色低碳化

绿色自动化技术的概念,主要是从信息、电气技术与设备等方面出发,减少、消除自动化设备对人类、环境的污染和损害。其主要内容包括保证信息安全与减少信息污染、电磁谐波抑制、洁净生产、人-机和谐、绿色制造等。这是全球可持续发展战略在自动化领域中的体现,也是自动化学科的一个崭新课题。

1.4 常见的工业控制计算机

不同的被控对象对计算机控制系统的要求不一样,如何依据不同的需求选择合适的工业控制计算机是一个关键问题。单片机、可编程控制器(PLC)、工业控制计算机(IPC,简称工控机)是计算机控制系统中三种常见的控制核心,在不同的工业控制中得到了广泛的应用。

1.4.1 单片微型计算机

单片微型计算机(Single Chip Microcomputer),亦称单片机,它是把中央处理器(CPU)、随机存取存储器(RAM)、只读存储器(ROM)、输入/输出端口(I/O)等主要计算机功能部件都集成在一块集成电路芯片上的微型计算机。目前单片机渗透到我们生活的各个领域,几乎很难找到哪个领域没有单片机的踪迹。导弹的导航装置,飞机上各种仪表的控制,计算机的网络通信与数据传输,工业自动化过程的实时控制和数据处理,广泛使用的各种智能IC卡,民用豪华轿车的安全保障系统,录像机、摄像机、全自动洗衣机的控制,以及程控玩具、电子宠物等等,这些都离不开单片机,更不用说自动控制领域的机器人、智能仪表、医疗器械了。据统计,我国的单片机年容量已达3亿片,且每年以大约20%的速度增长,但相对于世界市场我国的占有率还不到1%,由此可见全世界每年单片机的需求量有多大。

1. 单片机的特点

(1) 集成度高、体积小。单片机将CPU、存储器、I/O接口、定时器/计数器等各种作用部件集成在一块晶体芯片上,体积小、节省空间,能灵活、方便地应用于各种智能化的控制设备和仪器,实现机电一体化。

(2) 可靠性高,抗干扰性强。单片机把各种作用部件集成在一块芯片上,内部采用总线结构,减少了各芯片之间的连线,大大提高了单片机的可靠性和抗干扰能力。另外,其体积小,对于强磁场环境易于采取屏蔽措施,适合在恶劣环境下工作,所以单片机应用系统的可靠性比一般的微机系统要高。

(3) 功耗低。许多单片机的工作电压只有2~4V,甚至更低,电流几百μA,功耗很低,适用于便携式测控系统。

(4) 控制作用强。单片机面向控制,实时控制功能强,CPU可以对I/O端口直接进行操作,可以进行位操作、分支转移操作等,有针对性地完成从简单到复杂的各类控制任务,同时能方便地实现多机控制,使整个系统的控制效率大为提高。

(5) 可扩展性好。单片机具有灵活方便的外部扩展总线接口,当片内资源不够使用时可以非常方便地进行片外扩展。另外,现在单片机具有越来越丰富的通信接口,如异步串行口SCI、同步串行口SPI、I^2C、CAN总线,甚至有的单片机还集成了USB接口或以太网接口,这些丰富的通信接口使得单片机系统和外部计算机系统的通信变得非常容易。

(6) 性价比高。为了提高速度和运行效率,单片机已开始使用RISC流水线和DSP等技术。单片机的寻址能力也已突破64KB的限制,有的已可达到1MB和16MB,片内的ROM容量可达62MB,RAM容量则可达2MB。由于单片机的广泛使用,因而销量极大,各大公司的商业竞争更使其价格十分低廉,其性能价格比优异。

2. 主要单片机厂商

1) Motorola单片机

Motorola是世界上最大的单片机厂商,品种全,选择余地大,新产品多,在8位机方面有68HC05和升级产品68HC08,68HC05有30多个系列200多个品种,产量超过20亿片。8位增强型单片机68HC11也有30多个品种,年产量1亿片以上,升级产品有68HC12。16位单片机68HC16也有十多个品种。32位单片机683XX系列也有几十个品种。Motorola单片机特点之一是在同样的速度下所用的时钟较Intel类单片机低得多,高频噪声低,抗干扰能力强,更适合用于工控领域以及恶劣环境。

2) Microchip单片机

Microchip单片机是市场份额增长最快的单片机,它的主要产品16C系列8位单片机,CPU采用RISC结构,仅33条指令,运行速度快,且以低价位著称,一般单片机价格都在1美元以下。Microchip单片机没有掩膜产品,全部都是OTP器件(现已推出FLASH型单片机)。Microchip强调节约成本的最优化设计,是使用量大、档次低、价格敏感产品的首选。

3) Scenix单片机

Scenix单片机的I/O模块最有创意。I/O模块的集成与组合技术是单片机技术不可缺少的重要方面。除传统的 I/O 功能模块如并行 I/O、UART、SPI、I^2C、A/D、PWM、PLL、DTMF 等,新的 I/O 模块不断出现,如 USB、CAN、J1850 等。Scenix 单片机在 I/O 模块的处理上引入了虚拟 I/O 的概念。Scenix 单片机采用了 RISC 结构的 CPU,使 CPU 最高工作频率达 50MHz,运算速度接近 50MIPS,有了强有力的 CPU,各种 I/O 功能就可以用软件的方法模拟。单片机的封装采用 20/28 引脚,公司提供各种 I/O 的库函数,用于实现各种 I/O 模块的功能,这些软件完成的模块包括多路 UART、多种 A/D、PWM、SPI、DTMF、FSK、LCD 驱动等,这些都是通常用硬件实现起来相当复杂的模块。

4) 东芝单片机

东芝单片机从 4 位到 64 位,门类齐全。4 位机在家电领域仍有较大市场,8 位机主要有 870 系列,90 系列等。该类单片机允许使用慢模式,采用 32kHz 时钟,功耗低至 10μA 数量级。CPU 内部多组锁存器使用,使得中断响应与处理更加快捷。东芝公司的 32 位机采用 MIPS3000 ARISC 的 CPU 结构,面向 VCD、数字相机等图像处理市场。

5) Epson 单片机

Epson 公司以擅长制造液晶显示器著称,故 Epson 单片机主要为该公司生产的 LCD 配套,其单片机的 LCD 驱动做得特别好,在低电压、低功耗方面也很有特色。目前 0.9V 供电的单片机已经上市,不久 LCD 显示手表将使用 0.5V 供电。

6) 8051 单片机

最早 Intel 公司推出 8051/31 类单片机,也是世界上使用量最大的几种单片机之一。由于 Intel 公司将重点放在 186、386、奔腾等与 PC 类兼容的高档芯片开发上,8051 类单片机主要由 Philips、三星、华邦等公司接手。这些公司在保持与 8051 单片机兼容基础改善了 8051 的许多特点,提高了速度,降低了时钟频率,放宽了电源电压的动态范围,降低了产品价格。

7) ATMEL 单片机

ATMEL 公司是世界上著名的高性能、低功耗、非易失性存储器和数字集成电路的一流半导体制造公司,其最令人注目的是它的 EEPROM 电可擦除技术、闪速 Flash 存储器技术和质量、高可靠性的生产技术。在 CMOS 器件生产领域中 ATMEL 的先进设计水平、优秀的生产工艺及封装技术一直处于世界的领先地位。这些技术用于单片机生产使单片机也具有优秀的品质,在结构性能和功能等方面都有明显的优势。ATMEL 公司的单片机是目前世界上一种独具特色而性能卓越的单片机,它在计算机外部设备、通信设备、自动化工业控制、宇航设备、仪器仪表和各种消费类产品中都有着广泛的应用前景。其生产的 AT90 系列是增强型 RISC 内载 FLASH 单片机,通常称为 AVR 系列。AT91M 系列是基于 ARM7TDMI 嵌入式处理器的 ATMEL 16/32 微处理器系列中的一个新成员,该处理器用高密度的 16 位指令集实现了高效的 32 位 RISC 结构。另外 ATMAL 的增强型 51 系列单片机目前在市场上仍然十分流行,其中 AT89S51 十分活跃。

8) TI 公司的 MSP430 系列单片机

MSP430 系列单片机是由 TI 公司开发的 16 位单片机,其突出特点是超低功耗,非常适合于各种功率要求低的场合。有多个系列和型号,分别由一些基本功能模块按不同的应用目标组合而成。其典型应用是流量计、智能仪表、医疗设备和保安系统等方面。由于其较高的性能价格比,应用已日趋广泛。

9) NS 单片机

COP8 单片机是美国国家半导体公司的产品，该公司以生产先进的模拟电路著称，能生产高水平的数字模拟混合电路。COP8 单片机内部集成了 16 位 A/D，这在单片机中是不多见的，COP8 单片机内部使用了 EMI 电路，在“看门狗”电路以及 STOP 方式下的唤醒方式都有独到之处。此外，COP8 的程序加密也做得非常好。

10) STC 单片机

STC 单片机完全兼容 51 单片机，并有其独到之处，其抗干扰性强、加密性强、超低功耗，可以远程升级，内部有 MAX810 专用复位电路，价格也较便宜，STC 系列单片机的应用日趋广泛。

11) 三星单片机

三星单片机有 KS51 和 KS57 系列 4 位单片机，KS86 和 KS88 系列 8 位单片机，KS17 系列 16 位单片机和 KS32 系列 32 位单片机。此外，三星还为 ARM 公司生产 ARM 单片机。

12) 凌阳单片机

中国台湾凌阳科技股份有限公司(Sunplus Technology CO. LTD)致力于 8 位和 16 位机的开发。SPMC65 系列单片机是凌阳主推产品，采用 8 位 SPMC65 CPU 内核，并围绕这个通用的 CPU 内核，形成了不同的片内资源的一系列产品。在系列芯片中相同的片内硬件功能模块具有相同的资源特点，不同型号的芯片只是对片内资源进行删减，其最大的特点就是超强抗干扰，广泛应用于家用电器、工业控制、仪器仪表、安防报警、计算机外围等领域。SPMC75 系列单片机内核采用凌阳科技自主知识产权的 16 位微处理器，SPMC75 系列单片机集成了多种功能模块，如多功能 I/O 口、串行口、ADC、定时计数器等常见硬件模块，以及能产生电机驱动波形的 PWM 发生器、多功能的捕获比较模块、BLDC 电机驱动专用位置侦测接口、两相增量编码器接口等特殊接口，用于变频马达驱动控制。SPMC75 系列单片机具有很强的抗干扰能力，广泛应用于变频家电、变频器、工业控制等控制领域。

13) 华邦单片机

华邦单片机属于 8051 类单片机，W78 系列与标准的 8051 兼容，W77 系列为增强型 51，对 8051 的时序进行了改进，同样时钟下速度快了不少。在 4 位机上华邦有 921 系列，带 LCD 驱动的 741 系列，在 32 位机方面，华邦使用了惠普公司 PA-RISC 单片机技术，生产低价 32 位 RISC 单片机。

3. 单片机的发展趋势

1) 制作工艺 CMOS 化

出于对低功耗的普遍要求，目前各大厂商推出的各类单片机产品都采用了 CMOS 工艺(互补金属氧化物半导体工艺)。例如 80C51 系列单片机采用两种半导体工艺相结合生产。一种是 HMOS 工艺，即高密度短沟道 MOS 工艺。另外一种是 CHMOS 工艺，即互补金属氧化物的 HMOS 工艺。CHMOS 是 CMOS 和 HMOS 的结合，除保持了 HMOS 的高速度和高密度的特点之外，还具有 CMOS 低功耗的特点。我们可以清楚地从以下数据看出：8051 的功耗为 630mW，而 80C51 的功耗只有 120mW。低功耗在便携式、手提式或野外作业仪器设备上具有非常重要的意义，在这些产品中必须使用 CHMOS 的单片机芯片。

2）微型化、单片化

尽管我们常说，单片机是将中央处理器CPU、存储器和I/O接口电路等主要功能部件集成在一块集成电路芯片上的微型计算机，但由于工艺和其他方面的原因，很多功能部件并未集成在单片机芯片内部。于是，用户通常的做法是根据系统设计的需要在外围扩展功能芯片。随着集成电路技术的快速发展和"以人为本"思想在单片机设计上的体现，很多单片机生产厂家充分考虑到用户的需求，将一些常用的功能部件，如A/D（模/数转换器）、D/A（数/模转换器）、PWM（脉冲产生器）、WDT（看门狗）以及LCD（液晶）驱动器等集成到芯片内部，尽量做到单片化；同时，用户还可以提出要求，由厂家量身定做（SOC设计）或自行设计。此外，现在的产品普遍要求体积小、重量轻，这就要求单片机除了功能强和功耗低外，还要求其体积要小。现在的许多单片机都具有多种封装形式，其中SMD（表面封装）越来越受欢迎，使得由单片机构成的系统正朝微型化、单片化方向发展。

3）主流与多品种共存

虽然单片机的品种繁多、各具特色，但仍以51为核心的单片机占主流，兼容其结构和指令系统的有Philips、ATMEL、Winbond等公司单片机，所以51为核心的单片机占据了半壁江山。而Microchip公司的PIC精简指令集（RISC）也有着强劲的发展势头，中国台湾的HOLTEK公司近年的单片机产量与日俱增，以其低价质优的优势，占据一定的市场份额。此外还有Motorola公司的产品，日本几大公司的专用单片机。在未来相当长的时间内，都将维持这种群雄并起、共性与个性共存的局面。究其原因，主要有以下两点。首先，以51为代表的单片机的基础地位不会动摇。这是因为51的架构和指令系统为后来的单片机提供了参考基准和强大支持，凡是学过51单片机的人再去学用其他类型的单片机易如反掌，有关这方面的教材建设在出版界也取得了共识，获得了斐然的成果。其次，个性化的产品如专用单片机等在满足用户需求方面得到了大家的认可，在应用领域大有后来居上的趋势。

4）大容量、高性能

以往单片机内的ROM为1KB～4KB，RAM为64～128B，但在需要复杂控制的场合，该存储容量是不够的，必须进行外接扩充。为了适应这种需求，运用新的工艺，使片内存储器大容量化。目前，单片机内ROM最大可达64KB，RAM最大为2KB。另外单片机进一步改变CPU的性能，加快指令运算的速度和提高系统控制的可靠性。采用精简指令集（RISC）结构和流水线技术，大幅度提高运行速度。现指令速度最高者已达100MIPS（Million Instruction Per Seconds，即兆指令每秒），并加强了位处理、中断和定时控制功能，这类单片机的运算速度比标准的单片机高出10倍以上。由于这类单片机有极高的指令速度，可以使用软件模拟其I/O功能，由此引入了虚拟外设的新概念。

5）小容量、低价格化

与上述相反，以4位、8位机为中心的小容量、低价格化也是发展动向之一。这类单片机的用途是把以往用数字逻辑集成电路组成的控制电路单片化，并广泛用于家电产品。

6）低电压化

几乎所有的单片机都有WAIT、STOP等省电运行方式。允许使用的电压范围越来越宽，一般在3～6V范围内工作。低电压供电的单片机电源下限已可达1～2V。目前0.8V供电的单片机已经问世，这也就意味着单片机将出现在越来越多的应用场合。

7）串行扩展技术

在很长一段时间里，通用型单片机通过三总线结构扩展外围器件成为单片机应用的主流结构。随着低价位 OTP（One Time Programmable）及各种特殊类型片内程序存储器的发展，加之处围接口不断进入片内，推动了单片机"单片"应用结构的发展，特别是 I^2C、SPI 等串行总线的引入，使单片机的引脚设计得更少，单片机系统结构更加简化及规范化。

1.4.2 可编程控制器（PLC）

可编程控制器（Programmable Logic Controller，PLC）是以微处理器为基础，综合了计算机技术、半导体集成技术、自动控制技术、数字技术和通信网络技术发展起来的一种通用自动控制装置。它面向控制过程、面向用户、适应工业环境、操作方便、可靠性高，成为现代工业控制的支柱之一。

1. 定义

美国电气制造协会（NEMA）在 1980 年做如下定义：可编程序控制器是一种数字式电子装置，它使用可编程序的存储器来存储指令，并实现逻辑运算、顺序控制、计数、计时和算术运算功能，用来对各种机械或生产过程进行控制。

国际电工委员会（IEC）曾于 1982 年 11 月颁布了可编程序控制器标准的草案第一稿，1985 年 1 月又发表了草案第二稿，1987 年 2 月颁布了草案第三稿，该草案中对可编程序控制器的定义是：可编程序控制器是一种数字运算操作的电子系统，专为在工业环境下应用而设计。它采用了可编程序的存储器，用来在其内部存储执行逻辑运算、顺序控制、定时、计数和算术运算等操作的指令，并通过数字式和模拟式的输入和输出，控制各种类型的机械或生产过程。

2. PLC 基本结构

从广义上说，PLC 也是一种工业控制计算机，只不过比一般的计算机具有更强的与工业过程相连接的接口和更直接的适用于控制要求的编程语言和更强的抗干扰能力。因此在基本机构上 PLC 和微型计算机系统基本相同，也由硬件和软件两大部分组成。

1）可编程控制器的硬件结构

从硬件结构上看，无论是整体式 PLC 还是模块式 PLC，都是由 CPU、存储器、I/O 接口单元、I/O 扩展接口及扩展部件、外设接口及外设和电源等部分组成，各部分之间通过系统总线进行连接。对于整体式 PLC，通常将 CPU、存储器、I/O 接口、I/O 扩展接口、外设接口以及电源等部分集成在一个箱体内，构成 PLC 的主机，如图 1.4.1 所示。对于模块式 PLC，上述各组成部分都做成各自相互独立的模块，可根据系统需求灵活配置。

(1) CPU

CPU 是 PLC 的核心部分，包括微处理器和控制接口电路。微处理器是 PLC 的运算和控制中心，实现逻辑运算、数字运算，协调控制系统内部各部分的工作。它的运行是按照系统程序所赋予的任务进行的。其主要任务有：控制从编程器输入的用户程序和数据的接收和存储；用扫描的方式通过输入部件接收现场的状态或数据，并存入输入映像锁存器或数据存储器中；诊断电源、PLC 内部电路的工作故障和编程中的语法错误等；PLC 进入运行

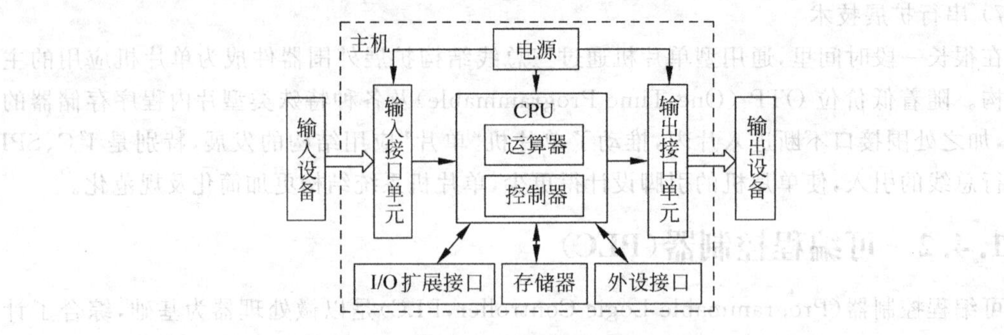

图 1.4.1　整体式 PLC 硬件结构框图

状态后，从存储器逐条读取用户指令，经过指令解释后按指令规定的任务进行数据传递、逻辑运算或数字运算等；根据运算结果，更新有关标志位的状态和输出映像锁存器的内容，再经由输出部件实现输出控制、制表打印或数据通信等功能。

控制接口电路是微处理器和主机内部其他单元进行联系的部件，主要有数据缓冲、单元选择、信号匹配、中断管理等功能。微处理器通过它来实现和各个内部单元之间的信息交换和时序配合。

(2) 存储器

PLC 的存储器包括系统存储器和用户存储器两部分。系统存储器用来存放由 PLC 生产厂商编写的系统软件，并固化在 ROM 或 PROM 中，相当于个人计算机的操作系统，用户不能直接更改。系统软件是指对整个 PLC 系统进行调度、管理、监视及服务的软件。系统软件的质量在很大程度上直接影响 PLC 的性能。系统软件包括系统监控程序、用户指令解释程序、标准程序模块、系统调用管理等程序以及各种系统参数等。

用户存储器可分为用户程序区、数据区、系统区三个部分。用户程序区用于存放用户经编程器输入的应用程序。数据区用于存放 PLC 在运行过程中所用到的和生成的各种工作数据。数据区包括输入、输出数据映像区，定时器、计数器的预置值和当前值的数据等。系统区主要存放 CPU 的组态数据，例如，输入输出组态、设置输入滤波、脉冲捕捉、输出表配置、定义存储区保持范围、模拟电位器设置、高速计算器配置、高速脉冲输出配置、通信组态等。

(3) I/O 接口单元

I/O 接口单元是 PLC 和现场 I/O 设备相连接的部件。它的作用是将输入信号转换为 CPU 能够接收和处理的信号，并将 CPU 送出的弱电信号转换为外部设备所需的强电信号。I/O 接口单元在完成 I/O 信号的传递和转换的同时，还能够有效地抑制干扰，起到和外部电气连接隔离的作用。因此，I/O 接口单元一般都配有电平转换、光电隔离、阻容滤波和浪涌保护等电路。为了适应工业现场不同 I/O 信号的匹配要求，PLC 常配置开关量输入接口单元、开关量输出接口单元、模拟量输入接口单元及模拟量输出接口单元。

(4) I/O 扩展接口

为了扩展 I/O 点数和部件的类型，PLC 通过 I/O 扩展接口和 PLC 主机相连，常见的扩展部件有 I/O 扩展单元、远程 I/O 扩展单元、智能模块等。

当用户所需的 I/O 点数或类型超过 PLC 主机的 I/O 接口单元的点数或类型时，可以通

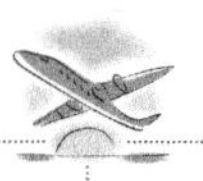

过加装 I/O 扩展部件来实现。I/O 扩展部件通常有简单型和智能型两种。简单型 I/O 扩展部件自身不带 CPU,对外部现场信号的 I/O 处理完全由主机的 CPU 管理,依赖于主机的程序扫描过程。简单型 I/O 扩展部件在小型 PLC 的 I/O 扩展时常被采用,通过并行接口和主机通信,安装在主机旁边。智能型 I/O 扩展部件自身带 CPU,对生产过程现场信号的 I/O 处理由自带的 CPU 管理,不依赖主机的程序扫描过程。智能型 I/O 扩展部件多用于中大型 PLC 的 I/O 扩展,采用串行通信接口和主机通信,可以远离主机安装。

为了满足 PLC 在复杂工业过程中的应用,PLC 厂商还提供了种类丰富的智能模块。智能模块是一个相对独立的单元,一般自身带有 CPU、存储器、I/O 接口和外设接口等部分。智能模块在自身系统程序的管理下对工业生产过程现场信号进行检测、处理和控制,并通过外设接口和 PLC 主机的 I/O 扩展接口连接,实现和主机的通信。智能模块不依赖主机而独立运行,一方面使 PLC 能够通过智能模块来处理快速变化的现场信号,另一方面也可使 PLC 能处理更多的任务。

(5) 外设接口

外设接口是 PLC 实现人-机对话、机-机对话的通道。通过它 PLC 主机可与编程器、图形终端、打印机、EPROM 写入器等外围设备相连,也可以与其他 PLC 或上位机连接。外设接口一般分为通用接口和专用接口两种。通用接口指标准通用的接口,如 RS-232、RS-485 等。专用接口指各 PLC 厂商专有的自成标准和系列的接口,如罗克韦尔自动化公司的增强型高速通道接口(DH+)和远程 I/O 接口等。

(6) 电源

PLC 的电源是将交流电源经整流、滤波、稳压后变换成供 CPU、存储器等工作所需的直流电压。PLC 的电源一般采用开关型稳压电源,其特点是输入电压范围宽、体积小、重量轻、效率高、抗干扰能力强。有的 PLC 还向外提供 24V 直流电源,给开关量输入接口连接的现场无源开关使用,或给外部传感器供电。

2) PLC 的软件结构

PLC 的软件分为系统软件和用户程序两大部分。

(1) 系统软件

PLC 的系统软件一般包括系统管理程序、用户指令解释程序、标准程序库和编程软件等。系统软件是 PLC 生产厂商编制的,并固化在 PLC 内部 ROM 或 PROM 中,随产品一起提供给用户。

(2) 用户程序

用户程序是指用户根据工艺生产过程的控制要求,安装所用 PLC 规定的编程语言而编写的应用程序。用户程序可采用梯形图语言、指令表语言、功能块语言、顺序功能图语言及高级语言等多种方法来编写,利用编程装置输入到 PLC 的程序存储器中去。

3. PLC 的特点和分类

1) PLC 的特点

(1) 可靠性高、适应性强

在硬件设计制造时充分考虑应用环境和运行要求,例如,优化电路设计,采用大规模或超大规模集成电路芯片、模块式结构、表面安装技术,采用高可靠性低功耗器件,以及采用自诊断、冗余容错等技术，使PLC具有很高的可靠性和抗干扰、抗机械振动能力，可以在极端恶劣的环境下工作。I/O信号范围广，对信号品质要求低。PLC系统平均故障间隔时间一般可达几万小时，甚至十万小时以上。PLC控制系统由于取消了大量的独立元件，大大减少了连线等中间环节，使得系统的平均故障修复时间缩短到20min左右。

(2) 功能完善、通用性好

PLC既能实现对开关量输入/输出、逻辑运算、定时、计数和顺序控制，也能实现对模拟量输入/输出，算术运算、闭环比例积分微分(PID)调节控制；同时，还有各种智能模块、远程I/O模块和网络通信功能。PLC既可以应用于开关量控制系统，也能用于连续的流程控制系统、数据采集和监控系统等。它功能强大、完善，通用性好，可以满足绝大多数的工业生产控制的要求。

(3) 安装方便，扩展灵活

PLC采用标准的整体式和模块式硬件结构，现场安装简便，接线简单，工作量相对较小；而且能根据应用的要求扩展I/O模块或插件，系统集成方便灵活。各种控制功能通过软件编程完成，能适应各种复杂情况下的控制要求，特别适用于各种工艺流程变更较多的场合。

(4) 操作维护简单，施工周期短

PLC大多采用工程技术人员习惯的梯形图形式编程，易学易懂，无需具备高深的计算机专业知识，编程和修改程序方便，系统设计、调试周期短。PLC还具有完善的显示和诊断功能，故障和异常状态均有显示，便于操作人员、维护人员及时了解出现的故障。当出现故障时，可通过更换模块或插件迅速排除故障。

2) PLC的分类

(1) 按PLC控制规模分类

按PLC的控制规模分类，PLC可分为小型机、中型机、大型机。通常小型机的控制点数小于256点，用户程序存储器的容量小于8KB。小型机常用单机控制和小型控制场合，在通信网络中常作从站。例如，西门子公司的S7-200PLC就属于小型机。小型机中控制点数小于64点的为超小型机或微型PLC。中型机的控制点数一般在256～2048点范围内，用户程序存储器的容量小于50KB。中型机控制点数较多、控制功能强，常用于中型控制场合，在通信网络中可作主站也可作从站。例如，西门子公司S7-300PLC就属于中型机。大型机的控制点数都在2048点以上，用户程序存储器的容量达50KB以上。大型机控制点数多、功能很强、运算速度很快，常用于大型控制场合，在通信网络中常作主站。例如，西门子公司的S7-400PLC就属于大型机。以上分类没有十分严格的界限，随着PLC技术的快速发展，这些界限会发生变更。

(2) 按PLC结构形式分类

PLC按结构形式可分为整体式、模块式和叠装式三类。

① 整体式PLC。整体式PLC是将电源、CPU、I/O部件都集中在一个机箱内，其结构紧凑、体积小、价格低。一般小型PLC采用这种结构。整体式PLC由不同I/O点数的基本单元和扩展单元组成。基本单元内有CPU、I/O和电源。扩展单元内只有I/O和电源。整体式PLC一般配有特殊功能单元，如模拟量单元，位置控制单元等，使PLC的功能得以扩展。

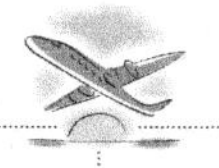

② 模块式PLC。模块式结构是将PLC各部分分成若干个单独的模块，如电源模块、CPU模块、I/O模块和各种功能模块。模块式PLC由机架和各种模块组成。模块插在机架内的插座上。模块式PLC配置灵活，装配方便，便于扩展和维修。一般大、中型PLC宜采用模块式结构。

③ 叠装式PLC。将整体式和模块式结合起来，称为叠装式PLC。它除了基本单元外还有扩展模块和特殊功能模块，配置比较方便。叠装式PLC集整体式和模块式PLC优点于一身，结构紧凑、体积小、配置灵活。西门子公司的S7-200PLC就是叠装式结构形式。

4. 主要PLC厂商

目前，世界上有200多家PLC厂商，400多种PLC产品，按地域可分成美国、欧洲和日本三个流派产品，各流派PLC产品各具特色。美国PLC技术和欧洲PLC技术基本上是各自独立开发而成的，两者间表现出明显的差异性；日本的PLC技术是由美国引进的，它对美国PLC技术有继承和发展，而且日本主要发展中小型PLC，其小型PLC性能先进，结构紧凑，价格便宜，在世界市场上占用重要地位。此外随着PLC技术的日趋完善，越来越多的电子设备公司加入到生产PLC的行列中来，如韩国的LG、三星，中国台湾的台达等，已开始在低端的PLC市场崭露头角。较有影响、在中国市场占有较大份额的PLC主要有以下几种。

(1) 德国西门子公司：S5系列的产品有S5-95U、100U、115U、135U及155U，其中135U、155U为大型机，控制点数可达6000多点，模拟量可达300多路。S7系列产品有S7-200(小型)、S7-300(中型)及S7-400机(大型)，性能比S5大有提高。

(2) 罗克韦尔自动化公司：主要有AB Micro Logix 1500可编程序控制器、AB Power Flex 7000中压变频器、AB PowerFlex4交流变频器、AB PowerFlex700交流变频器、AB ProcessLogix过程控制系统、AB设备网(Device Net)网络、AB智能马达控制器、AB控制网网络(Control Net)网络、AB 1336 IMPACT变频器、Rockwell Automation - AB 1336 PLUS II变频器、Rockwell Automation - AB Bulletin 1560D/1562D中压智能马达控制器。

(3) 日本OMRON公司：主要有CPM1A型机、P型机、H型机、CQM1、CVM、CV型机等，大、中、小、微均有，特别在中、小、微方面更具特长，在中国及世界市场，都占有相当的份额。

(4) 美国GE公司：大型机90-70系列，有781/782、771/772、731/732等多种型号；中型机90-30系列，有344、331、323、321等多种型号；小型机90-20系列，型号为211。

(5) 美国AB公司：PLC-5系列也比较有名，其下有PLC-5/10、PLC-5/11、PLC-5/250等多种型号。另外，它也有微型PLC，SLC-500即为其中一种，有20、30及40I/O三种配置，I/O点数分别为12/8、18/12及24/16。

(6) 日本三菱公司：小型机F1前期在我国用得很多，后又推出FXZ机，性能有很大提高。它的中、大型机为A系列，如AIS、AZC、A3A等。

1.4.3 工控机

工控机又称为工业计算机。工控机是以计算机为核心的测量和控制系统，处理来自工业系统的输入信号，再根据控制要求将处理结果输出到控制器，去控制生产过程，同时对生产进行监督和管理。工控机在硬件上，由生产厂商按照某种标准总线设计制造符合工业标准的主机板及各种 I/O 模块，设计者和使用者只要选用相应的功能模块，像搭积木一样灵活地构成各种用途的计算机控制装置；在软件上，利用成熟的系统软件和工具软件，编制或组态相应的应用软件，就可以非常便捷地完成对生产流程的集中控制和调度管理。

1. 工控机的组成和特点

1）工控机的硬件组成

典型的工控机由加固型工业机箱、工业电源、主机板、显示板、硬盘驱动器、光盘驱动器、各类输入输出接口模块、显示器、键盘、鼠标、打印机等组成。工控机的主机箱如图 1.4.2 所示，工控机的各部件均采用模块化结构，即在一块无源的并行底板总线上插接多个功能模块组成一台工控机，工控机的系统结构如图 1.4.3 所示。

图 1.4.2　工控机的主机箱结构

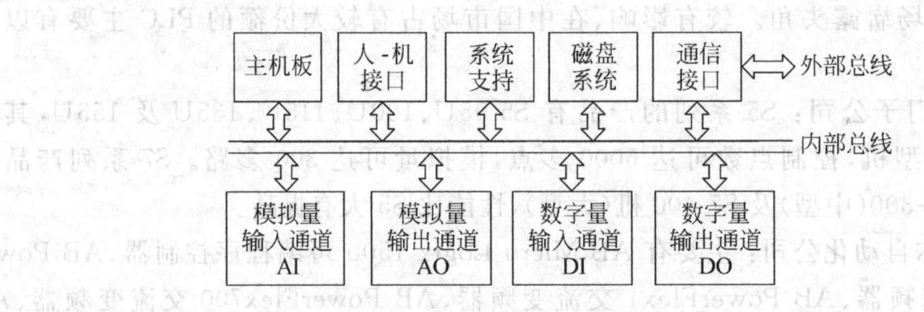

图 1.4.3　工控机的硬件组成结构

（1）主机板

主机板是工控机的核心，由中央处理器（CPU）、存储器（RAM、ROM）和 I/O 接口等部件组成。主机板的作用是将采集到的实时信息按照预定程序进行必要的数值计算、逻辑判断、数据处理，及时选择控制策略并将结果输出到工业过程。芯片采用工业级芯片，并且是一体化主板，易于更换。

（2）系统总线

系统总线可分为内部总线和外部总线。内部总线是工控机内部各组成部分之间进行信息传递的公共通道，是一组信号线的集合。常用的内部总线有 IBM PC 总线和 STD 总线。外部总线是工控机和其他计算机、智能设备进行信息传送的公共通道，常用的外部总线有 RS-232C、RS-485 等。

（3）I/O 模块

I/O 模块是工控机和生产过程之间进行信号传递和变换的连接通道，包括模拟量输入通道（AI）、模拟量输出通道（AO）、数字量输入通道（DI）、数字量输出通道（DO）。输入通道的作用是将生产过程的信号变换成主机能够接收和识别的信号，输出通道的作用是将主机输出的控制命令和数据进行变换，作为执行机构或电气开关的控制信号。

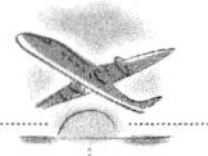

(4) 人-机接口

人-机接口包括显示器、键盘、打印机以及专用操作显示台等。通过人-机接口设备，操作员和计算机之间可以进行信息交换。人-机接口既可以用于显示工业生产过程的状态，也可以用于修改运行参数。

(5) 通信接口

通信接口是工业控制机与其他计算机和智能设备进行信息传送的通道。常用的通信接口有 RS-232C、RS-485 和 USB 总线接口。

(6) 系统支持

系统支持功能主要包括以下几点。

① 监控定时器：俗称"看门狗"(Watchdog)。当系统因干扰或软件故障等原因出现时，能够使系统自动恢复运行，提高系统的可靠性。

② 电源掉电监测：当工业现场出现电源掉电故障时，及时发现并保护当时的重要数据和计算机各锁存器的状态，一旦上电，工控机能从断电处继续运行。

③ 后备存储器：Watchdog 和掉电监测功能均需要后备存储器用来保存重要数据。后备存储器能在系统掉电后保证所存数据不丢失，为保护数据不丢失，系统存储器工作期间，后备存储器处于上锁状态。

④ 实时日历时钟：实时控制系统中通常有事件驱动和事件驱动能力。工控机可在某时刻自动设置某些控制功能，可自动记录某个动作发生的时间，而且实时时钟在掉电后仍能正常工作。

(7) 磁盘系统

可以用半导体虚拟磁盘，也可以配通用的硬磁盘或采用 USB 磁盘。

2) 工控机的软件组成

工控机的硬件构成了工业控制机系统的设备基础，要真正实现生产过程的计算机控制必须为硬件提供相应的计算机软件，才能实现控制任务。软件是工业控制机的程序系统，可分为系统软件、工具软件、应用软件三部分。

(1) 系统软件

系统软件用来管理 IPC 的资源，并以简便的形式向用户提供服务，包括实时多任务操作系统、引导程序、调度执行程序，如美国 Intel 公司的 iRMX86 实时多任务操作系统，除了实时多任务操作系统以外，也常使用 MS-DOS，特别是 Windows 软件。

(2) 工具软件

工具软件是技术人员从事软件开发工作的辅助软件，包括汇编语言、高级语言、编译程序、编辑程序、调试程序、诊断程序等。

(3) 应用软件

应用软件是系统设计人员针对某个生产过程而编制的控制和管理程序。通常包括过程输入输出程序、过程控制程序、人-机接口程序、打印显示程序和公共子程序等。计算机控制系统随着硬件技术的高速发展，对软件也提出更高的要求。只有软件和硬件相互配合，才能发挥计算机的优势，才能研制出具有更高性能价格比的计算机控制系统。目前，工业控制软件正向组态化、结构化方向发展。

3）工控机的特点

与通用的计算机相比，工业控制机主要特点如下。

(1) 可靠性高。工控机常用于控制连续的生产过程，在运行期间不允许停机检修，一旦发生故障将会导致质量事故，甚至生产事故。因此要求工控机具有很高的可靠性、低故障率和短维修时间。

(2) 实时性好。工控机必须实时地响应控制对象的各种参数的变化，才能对生产过程进行实时控制与监测。当过程参数出现偏差或故障时，能实时响应并实时地进行报警和处理。通常工控机配有实时多任务操作系统和中断系统。

(3) 环境适应性强。由于工业现场环境恶劣，要求工控机具有很强的环境适应能力，如对温度、湿度变化范围要求高；具有防尘、防腐蚀、防震动冲击的能力；具有较好的电磁兼容性和高抗干扰能力及高共模抑制能力。

(4) 丰富的输入输出模板。工控机与过程仪表相配套，与各种信号打交道，要求具有丰富的多功能输入输出配套模板，如模拟量、数字量、脉冲量等输入输出模板。

(5) 系统扩充性和开放性好。灵活的系统扩充性有利于工厂自动化水平的提高和控制规模的不断扩大。采用开放性体系结构，便于系统扩充、软件的升级和互换。

(6) 控制软件包功能强。具有人-机交互方便、画面丰富、实时性好等性能；具有系统组态和系统生成功能；具有实时及历史的趋势记录与显示功能；具有实时报警及事故追忆等功能；具有丰富的控制算法。

(7) 系统通信功能强。一般要求工业控制机能构成大型计算机控制系统，具有远程通信功能，为满足实时性要求，工控机的通信网络速度要高，并符合国际标准通信协议。

(8) 冗余性。在对可靠性要求很高的场合，要求有双机工作及冗余系统，包括双控制站、双操作站、双网通信、双供电系统、双电源等，具有双机切换功能、双机监视软件等，以保证系统长期不间断工作。

2. 工控机的总线结构

计算机系统采用由大规模集成电路 LSI 芯片为核心构成的插件板，多个不同功能的插件板与主机板共同构成。构成系统的各类插件板之间的互联和通信通过系统总线来完成。这里的系统总线不是指中央处理器内部的三类总线，而是指系统插件板交换信息的板级总线。这种系统总线就是一种标准化的总线电路，它提供通用的电平信号来实现各种电路信号的传递。同时，总线标准实际上是一种接口信号的标准和协议。

1）内部总线

内部总线是指计算机内部各功能模块间进行通信的总线，也称为系统总线。它是构成完整计算机系统的内部信息枢纽。工业控制计算机采用内部总线母板结构，母板上各插槽的引脚都连接在一起，组成系统的多功能模板插入接口插槽，由内部总线完成系统内各模板之间的信息传送，从而构成完整的计算机系统。各种型号的计算机都有自身的内部总线。目前工控领域应用较多的内部总线有 STD 总线、ISA 总线和 PCI 总线，这里简要介绍后两种。

(1) ISA 总线

IBM PC 总线是针对 Intel 8088 微处理器而设计的，其第一个标准是 PC/XT 总线，它定义了 8 位数据线和 20 位地址和若干条控制线，共 62 引脚。为和 Intc180286 16 位机兼

容，对 XT 总线在电气和机械特性上作了较大的扩充，在原来 62 引脚的基础上又增加了一个 36 引脚插座而形成 AT 总线。AT 总线将数据总线扩展为 16 位，地址总线扩展到 24 位，将中断扩充到 15 个并提供了中断共享功能，而 DMA 通道也扩充到 8 个。AT 总线也称 ISA（Industrial Standard Architecture）总线标准。ISA 总线的优势如下：

① ISA 总线结构的模板种类最多，性能稳定，技术成熟，价格便宜；

② ISA 总线性能基本上能够满足多数测控领域需求；

③ 具备了用 ISA 总线模板来构成系统的能力，也就基本上具备了用其他总线模板来构成系统的能力。

（2）PCI 总线

1991 年下半年，Intel 公司首先提出了 PCI（Peripheral Component Interconnect，外围部件互连）的概念，并联合 IBM、Compaq、AST、HP、DEC 等 100 多家公司成立了 PCI 集团（Peripheral Component Interconnect Special Interest Group），简称 PCISIG。PCI 有 32 位和 64 位两种，32 位 PCI 有 120 引脚，64 位有 184 引脚，目前常用的是 32 位 PCI。32 位 PCI 的数据传输率为 133MB/s，大大高于 ISA。

2）外部总线

外部总线指用于计算机与计算机之间或计算机与其他智能外设之间的通信线路，常用的外部总线有 IEEE-488 并行总线、RS-232、RS-485 串行总线。

3. 工控机 I/O 模块

利用工控机对生产过程进行控制，首先需要将各种测量的参数读入计算机，计算机进行处理后将结果输出，经过转换后控制生产过程。因此，对于一个工业控制系统，除了工控机主机外，还应配备各种用途的 I/O 接口部件，其基本功能是连接计算机和工业生产控制对象，进行必要的信息传递和变换。

1）模拟量 I/O 模块

生产过程的被控参数一般都是随时间连续变化的模拟量，需通过检测装置和变送器将这些信号转换成模拟电信号，经过模拟量输入模块转换成计算机能处理的数字量信号进入计算机，经过计算机处理后输出的数字信号通过数字量输出模块转换成标准的电压信号，有些执行机构要求提供模拟信号，需要采用模拟量输出模块。

（1）模拟量输入模块主要指标

① 输入信号量程，即所能转换的电压（电流）范围，如 0～5V，0～10V，±5V，0～10mA，4～20mA 等多种范围。

② 分辨率，基准电压和 2^n-1 的比值，其中 n 为 A/D 转换的位数，分辨率越高，转换时对输入模拟信号变化的反映就越灵敏。

③ 精度，指 A/D 转换器实际输出电压和理论值之间的误差。

④ 其他，如输入信号类型、输入通道数、转换速率、可编程增益等。

（2）模拟量输出模块主要指标

① 分辨率，和模拟量输入模块中的定义相同。

② 稳定时间，又称转换速率，指 D/A 转换器中代码有满度值变化时，输出达到稳定所需的时间，一般为几十毫秒到几个微秒。

③ 输出电平，不同型号器件输出电平相差较大，一般为5～10V，也有高压输出型24～30V，电流输出型为4～20mA，也有高达3A。

④ 输入编码，指输入器件数据的编码方式，有二进制BCD码、符号数值码、补码等。

2）数字量I/O模块

在工业控制中，除随时间连续变化的模拟信号外，还有各种两态开关信号，这种信号可视为数字量(开关量)信号。数字量I/O模块实现工业现场的各类开关信号的I/O控制。数字量I/O模块分为非隔离型和隔离型两种，隔离型一般采用光电隔离，少数采用磁电隔离。

数字量输入模块将被控对象的数字信号或开关状态信号送给计算机，或把双值逻辑的开关量变换为计算机可接收的数字量。数字量输出模块把计算机输出的数字信号传送给开关型的执行机构，控制通、断或指示灯的亮、灭等。

3）其他模块

信号调理模块将现场输入信号经过隔离放大，成为工控机能够接收到的统一信号电平以及将计算机输出信号经过放大、隔离转换成工业现场需要的信号电平。输入通道的信号调理以滤波、补偿、放大隔离、保护为主要特征，输出通道以驱动、隔离和保护为主要特征。

通信模块实现计算机之间以及计算机和其他设备间的数据通信，通信方式常采用RS-232、RS-485、现场总线等，有的模块兼有RS-485和现场总线通信功能。

远程I/O模块放置在生产现场，将现场信号转换成数据信号，经远程通信线路传送给计算机处理。各模块都采用隔离技术，可方便地和通信网络相联，大大减少了现场接线成本和工作量。远程I/O模块采用RS-485或现场总线通信，向现场总线方向发展的趋势越来越明显。

4. 工控机类型和选型

1）工控机类型

工控机类型按外表形状分有箱式工控机、机架式工控机、面板式工控机，按接口类型分有PCI、ISA、PCI-X、MINI PCI、PCMCIA等。

2）工控机选型

工控机在整个控制系统中占据了主导地位，主机的性能指标对整个控制系统的性能指标有着重大影响。目前设计和生产工控机的专业厂家很多，如研华、凌华、中泰、康拓、华控、浪潮等，而且形成了完整的产品系列。随着微电子和计算机技术的快速发展，近年来工控机价格下降比较明显，工控机价格在控制系统中所占的比重不断降低，工控机的选型变得相对容易，根据“经济合理，留有扩充余地”的原则，用户可从以下几方面考虑选择合适的机型。

(1) 选择合适的主机

根据实际系统对采样速度的要求来考虑主机的档次和具体配置，目前工控机普遍采用PⅣ以上CPU，主机档次和具体配置要从应用需求来考虑，主板、CPU、总线形式的选择要考虑主机的稳定和总线速度，没有必要一味追求主机的高档化。

(2) 根据应用场合的不同，选择合适的工控机类型

不同的工控机适用于不同的应用场合，例如BOX-PC、PANEL-PC机型体积小、厚度薄，十分适合对体积有一定要求的应用系统。当然，由于体积所限，可供扩展的插槽数目和

I/O 点数也较少。总线式工控机插槽数多，可容纳较多的 I/O 接口模块，但要考虑所用母板的总线驱动能力和供电电源功率是否满足要求及使用环境。

(3) 内存和外存配置

根据系统对运行速度和精度的要求配置存储器。随着微电子技术的快速发展，目前内存条和大容量硬盘的价格不断下降，比较便宜，因此内存和硬盘的配置比较容易，一般 2GB 内存和几百 GB 硬盘的配置能满足大部分控制系统的要求。

习题与思考题

1. 计算机控制系统由哪几部分组成？各组成部分的主要功能是什么？
2. 计算机控制系统按功能分类，主要有哪几种形式？
3. DCS 和 FCS 各有什么特点？
4. 计算机控制系统中实时、在线、离线的含义是什么意思？
5. 计算机控制中目前新型控制策略有哪些？它们的特点是什么？
6. 计算机控制技术的主要发展趋势是什么？
7. 计算机控制中主要有哪三种控制主机？各自有什么特点？
8. 工控机主要有哪几部分组成？各组成部分的主要作用是什么？
9. 什么是总线？内部总线和外部总线的含义是什么？
10. 常见的外部总线有哪些？
11. 单片机发展的主要特点是什么？

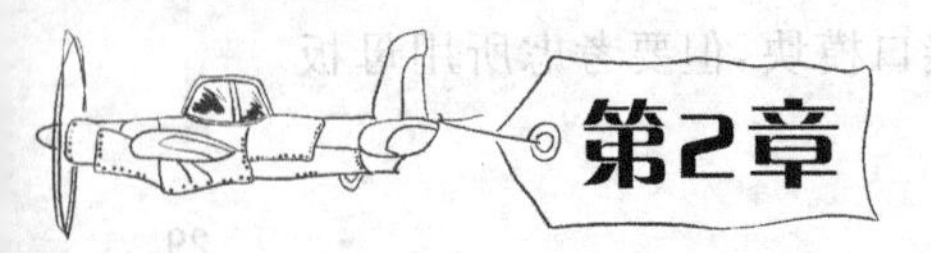

第2章 计算机测控通道设计

输入/输出通道是计算机和生产过程之间设置的信息传送和交换的连接通道，包括开关量（数字量）输入通道、开关量（数字量）输出通道、模拟量输入通道和模拟量输出通道。生产过程的各种参数通过模拟量输入通道或开关量输入通道进入计算机，经过计算和处理后得到结果，通过模拟量输出通道或数字量输出通道送到生产过程，实现对生产过程的控制。本章主要对计算机控制系统中输入/输出通道进行分析和设计。

2.1 开关量输入/输出通道

在计算机控制系统中常应用各种按钮、继电器和无触点开关（晶体管、可控硅）来处理大量的开关量信号，这种信号只有开和关，或者高电平和低电平两个状态，相当于二进制编码的1和0，处理比较方便。控制系统通过开关量输入通道引入系统的开关量信息，进行必要的处理和操作；同时，通过开关量输出通道发出两个状态的驱动信号，去接通发光二极管、控制继电器或无触点开关的通断动作，实现诸如超限声光报警、阀门的开启或关闭以及电动机的启动或停止等。

控制系统中常采用并行I/O芯片（如8155、8255）来输入/输出开关量信息。若系统不复杂，也可用三态门缓冲器和锁存器作为I/O接口电路。对单片机而言，内部已具有并行I/O口，可直接和外界交换开关量信息。但应注意输入开关量信号的电平必须和I/O芯片的要求相符，若不相符合，则应经过电平转换后才能进入单片机。对功率较大的开关设备，在输出通道中应设置功率放大电路，输出信号才能驱动这些设备。由于工业现场存在电、磁、噪声等各种干扰，在输入/输出通道中往往需要设置隔离器件，以抑制干扰影响。因此开关量输入/输出通道的主要技术指标是抗干扰能力和可靠性，而不是精度，这一点在设计时需要注意。

2.1.1 开关量输入通道

1. 开关量输入通道结构

开关量输入通道主要由输入缓冲器、输入调理电路和输入地址译码电路等组成，其结构如图2.1.1所示。

2. 输入调理电路

开关量输入通道的基本功能是接收外部装置或生产过程的状态信号，这些状态信号的形式可能是电压、电流和开关的触点，会引起瞬时高压、过电压、接触抖动等现象。为了将外部开关量信号输入到计算机，必须将现场输入的状态信号经转换、保护、滤波、隔离等技术转换成计算机能接收的逻辑信号，这些功能称为信号调理。

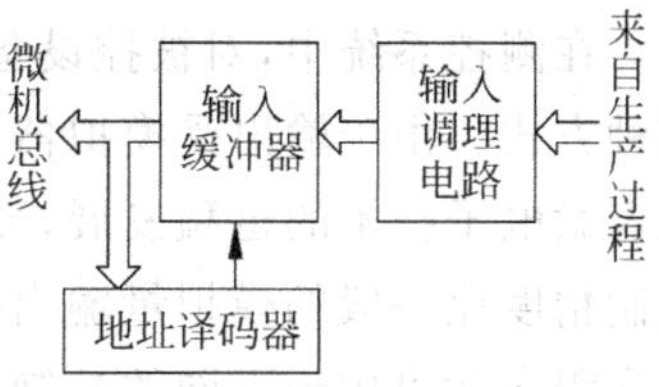

图 2.1.1 开关量输入通道结构

1）小功率输入调理电路

图 2.1.2 所示为从开关、继电器等接点输入信号的电路。它将接点的接通和断开动作，转换成 TTL 电平信号和计算机相连。为了清除由于接点的机械抖动而产生的振荡信号，一般都加入有较长时间常数的积分电路来消除这种振荡。图 2.1.2(a)为一种简单的、采用积分电路消除开关抖动的方法，图 2.1.2(b)为采样 R-S 触发器消除开关两次反跳的方法。

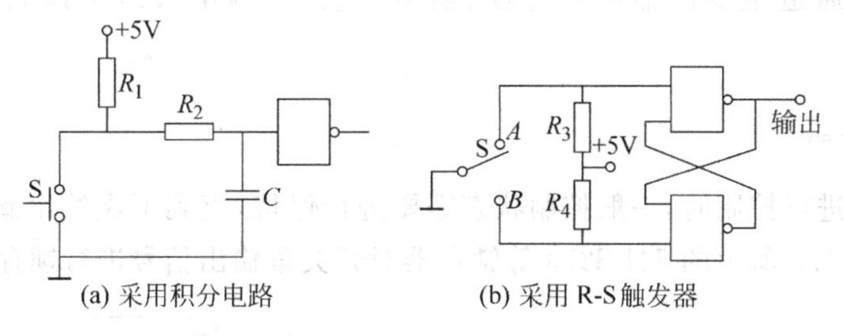

(a) 采用积分电路　(b) 采用 R-S 触发器

图 2.1.2 小功率输入调理电路

2）大功率输入调理电路

在大功率系统中，需要从电磁离合等大功率器件的接点输入信号。在这种情况下，为了使接点工作可靠，接点两端至少要加 24V 以上的直流电压。因为直流电压响应快，不易产生干扰，电路简单，因而被广泛采用。但是这种电路所带电压高，所以高压和低压之间采用光电耦合器进行隔离，如图 2.1.3 所示，图中 R_1 和 R_2 的选取要考虑光耦允许的电流，光耦两端的电压不能共地。

3. 输入缓冲器

输入缓冲器通常采用三态门缓冲器 74LS244，如图 2.1.4 所示，被检测状态信息通过三态门缓冲器送到 CPU 的数据总线（74LS244 有 8 个通道，可输入 8 个开关状态）。

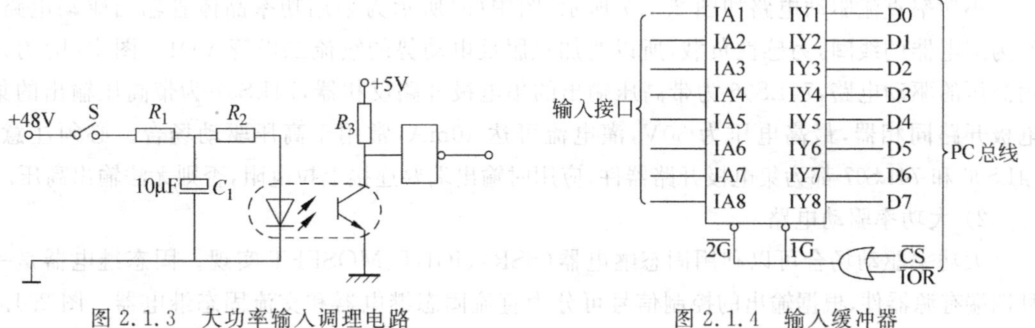

图 2.1.3 大功率输入调理电路　　图 2.1.4 输入缓冲器

2.1.2 开关量输出通道

在测控系统中,对被控设备的驱动常采用模拟量输出驱动和数字量(开关量)输出驱动两种方式。由于输出受模拟器件的漂移等影响,模拟量输出驱动很难达到较高的控制精度。随着微电子技术的迅猛发展,数字量输出控制越来越广泛地被应用,在许多场合开关量输出控制精度比一般的模拟量输出控制高,而且利用开关量输出控制往往没必要改动硬件,只需改变程序就可用于不同的控制场合。如在直接数字控制(Direct Digital Control,DDC)系统中,利于计算机代替模拟调节器,实现多路PID调节,只需在软件中每一路使用不同的参数运算输出即可。由于开关量输出控制的这些特点,目前,除一些特殊场合外,这种控制方式已逐渐取代传统的模拟量输出控制方式。

1. 开关量输出通道结构

开关量输出通道主要由输出锁存器、输出驱动器、输出口地址译码电路等组成,如图2.1.5所示。

2. 输出锁存器

对生产过程进行控制时,一般控制状态需要进行保持,直到下次给出新的值为止,因此通常采用如图2.1.6所示的74LS273等锁存器对开关量输出信号进行锁存。

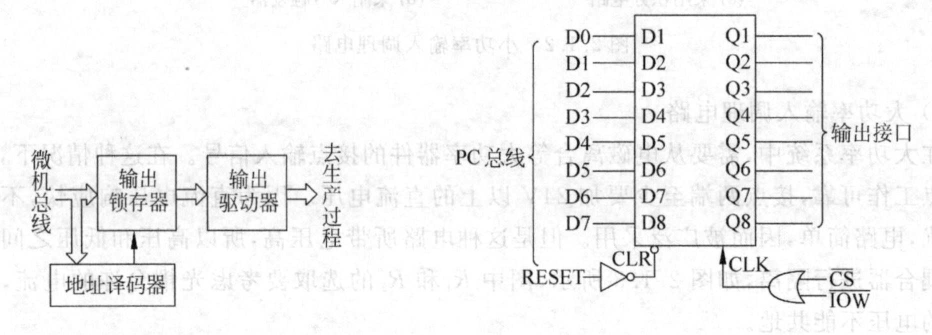

图 2.1.5 开关量输出通道结构　　　　图 2.1.6 输出锁存器

3. 输出驱动电路

1) 小功率直流驱动电路

小功率直流驱动电路如图2.1.7所示,图中(a)所示为采用功率晶体管输出驱动电路,K为继电器的线圈,为感性负载,所以要加克服反电动势的续流二极管VD1。图中(b)为采用高压的驱动电路,74LS06为带高压输出的集电极开路反相器,74LS07为带高压输出的集电极开路同相器,最高电压为30V,灌电流可达40mA,常用于高压驱动场合。必须注意,74LS06和74LS07都为集电极开路器件,应用时输出端要连接上拉电阻,否则无法输出高压。

2) 大功率驱动电路

大功率驱动场合可以利用固态继电器(SSR)、IGBT、MOSFET实现。固态继电器是一种四端有源器件,根据输出的控制信号可分为直流固态继电器和交流固态继电器。图2.1.8

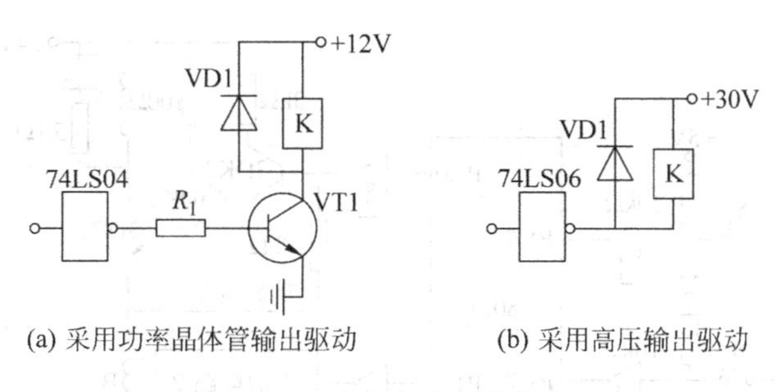

(a) 采用功率晶体管输出驱动　　(b) 采用高压输出驱动

图 2.1.7　小功率直流输出电路

所示为固态继电器的结构和使用方法，固态继电器的输入、输出之间采用光电耦合器进行隔离，过零电路可使交流电压变化到零附近时让电路接通，从而减少干扰，电路接通后，由触发电路输出晶体管器件的触发信号。固态继电器在选用时要注意输入电压范围、输出电压类型及输出功率。

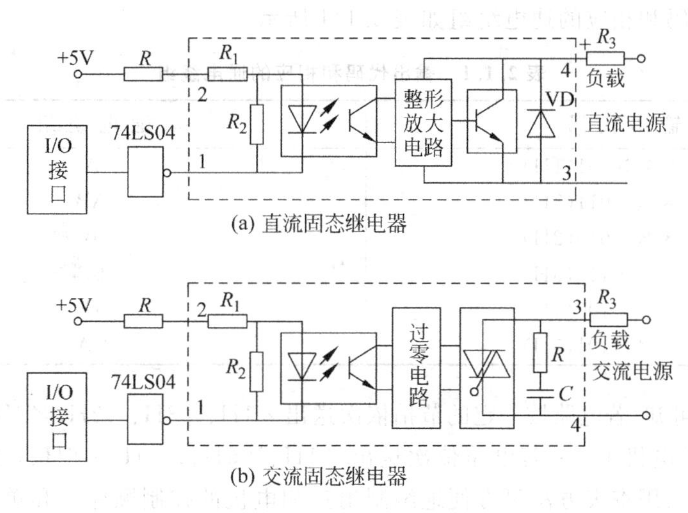

(a) 直流固态继电器

(b) 交流固态继电器

图 2.1.8　固态继电器结构

2.1.3　开关量输入/输出通道设计

步进电机是自动控制系统中常用的执行部件，控制步进电机正反转的开关量输入/输出电路如图 2.1.9 所示，图中以三相步进电机为例说明。步进电机有三个绕组，当按不同的顺序向绕组通电时，步进电机以不同的方向转动，它的转速取决于通电脉冲的频率。通电脉冲的不同组合方式决定了步进电机的不同步相控制方式：

单三拍控制方式：通电顺序为 A→B→C→A(正转)或 A→C→B→A(反转)。

六拍控制方式：通电顺序为 A→AB→B→BC→C→CA→A(正转)或 A→AC→C→CB→B→BA→A(反转)。

双三拍控制方式：通电顺序为 AB→BC→CA→AB(正转)或 AB→CA→BC→AB(反转)。

若要求现场开关 S_1 闭合时，电机正转；S_2 闭合时，电机反转；S_1、S_2 断开时停转，则可由 8031 的 P1 口输入开关的通、断状态，经过软件处理后再由该端口输出控制信号。图中 A、

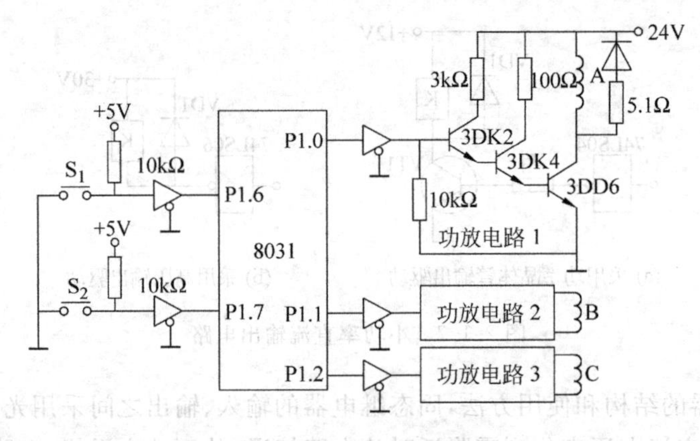

图 2.1.9 控制步进电机正反转的开关量控制电路

B、C 是三相电机的三个绕组，分别由功放电路 1、2、3 通脉冲电驱动。现采用六拍控制方式，端口输出位的代码和相应的通电绕组如表 2.1.1 所示。

表 2.1.1 输出代码和相应的通电绕组

输出代码	通电绕组
×××××001(1H)	A
×××××011(3H)	AB
×××××010(2H)	B
×××××110(6H)	BC
×××××100(4H)	C
×××××101(5H)	CA

由表 2.1.1 可知，若电路按一定的节拍依次送出×1H、×3H、×2H、×6H、×4H 和×5H 输出代码，则步进电机正转；若电路依次送出×1H、×5H、×4H、×6H、×2H 和×3H，则步进电机反转。采用查表方法可方便地编制出三相电机的控制顺序。和单片机 8031 接口的控制程序如下：

```
STEP:   MOV     R7,#06H;           06H→R7
LOOP:   JNB     P1.6,POS;          若 P1.6 = 0 转 POS
        JNB     P1.7,NEG;          若 P1.7 = 0 转 NEG
        AJMP    LOOP
POS:    MOV     DPTR,#TABLE1
LOOP1:  MOVX    A,@DPTR
        MOV     P1,A;              输出表格 2 代码
        INC     DPTR
        CALL    DELAY;             延时
        DJNZ    R7,LOOP1
        AJMP    STEP
NEG:    MOV     DPTR,#TABLE2
LOOP2:  MOVX    A,@DPTR
        MOV     P1,A;              输出表格 2 代码
        INC     DPTR
        CALL    DELAY;             延时
```

```
          DJNZ      R7,LOOP2
          AJMP      STEP
TABLE1:   DB        0F1H,0F3H,0F2H,0F6H,0F4H,0F5H
TABLE2:   DB        0F1H,0F5H,0F4H,0F6H,0F2H,0F3H
```

2.2　模拟输入通道

在计算机控制系统中，模拟输入通道的任务是把从系统中检测到的模拟信号变成二进制数字信号，经接口进入计算机。传感器是将生产过程工艺参数转换成电参数的装置，大多数传感器输出的是直流电压(或电流)信号，也有一些传感器把电阻值、电容值、电感值的变化作为输出量。为了避免低电平模拟信号传输带来麻烦，经常将测量元件的输出信号经变送器变送，如温度变送器、压力变送器、流量变送器等，将温度、压力、流量的信号变成0～10mA或4～20mA的统一电信号，然后经过模拟量输入通道来处理。

2.2.1　模拟信号数字化

计算机内部参与运算的信号是二进制的离散数字信号，模拟信号要进入计算机必须经过数字化过程。连续的模拟信号转换成离散的数字信号，必须经过两个断续过程，如图2.2.1所示。

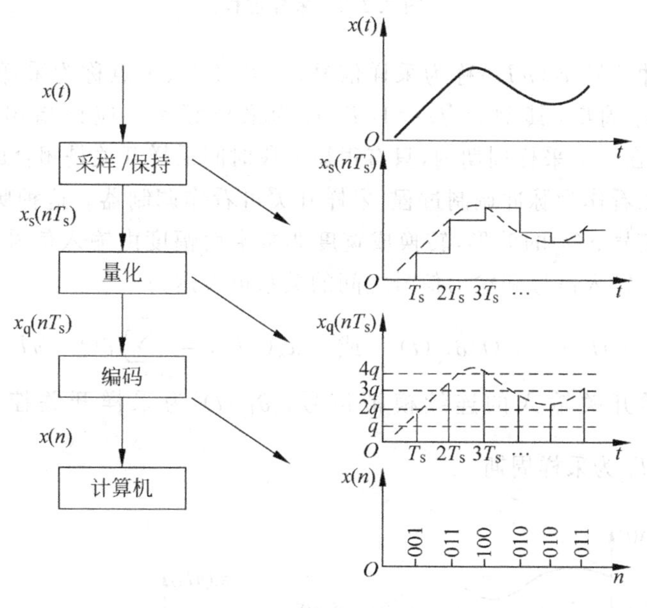

图2.2.1　信号转换过程

(1) 时间断续。对连续的模拟信号$x(t)$，按一定的时间间隔T_s抽取相应的瞬时值(也就是通常所说的离散化)，这个过程称为采样。连续的模拟信号$x(t)$经采样过程后转换为时间上离散的模拟信号$x_s(nT_s)$(即幅值仍是连续的模拟信号)，简称为采样信号。

(2) 数值断续。把采样信号$x_s(nT_s)$以某个最小数量单位的整倍数来度量，这个过程称为量化。采样信号$x_s(nT_s)$经量化后变换成量化信号$x_q(nT_s)$，再经过编码，转换成离散的

数字信号项 $x(n)$（即时间和幅值都是离散的信号），简称为数字信号。

对连续的模拟信号离散化时，是否可以随意对连续的模拟信号做离散化处理呢？实践证明，在对连续的模拟信号做离散化处理时，必须依据采样定理规定的原则进行，如果随意进行，将会产生一些问题：可能使采样点增多，导致占用大量的计算机内存单元，严重时将因内存不够而无法工作；也可能使采样点过少，采样点之间相距太远，引起原始数据值的失真，复原时不能原样复现出原来连续变化的模拟量，从而造成误差。

1. 采样

采样过程如图 2.2.2 所示，一个在时间和幅值上连续的模拟信号 $x(t)$，通过一个周期性开闭（周期为 T_s，开关闭合时间为 τ）的采样开关 K 之后，在开关输出端输出一串在时间上离散的脉冲信号 $x_s(nT_s)$，这一过程称为采样过程。

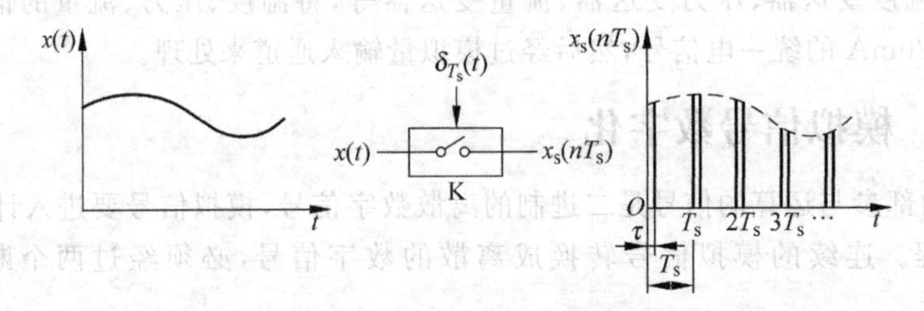

图 2.2.2　采样过程

采样后的脉冲信号 $x_s(nT_s)$ 称为采样信号，0、T_s、$2T_s$、… 点称为采样时刻，τ 称为采样时间，T_s 称为采样周期，其倒数 $f_s=1/T_s$ 称为采样频率。应该指出，在实际系统中，$\tau \ll T_s$，也就是说，在一个采样周期内，只有很短一段时间采样开关是闭合的。

采样过程可以看作为脉冲调制过程，采样开关可看作调制器。这种脉冲调制过程是将输入的连续模拟信号 $x(t)$ 的波形，转换成宽度非常窄而幅度由输入信号确定的脉冲序列，如图 2.2.3 所示。输入信号和输出信号之间的关系可表达为

$$x_s(nT_s)=x(t)\delta_{T_s}(t) \quad \text{或} \quad x_s(nT_s)=\sum_{n=-\infty}^{+\infty}\delta(t-nT_s)$$

式中，$x(t)$ 为采样开关输入的连续模拟信号；$\delta_{T_s}(t)$ 为采样开关控制信号，$\delta_{T_s}(t)=\sum_{n=-\infty}^{+\infty}\delta(t-nT_s)$；$T_s$ 为采样周期。

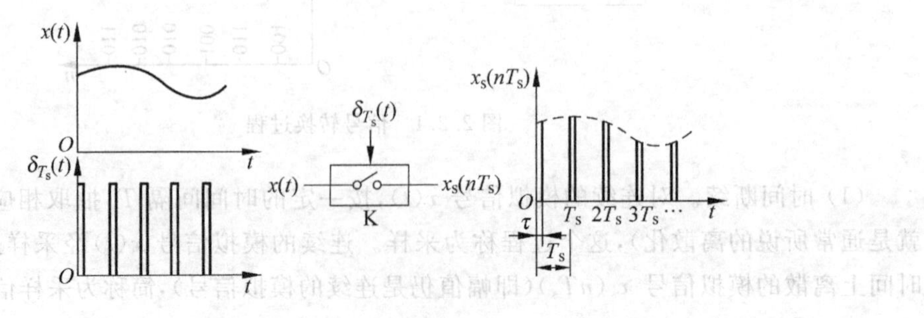

图 2.2.3　脉冲调制过程

因为 $\tau \ll T_s$，所以可假设采样脉冲为理想脉冲，$x(t)$ 在脉冲出现瞬间 nT_s 取值为 $x(nT_s)$，所以上式可改写为

$$x_s(nT_s) = \sum_{n=-\infty}^{+\infty} x(nT_s)\delta(t-nT_s)$$

考虑到时间为负值无物理意义，上式可改写为

$$x_s(nT_s) = \sum_{n=0}^{+\infty} x(nT_s)\delta(t-nT_s) \tag{2.2.1}$$

式(2.2.1)表明，采样开关输出的采样信号 $x_s(nT_s)$ 是由一系列脉冲组成的，其数学表达式是两个信号乘积的和。

采样周期 T_s 决定了采样信号的质量和数量：T_s 太小会使 $x_s(nT_s)$ 的数量剧增，占用大量的内存单元；T_s 太大会使模拟信号的某些信息被丢失，这样一来，若将采样后的信号恢复成原来的信号，就会出现失真现象，影响数据处理的精度。因此，必须有一个选择采样周期 T_s 的依据，以确保使 $x_s(nT_s)$ 不失真地恢复原信号 $x(t)$，这个依据就是采样定理。

设有连续信号 $x(t)$，其频谱为 $X(f)$，以采样周期 T_s 采得的离散信号为 $x_s(nT_s)$，如果频谱 $X(f)$ 和采样周期满足下列条件：

频谱 $X(f)$ 为有限频谱，即当 $|f| \geqslant f_C$（f_C 为截止频率）时，$X(f)=0$

$$T_s \leqslant \frac{1}{2f_C} \quad \text{或} \quad 2f_C \leqslant \frac{1}{T_s} = f_s$$

则连续信号

$$x(t) = \sum_{n=-\infty}^{+\infty} x_s(nT_s) \frac{\sin\left[\frac{\pi}{T_s}(t-nT_s)\right]}{\frac{\pi}{T_s}(t-nT_s)} \tag{2.2.2}$$

唯一确定。式中，$n=0, \pm 1, \pm 2, \cdots$。$f_C$ 就是在采样时间间隔内能辨认的信号最高频率，称为截止频率，又称为奈奎斯特频率。

采样定理指出，在一般情况下，对一个具有有限频谱 $X(f)$ 的连续信号 $x(t)$ 进行采样，当采样频率为 $f_s \geqslant 2f_C$ 时，由采样后得到的采样信号 $x_s(nT_s)$ 能无失真地恢复为原来信号 $x(t)$。

采样定理为确定信号采样频率提供了理论依据。只要遵守采样定理，一般情况下能够由采样信号 $x_s(nT_s)$ 不失真地恢复出原模拟信号 $x(t)$。然而，有些情况下即使是遵守采样定理也不一定能不失真地恢复出原模拟信号 $x(t)$，换句话说，采样定理也有其不适用的情况。

2. 量化

连续模拟信号经过采样后，变成了时间上离散的采样信号，但其幅值在采样时间 τ 内是连续的，因此，采样信号仍然是模拟信号。为了能用计算机处理，仍须将采样信号转换成数字信号，也就是将采样信号的幅值用二进制代码来表示。由于二进制代码的位数是有限的，只能代表有限个信号的电平，所以在编码之前首先要对采样信号进行“量化”。

所谓量化就是把采样信号的幅值和某个最小数量单位的一系列整倍数比较，以最接近于采样信号幅值的最小数量单位倍数来代替该幅值，这一过程称为“量化过程”，简称“量化”。

最小数量单位称为量化单位。量化单位定义为量化器满量程电压 FSR(Full Scale Range)和 2^n 的比值,用 q 表示

$$q=\frac{\mathrm{FSR}}{2^n} \tag{2.2.3}$$

其中 n 为量化器的位数。

量化后的信息称为量化信号,把量化信号的数值用二进制代码来表示,就称为编码。量化信号经过编码后转换成数字信号,完成量化和编码的器件是 A/D 转换器。

3. 编码

编码是指把量化信号的电平用数字代码来表示,编码有多种形式,最常用的是二进制编码。如同十进制数,二进制的数码是由多个位组成的。数码最左端的位叫做最高有效位,简称最高位,用符号 MSB 表示;数码最右端的位叫做最低有效位,简称最低位,用符号 LSB 表示。所谓二进制编码就是用 1 和 0 所组成的 n 位数码来代表量化电平。在生产过程中,被采样的模拟信号是存在极性的,例如单极性信号,电压在 0V～+10V 变化;双极性信号,电压在 −5V～+5V 变化。因此,二进制码也分成两种(单极性二进制码和双极性二进制码),在应用时要根据被采样信号的极性来选择编码形式。

1) 单极性编码

(1) 二进制码

二进制码是单极性码中使用最普遍的一种码制。在数据转换中,经常使用的是二进制分数码。在这种码制中,一个十进制数 D 的量化电平可表示为

$$D=\sum_{i=1}^{n}a_i 2^{-i}=\frac{a_1}{2}+\frac{a_2}{2^2}+\cdots+\frac{a_n}{2^n} \tag{2.2.4}$$

式中,第 1 位(MSB)的权是 1/2,第 2 位的权是 1/4,…,第 n 位(LSB)的权是 $1/2^n$;a_i 为 0 或 1,n 是位数;数 D 的值就是所有非 0 位的值和它权的积的累加和。式(2.2.4)中所有各位($a_1,a_2,\cdots,a_n$)均为 1 时(n 一定时,此时 D 取最大值),$D=1-1/2^n$,也就是说在二进制分数码中,数 D 的值是一个小数。

一个模拟输出电压 U_O,若用二进制分数码表示,则为

$$U_O=\mathrm{FSR}\sum_{i=1}^{n}\frac{a_i}{2^i}=\mathrm{FSR}\left(\frac{a_1}{2}+\frac{a_2}{2^2}+\cdots+\frac{a_n}{2^n}\right) \tag{2.2.5}$$

式中,FSR 为满量程电压。

例 2.2.1 设有一个 D/A 转换器,输入二进制数码为:110101,基准电压 $U_{\mathrm{REF}}=\mathrm{FSR}=10\mathrm{V}$,求输出 U_O。

解:根据式(2.2.4)可得

$$D=\left(1\times\frac{1}{2}+1\times\frac{1}{4}+0\times\frac{1}{8}+1\times\frac{1}{16}+0\times\frac{1}{32}+1\times\frac{1}{64}\right)=0.828\,125$$

则 $U_O=U_{\mathrm{REF}}D=10\times0.828\,125=8.281\,25(\mathrm{V})$。

注意:由于二进制数码的位数 n 是有限的,即使二进制数码的各位都为 1,最大输出电压 $U_{\max}$ 也不和 FSR 相等,而是差一个量化单位 q,可用下式确定:

$$U_{\max}=\mathrm{FSR}\left(1-\frac{1}{2^n}\right) \tag{2.2.6}$$

例如：对于一个工作电压是0V～＋10V的12位单极性转换器而言：

$$U_{max} = 111\,111\,111\,111 = +9.997\,6\text{V}$$

$$U_{min} = 000\,000\,000\,000 = +0.000\,0\text{V}$$

(2) 二-十进制(BCD)编码

虽然二进制码是普遍使用的一种码制，但在系统的接口中，经常使用另一些码制，以满足特殊的要求。例如，数字电压表、光栅数显表等，数字总是以十进制形式显示出来，以便于人们读数，这种情况下，二－十进制码有它的优越性。

BCD编码中，用一组四位二进制码来表示一位0～9的十进制数字。使用BCD编码，主要是因为BCD码的每一组(四位二进制)码代表一位十进制码，每一组码可以相对独立地解码去驱动显示器，从而使数字电压表等仪器可以采用更简单的译码器。

2) 双极性编码

在很多情况下，模拟信号是双极性的，有时是正值，有时是负值。为了区别两个幅值相等而符号相反的信号，就需要采用双极性编码。最常见的双极性编码形式有：符号-数值码、偏移二进制码、2的补码。

(1) 符号-数值码

在这种码制中，最高位为符号位("0"表示正，"1"表示负)，其他各位是数值位。这种码制和其他双极性码制比较，其优点是信号在零的附近变动1LSB时，数值码只有最低位改变，这意味着不会产生严重的瞬态效应。其他双极性码，从表2.2.1可以看出，在零点附近都会发生主码跃迁，即数值码的所有位全都发生变化，因而可能产生严重的瞬态效应和误差。其缺点是有两个码表示零，＋0为0000，－0为1000。因此从数据转换角度来看，符号-数值码的转换器电路比其他双极性码复杂，造价也比较贵。

表2.2.1 三种编码和十进制的对应关系

十进制(分数)	符号-数值码	偏移二进制码	2的补码
＋7/8	0111	1111	0111
＋6/8	0110	1110	0110
＋5/8	0101	1101	0101
＋4/8	0100	1100	0100
＋3/8	0011	1011	0011
＋2/8	0010	1010	0010
＋1/8	0001	1001	0001
0＋	0000	1000	0000
0－	1000	1000	0000
－1/8	1001	0111	1111
－2/8	1010	0110	1110
－3/8	1011	0101	1101
－4/8	1100	0100	1100
－5/8	1101	0011	1011
－6/8	1110	0010	1010
－7/8	1111	0001	1001
－8/8		0000	1000

(2) 偏移二进制码

偏移二进制码是转换器最容易实现的双极性码制。由表 2.2.1 可以看出，一个模拟输出量 U_O，当用偏移二进制码表示时，其代码完全按照二进制码的方式变化，不同之处，只是前者的代码简单地用满量程值加以偏移。以 4 位二进制码为例，代码的偏移情况如下：

代码为“0000”时，表示模拟负满量程值，即 $-$FSR。

代码为“1000”时，表示模拟零，即模拟零电压对应于 2^{n-1} 数。

代码为“1111”时，表示模拟正满量程值减 1LSB，即 FSR$-$FSR/2^{n-1}。

对应于 0000～1111 的输入码，A/D 转换器输出范围从 $-$FSR 到 $+\frac{7}{8}$FSR。

以上偏移情况可以用表达式概括如下：

$$U_O = \text{FSR}\left(\sum_{i=1}^{n}\frac{a_i}{2^{i-1}} - 1\right) \tag{2.2.7}$$

$$U_{\max}(\text{正}) = \text{FSR}\left(1 - \frac{1}{2^{n-1}}\right) \tag{2.2.8}$$

$$U_{\min}(\text{负}) = -\text{FSR} \tag{2.2.9}$$

对于一个满量程电压是 $-$10V～$+$10V 的 12 位偏移二进制转换器而言：

$$U_{\max} = 111\,111\,111\,111 = +9.995\,1(\text{V})$$

$$U_{\text{mid}} = 100\,000\,000\,000 = 0.000\,0(\text{V})$$

$$U_{\min} = 000\,000\,000\,000 = -10.000\,0(\text{V})$$

偏移二进制码的优点是除了容易实现外，还很容易变换成 2 的二进制补码。其缺点是在零点附近发生主码跃迁。

(3) 2 的补码

从表 2.2.1 可以看出，2 的补码符号位和偏移二进制码的符号位相反，而数值部分则相同。构成 2 的补码比较简单，正数的补码是本身，负数的补码是符号位不变，数值位取反，然后加 1。

2 的补码对于数字的代数运算十分方便，因为减法可以用加法来代替。例如：

$$\frac{4}{8} - \frac{3}{8} = (0100 + 1101)_2 = (0001)_2 \quad (\text{不考虑进位})$$

$$\frac{5}{8} - \frac{5}{8} = (0101 + 1011)_2 = (0000)_2 \quad (\text{不考虑进位})$$

2 的补码的缺点和偏移二进制码相同。

2.2.2 输入通道组成

模拟量输入通道根据应用要求不同，可以有不同的结构形式。通常结构如图 2.2.4 所示，一般由信号调理电路、多路转换器、采样保持器、A/D 转换器、接口电路及逻辑控制等组成。过程参数由传感元件检测，经过信号调理或经变送器转换为电流(或电压)信号，再送到多路转换器，在计算机的控制下，由多路转换器将各个过程参数依次切换到后级电路，进行采样和 A/D 转换，实现过程参数的巡回检测。

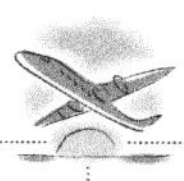

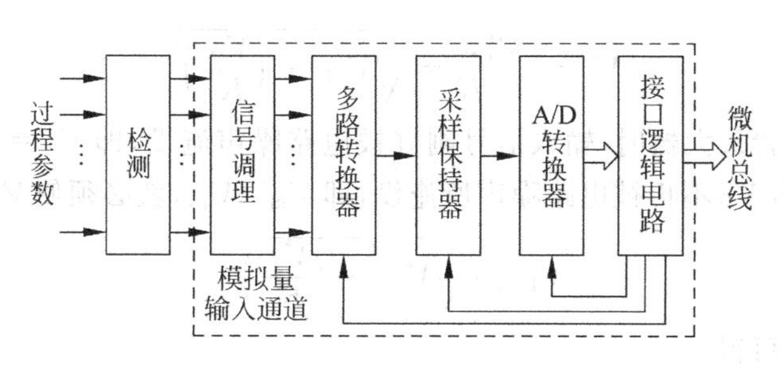

图 2.2.4 模拟输入通道的组成结构

2.2.3 信号调理

在一般的测控系统中信号调理的任务比较复杂，根据检测信号以及受干扰情况的不同，信号调理的功能也不同。通常包括信号的放大、量程自动切换、电流/电压转换、滤波、线性化、温度补偿、误差修正等，这些操作统称为信号调理(Signal Conditioning)，相应的执行电路统称为信号调理电路。

随着微电子技术的发展，在测控系统中许多原来依靠硬件实现的信号调理任务现在都可通过软件来实现，大大简化了测控系统中信号输入通道的结构，信号输入通道中的信号调理重点为信号放大、信号滤波等。

1. 信号放大

1）前置放大

很多传感器输出信号都比较小，必须选用前置放大器进行放大。判断传感器信号“大”还是“小”和要不要进行放大的依据是什么？放大器为什么要“前置”即设置在调理电路的最前端？能不能接在滤波器的后面？前置放大器的放大倍数应该多大为好？这些问题在设计模拟输入通道时需要考虑。

我们知道，由于电路内部有这样或那样的噪声源存在，使得电路在没有信号输入时，输出端仍存在一定幅度的波动电压，这就是电路的输出噪声。把电路输出端测得的噪声有效值折算到该电路的输入端即除以该电路的增益 K，得到的电平值称为该电路的等效输入噪声 V_{IN}，即

$$V_{IN}=V_{ON}/K \tag{2.2.10}$$

如果加在该电路输入端的信号幅度 V_{IS} 小到比该电路的等效输入噪声还要低，那么这个信号就会被电路的噪声所“淹没”。为了不使小信号被电路噪声所淹没，就必须在该电路前面加一级放大器，如图 2.2.5 所示。图中前置放大器的增益为 K_0，本身的等效输入噪声为 V_{IN0}。由于前置放大器的噪声和后级电路的噪声是互不相关的随机噪声，因此，图 2.2.5 电路的总输出噪声为

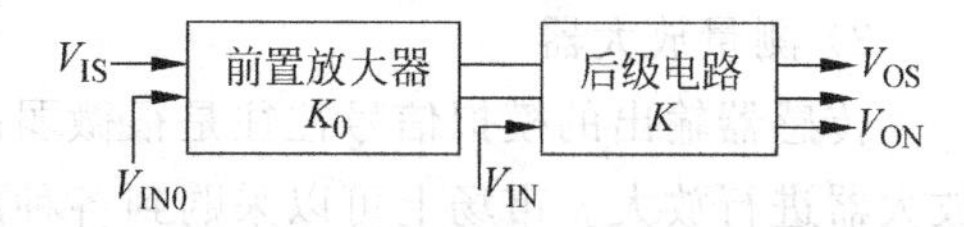

图 2.2.5 前置放大器的作用

$$V'_{ON}=\sqrt{(V_{IN0}K_0K)^2+(V_{IN}K)^2} \tag{2.2.11}$$

总输出噪声折算到前置放大器输入端，即总的等效输入噪声为

$$V'_{IN} = \frac{V'_{ON}}{K_0 K} = \sqrt{V_{IN0}^2 + \left(\frac{V_{IN}}{K_0}\right)^2} \tag{2.2.12}$$

假设不设置前置放大器时，输入信号刚好被电路噪声淹没，即 $V_{IS}=V_{IN}$，加入前置放大器后，为使输入信号 V_{IS} 不再被电路噪声所淹没，即 $V_{IS}>V_{IN}$，就必须使 $V'_{IN}<V_{IN}$，即

$$V_{IN} > \sqrt{V_{IN0}^2 + \left(\frac{V_{IN}}{K_0}\right)^2}$$

解上列不等式可得

$$V_{IN0} < V_{IN}\sqrt{1-\frac{1}{K_0^2}} \tag{2.2.13}$$

由上式可知，为使小信号不被电路噪声所淹没，在电路前端加入的电路必须是放大器，即 $K_0>1$，而且必须是低噪声的，即放大器本身的等效输入噪声必须比其后级电路的等效输入噪声低。因此，调理电路前端电路必须是低噪声的前置放大器。

为了减小体积，调理电路中的滤波器大多采用 RC 有源滤波器，由于电阻元件是电路噪声的主要根源，因此，RC 滤波器产生的电路噪声比较大。如果把放大器放在滤波器后面，滤波器的噪声将会被放大器放大，使电路的输出信噪比降低。现用图 2.2.6 所示的两种情况进行对比来说明这一点。图中放大器和滤波器的放大倍数分别为 K 和 1(即不放大)，本身的等效输入噪声分别为 V_{IN0} 和 V_{IN1}。图 2.2.6(a)所示调理电路的等效输入噪声为

$$V_{IN} = \frac{\sqrt{(V_{IN0}K)^2 + (V_{IN1}\times 1)^2}}{K} = \sqrt{V_{IN0}^2 + \left(\frac{V_{IN1}}{K}\right)^2}$$

图 2.2.6(b)所示调理电路的等效输入噪声为

$$V'_{IN} = \frac{\sqrt{(V_{IN1}K)^2 + (V_{IN0})^2}}{K} = \sqrt{V_{IN0}^2 + V_{IN1}^2}$$

对比上面两式可以看出，由于 $K>1$，所以 $V_{IN}<V'_{IN}$，也就是说，调理电路中放大器设置在滤波器前面有利于减少电路的等效输入噪声。由于电路的等效输入噪声决定了电路所能输入的最小信号电平，因此减少电路的等效输入噪声实质上就是提高了电路接收弱信号的能力。

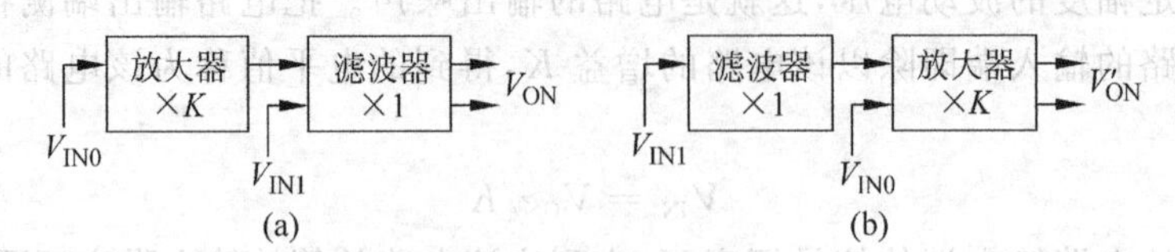

图 2.2.6　两种调理电路的对比

2) 测量放大器

传感器输出的模拟信号往往是很微弱的微伏级信号(例如热电偶的输出信号)，需要用放大器进行放大。市场上可以采购到各种放大器，如通用运算放大器、测量放大器等，由于通用运算放大器一般都具有毫伏级的失调电压和每度数微伏的温漂，因此，通用运算放大器不能直接用于放大微弱信号，而测量放大器则可以较好地实现此功能。

测量放大器是一种带有精密差动电压增益的器件，具有高输入阻抗、低输出阻抗、强抗共模干扰能力、低温漂、低失调电压和高稳定增益等特点，在微弱信号检测系统中被广泛用

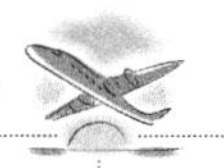

作前置放大器。测量放大器的电路原理如图 2.2.7 所示，由三个运放构成，并分为两极：第一级为两个同相放大器 A_1、A_2，因此输入阻抗高；第二级为普通的差动放大器，把双端输入变为对地的单端输出。以图 2.2.7 所示的原理图为例，讨论两个问题：测量放大器的增益和抗共模干扰能力。

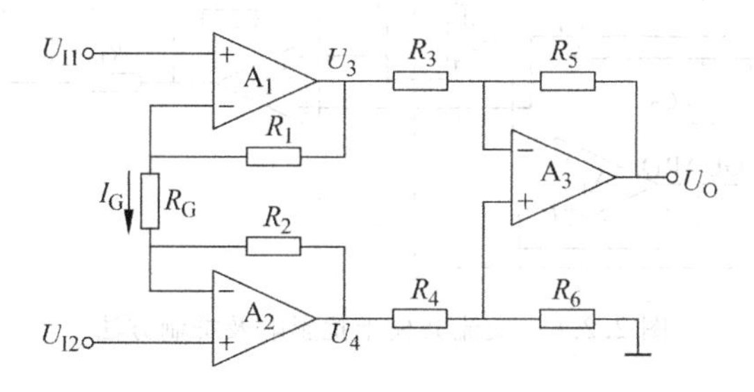

图 2.2.7 测量放大器原理电路

测量放大器的增益可以用以下公式确定：

$$K=\frac{U_O}{U_{I1}-U_{I2}}=\frac{(U_3-U_4)U_O}{(U_{I1}-U_{I2})(U_3-U_4)} \tag{2.2.14}$$

其中，$U_3=U_{I1}+I_G R_1$，$U_4=U_{I2}-I_G R_2$，$I_G=\frac{U_{I1}-U_{I2}}{R_G}$。

所以有

$$\frac{U_3-U_4}{U_{I1}-U_{I2}}=\frac{R_G+R_1+R_2}{R_G}$$

测量放大器输出电压为

$$U_O=U_4\left[\frac{R_6}{R_4+R_6}\left(1+\frac{R_5}{R_3}\right)\right]-U_3\frac{R_5}{R_3} \tag{2.2.15}$$

为提高共模抑制比和降低温漂影响，测量放大器采用对称结构，即取 $R_1=R_2$，$R_3=R_4$，$R_5=R_6$，整理式(2.2.14)和式(2.2.15)可得

$$K=\frac{U_O}{U_{I1}-U_{I2}}=-\left(1+\frac{2R_1}{R_G}\right)\frac{R_5}{R_3} \tag{2.2.16}$$

通过调节外接电阻 R_G 的大小可以方便地改变测量放大器的增益。

由图 2.2.7 可知，对于直流共模信号，由于 $I_G=0$，当 $R_3=R_4=R_5=R_6$ 时，$U_O=0$，所以测量放大器对直流共模信号的抑制比为无穷大。但对于交流共模信号，情况就不一样了，因为输入信号的传输线存在线阻 R_{I1}、R_{I2} 和分布电容 C_1、C_2，如图 2.2.8 所示。显然 $R_{I1}C_1$ 和 $R_{I2}C_2$ 可分布对地构成回路，当 $R_{I1}C_1 \neq R_{I2}C_2$ 时，交流共模信号在两运放输入端产生分压，其电压分别为 U_{I1} 和 U_{I2}，且 $U_{I1} \neq U_{I2}$，所以 I_G 对输入信号产生干扰。

要抑制交流共模信号的干扰，可在其输入端加接一个输入保护电路，如图 2.2.8 中的虚线框部分所示，并把信号线屏蔽起来，这就是所谓的“输入保护”。当 $R_1=R_2$ 时，由于屏蔽层和信号线间对交流共模信号是等电位的，因此 C_1 和 C_2 的分压作用就不存在，从而大大降低了共模交流信号的影响。

2. 量程自动切换

在实际测控系统中有单参数和多参数测量，如图 2.2.9 所示。图 2.2.9(a)中如果传感

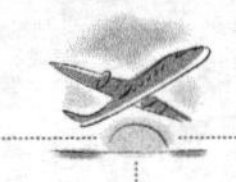

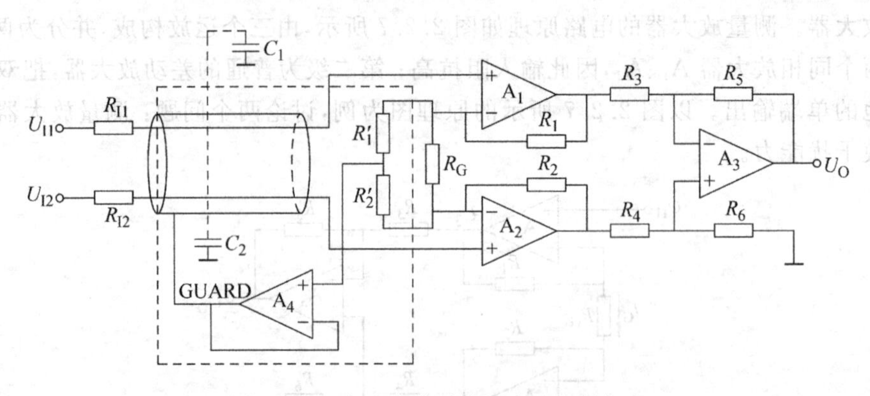

图 2.2.8 交流共模干扰影响及抑制方法

器和显示器的分辨率一定，而仪表的测量范围很宽时，为了提高测量精度，系统应该能自动转换量程。图 2.2.9(b)所示为多参数测量系统，当各传感器的参数信号不一样时，由于传感器所提供的信号变化范围很宽（从微伏到伏），后续放大器的选择可以是一个传感器配置一个放大器，这种方式显然增加了系统成本，实际很少使用。实际系统一般采用多个传感器共用一个放大器的方式，这就涉及放大器放大倍数的选择。

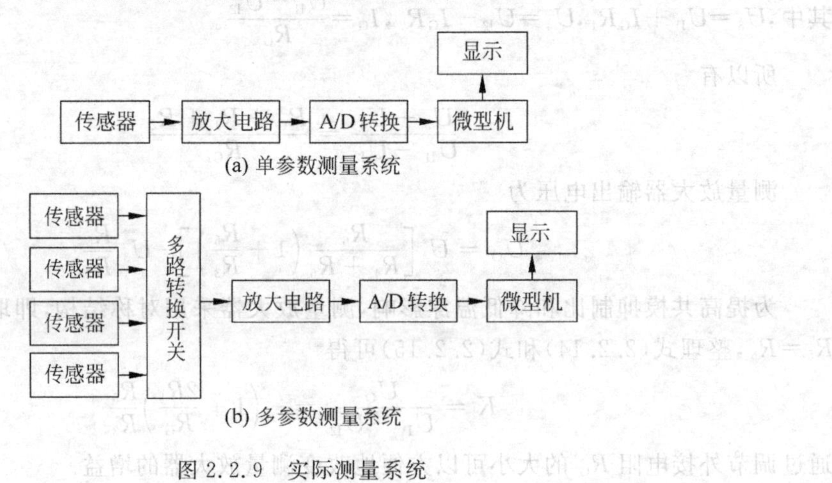

图 2.2.9 实际测量系统

放大倍数的确定要考虑两方面因素：经放大器放大后的输出电压要满足 A/D 转换器的输入电压范围的要求；按照所有传感器中最大电压范围选择放大倍数。如 A/D 转换器的输入电压范围为 0～5V，而所有传感器中最大电压范围为 0～1V，则可以选择放大器的放大倍数为 5 倍。按照如此选择的话，小信号传感器，如 0～100mV，经放大后送入 A/D 转换器的电压范围为 0～0.5V，显然会降低信号的分辨率。

要使每个传感器具有同样的分辨率，必须保证送到 A/D 转换器的信号一致（0～5V），显然只有使每个传感器的放大倍数不同，才能达到要求，所以需要提供各种量程的放大器。在模拟系统中，为了放大不同的信号，往往使用不同放大倍数的放大器，但结构复杂。而在测控仪器或设备中，经常使用各种类型的变送器，如温度变送器、位移变送器等，但是这类变送器价格比较贵，系统也比较复杂，不利于在模拟输入通道中采用。

随着微电子和计算机技术的发展，为了减少硬件设备，可以使用可编程增益放大器

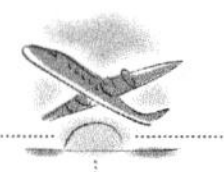

(programmable gain amplifier,PGA),这是一种通用性很强的放大器,其放大倍数可根据需要用程序进行控制,通过程序调节放大倍数,使 A/D 转换器满量程信号达到均一化,大大提高测量精度。所谓量程自动转换,就是根据需要对所处理的信号利用可编程增益放大器进行放大倍数的自动调整,满足后续电路和系统的要求。

可编程增益放大器有组合 PGA 和集成 PGA 两种。

1) 组合 PGA

一般由运算放大器、测量放大器或隔离放大器再加上一些其他附加电路组合而成,其原理是通过程序调整多路转换开关接通的反馈电阻的数值,从而调整放大器的放大倍数。图 2.2.10 所示为采用多路开关 CD4052 和测量放大器组成的组合型可编程增益放大器。组合 PGA 第一级的放大倍数由模拟开关控制。放大倍数的大小由 CD4052 的 X、Y 共 8 个传输门控制,CD4052 通过一个 8D 锁存器和 CPU 总线相连,改变输入到 CD4052 选择输入端 C、B、A 的数值,则可改变接通电阻。如果要实现表 2.2.2 中的放大倍数,则电阻可作如下选择:

$$R_1 = R_4 = 40\text{k}\Omega,\quad R_2 = R_5 = 5\text{k}\Omega,\quad R_3 = R_6 = 4\text{k}\Omega,\quad R_x = 2\text{k}\Omega$$

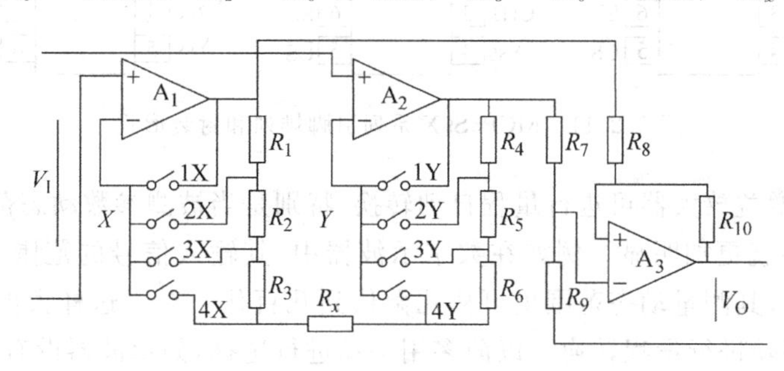

图 2.2.10 组合 PGA

表 2.2.2 放大器的增益

数字输入		增益	模拟开关导通状态	
A	B			
0	0	1	1X	1Y
0	1	5	2X	2Y
1	0	10	3X	3Y
1	1	50	4X	4Y

2) 集成 PGA

专门设计的可编程增益放大器电路即为集成 PGA,集成 PGA 的种类很多,现以美国微芯科技公司(Microchip Technology) MCP6S9X 系列可编程增益放大器为例说明。MCP6S9X 系列可实现对放大器功能和设计的数字控制,在运行过程中设定系统增益和信号路径,当终端应用开启时,能够方便用户增加系统自我校准及其他系统操作调节,主要应用于工业、仪器仪表、信号处理和传感处理等领域。

MCP6S9X 系列是一种单端、可级联、增益可编程放大器,如图 2.2.11 所示,有多种封装形式,可提供 1 通道和 2 通道输入,其中 91 为单通道,92、93 为双通道,主要特点如下:

(1) 8 种可编程增益选择:+1、+2、+4、+5、+8、+10、+16 或+32;

(2) SPI串行编程接口；

(3) 级联输入和输出；

(4) 低增益误差，最大±1%；

(5) 高带宽频率，典型值为1～18MHz；

(6) 低噪声，典型值为10nV/$\sqrt{\text{Hz}}$ (10kHz)；

(7) 低电源电流，典型值为1mA；

(8) 单电源供电，2.5～5.5V；

(9) 温度范围，−40～+125℃。

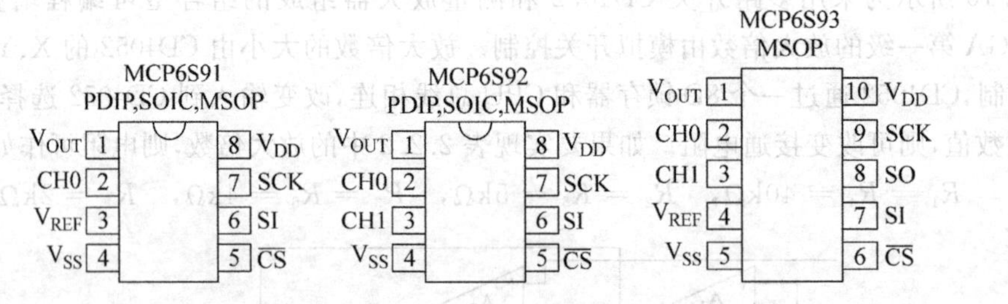

图 2.2.11　MCP6S9X 系列引脚排列和封装形式

利用可编程增益放大器可进行量程自动转换，特别是当被测参数动态范围比较宽时，使用PGA的优越性就更加明显。例如在数字示波器中，其输入信号的范围从几微伏到几十伏，数字电压表中，其测量动态范围也可从几微伏到几百伏。对于这样大的动态范围，想要提高测量精度，必须进行量程转换。以前多用手动进行选择，如示波器设有10倍衰减挡，万用表可以手动选择不同挡位等。现在智能化数字电压表中，采用可编程增益放大器和计算机，可以很容易实现量程自动转换。

3. 电流/电压转换(I/V)

变送器输出的信号为0～10mA或4～20mA的统一信号，电流信号经过长距离传输到计算机接口电路，需要经过I/V变换成电压信号后才能进行A/D转换，进入计算机被处理。I/V转换电路是将电流信号成比例地转换成电压。常用的I/V变换有无源I/V、有源I/V、集成I/V芯片等形式。

1) 无源I/V变换

无源I/V变换利用无源器件电阻来实现，并加滤波和输出限幅等保护措施，如图2.2.12所示。在实际应用中，对于不存在共模干扰的电流输入信号，可直接利用一个精密的绕线电阻，实现I/V变换。如果精密电阻$R_1+R_w=500\Omega$，可实现(0～10mA)/(0～5V)的I/V变换；如果$R_1+R_w=250\Omega$，可实现(4～20mA)/(1～5V)的I/V变换。图中R、C组成低通滤波器，抑制高频干扰，R_w调整输出的电压范围，电流输入端加一稳压二极管。其缺点：输出电压随负载的变化而变化，使得输入电流和输出电压之间没有固定的比例关系。其优点：电路简单，适用于负载变化

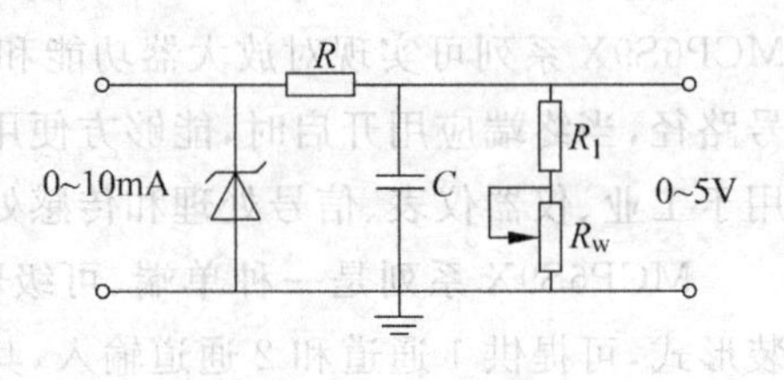

图 2.2.12　无源 I/V

不大的场合。

2）有源 I/V 变换

有源 I/V 变换主要由有源器件运算放大器、电阻等组成，如图 2.2.13 所示，先将输入电流经过一个电阻（高精度、热稳定性好）使其产生一个电压，再将电压经过一个电压跟随器（或放大器），将输入和输出隔离开来，使其负载不能影响电流在电阻上产生的电压，输出电压 $V_o = I_i \times R_4 \times \left(1+\frac{R_3+R_w}{R_1}\right)$。其优点：负载不影响转换关系，但输入电压受提供芯片电压的影响，即有输出电压上限值。因电流输入信号 I_i 是从运算放大器的同相端输入的，因此要求选用具有较高共模抑制比的运算放大器，如 OP07、OP27 等，R_4 为高精度、热稳定性较好的电阻。

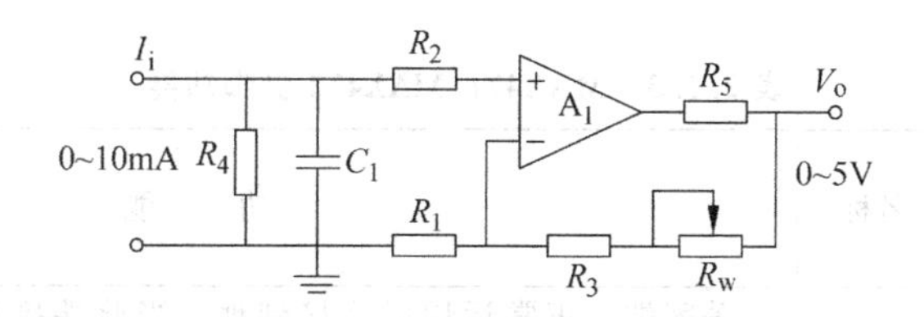

图 2.2.13　有源 I/V 变换

3）集成 I/V 变换芯片

美国美信公司生产的精密高端电流检测放大器是一个系列化产品，有 MAX471/MAX472、MAX4172/MAX4173 等，它们均有一个电流输出端，可以用一个电阻来简单地实现以地为参考点的电流/电压的转换，并可工作在较宽电压内。MAX471/MAX472 具有如下特点：

(1) 具有完美的高端电流检测功能；

(2) 内含精密的内部检测电阻(MAX471)；

(3) 在工作温度范围内，其精度为 2%；

(4) 具有双向检测指示，可监控充电和放电状态；

(5) 内部检测电阻和检测能力为 3A，并联使用时还可扩大检测电流范围；

(6) 使用外部检测电阻可任意扩展检测电流范围(MAX472)；

(7) 最大电源电流为 100μA；

(8) 关闭方式时的电流仅为 5μA；

(9) 电压范围为 3～36V；

(10) 采用 8 脚 DIP/SO/STO 三种封装形式。

MAX471/MAX472 的引脚排列如图 2.2.14 所示，引脚功能说明如表 2.2.3 所示。MAX471 的电流增益比已预设为 500μA/A，由于 2kΩ 的输出电阻(ROUT)可产生 1V/A 的转换，因此±3A 时的满度值为 3V，用不同的 ROUT 电阻可设置不同的满度电压。但对于 MAX471，其输出电压不应大于 $V_{RS}-1.5V$。对于 MAX472，则不能大于 $V_{RG}-1.5V$。

OUT 端为电流幅度输出端，而 SIGN 端可用来指示输出电流的方向。SIGN 是一个集电极开路的输出端（仅吸收电流），可和任何采用电压供电的逻辑电路相连，用 100kΩ 的上拉电阻即可把 SIGN 连接到逻辑电源。对于 MAX471 来说，在电流从 RS－流向 RS＋时，输出低电平。而当电流从 RS+流向 RS−时，输出高电平。在采用电流供电的电路中，无论是充电还是放电，只要负载电流大于 1mA，SIGN 端的输出都能精确地指示出电流方向。

在 SHDN 为高电平时，MAX471/MAX472 进入关闭模式，此时系统的消耗电流小于 5μA。在关闭状态下，SIGN 为高阻状态，OUT 截止。

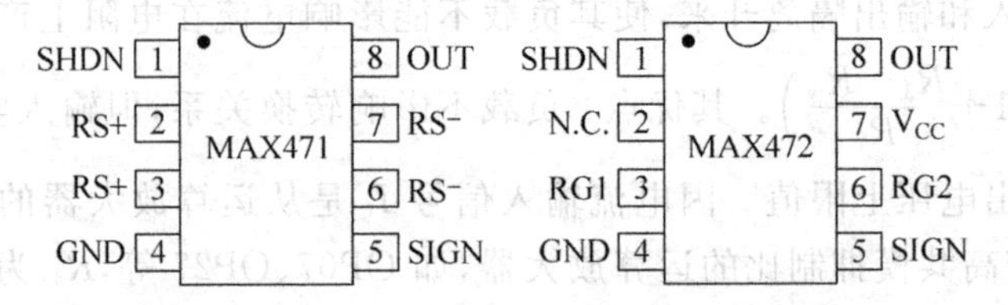

图 2.2.14　MAX471/MAX472 引脚排列

表 2.2.3　MAX471/MAX472 引脚功能

引脚		名称	功　能
MAX471	MAX472		
1	1	SHDN	关闭端。正常运用时连接到地。当此端接高电平时，电源电流小于 5μA
2,3	—	RS+	内部电流检测电阻电池(或电源端)。“+”仅指示与 SIGN 输出有关的流动方向。封装时已将 2 和 3 连在了一起
—	2	N.C.	空脚
—	3	RG1	增益电阻端。通过增益设置电阻连接到电流检测电阻的电池端
4	4	GND	地或电池负端
5	5	SIGN	集电极开路逻辑输出端。对于 MAX471 来说，低电平表示电流从 RS−流向 RS+，对于 MAX472，低电平表示 VSENSE 为负。当 SHND 为高电平时，SIGN 不为高阻抗，如果不需要 SIGN，可将其悬空
6,7	—	RS−	内部电流检测电阻的负载端。“−”仅表示与 SIGN 输出有关的流动方向，封装时已将 6 和 7 连在一起
—	6	RG2	增益电阻端。通道增益设置电阻连接至电流检测电阻负载端
—	7	V_{CC}	MAX472 电源输入端。连接至检测电阻与 RG1 的连接点
8	8	OUT	电流输出，它正比于流过 TSENSE 被测电路的幅度，在 MAX741 中，此引脚到地之间应接一个 2kΩ 电阻，每一安培被测电流将产生大小等于 1V 的电压

4. 电压/电流变换(V/I)

电压和电流的相互转换实质上是恒压源和恒流源的相互转换，一般来说，恒压源的内阻远小于负载电阻，恒流源内阻远大于负载电阻。因此，原则上讲，将电压转换为电流必须采用输出阻抗高的电流负反馈电路，而将电流转换为电压则必须采用输出阻抗低的电压负反馈电路。

1) 由运放构成的 V/I 转换电路

(1) (0～5V)/(0～10mA)转换

图 2.2.15 是一种电压/电流转换电路，它能将 0～5V 直流电压线性地转换成 0～10mA

输出。图中 $R_1=R_3$、$R_2=R_4$，从电路图可知，这是一种利用电压比较方法实现对输入电压的跟踪，从而保证输出电流为所需值。利用 A_1 作为比较器，将输入电压 V_i 与反馈电压 V_f 比较，通过比较器输出电压 V_1 控制 A_2 的输出电压 V_2，从而改变晶体管 T_1 的输出 I_L 电流，I_L 的大小又影响到参考电压 V_f，这种负反馈的结果使 $V_i=V_f$，此时流过负载的电流 I_L 为

$$I_L=\frac{V_f}{R_w+R_7}=\frac{V_i}{R_w+R_7} \tag{2.2.17}$$

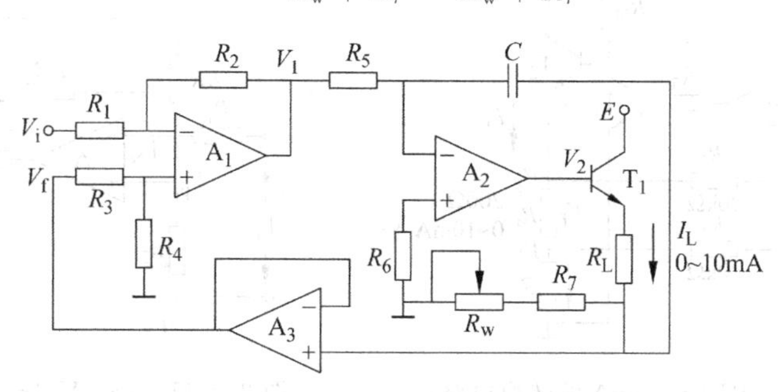

图 2.2.15　0～5V/0～10mA 的转换电路

当 R_w+R_7 的阻值稳定性好，A_1、A_2 具有较大放大倍数时，该电路具有较高的精度。当选 $R_w+R_7=500\Omega$ 时，输出直流电流就以 0～10mA 直流电流线性地对应输入直流电压 0～5V 直流。需要注意的是，在这个电路中，晶体管特性对输出电流有很大的影响，为使输出电流与输入电压具有更好的线性关系，也可在反馈端加一定的偏压。

(2) (0～10V)/(0～10mA)转换

图 2.2.16 是 0～10V 直流电压/0～10mA 直流电流转换电路，在输出回路中，引入一个反馈电阻 R_f，输出电流 I_o 经反馈电阻 R_f 得到一个反馈电压 V_f，经电阻 R_3，R_4 加到运算放大器的两个输入端。由电路可知，其同相端和反相端的电压分别为

$$V_N=V_2+(V_i-V_2)R_4/(R_1+R_4)$$

$$V_p=V_1R_2/(R_2+R_3)$$

对于理想运放，有 $V_N\approx V_p$，故有

$$V_2(1-R_4/(R_1+R_4))+V_iR_4/(R_1+R_4)=V_1R_2/(R_2+R_3)$$

由于 $V_2=V_1-V_f$，则

$$V_1R_1/(R_1+R_4)+(V_iR_4-V_fR_1)/(R_2+R_3)=V_1R_2/(R_2+R_3)$$

若令 $R_1=R_2=100\text{k}\Omega$、$R_3=R_4=20\text{k}\Omega$，则有

$$V_f=V_iR_4/R_1=\frac{1}{5}V_i$$

略去反馈回路的电流，则有

$$I_o=\frac{V_f}{R_f}=\frac{V_i}{5R_f}$$

可见当运放开环增益足够大时，输出电流 I_o 与输入电压 V_i 的关系只与反馈电阻 R_f 有关，因而具有恒流性能。反馈电阻 R_f 的值由组件的量程决定，当 $R_f=200\Omega$ 时，输出电流 I_o 在 0～10mA 直流范围内线性地与 0～10V 直流输入电压对应。为了增加转换的精度，也可在反馈电压输出端加电压跟随器。

(3) (1～5V)/(4～20mA)转换

图 2.2.17 所示电路能将 1～5V 直流电压转换成 4～20mA 直流电流输出。其中基准电压 $V_B=10V$，输入电压加在基准电压 V_B 上，从反相端输入。晶体管 T_1、T_2 组成复合管，作为射极跟随器并降低 T_1 基极电流，使 $I_o=I_1$。

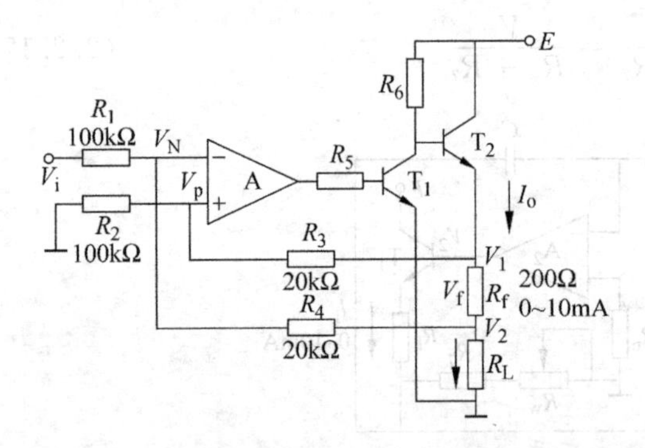

图 2.2.16　0～10V/0～10mA 的转换电路

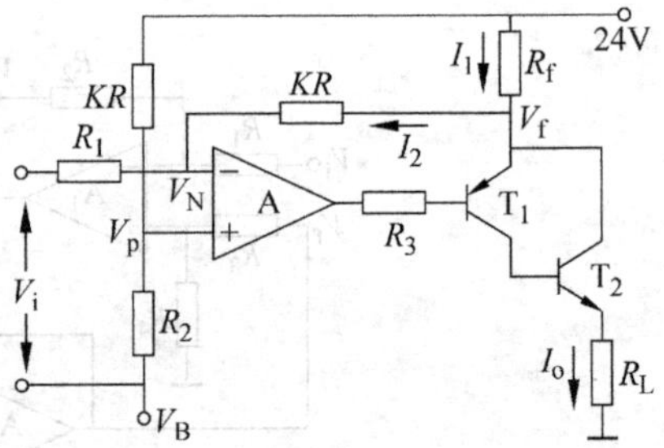

图 2.2.17　1～5V/4～20mA 的转换电路

从电路分析可知，$I_o=I_1-I_2$，若取 $R_1=R_2=R$，则有

$$V_N \approx V_p = V_B + \frac{24-V_B}{(1+K)R}R = \frac{24+KV_B}{1+K}$$

$$I_2 = \frac{V_N-V_i-V_B}{R} = \frac{V_f-V_N}{KR}$$

$$I_1 = \frac{24-V_f}{R_f}$$

因而有

$$I_1 = \frac{KV_i}{R_f}$$

$$I_2 = \frac{24-V_B-(1+K)V}{(1+K)R}$$

若取 $R_f=62.5\Omega$，$K=1/4$，则当 $V_i=1\sim5V$ 时，$I_1=4\sim20mA$，但输出电流 I_o 比 I_1 小一个误差项 I_2，且该误差项为变量，在输出电流为 4mA 时误差最大。为了减少转换误差，实际电路可取 $R_1=40.25k\Omega$，$R_2=40k\Omega$，$R_f=62.5\Omega$，$KR=10k\Omega$，可使误差降到最小。

采用上述电路时需要注意，在运放两端有较高的共模电压，当电源电压为 24V 时，同相端和反相端的共模电压可高达 21.2V。因此，在运放的选用时要选取具有耐高共模电压的运放；同时由于运放 A 的最大输出电压接近电源电压，因此，对该运放的最大输出电压亦有要求。

(4) (0～5V)/(4～20mA)转换

图 2.2.18 给出了一个实际的(0～5V)/(4～20mA)的转换电路。图中 T_1、T_2 组成功放级并采用深度电流负反馈，以便向负反馈 R_L 提供恒定的大电流 I_o。图中 $R_1=R_2=100k\Omega$，$R_7=R_8=20k\Omega$，$R_{11}=1.2k\Omega$，R_{w1} 和 R_{w2} 均为 3kΩ 电位器，R_L 在 0～500Ω 范围内变化，据推导，输出电流 I_o 为

$$I_o=(U_i+U_Z)K \tag{2.2.18}$$

式中，K 为转换系数，其值为

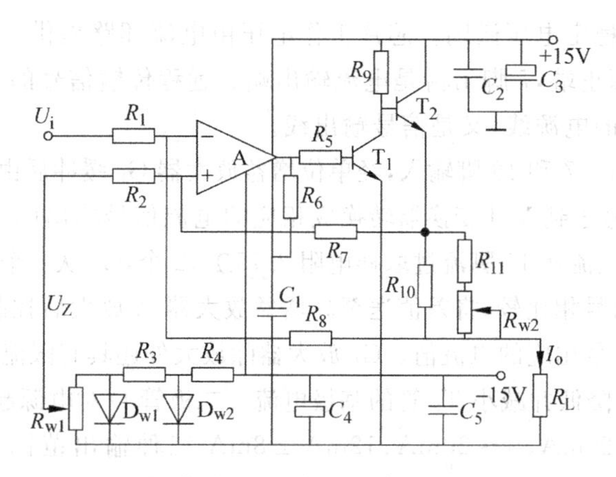

图 2.2.18　(0～5V)/(4～20mA)的转换电路

$$K = \frac{R_{10} + R_{11} + R_{w2}}{5R_{10}(R_{11} + R_{w2})} \tag{2.2.19}$$

而 U_Z 为偏置电压，由 15V 电压经 D_{w2}、D_{w1} 二次稳压后产生。U_Z 的作用是保证 $U_i=0$ 时，有一定的电流(例如 4mA)输出。

若调节 R_{w1} 使 $|U_Z|=1.25$V，调节 R_{w2} 使转换系数为 3.2mA/V，则当输入信号 $U_i=0\sim5$V 时，对应的输出电流为 $I_o=4\sim20$mA。若取 $R_{10}=130\Omega$、$R_{11}=1.8\text{k}\Omega$，调节 R_{w1} 使 $|U_Z|=2.5$V，调节 R_{w2} 使转换系数为 1.6mA/V，则可将 $U_i=0\sim10$V 的电压转换成 4～20mA 电流输出。

2) 集成 V/I 转换电路及应用

(1) AD693 工作原理

在实现 0～10mA 直流，4～20mA 与 0～10V 直流及 1～5V 直流转换时，也可直接采用集成电压/电流转换电路来完成。常用的电压/电流转换集成电路有 AD693、AD694、XTR110、ZF2B20 等，下面仅以 AD693 为例介绍。

AD693 由信号放大器、基准电压源、V/I 变换器及辅助放大器四部分组成，如图 2.2.19 所示。基准电压源除为 V/I 变换器提供稳定的预标定补偿电压外，还可以和辅助放大器一

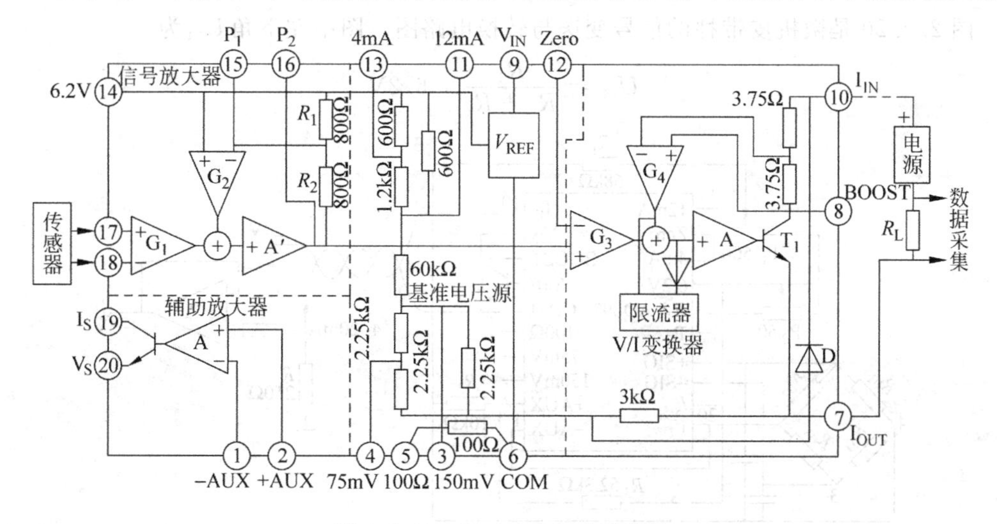

图 2.2.19　AD693(F693)原理图

起构成传感器所需的稳定电压激励。芯片工作电压由电流环路提供。10 脚 I_{IN} 是环馈电流输入端，接远程的电源正端，7 脚 I_{OUT} 是电流输出端。远程传输信号的双绞线既是提供信号变送器电路工作电压的电源线，又是信号输出线。

传感器信号电压由 17 和 18 脚输入，经单位增益放大器 G_1 缓冲后由 A' 和 G_2 构成的闭环进行放大。放大后信号送到 V/I 变换器转换成相应的电流信号输出（V/I 变换器的转换系数为 0.2666A/V），环馈电流从 10 脚流过取样电阻 3.75Ω×2 个，G_4 从一个 3.75Ω 电阻上取出信号放大后与 G_3 输出信号相比较，将差值送至高增益放大器 A 放大后控制 NPN 晶体管 T_1，使输出达到与 G_3 输入信号相应的电流值。G_4 放大器除放大外还具有限流作用，电流达到 25mA 时，它将使＋A 的输出降低并减小 T_1 管的基极电流。二极管 D 对电源起保护作用。

AD693 具有 4～20mA、0～20mA、12mA±8mA 三种输出范围，其零点电流分别为 4mA、0mA、12mA。对应的连接方式是把 12 脚（Zero）分别接 13、14 或 11 脚。

当 14、15、16 脚互不连接时，AD693 输入量程为 4～20mV；当 15、16 脚短接时，AD693 输入量程为 0～60mV。若要求 $V_{i,max}<30mV$，可在 14、15 脚间跨接以下电阻：

$$R_1=\frac{400\Omega}{30/V_{i,max}-1}$$

若要求 $30mV<V_{i,max}<60mV$，可在 15、16 脚间跨接以下电阻：

$$R_2=\frac{400\Omega(60-V_{i,max})}{V_{i,max}-30}$$

AD693 与外部直流电源 E 和负载 R_L 的连接如图 2.2.19 右侧所示，在输出 4～20mA 直流时，其最大允许负载电阻 $R_{L,max}$ 与电源电压的关系为

$$R_{L,max}=\frac{E-12V}{20mA} \tag{2.2.20}$$

由上式可见，在无负载时，AD693 可在 12V 直流电源下工作。AD693 最大电源电压为 36V，相应的最大允许负载为 1200Ω。AD693 通常工作在＋24V 直流电源下，$R_L=250\Omega$ 输出 4～20mA 直流标准信号。

（2）AD693 应用举例

图 2.2.20 是微机皮带秤的信号变送与转换电路图。图中左下角 U_{24} 为

$$U_{24}=\frac{R_2}{R_2+R_3}\times 6.2V$$

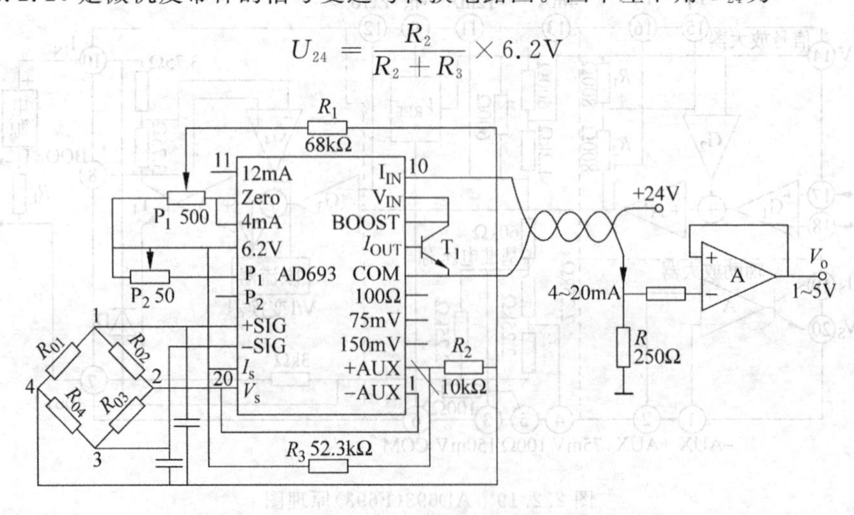

图 2.2.20　AD693 用作皮带秤的信号变送器

基准电源的 V_{IN} 端(9 脚)与 BOOST(8 脚)相连，因此基准电源的能量取自外部 +24V 直流电源，外接旁路晶体管 T_1(可选用 3DK3D，3DK10C，2N1711 等，最好加上散热片)用以降低 AD693 自身热耗，以提高稳定性和可靠性。

图中 12 脚(Zero)与 13 脚(4mA)相连，故输出为 4～20mA 直流信号，图中 P_1 用以输出范围的零点调整，P_2 用以 AD693 输入量程的调整，当电桥输出电压 $V_{13}=0\sim2.1\text{mV}$ 时，AD693 输出电流为 4～20mA。图中±SIG 端所加电容用以滤除干扰。

图 2.2.21 是 F693 用于铂 RTD(厚膜白金测温电阻器)实用电路。在外部电路连接如图 2.2.21 所示情况下，17 脚(接 20 脚和 RTD)电压为

$$V_x = 75\text{mV}\left(1+\frac{R_T}{100\Omega}\right) \tag{2.2.21}$$

而 18 脚接 150mV(3 脚)，故 17，18 脚间输入电压为

$$V_i = V_{17,18} = V_x - 150\text{mV} = -75\text{mV} + \frac{75\text{mV}}{100\Omega}\times R_T \tag{2.2.22}$$

式中，R_T 为 RTD 的电阻值，在 0℃时，$R_T=100\Omega$，$V_i=0$，输出电流为 4mA。

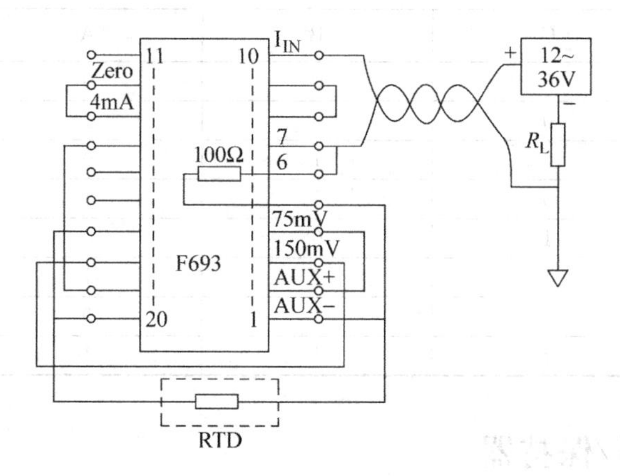

图 2.2.21 铂热电阻测温电路

2.2.4 模拟多路开关

由于计算机的工作速度远远快于被测参数的变化，因此一台计算机系统可供几十个检测回路使用，但计算机在某一时刻只能接收一个回路的信号。所以，必须通过多路模拟开关实现多选 1 的操作，将多路输入信号依次地或随机地切换到后级。

模拟多路开关也称为多路开关，是用来进行模拟电压信号切换的关键元件。利用多路开关可将各个输入信号依次地或随机地连接到公用放大器或 A/D 转换器上。为了提高过程参数的测量精度，对多路开关提出了较高的要求。理想多路开关的开路电阻无穷大，接通电阻为零，此外，还希望切换速度快、噪声小、寿命长、工作可靠。这类器件中有的只能做一种用途，称为单向多路开关，如 AD7501；有的既能做多路开关，又能做多路分配器，称为双向多路开关，如 CD4051。从输入信号的连接来分，有的是单端输入，有的则允许双端输入(或差动输入)，如 CD4051 是单端 8 通道多路开关，CD4052 是双 4 通道多路开关等。

以常用 CD4051 为例，8 路模拟开关的结构原理如图 2.2.22 所示，CD4051 由电平转换、译码驱动及开关电路三部分组成。当禁止端($\overline{INH}$)为“1”时，前后级通道断开，即 S_0～S_7 端与 S_m 端不可能接通；当为“0”时，则通道可以被接通，通过改变控制输入端 C、B、A 的数值，就可选通 8 个通道 S_0～S_7 中的一路。比如：当 C、B、A 为 000 时，通道 S_0 选通；当 C、B、A 为 001 时，通道 S_1 选通；……；当 C、B、A 为 111 时，通道 S_7 选通。其真值表如表 2.2.4 所示。当采样通道多至 16 路时，可直接选用 16 路模拟开关的芯片，也可以将 2 个 8 路 4051 并联起来，组成 1 个单端的 16 路开关。

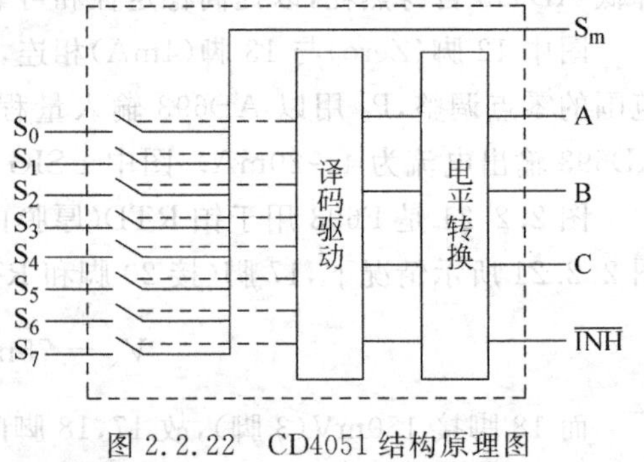

图 2.2.22　CD4051 结构原理图

表 2.2.4　CD4051 的真值表

输入状态				接通通道
$\overline{INH}$	C	B	A	
0	0	0	0	0
0	0	0	1	1
0	0	1	0	2
0	0	1	1	3
0	1	0	0	4
0	1	0	1	5
0	1	1	0	6
0	1	1	1	7

2.2.5　采样/保持器

模拟信号进行 A/D 转换时，从启动转换到转换结束输出数字量，需要一定的转换时间，在这个转换时间内，模拟信号要基本保持不变，否则转换精度没有保证，特别当输入信号频率较高时，会造成很大的转换误差。要防止这种误差产生，必须在 A/D 转换开始时将输入信号的电平保持住，而在 A/D 转换结束后又能跟踪输入信号的变化，能完成这种功能的器件叫采样/保持器。

采样/保持器是一种具有信号输入、信号输出以及由外部指令控制的模拟门电路，主要由模拟开关 K、电容 C_H 和缓冲放大器 A 组成，它的一般结构形式如图 2.2.23 所示，工作原理如图 2.2.24 所示，其工作原理如下：

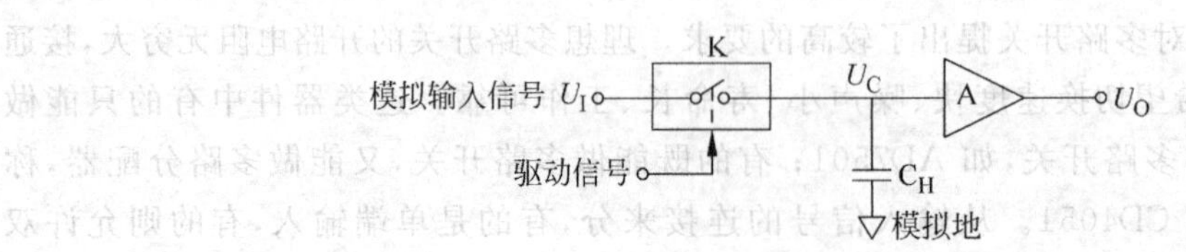

图 2.2.23　采样/保持器的一般结构形式

在 t_1 时刻前，控制电路的驱动信号为高电平时，模拟开关 K 闭合，模拟输入信号 U_I 通过模拟开关 K 加到电容 C_H 上，使得电容 C_H 端电压 U_C 跟随模拟输入信号 U_I 的变化而变化，这个时期称为采样(或跟踪)期。在 t_1 时刻，驱动信号为低电平，模拟开关 K 断开，此时电容 C_H 上的电压 U_C 保持模拟开关断开瞬间的 U_I 值不变并等待 A/D 转换器转换，这个时期称为保持期。而在 t_2 时刻，保持结束，新一个采样(跟踪)时刻到来，此时驱动信号又为高电平，模拟开关 K 重新闭合，电容 C_H 端电压 U_C 又跟随模拟输入信号 U_I 的变化而变化，直到 t_3 时刻驱动信号为低电平时，模拟开关 K 断开，……

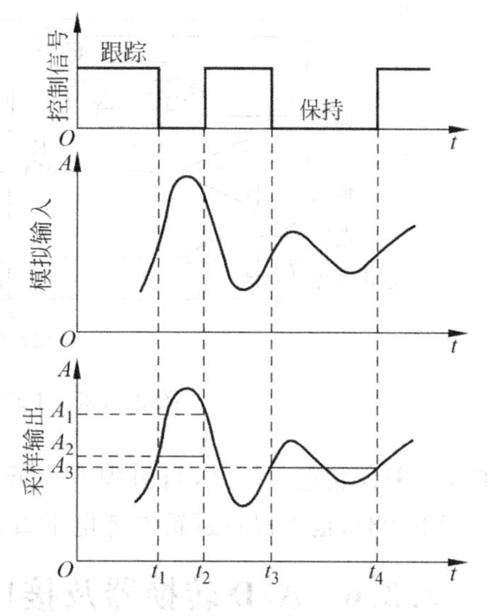

图 2.2.24 采样/保持器工作原理示意图

从上面讨论可知，采样/保持器是一种用逻辑电平控制其工作状态的器件，具有两个稳定的工作状态：

(1) 采样状态，在此期间它尽可能快地接收模拟输入信号，并精确地跟踪模拟输入信号的变化，一直到接到保持指令为止。

(2) 保持状态，对接收到保持指令前一瞬间的模拟输入信号进行保持，直到保持指令撤销为止。

因此，采样/保持器是在“保持”命令发出的瞬间进行采样，而在“采样”命令发出时，采样/保持器跟踪模拟输入量，为下次采样做准备。

在计算机控制系统中，采样/保持器主要起如下作用：

(1) 保持采样信号不变，以便完成 A/D 转换；

(2) 同时采样几个模拟量，以便进行数据处理和测量；

(3) 减少 D/A 转换器的输出毛刺，消除输出电压的峰值及缩短稳定输出值的建立时间；

(4) 把一个 D/A 转换器的输出分配到几个输出点，以保证输出的稳定性。

常用的集成采样/保持器有 LF198/298/398、AD582/585/346/389 等。LF198/298/398 原理结构及引脚说明如图 2.2.25 所示，采用 TTL 逻辑电平控制采样和保持。LF198 的逻辑控制端电平为“1”时采样，电平为“0”时保持，AD582 控制电平和 LF198 相反。偏置输入端用于零位调整，保持电容 CH 通常外接，其取值和采样频率与精度有关，常选 510～1000pF，减小 CH 可提高采样频率，但会降低精度。一般选用聚苯乙烯、聚四氟乙烯等高质量电容器作为 CH。

LF198/298/398 引脚功能如下：

(1) V_{IN} 为模拟电压输入；

(2) V_{OUT} 为模拟电压输出；

(3) V_+，V_- 为电源引脚，变化范围为±5～±10V；

(4) CH 为保持电容引脚，用来连接外部保持电容；

(5) 偏置为偏差调整引脚，用来外接电阻调整采样保持的偏差；

(6) 逻辑及逻辑参考电平为控制采样保持器的工作方式。当引脚 8 为高电平时，电路

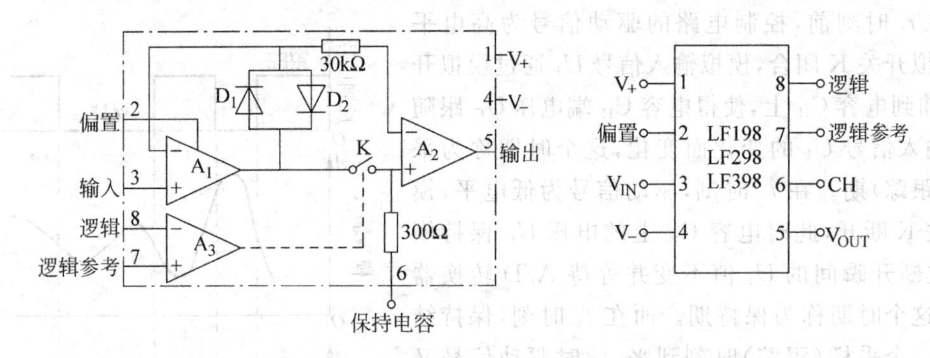

图 2.2.25 LF198/298/398 原理图和引脚排列

工作在采样状态。反之,当引脚 8 为低电平时,电路进入保持状态。它可以接成差动形式(对 LF198),也可以将逻辑参考电平直接接地,然后在引脚 8 端用一个逻辑电平控制。

2.2.6 A/D 转换器及接口设计

A/D 转换器是将模拟电压或电流转换成数字量的器件或装置,是模拟输入通道的核心器件。

1. A/D 转换器的主要技术指标

A/D 转换器的主要技术指标有转换时间、分辨率、量程、转换速度、对基准电压的要求等。选择 A/D 转换器时,除考虑这些技术指标外,还应注意满足其输入电压的范围、输出数字的编码、工作温度范围和电压稳定度等方面的要求。

分辨率表示 A/D 转换器对模拟信号的反应能力,分辨率越高,表示对输入模拟信号的反应越灵敏,分辨率通常用转换器输出数字量的位数 n(字长)来表示,如 8 位、16 位等。分辨率为 8 位表示 A/D 转换器可以对满量程的 $1/(2^8-1)=1/255$ 的增量作出反应。例如 A/D 转换器输出为 8 位二进制数,输入信号最大值为 5V,那么这个转换器能区分的最小输入电压为 19.6mV。

转换时间是指 A/D 转换器从转换控制信号到来开始,到输出端得到稳定的数字信号所经过的时间。A/D 转换器的转换时间与转换电路的类型有关。不同类型的转换器转换速度相差甚远。其中并行比较 A/D 转换器的转换速度最高,8 位二进制输出的单片集成 A/D 转换器转换时间可达到 50ns 以内,逐次比较型 A/D 转换器次之,它们多数转换时间在 10～50μs 以内,间接 A/D 转换器的速度最慢,如双积分 A/D 转换器的转换时间大都在几十毫秒至几百毫秒之间。

量程,即所能转换的电压范围,如 −5～+5V,0～+10V 等。精度有绝对精度和相对精度两种表示方法。绝对精度常用数字量的位数表示,如精度为最低位的 ±1/2 位,即 ±1/2LSB。绝对精度可以转换成电压表示。设 A/D 量程为 U,位数为 n,用位数表示的精度为 P,则其用输入电压表示的精度为 $\frac{U}{2^n-1}P$。如果满量程为 10V,则 10 位 A/D 的绝对精度为 $\frac{10}{2^{10}-1}\times\left(\pm\frac{1}{2}\right)=\pm 4.88\text{mV}$。相对精度用满量程的百分数表示,即 $\frac{U}{2^n-1}\times 100\%=$

$\frac{10}{2^{10}-1}\times 100\%=1\%$。

应该注意精度和分辨率的区别。精度是转换后所得结果相对于实际值的准确度，而分辨率指的是能对转换结果产生影响的最小输入量。如满量程为10V时，其分辨率为 $10V/(2^{10}-1)=10V/1023=9.77mV$。但是，即使分辨率很高，也可能由于温度漂移、线性度差等原因使A/D转换器不具有很高的精度。

工作温度范围：由于温度会对运算放大器和电阻网络产生影响，故只有在一定范围内才能保证额定的精度指标，较好的A/D转换器工作温度范围为−40～85℃，应根据实际使用情况选用工作温度范围。

对基准电源的要求：基准电源的精度将对整个A/D转换结果的输出精度产生影响，所以选择A/D转换器时根据实际情况考虑是否需要加精密电源。

在实际应用中，应从系统数据总的位数、精度要求、输入模拟信号的范围以及输入信号极性等方面综合考虑A/D转换器的选用，上述指标可以通过查阅器件的数据手册得到。

2. A/D转换器工作原理

A/D转换器的种类很多，其分类方法也很多。按A/D转换原理分有：逐次逼近式、双积分式、并行比较式、二进制斜坡式和量化反馈式等。现以常见的逐次逼近式和双斜积分式为例，说明A/D转换器工作原理。

1) 逐次逼近式A/D转换器

逐次逼近式A/D转换器的结构如图2.2.26所示，主要由逐次逼近锁存器SAR、D/A转换器、比较器、参考电源、时序和逻辑控制电路等部分组成。设定在SAR中的数字量经D/A转换器转换成反馈电压 V_O，SAR顺次逐位加码控制 V_O 的变化，V_O 和等待转换的模拟量 V_{IN} 进行比较，大则丢弃，小则保留，逐渐积累，逐次逼近，最终留在SAR的数据锁存器中的数码作为数字量输出。

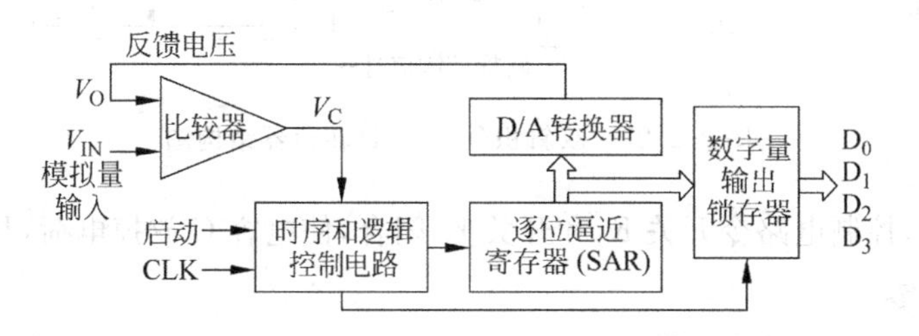

图2.2.26　逐次逼近式A/D转换器结构图

设逐次逼近锁存器SAR是8位，基准电压 $U_{REF}=10.24V$，模拟量电压 $V_{IN}=8.30V$，转换成二进制数码，工作过程如下。

(1) 转换开始之前，先将逐次逼近锁存器SAR清零。

(2) 转换开始，第一个时钟脉冲到来时，SAR状态置为10000000，经D/A转换器转换成相应的反馈电压 $V_O=U_{REF}/2=5.12V$，反馈到比较器和 V_{IN} 比较，之后，去/留码逻辑电路对比较结果作出去/留码的判断和操作，因为 $V_{IN}>V_O$，说明此位置"1"是对的，予以保留。

(3) 第二个时钟脉冲到来时，SAR次高位置"1"，建立11000000码，经过D/A转换器产

生反馈电压 $V_O=5.12+10.24/2^2=7.68$V，因 $V_{IN}>V_O$，故保留此位“1”。

(4) 第三个时钟脉冲到来时，SAR 状态置为 11100000，经 D/A 转换器产生反馈电压 $V_O=7.68+10.24/2^3=8.96$V，因 $V_{IN}<V_O$，SAR 此位应置“0”，即 SAR 状态改为 11000000。

(5) 第四个时钟脉冲到来时，SAR 状态又置为 11010000，……

如此由高位到低位逐位比较逼近，一直到最低位完成时为止。反馈电压 V_O 一次比一次逼近 V_{IN}，经过 8 次比较之后，SAR 的数据锁存器中所建立的数码 11001111 即为转换结果，此数码对应的反馈电压 $V_O=8.28$V，它与输入的模拟电压 $V_{IN}=8.30$V 相差 0.02V，两者的差值已小于 1LSB 所对应的量化电压 0.04V，逐次逼近 A/D 转换器的转换结果通过数字量输出锁存器并行输出。

应当注意的是，这种 A/D 转换器对输入信号上叠加的噪声电压十分敏感，在实际应用中，通常需要对输入的模拟信号先进行滤波，然后才能输入 A/D 转换器；同时这种转换器在转换过程中，只能根据本次比较的结果对该位数据进行修正，而对以前的各位数据不能变更，为避免输入信号在转换过程中不断变化，造成错误的逼近，这种 A/D 转换器必须配合采样/保持器使用。

2）双斜积分式 A/D 转换器

双斜积分式 A/D 转换器是一种间接比较型 A/D 转换器，主要由积分器、电压比较器、计数器、时钟发生器和控制逻辑等部分组成，其结构如图 2.2.27 所示。首先利用两次积分将输入的模拟电压转换成脉冲宽度，然后再以数字测时的方法，将此脉冲宽度转换成数码输出。

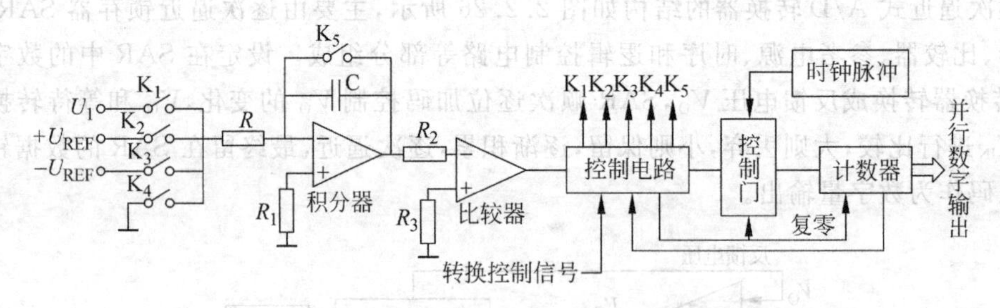

图 2.2.27　双斜积分式 A/D 转换器结构图

开始工作前，控制电路令开关 K_4 和开关 K_5 闭合，使电容 C 放掉电荷，积分器输出为零，同时使计数器复零。

控制电路将开关 K_1 接通，模拟信号 U_I 接入 A/D 电路，被积分器积分，同时打开控制门，让计数器计数。当被采样信号电压为直流电压或变化缓慢的电压时，积分器将输出一斜变电压，其方向取决于 U_I 的极性，这里 U_I 为负，则积分器输出波形是向上斜变的，如图 2.2.28 所示。经过一个固定时间后，计数器达到其满量程值 N_I，计数器复零而送出一个溢出脉冲，使控制电路发出信号将 K_2 接通，接入基准电压 $+U_{REF}$（若 U_I 为正，则接通 K_3），至此采样阶段结束。

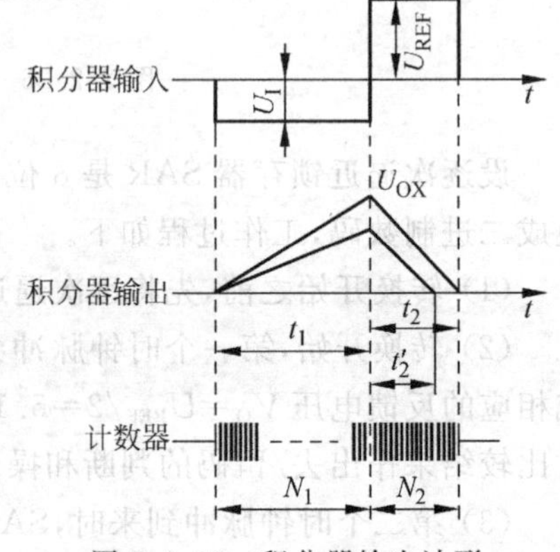

图 2.2.28　积分器输出波形

当 $t=t_1$ 时，积分器输出电压为

$$U_{OX}=-\frac{1}{RC}\int_0^{t_1}U_I\,dt$$

U_I 在 t_1 期间的平均值为

$$\overline{U_I}=\frac{1}{t_1}\int_0^{t_1}U_I\,dt$$

所以 $U_{OX}=-\frac{t_1}{RC}\overline{U_I}$。

当开关 K_2 接通（模拟开关总是接向与 U_I 极性相反的基准电压），$+U_{REF}$ 接入电路，积分器向相反方向积分，即积分器输出由原来的 U_{OX} 值向零电平方向斜变，斜率恒定，如图 2.2.28 所示，与此同时，计数器又从零开始计数。当积分器输出电平为零时，比较器有信号输出，控制电路收到比较器信号后发出关门信号，积分器停止积分，计数器停止计数，并发出记忆指令，将此阶段计得数字 N_2 记忆下来并输出。这一阶段被积分的电压是固定的基准电压 U_{REF}，所以积分器输出电压的斜率不变，与所计数字 N_2 对应的 t_2 称为反向积分时间。这个阶段常称为定值积分阶段。定值积分结束时得到数字 N_2 便是转换结果，积分器最终输出为

$$-\frac{t_1}{RC}\overline{U_I}+\frac{1}{RC}\int_0^{t_1}U_{REF}\,dt=0$$

由于 U_{REF} 为常数，因此

$$\frac{t_1}{RC}\overline{U_I}=\frac{t_2}{RC}U_{REF}$$

$$\overline{U_I}=\frac{t_2}{t_1}U_{REF}$$

或

$$t_2=\frac{t_1}{U_{REF}}\overline{U_I}$$

上式表明，反向积分时间 t_2 和模拟电压的平均值 $\overline{U_I}$ 成正比。

设用周期为 T_C 的时钟脉冲计数来测量 t_1 和 t_2，由计数器按一定码制记录脉冲个数 N_1 和 N_2，则

$$N_2T_C=\frac{N_1T_C}{U_{REF}}\overline{U_I}$$

$$N_2=\frac{N_1}{U_{REF}}\overline{U_I}$$

上式表明，计数器输出的数字 N_2 正比于采样模拟信号电压的平均值 $\overline{U_I}$。

应当注意的是，双斜式转换本质上是积分过程，是一种平均值转换，所以对叠加在信号上的随机和周期性噪声干扰有较好的抑制能力；对采样模拟信号而言，双斜积分转换器是断续工作的；双斜积分转换速度较慢，一般不高于 20 次每秒。

3. 常用 A/D 转换器

1）8 位 A/D 转换器 ADC0809

ADC0809 是美国国家半导体公司生产的 8 通道模拟开关的 8 位逐次逼近式 A/D 转换

器，采用 28 脚双列直插式封装，如图 2.2.29 所示。由图可知，ADC0809 由一个 8 路模拟开关、一个地址锁存与译码器、一个 A/D 转换器和一个三态输出锁存器组成。多路开关可选通 8 个模拟通道，允许 8 路模拟量分时输入，共用 A/D 转换器进行转换。三态输出锁器用于锁存 A/D 转换后的数字量，当 OE 端为高电平时，才可以从三态输出锁存器取走转换完成的数据。

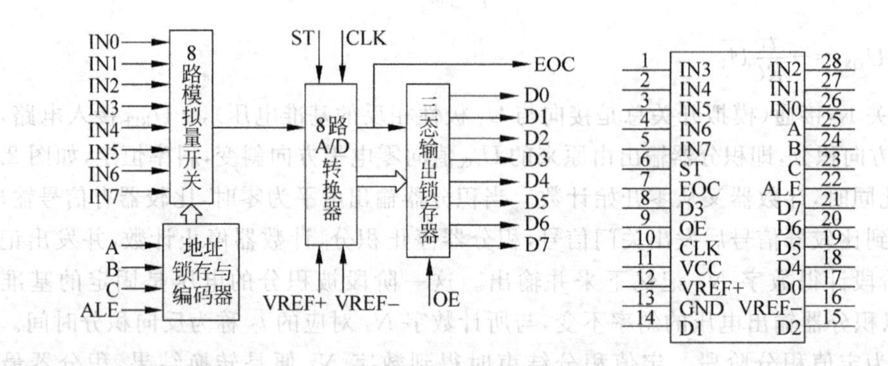

图 2.2.29　ADC0809 引脚排列

ADC0809 的主要技术指标：

(1) 线性误差为±1LSB；

(2) 转换时间为 100μs；

(3) 单一+5V 电源供电；

(4) 功耗 15mW；

(5) 输出具有 TTL 三态锁存缓冲器；

(6) 模拟量输入范围为 0～+5V；

(7) 转换速度取决于芯片的时钟频率；

(8) 时钟频率范围 10～1280 kHz，当时钟频率为 500kHz 时，转换速度为 128μs。

IN0～IN7：8 条模拟量输入通道，输入信号单极性，电压范围 0～5V，转换过程中应该保持不变，若模拟量变化太快，则需在输入前增加采样/保持电路。

ALE：地址锁存允许，高电平有效。当 ALE 线为高电平时，地址锁存与译码器将 A，B，C 三条地址线的地址信号进行锁存，经译码后被选中的通道的模拟量接入 A/D 转换器。

ST：转换启动信号。当 ST 上跳沿时，所有内部锁存器清零；下跳沿时，开始进行 A/D 转换；在转换期间，ST 应保持低电平。

EOC：转换结束信号。当 EOC 为高电平时，表明转换结束；否则，表明正在进行 A/D 转换。

OE：输出允许信号，用于控制三条输出锁存器向单片机输出转换得到的数据。OE=1，输出转换得到的数据；OE=0，输出数据线呈高阻状态。

CLK：时钟输入信号线。因 ADC0809 的内部没有时钟电路，所需时钟信号必须由外界提供，通常使用频率为 500kHz。

VREF(+)，VREF(−)：参考电压输入。

D7～D0：数字量输出线。

A，B 和 C：地址输入线，用于选通 IN0～IN7 上的一路模拟量输入。通道选择如表 2.2.5 所示。

表 2.2.5 C、B、A 和通道关系

C	B	A	选择的通道
0	0	0	IN0
0	0	1	IN1
0	1	0	IN2
0	1	1	IN3
1	0	0	IN4
1	0	1	IN5
1	1	0	IN6
1	1	1	IN7

2) 12 位 A/D 转换器 AD574A

AD574A 的内部结构如图 2.2.30 所示，AD574 由模拟芯片和数字芯片两部分组成。其中模拟芯片由高性能的 12 位 D/A 转换器 AD565 和参考电压组成。AD565 包括高速电流输出开关电路、膜片式电阻网络，所以精度高，可达±1/4LSB。数字芯片有逐次逼近锁存器、转换控制逻辑、时钟、总线接口和高性能的锁存器、比较器组成。

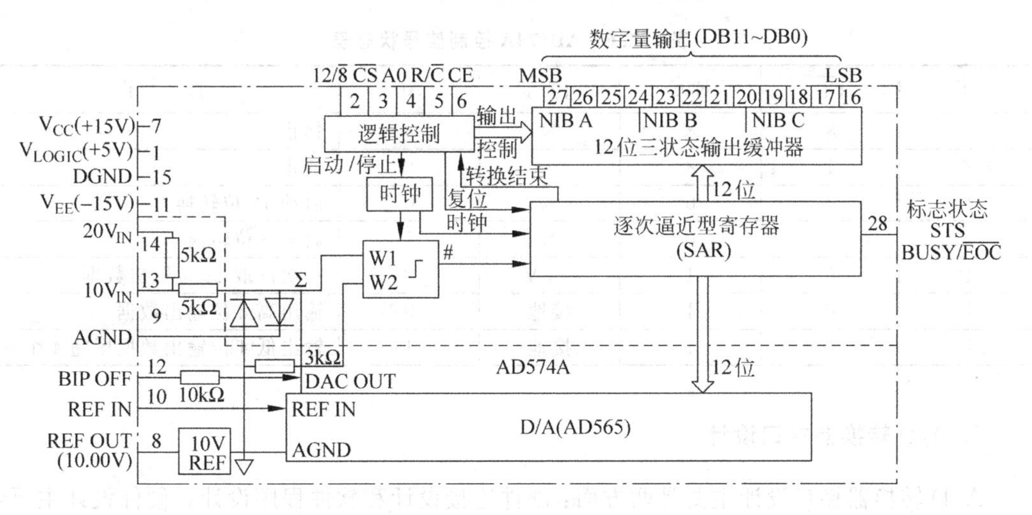

图 2.2.30 AD574A 的引脚

DB0～DB11：12 位数据输出，都带有三态输出缓冲器。

V_{LOGIC}：逻辑电源＋5V(4.5～5.5V)。

V_{CC}：正电源＋15V。

V_{EE}：负电源－15V。

AGND、DGND：模拟地、数字地。

CE：使能信号，高电平有效。CE、$\overline{CS}$必须同时有效，AD574A 才能工作，否则处于禁止状态。

$\overline{CS}$：片选信号。

R/$\overline{C}$：读/转换信号。

A0：转换和读字节选择信号。该引脚有两个功能，一是选择字节长度，二是和 8 位总线兼容时用来选择读出字节。在转换之前，若 A0＝1，则 AD574A 按 8 位 A/D 转换，转换时间为 10μs；若 A0=0，则按 12 位 A/D 转换，转换时间为 25μs，和 12/8 的状态无关。在读周期中，A0=0，高 8 位数据有效；A0=1，则低 4 位数据有效。应该注意：如果 12/8=1，则 A0 的状态不起作用。

$12/\overline{8}$：数据格式选择端。当 $12/\overline{8}=1$ 时，双字节输出，即 12 位数据同时有效输出，用于 12 位或 16 位计算机系统。若 $12/\overline{8}=0$，为单字节输出，和 8 位总线接口。$12/\overline{8}$和 A0 配合，使数据分两次输出。A0=0 时高 8 位数据有效；A0=1 输出低 4 位数据加 4 位附加 0(××××0000)，即当两次读出 12 位数据时，应遵循左对齐原则。$12/\overline{8}$引脚不能由 TTL 电平来控制，必须直接接到+5V 或数字地。

STS：转换状态信号。转换开始 STS=1，转换结束 STS=0。

$10V_{IN}$：模拟信号输入，单极性 0～10V，双极性±5V。

$20V_{IN}$：模拟信号输入，单极性 0～20V，双极性±10V。

REF IN：参考输入。

REF OUT：参考输出。

BIP OFF：双极性偏置。

AD574A 的控制信号状态如表 2.2.6 所示。

表 2.2.6　AD574A 控制信号状态表

CE	CS	$R/\overline{C}$	$12/\overline{8}$	A0	操　　作
0	×	×	×	×	禁止
×	1	×	×	×	禁止
1	0	0	×	0	启动 12 位转换
1	0	0	×	1	启动 8 位转换
1	0	1	+5V	×	一次读取 12 位输出数据
1	0	1	接地	0	输出高 8 位输出数据
1	0	1	接地	1	输出低 4 位输出数据尾随 4 个 0

4. A/D 转换器接口设计

A/D 转换器接口设计主要是两方面：硬件连接设计和软件程序设计。硬件设计主要包括模拟量输入信号的连接、数字量输出引脚的连接、参考电平的连接及控制信号的连接。软件设计主要包括控制信号的编程，如启动信号、转换结束信号以及转换结果的读出。

1）硬件设计

(1) 模拟量输入信号的连接

模拟量输入信号范围一定要在 A/D 转换器的量程范围内。一般 A/D 转换器所要求接收的模拟量都为 0～5V 的标准电压信号，但有些 A/D 转换器的输入可以双极性，如－5～＋5V，用户可以通过改变外接线路来改变量程。有的 A/D 转换器还可以直接接入传感器信号，如 AD670 等。

另外，在模拟量输入通道中，除了单通道输入外，还有多通道输入方式。多通道输入可采用两种方法：一种是采用单通道 A/D 芯片，如 AD7574 和 AD574A 等，在模拟量输入端加接多路开关，有些还要加采样/保持器；另一种方法是采用带有多路开关的 A/D 转换器，如 AD0808 和 AD7581 等。

(2) 数字量输出引脚的连接

A/D 转换器数字量输出引脚和计算机总线的连接方法与其内部结构有关。对于内部不含输出锁存器的 A/D 转换器来说，一般通过锁存器或 I/O 接口和计算机相连，常用的接口及锁存器有 Intel8155、8255、8243 以及 74LS273、74LS373 等。当 A/D 转换器内部含有数据输出锁存器时，可直接和计算机总线相连。有时为了增加控制功能，也采用 I/O 接口连接。另外还要考虑数字量输出的位数以及计算机总线的数据位数，如 12 位 A/D 和 8 位计算机总线连接时，数据要分两次读入，硬件连接要考虑数据的锁存。

(3) 参考电平的连接

在 A/D 转换器中，参考电平的作用是供给其内部 D/A 转换器的基准电压，直接关系到 A/D 转换的精度，所以对基准电源的要求比较高，一般要求由稳压电源供电。不同的 A/D 转换器参考电源的提供方法也不同，有采用外部电源供给，如 AD0809、AD7574 等，对于精度要求比较高的 A/D 转换器，一般在 A/D 内部设置有精密参考电源，如 AD574A 等，不需要采用外部电源。

(4) 时钟的选择

时钟信号是 A/D 转换器的一个重要控制信号，时钟频率是决定芯片转换速度的基准。整个 A/D 转换过程都是在时钟作用下完成的。A/D 转换时钟的提供方法有两种：由芯片内部提供；由外部时钟提供。外部时钟提供的方法，可以用单独的振荡器，更多的则是通过系统时钟分频后，送至 A/D 转换器的时钟端子。如果 A/D 转换器内部设有时钟振荡器，一般不需任何附加电路，如 AD574A，也有的需要外接电阻和电容，如 MC14433，也有些转换器使用内部时钟或外部时钟都可以，如 ADC80。

(5) A/D 转换器的启动方式

A/D 转换器在开始转换前，都必须加一个启动信号，才能开始工作。芯片不同，启动方式也不同，一般分脉冲启动和电平启动方式。脉冲启动就是在启动转换输入引脚加一个启动脉冲即可，如 ADC0809、ADC80 和 AD574A 等都属于脉冲启动转换芯片。电平启动转换就是在 A/D 转换器的启动引脚加上要求的电平，一旦电平加上 A/D 就开始工作，而且在转换过程中必须保持这个电平，否则将停止转换。因此在这种启动方式下，启动电平必须通过锁存器保持一段时间，一般可采用 D 触发器、锁存器或并行 I/O 接口等实现，AD570/571/572 等都属于电平控制转换芯片。

(6) 转换结束信号的处理

A/D 转换器开始工作后必须经过一段时间才能完成转换，当转换结束时，A/D 转换器芯片内部的转换结束触发器置位，同时输出一个转换结束标志信号，表示 A/D 转换已经完成，可以进行读数工作。转换结束信号的硬件连接有三种方式：①中断方式，将转换结束标志信号接到计算机系统的中断申请引脚或允许中断的 I/O 接口的相应引脚上；②查询方式，将转换结束信号经三态门送到计算机数据总线或 I/O 接口的某一位上；③悬空方式，转换结束标示信号引脚和计算机之间无电气连接。

2) 软件设计

A/D 转换过程的软件设计包括 A/D 转换的启动和转换结果的读出。硬件是软件的基础，硬件的连接方式决定软件如何编程，在软件设计时一定要先了解硬件的连接方式、引脚控制形式、实现原理，如启动信号、A/D 转换结束信号的连接方式等。

(1) A/D转换的启动

根据A/D的启动信号以及硬件连接电路对启动引脚进行控制。脉冲启动往往用写信号及地址译码器的输出信号经过一定的逻辑电路进行控制。电平启动对相应的引脚清零或置1。

(2) 转换结果的读出

根据硬件连接,转换结果的读出有3种形式:中断方式、查询方式、软件延时方式。

① 中断方式:转换结束时提出中断申请,计算机响应后,在中断服务程序中读取数据,这种方法节省时间、实时性好,常用于实时性要求比较高或多参数的数据采集系统。

② 查询方式:计算机向A/D转换器发出启动信号后就开始查询A/D转换结束引脚的状态,一旦查询到A/D转换结束信号就读取转换结果,这种方法程序设计比较简单,且实时性也比较好,故应用也比较广泛。

③ 软件延时方式:计算机启动A/D转换后,根据芯片的转换时间,调用一段软件延时程序,通常延时时间略大于A/D转换时间,延时程序执行完后,A/D转换应该已经完成,这时即可读取转换结果,这种方法不必增加硬件连接,但占用CPU时间比较多,多用在CPU处理任务比较少的系统。

5. A/D转换器和51单片机接口

1) ADC0809和51接口

由图2.2.31可以看到,ADC0809的启动信号START由片选线P2.7与写信号$\overline{WR}$的或非产生,这要求一条向ADC0809写操作指令来启动转换。ALE和START相连,即按写入的通道地址接通模拟量并启动转换。输出允许信号OE由读信号$\overline{RD}$与片选线P2.7或非

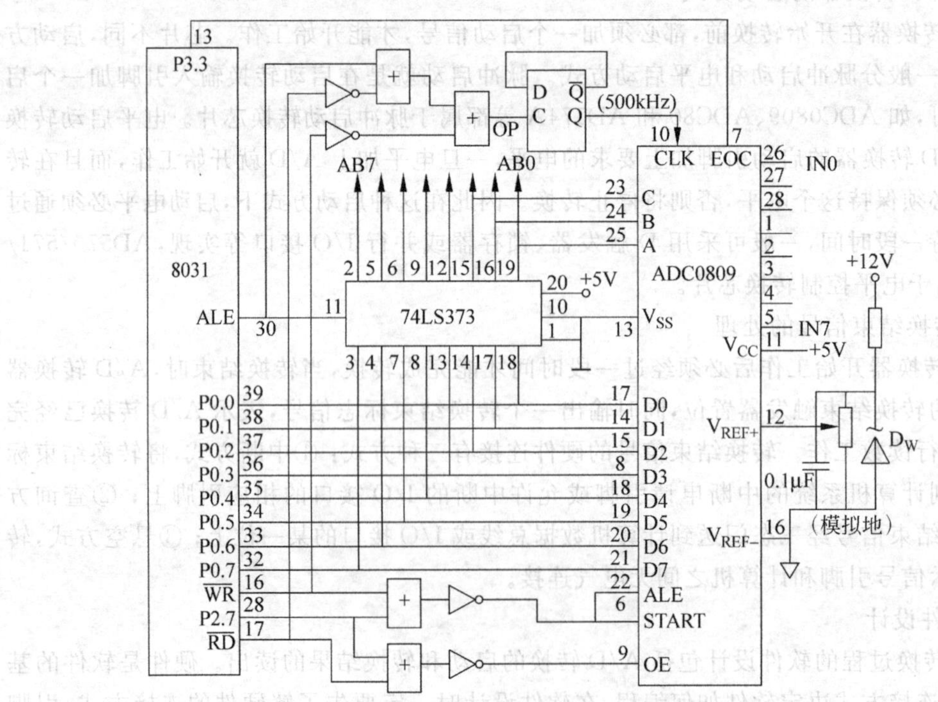

图2.2.31 ADC0809和51单片机的连接

产生，即一条0809的读操作使数据输出。按照图2.2.31中的片选线接法，ADC0809的模拟通道D0～D7的地址为7FF8H－7FFFH，8个通道轮流采集一次数据，采集的结果放在数组ad中，程序如下：

```
#include "absacc.h"
#include "reg51.h"
#define uchar unsigned char
#define IN0 XBYTE[0x7ff8]              /*设置AD0809的通道0地址*/
sbit ad_busy = P3^3;                   /*EOC状态*/
void ad0809 (uchar idata *x)
{     uchar i;
      uchar xdata *ad_adr;
      ad_adr = &IN0;
      for (i = 0;i<8;i++)
      {   *ad_adr = 0;                 /*启动转换*/
          i = i;                       /*延时等待转换结束*/
          i = i;
          while(ad_busy == 0);         /*查询转换结束信号*/
          x[i] = *ad_adr;
          ad_adr++;
      }
}
void main(void)
{   static uchar idata ad[10];
    Ad0809(ad);
}
```

2）AD574A和51单片机接口

图2.2.32为AD574和8031的接口电路。由于AD574A输出带三态控制，其输出直接挂在数据总线上，图中12位数据分高8位和低4位两次输出的接线方式。8031执行外部数据存储器写指令时，使得CE＝1，$\overline{CS}$＝0，R/$\overline{C}$＝0，A0＝0，启动12位转换有效，然后8031通过P1.0线查询STS端口状态，当STS为0时，表明转换结束。由于AD574的12位转换速度很快，适用于查询方式，之后8031执行两条读外部数据存储器指令分别读取转换结果的高8位和低4位数据，此时CE＝1，$\overline{CS}$＝0，A0＝0（或A0＝1）。另外接口电路中模拟量的输入为双极性输入。

```
#include "absacc.h"
#include "reg51.h"
#define uint unsigned int
#define ADCOM  XBYTE[0xff7c]
#define ADLO  XBYTE[0xff7f]
#define ADHI  XBYTE[0xff7d]
sbit  r = P3^7;
sbit  w = P3^6;
sbit  adbusy = P1^0;
uint  ad574(void)
{     r = 0;
      w = 0;
      ADCOM = 0;
```

```
    while(adbusy == 1);
    return ((uint)(ADHI << 4) + (ADLO&0x0f));
  }
main (void)
{   uint idata result;
    result = ad574();
}
```

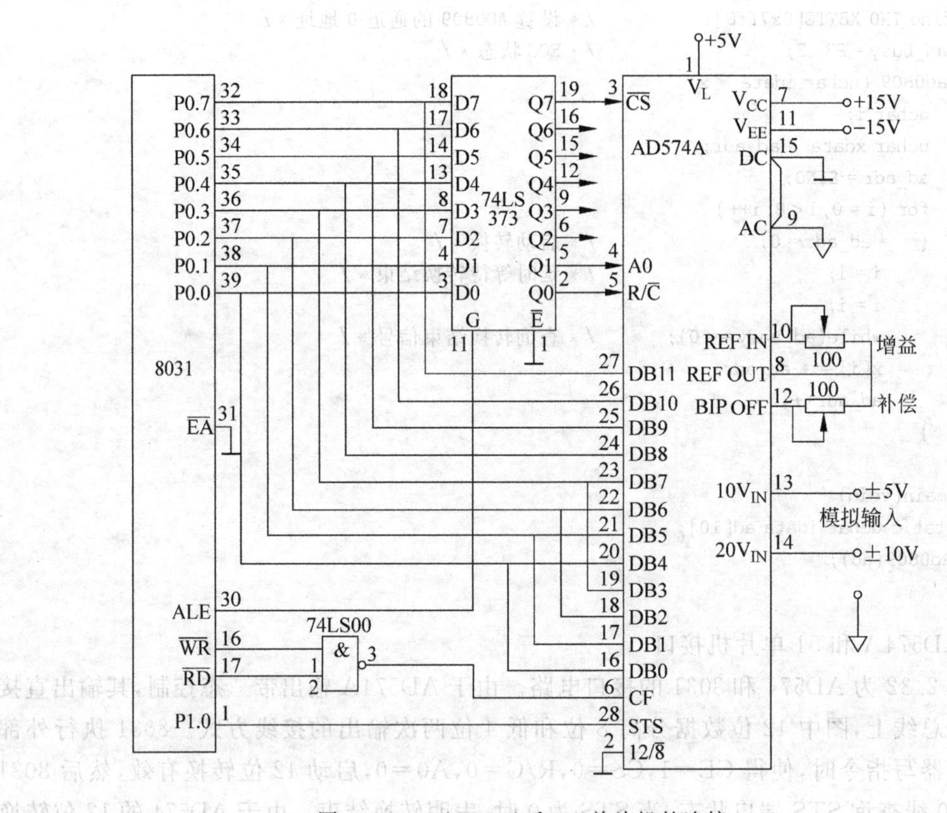

图 2.2.32　AD574A 和 51 单片机的连接

2.2.7　模拟输入通道设计举例

图 2.2.33 以 8051 单片机为核心的 8 路 A/D 采样,图中 CD4051 为 8 路模拟开关,LF398 为采样/保持器,AD574A 为 12 位 A/D 转换器,8255A 为并行接口芯片,程序如下。

```
ORG    1000H
MOV    DPTR, #2000H          ;数据首地址
MOV    R7,   #08H            ;8 个通道
MOV    R0,   #7EH            ;C 口地址
MOV    R2,   #C0H            ;通道 0 开始地址
MAIN:
MOV    A,    R2
MOVX   @R0,  A               ;启动 A/D
MOV    R1,   #7CH            ;A 口
LOOP1:
```

```
    MOVX  A,   @R1
    ANL   A,   #80H            ;检测 STS
    JNZ   LOOP1
    MOV   A,   #10H
    ORL   A,   R2
    MOVX  V@R0,  A
    MOVX  A,   @R1
    ANL   A,   #0FH
    MOVX  @DPTR,  A
    INC   DPTR
    INC   R1
    MOVX  A,   @R1
    MOVX  @DPTR,  A
    INC   R2
    DJNZ  R7,MAIN
    RET
```

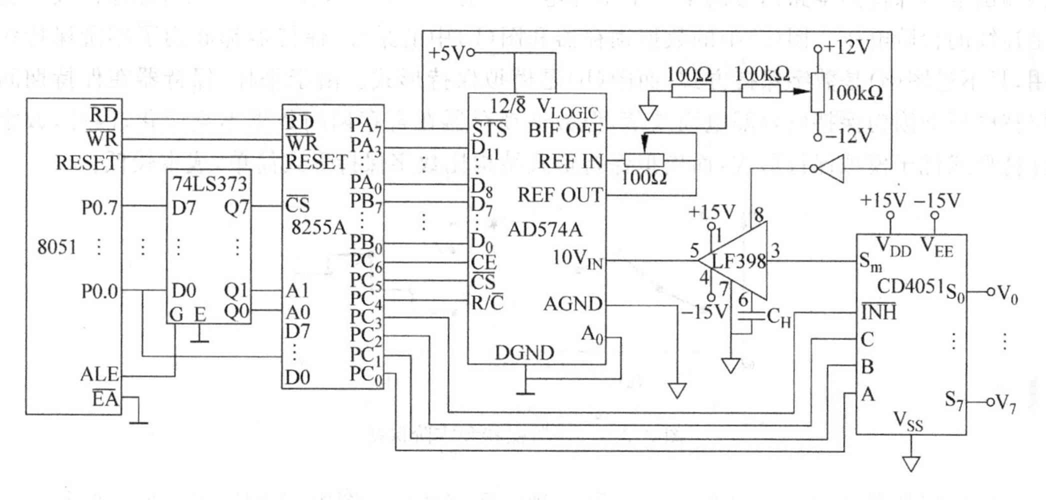

图 2.2.33 基于 51 单片机的模拟输入通道

2.3 模拟输出通道

模拟量输出通道是计算机控制系统实现输出控制的关键,它的任务是把计算机输出的数字量转换成模拟电压或电流信号,以便驱动相应的执行机构,达到控制目的。

2.3.1 模拟输出通道的基本理论

1. 零阶保持与平滑滤波

从理论上讲,模拟信号数字化包括:采样、量化和编码三个环节,其中采样由采样开关或多路开关完成,量化和编码由 A/D 转换器完成。因此,可以认为模拟信号数字化实际上只包括采样和 A/D 转换两个环节。反之,要从数字信号恢复到模拟信号也必须经过两个相反的环节:D/A 和保持。下面着重讨论与“采样”相反的“保持”及如何实现问题。

我们知道，模拟信号数字化得到的数据是模拟信号在各个采样时刻瞬时幅值的A/D转换结果。很显然如果把这些A/D转换结果再经过D/A转换，也只能得到模拟信号各个采样时刻的近似幅值（和原来的幅值存在一定量化误差），也就是说只能得到模拟信号波形上的一个个断续的采样点，不能得到在时间上连续存在的波形。为了得到在时间上连续存在的波形就要想办法填补相邻采样点之间的空白。从理论上讲，可以有两种简单的填补采样点之间空白的方法：一是把相邻采样点之间用直线连接起来，如图2.3.1(a)所示，这种方法称为“一阶保持”方式；另一种是把每个采样点的幅值保持到下一采样点，如图2.3.1(b)所示，这种方法称为“零阶保持”方式（因为相邻采样点间水平直线的方程阶次为零）。“零阶保持”方式很容易用电路来实现，如图2.3.2所示，图中(a)为数据保持方式，即在D/A之间加设一个锁存器，让每个采样点的数据在该锁存器中一直寄存到本路信号的下个采样点数据到来时为止，这样D/A转换器输出波形就不是离散的脉冲电压而是连续的台阶电压。图(b)为模拟保持方式，即在公用的D/A之后每路加一个采样/保持器(S/H)，将D/A转换器输出电压保持到本路信号的下一个采样电压产生时为止。这样，采样/保持器输出波形也是连续的台阶电压。图(a)中的数据锁存器和图(b)中的采样/保持器都起到了零阶保持作用，只不过图(a)是数字保持方式，而图(b)是模拟保持形式。由于采样/保持器在保持期间保持电压会因为保持电容漏电而跌落，但数据锁存器在寄存期间数据不会变化，因此，数字保持形式优于模拟保持形式，而模拟保持形式结构比数字保持形式简单，成本较低。

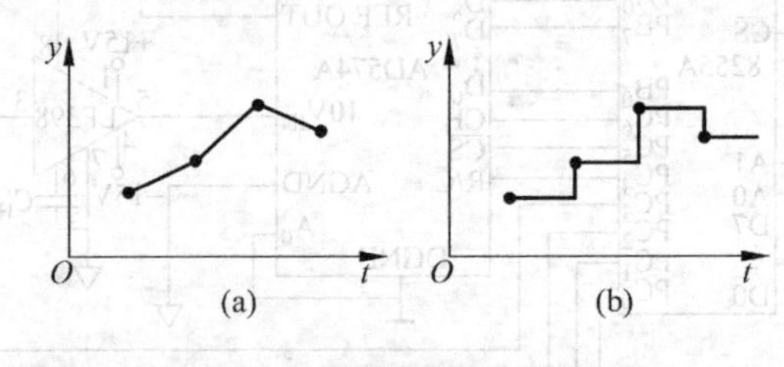

图 2.3.1　一阶保持和零阶保持

零阶保持器输出波形如图2.3.3所示，现在研究如何将图中实现所示的梯形波形 $f_1(t)$ 变成图中虚线所示的光滑波形 $f(t)$。

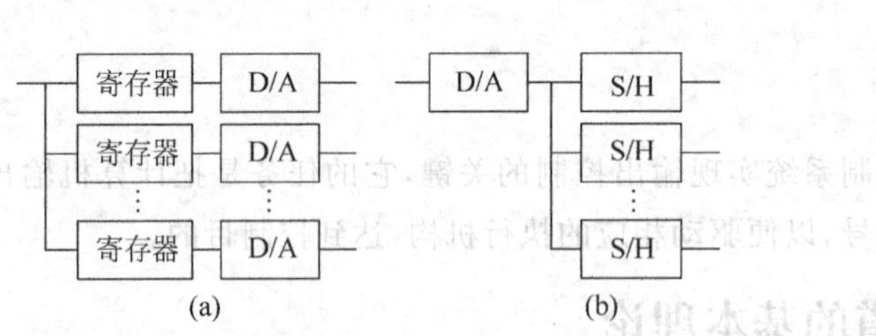

图 2.3.2　零阶保持器的两种形式

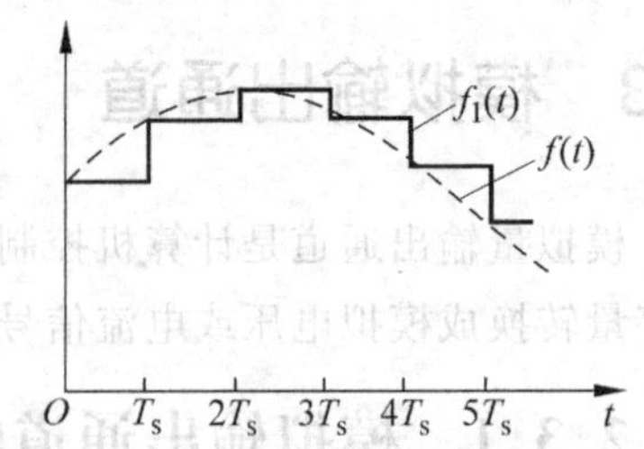

图 2.3.3　零阶保持器的输出波形

假如给零阶保持器输入一个单位脉冲 $\delta(t)$，显然它的输出 $g(t)$ 便是图2.3.4(a)所示的矩形脉冲（宽度为 T_s，高度为1）。可以知道，一个网络的单位脉冲响应的傅里叶变换也就是这个网络的复变频率特性即频率响应 $H(\omega)$，即

$$H(\omega)=\int_{-\infty}^{\infty} g(t)\mathrm{e}^{-\mathrm{j}\omega t}\mathrm{d}t=\int_{0}^{T_s}\mathrm{e}^{-\mathrm{j}\omega t}\mathrm{d}t$$

$$= \frac{e^{-j\omega t}}{-j\omega}\bigg|_0^{T_s} = \frac{1 - e^{-j\omega T_s}}{j\omega} = T_s \frac{\sin\left(\frac{\omega T_s}{2}\right)}{\frac{\omega T_s}{2}} \cdot e^{-j\left(\frac{\omega T_s}{2}\right)}$$

所以

$$|H(\omega)| = T_s \frac{\sin\left(\frac{\omega T_s}{2}\right)}{\frac{\omega T_s}{2}} \tag{2.3.1}$$

$$\varphi(\omega) = -\frac{\omega T_s}{2} \tag{2.3.2}$$

因此，零阶保持器的幅频特性$|H(\omega)|$和相频$\varphi(\omega)$如图 2.3.4(b)所示，由图可见，零阶保持器是一个$\frac{\sin x}{x}$型的滤波器。

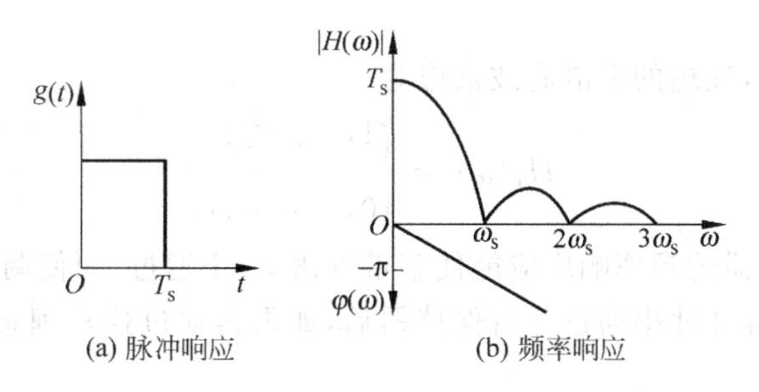

图 2.3.4　零阶保持器的单位脉冲响应和频率响应

由图 2.3.3 可见，在理论上可以认为零阶保持器输入的是一幅度为$f(nT_s)$的冲激脉冲序列或脉冲串，即$f_s(t)$：

$$f_s(t) = \sum_{-\infty}^{\infty} f(nT_s) \cdot \delta(t - nT_s) \tag{2.3.3}$$

这一脉冲序列输入到零阶保持器，便在其输出端形成了如图 2.3.3 中实线所示的阶梯波形$f_1(t)$，该阶梯波形的台阶宽度也就是零阶保持器的保持周期T_s。假设令$f_1(t)$的频谱为$F_1(\omega)$，$f_s(t)$的频谱为$F_s(\omega)$，则有

$$F_1(\omega) = F_s(\omega) \cdot H(\omega) \tag{2.3.4}$$

令$f(t)$的频谱为$F(\omega)$，则有

$$F_s(\omega) = \frac{1}{T_s}\sum_{-\infty}^{\infty} F(\omega - n\omega_s) \tag{2.3.5}$$

式中$\omega_s = \frac{2\pi}{T_s}$。

将式(2.3.5)代入式(2.3.4)可得

$$F_1(\omega) = \frac{H(\omega)}{T_s}[F(\omega) + F'(\omega)] \tag{2.3.6}$$

式中：

$$\begin{aligned} F'(\omega) = &[F(\omega - \omega_s) + F(\omega - 2\omega_s) + F(\omega - 3\omega_s) + \cdots] \\ &+ [F(\omega + \omega_s) + F(\omega + 2\omega_s) + F(\omega + 3\omega_s) + \cdots] \end{aligned} \tag{2.3.7}$$

我们把 $F(\omega)$ 称为基带频谱，$F'(\omega)$ 称为调制频谱。由图 2.3.5 可见，保持器的频率响应 $H(\omega)$ 有突出基带频谱的作用，而且能完全阻止保持频率 $f_s=1/T_s$ 及其谐波通过。但调制频谱中大部分频率分量还是能通过零阶保持器，从而使零阶保持器的输出波形呈现阶梯状。为了使这些阶梯变平滑，就需要一个低通滤波器将漏过的调制频谱 $F'(\omega)$ 滤掉，而将基带频谱 $F(\omega)$ 保留下来，具有这种功能的低通滤波器称为平滑滤波器。

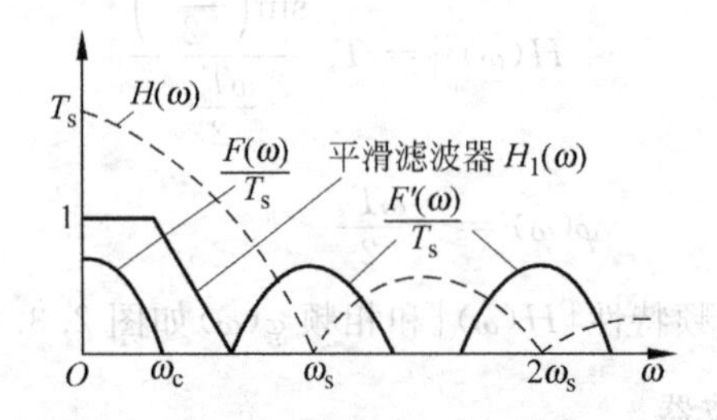

图 2.3.5　零阶保持器和平滑滤波器的作用

由图 2.3.5 可见，理想的平滑滤波器应为

$$H_1(\omega)=\begin{cases}1, & \omega\leqslant\omega_c\\ 0, & \omega>\omega_c\end{cases} \tag{2.3.8}$$

理想的平滑滤波器的频率响应应能使基带频谱 1∶1 通过，而使调制频谱衰减到零。由式(2.3.3)表达的子样脉冲串通过零阶保持器后，如果再通过这样理想的平滑滤波器，其输出频谱 $F_o(\omega)$ 将为

$$F_o(\omega)=F_s\cdot H(\omega)\cdot H_1(\omega)=\frac{F(\omega)H(\omega)}{T_s} \tag{2.3.9}$$

通常取平滑滤波器的截止频率 f_h 等于信号最高频率 f_c 且等于保持频率的 $\frac{1}{4}$，即

$$f_h=f_c=f_s/4=1/4T_s \tag{2.3.10}$$

根据式(2.3.1)可知，在 $0\sim\frac{\omega_s}{4}$ 的频带内，$H(\omega)$ 值为 $T_s\sim0.9T_s$，因此可近似认为

$$F_o(\omega)\approx F(\omega)\quad 或\quad f_o(t)\approx f(t)$$

可见，在零阶保持器后接平滑滤波器，基本上可以从子样脉冲串 $f_s(t)$ 恢复出平滑的信号波形 $f(t)$，这就是模拟输出通道中要设置零阶保持器和平滑滤波器的理论依据。

2. 保持周期的确定

模拟信号输出通道将计算机处理后的测试数据恢复成模拟信号，假设共有 m 路信号的采样数据，每路信号共有 n 个采样点，第 i 路信号的 j 次采样的数据 D_{ij} ($i=1,2,\cdots,m$; $j=1,2,\cdots,n$)。计算机每隔 t_0 时间送出一个子样数据到输出通道，即输出通道的数据输出字速率为 $1/t_0$。如果子样数据的顺序为：$D_{11},D_{12},\cdots,D_{1m},\cdots,D_{2m},\cdots,D_{nm}$。那么在图 2.3.2(b)中公用的 D/A 的数据刷新周期则为 t_0，这两种形式的零阶保持器的保持周期 T_s 都为

$$T_s=mt_0 \tag{2.3.11}$$

图 2.3.4(a)中零阶保持器的保持时间 T_s 也就是图 2.3.3 中阶梯波 $f_1(t)$ 的台阶宽度 T_s。由图 2.3.3 可见，如果模拟信号输出通道中设定的保持周期 T_s 和模拟信号输入通道

中设定的采样周期 T 相等，即 $T_s=T$，那么经零阶保持器和平滑滤波器后恢复出来的模拟信号 $f_0(t)$，从理论上和输入通道中被采样的输入模拟信号波形 $f(t)$ 是相同的，即 $f_0(t)=f(t)$。但是如果不满足 $T_s=T$ 条件，而只是保持固定的比例关系，即 $T_s/T=a$（常数），那么恢复出来的模拟信号 $f_0(t)$ 应为

$$f_0(t)=f\left(\frac{t}{a}\right) \tag{2.3.12}$$

这时如果在示波器上观察，则 $f_0(t)=f\left(\frac{t}{a}\right)$ 和 $f(t)$ 形状是相似的，只不过时间轴刻度不同。因此 $T_s\neq T$ 对波形显示并无影响。但是如果是语音回放，则应要求 $a=1$，否则将产生声音的音调变化，即 $a>1$ 会使音调变低，$a<1$ 会使音调变高。

2.3.2　输出通道组成

模拟量输出通道一般由接口电路、D/A 转换器、多路转换开关、采样保持器、V/I 变换等组成。模拟量输出通道的结构形式主要取决于输出保持器的构成方式。保持器一般有数字保持方案和模拟保持方案两种。

1. 每个通道设置一个 D/A 转换器的形式

在图 2.3.6 所示的结构里，微处理器和通路之间通过独立的接口缓冲器传送信息，这是一种数字保持的方案。它的优点是转换速度快、工作可靠，即使某一路 D/A 转换器有故障也不会影响其他通路的工作；缺点是使用了较多的 D/A 转换器，但随着大规模集成电路技术的发展，这个缺点正得到逐步的克服，这种方案较易实现。

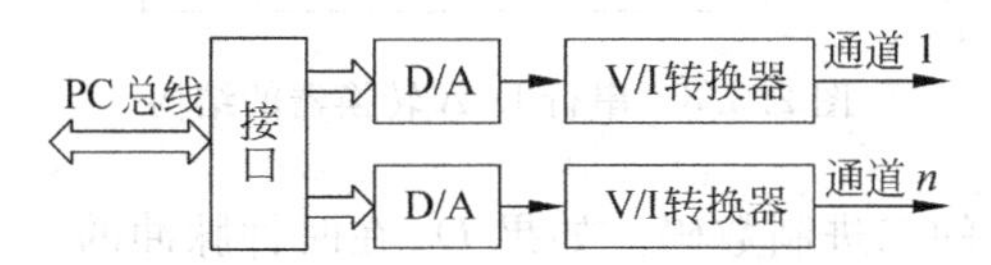

图 2.3.6　每个通路一个 D/A 转换器的结构

2. 多个通路共用一个 D/A 转换器的形式

图 2.3.7 为共用一个 D/A 系统的结构，因为共用一个 D/A 转换器，所以必须在计算机控制下分时工作，即依次把 D/A 转换器转换成的模拟电压(或电流)，通过多路开关传送给输出保持器。这种结构形式的优点是节省了 D/A 转换器，但因分时工作，只适用于通路数量多且速度要求不高的场合。同时它还要用多路开关，且要求输出采样保持器的保持时间和采样时间之比较大，这种方案的可靠性较差。

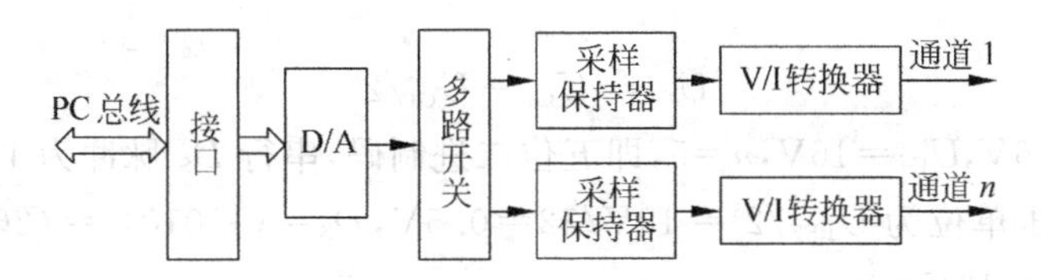

图 2.3.7　多个通路共用一个 D/A 转换器的结构

电压信号长距离传输时容易受到干扰,电流信号具有较强的抗干扰能力,而且工业上许多仪表都输出 0~10mA、4~20mA 的电流信号,但是大多数放大器、D/A 转换器的输出信号为电压信号,须经 V/I 转换电路将电压信号转换成电流信号,因此在这些系统中还需增加 V/I 转换器。

2.3.3 D/A 转换器及接口设计

D/A 转换器是将数字量转换成模拟量的元件或装置,其模拟量输出(电流或电压)与参考电压和二进制数成正比例。常用的 D/A 转换器的分辨率有 8 位、10 位、12 位等,其结构大同小异,通常都带有两级缓冲锁存器。

1. D/A 转换原理

1) 串行 D/A 转换器

在某些应用中,数字量以串行方式输入,直接采用并行 D/A 转换器不合适,这时采用串行 D/A 转换器最方便,而且电路简单。串行 D/A 转换器的结构如图 2.3.8 所示,转换器的工作节拍 t_C 和串行二进制数码定时同步,输入端不需要缓冲器,串行二进制数码在时钟同步下控制 D/A 转换器一位接一位地工作,因此转换一个 n 位输入数码需要 n 个工作节拍周期,即需要 n 个时钟周期,转换速度比并行 D/A 转换器低得多。

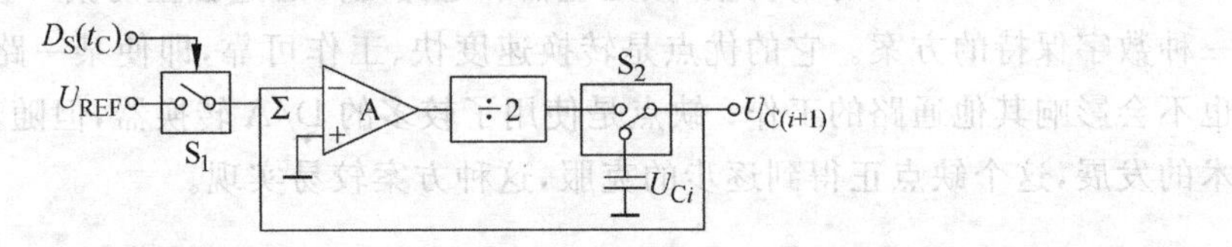

图 2.3.8 串行 D/A 转换器的结构

图中 D_S 为串行输入的二进制数码。如果 D_S 在时钟脉冲的 T_C 周期是逻辑 1,则 S_1 开关接通,基准电压 U_{REF} 与已存储在电容器上的电压 U_I 在加法放大器进行相加,再经"÷2"电路将所得的电压和降低一半。如果 D_S 在时钟脉冲的 T_C 周期是逻辑 0,则 S_1 开关断开,仅 U_{Ci} 单独接入,经"÷2"电路将 U_{Ci} 降低一半。因此,T_C 周期以后,电容器上存储的电压为

$$U_{C(i+1)} = \frac{1}{2}(U_{Ci} + a_i U_{REF})$$

其中,a_i 是 1 或 0 取决于对应 T_C 周期时 D_S 输入数码的 i 位是逻辑 1 或 0。U_{Ci} 为 T_C 周期结束时电容器上存储的电压。

在串行二进制脉冲最后一位 $i=n$(即最高位)参与转换后,电容器上的电压为 U_{Cn},如果将它减去初始电容电压 U_{C0} 的 $1/2^n$ 倍,则余下的电压即为串行 D/A 转换器最终的模拟输出电压 U_O,即

$$U_O = U_{Cn} - U_{C0}/2^n$$

例如 $U_{REF}=16V$,$U_{C0}=16V$,$n=5$,即五位二进制码,串行 D_S 脉冲为 11010,由于 $n=5$,则每一量值的电压单位为 $U_{REF}/2^5=16V/32=0.5V$,$D_S=(11010)_2=(26)_{10}$,D/A 转换器应输出 $0.5V\times 26=13V$。

2) 并行 D/A 转换器

并行 D/A 转换器的各位代码同时进行转换，转换速度比较快，转换时间只取决于转换器中电压或电流的稳定时间及求和时间。常用的并行 D/A 转换器有权电阻 D/A、T 型电阻 D/A 等，其中 T 型电阻网络 D/A 转换器转换速度比较快，在动态过程中的尖峰脉冲很小，使得 T 型电阻网络 D/A 转换器成为目前 D/A 转换器中速度最快的一种。

T 型电阻网络由相同的电路环节所组成，每一个环节有两个电阻和一个模拟电子开关，相当于二进制的一位，开关由该位的数字代码控制。4 位 T 型电阻 D/A 转换器的结构如图 2.3.9(a)所示。图中 $K_0 \sim K_3$ 为模拟电子开关，开关在运算放大器电流求和点虚地和地之间进行切换，切换时开关端点的电压几乎没有变化。切换的是电流，从而提高了开关速度。位切换开关 $K_0 \sim K_3$ 受相应位二进制代码控制，码位为“1”时开关接运算放大器虚地，码位为“0”时开关接地，所以各支路 2R 电阻下端电位始终为地电位。因此，等效电路如图 2.3.9(b)所示，以Ⅲ—Ⅲ′，Ⅱ—Ⅱ′，Ⅰ—Ⅰ′为界面向右看的等效电阻阻值均为 R，则 a，b，c，d 四点的电位分别为

$$\begin{cases} U_a = U_{\text{REF}} \\ U_b = \dfrac{1}{2}U_a = \dfrac{1}{2}U_{\text{REF}} \\ U_c = \dfrac{1}{2}U_b = \dfrac{1}{2^2}U_{\text{REF}} \\ U_d = \dfrac{1}{2}U_c = \dfrac{1}{2^3}U_{\text{REF}} \end{cases} \tag{2.3.13}$$

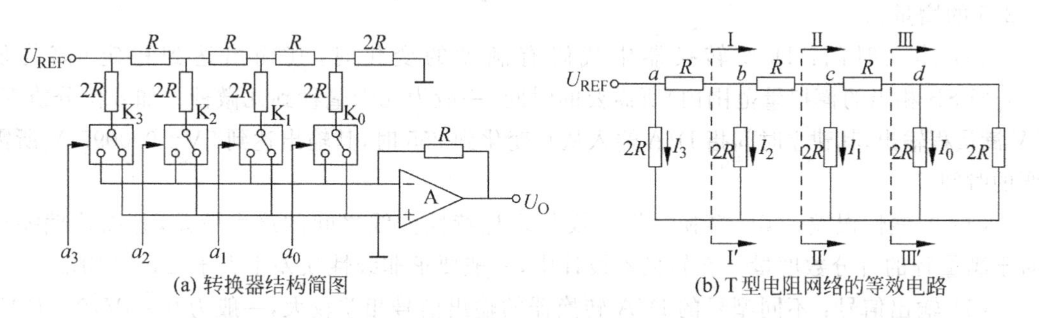

(a) 转换器结构简图　　(b) T 型电阻网络的等效电路

图 2.3.9　并行四位 T 型电阻 D/A 转换器

4 个支路的电流分别为

$$\begin{cases} I_3 = \dfrac{1}{2}\dfrac{U_{\text{REF}}}{R} = \dfrac{1}{2^1}\dfrac{U_{\text{REF}}}{R} \\ I_2 = \dfrac{1}{2}\dfrac{U_{\text{REF}}}{2R} = \dfrac{1}{2^2}\dfrac{U_{\text{REF}}}{R} \\ I_1 = \dfrac{1}{2^2}\dfrac{U_{\text{REF}}}{R} = \dfrac{1}{2^3}\dfrac{U_{\text{REF}}}{R} \\ I_0 = \dfrac{1}{2^3}\dfrac{U_{\text{REF}}}{R} = \dfrac{1}{2^4}\dfrac{U_{\text{REF}}}{R} \end{cases} \tag{2.3.14}$$

当某位二进制数为“1”时，该支路电流流入放大器的虚地端，所以流入求和放大器的总电流为各支路电流之和，即

$$
\begin{aligned}
I &= I_3 + I_2 + I_1 + I_0 \\
&= \frac{U_{\text{REF}}}{2^1 R} a_3 + \frac{U_{\text{REF}}}{2^2 R} a_2 + \frac{U_{\text{REF}}}{2^3 R} a_1 + \frac{U_{\text{REF}}}{2^4 R} a_0 \\
&= \frac{U_{\text{REF}}}{2^4 R}(2^3 a_3 + 2^2 a_2 + 2^1 a_1 + 2^0 a_0)
\end{aligned}
$$

求和放大器输出的模拟电压为

$$U_{\text{O}} = -IR = -\frac{U_{\text{REF}}}{2^4}(2^3 a_3 + 2^2 a_2 + 2^1 a_1 + 2^0 a_0) \tag{2.3.15}$$

如果是 n 位上述形式的T型网络，则输出的模拟电压为

$$U_{\text{O}} = -\frac{U_{\text{REF}}}{2^n}(2^{n-1} a_{n-1} + 2^{n-2} a_{n-2} + \cdots + 2^1 a_1 + 2^0 a_0) \tag{2.3.16}$$

即输出的模拟电压正比于数字量的有效位数。

2. D/A 转换器的主要性能指标

(1) 输入/输出关系：$U = U_{\text{REF}} \dfrac{D}{2^n - 1}$，$D$ 为数字量输入，U 为输出电压，U_{REF} 为参考电压，当 U_{REF} 确定时，输入和输出为线性关系。

(2) 分辨率：用D/A转换器数字量的位数 n（字长）来表示，如8位、12位、16位等。分辨率为 n 位，表示对D/A转换器输入二进制的最低有效位(LSB)与满量程输出的 $1/(2^n - 1)$ 相对应。分辨率为8位，表示D/A转换器的1个LSB对应满量程输出的 $1/(2^8 - 1) = 1/255$ 的增量。

(3) 建立时间：D/A转换器中代码有满度的变化时，其输出达到稳定（离终值±1/2LSB相当的模拟量范围内）所需要的时间，一般为几十毫秒到几微秒。如8位分辨率，5V满量程输出，其建立时间指D/A输入从0变化到255时，其输出达到5V±0.00977V所需要的时间。

(4) 非线性误差：实际转换特性曲线与理想特性曲线之间的最大偏差，并以该偏差相对于满量程的百分数度量。在转换器设计中，一般要求非线性误差不大于±1/2LSB。

(5) 输出信号：不同型号的D/A转换器的输出信号相差较大，一般为0～5V，0～10V，也有一些高压输出，如0～30V等，还有一些电流输出型，如0～3A等。

(6) 输入编码：一般为并行或串行二进制码输入，也有BCD码输入等。

3. 常见 D/A 转换器

1) 8位D/A转换器DAC0832

图2.3.10为DAC0832的逻辑结构图，DAC0832由8位输入锁存器、8位DAC锁存器、8位D/A转换器所构成。DAC0832中有两级锁存器，第一级即输入锁存器，第二级即DAC锁存器。因为有两级锁存器，DAC0832可以工作在双缓冲方式下，这样在输出模拟信号的同时可以采集下一个数字量，这样可以有效提高转换速度。另外，有了两级锁存器，可以在多个D/A转换器同时工作时，利用第二级锁存信号实现多路D/A的同时输出。DAC0832既可以工作在双缓冲方式，也可以工作在单缓冲方式，无论哪种方式，只要数据进入DAC锁存器，便启动D/A转换。DAC0832的输出是电流型的，在单片机应用系统中，通

常需要电压信号，电流信号和电压信号之间的转换可由运算放大器实现。

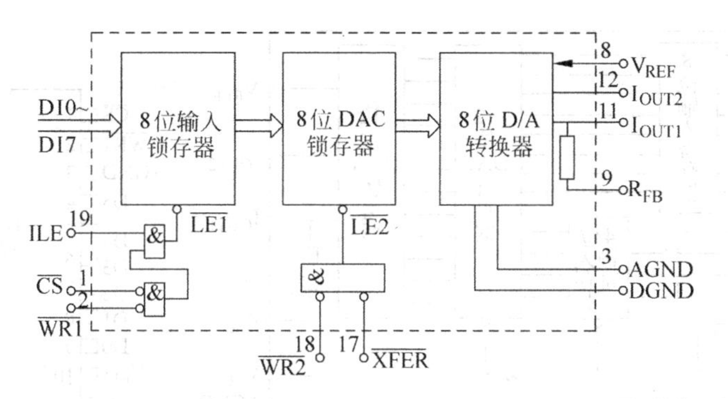

图 2.3.10　DAC0832 结构和引脚

DAC0832 的引脚如下：

(1) DI0～DI7：8 位数据输入端。

(2) ILE：输入锁存器的数据允许锁存信号。

(3) $\overline{CS}$：输入锁存器选择信号。

(4) $\overline{WR1}$：输入锁存器的数据写信号

(5) $\overline{XFER}$：数据向 DAC 锁存器传送信号，传送后即启动转换。

(6) $\overline{WR2}$：DAC 锁存器写信号，并启动转换。

(7) I_{OUT1}，I_{OUT2}：电路输出端。

(8) V_{REF}：参考电压输入端。

(9) R_{FB}：反馈信号输入端。

(10) V_{CC}：芯片供电电压。

(11) AGND：模拟地。

(12) DGND：数字地。

主要技术指标如下：

(1) 8 位分辨率，电流输出，稳定时间为 1μs；

(2) 可双缓冲、单缓冲或直接数字输入；

(3) 只需在满量程下调整其线性度；

(4) 单一电源供电(＋5～＋15V)；

(5) 低功耗，20mW；

(6) 逻辑电平输入与 TTL 兼容。

2) 12 位 D/A 转换器 DAC1210

DAC1210 结构如图 2.3.11 所示，它的基本结构和 DAC0832 相似，也是由两级缓冲器组成，主要差别在于它是 12 位数据输入，为了便于和计算机总线接口，它的第一级缓冲器分成了一个 8 位输入锁存器和一个 4 位输入锁存器，以便利用 8 位数据总线分两次将 12 位数据写入 DAC 芯片，这样 DAC1210 内部就有 3 个锁存器，需要 3 个端口地址，为此，内部提供了 3 个$\overline{LE}$信号的逻辑控制。$B_1/\overline{B_2}$是写字节 1/字节 2 的控制信号，$B_1/\overline{B_2}=1$，12 位数据同时存入第一级的输入锁存器(8 位输入锁存器和 4 位输入锁存器)；$B_1/\overline{B_2}=0$，低 4 位数据存入输入锁存器。

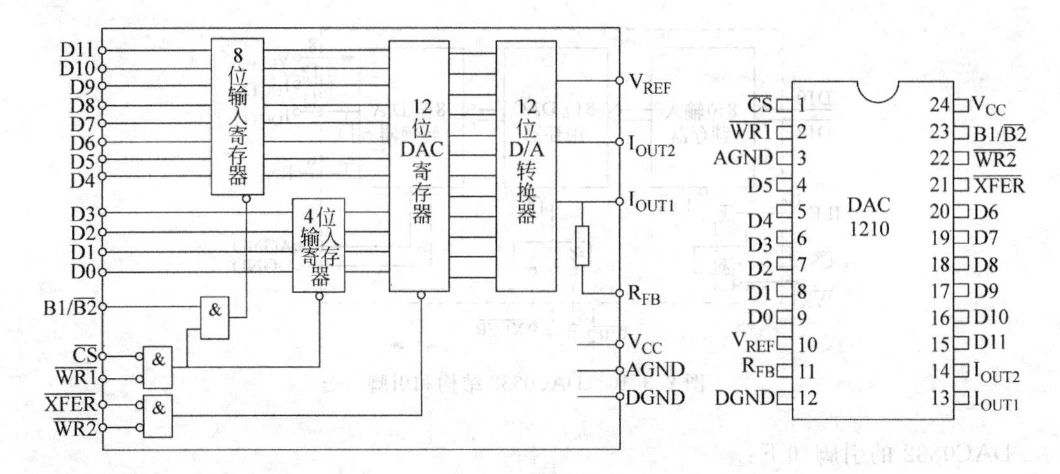

图 2.3.11　DAC1210 结构和引脚

DAC1210 的引脚如下：

(1) D0～D11：12 位数据输入端。

(2) $\overline{CS}$：输入锁存器选择信号。

(3) $\overline{WR1}$：输入锁存器的数据写信号

(4) $\overline{XFER}$：数据向 DAC 锁存器传送信号，传送后即启动转换。

(5) $\overline{WR2}$：DAC 锁存器写信号，并启动转换。

(6) $B_1/\overline{B_2}$：写字节控制信号

(7) I_{OUT1}，I_{OUT2}：电路输出端。

(8) V_{REF}：参考电压输入端。

(9) R_{FB}：反馈信号输入端。

(10) V_{CC}：芯片供电电压。

(11) AGND：模拟地。

(12) DGND：数字地。

主要技术指标如下：

(1) 12 位分辨率，电路建立时间为 $1\mu s$；

(2) 单一电源供电(＋5～＋15V)；

(3) 逻辑电平输入与 TTL 兼容。

4. D/A 转换器接口设计

D/A 转换器应用接口的设计主要包括数字量输入信号的连接以及控制信号的连接。D/A 转换编程比较简单，包括选中 D/A 转换器、送转换数据到数据线和启动 D/A 转换。

数字量输入信号连接时要考虑数字量的位数，D/A 转换器内容是否有锁存器，如果转换器内部无锁存器，则需要在 D/A 和系统数据总线之间增加锁存器或 I/O 接口；如果转换器内部有锁存器，则可将转换器和系统数据总线直接相连。

控制信号主要有片选信号、写信号及转换启动信号。它们一般由 CPU 或译码器提供。

一般片选信号由译码器提供,写信号多由微机总线的$\overline{IOW}$或$\overline{WR}$提供,启动信号一般为片选信号和$\overline{WR}$的合成。另外有些D/A转换器可以工作在双缓冲或单缓冲工作方式,这时还需再增加控制线。有些为编程简单并节省控制口线,可以把某些控制信号直接接地或+5V。

1) DAC0832和51单片机接口

图2.3.12是DAC0832和8031的单缓冲方式接口,在单缓冲接口方式下,ILE接+5V,始终保持有效。写信号控制数据的锁存,$\overline{WR1}$和$\overline{WR2}$相连,接8031的$\overline{WR}$,即数据同时写入两个锁存器;传送允许信号$\overline{XFER}$和片选$\overline{CS}$相连,即选中本片DAC0832后,写入数据立即启动转换。按照片选确定FFFEH为该片DAC0832的地址,这种单缓冲方式适用于只有一路模拟量输出的场合。在运放输出端输出一个锯齿波电压信号的C51程序如下:

```
#include"absacc.h"
#include"reg51.h"
#define DAC0832   XBYTE[0xfffe]
#define uchar unsigned char
#define uint  unsigned int
Void stair(void)
{
    uchar i;
    while(1){
            For (i=0;i<=255;i++)
                  DAC0832 = i;
          }
}
```

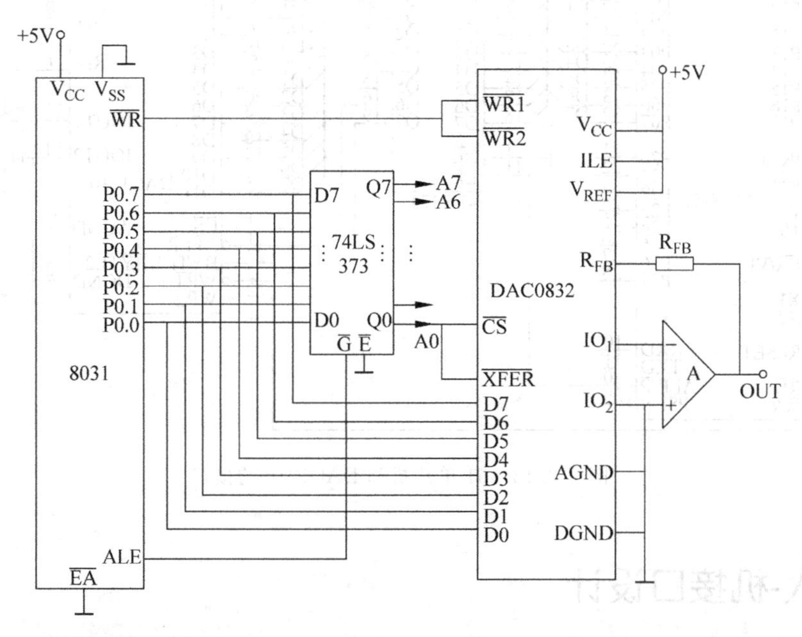

图2.3.12 51单片机和DAC0832的接口

2) DAC1210和51单片机接口

图2.3.13为51单片机和DAC1210的接口,输出锯齿波,其中Q6为片选信号,Q7为输入锁存器选择信号,高8位地址为0BFH,低4位地址为3FH,输出低4位的同时,12位

数据写入 D/A 转换器，实现程序如下：

```
          ORG     0030H
START:    MOV     R2, #0FFH          ;输出值高 8 位初值
          MOV     R3, #0F0H          ;输出值低 4 位初值
AGAIN:    MOV     A, R2
          MOV     R0, #0BFH
          MOVX    @R0, A             ;输出高 8 位
          MOV     A, R3
          SWAP    A
          MOV     R0, #3FH
          MOVX    @R0, A             ;输出低 4 位，同时进行 D/A 转换
          CLR     C
          MOV     A, R3
          SUBB    A, #10H            ;输出值减一个单位
          MOV     R3, A
          MOV     A, R2
          SUBB    A, #00H
          MOV     R2, A
          ORL     A, R3
          JNZ     AGAIN              ;输出值不为 0，则继续
          SJMP    START              ;输出值为 0，重新开始
          END
```

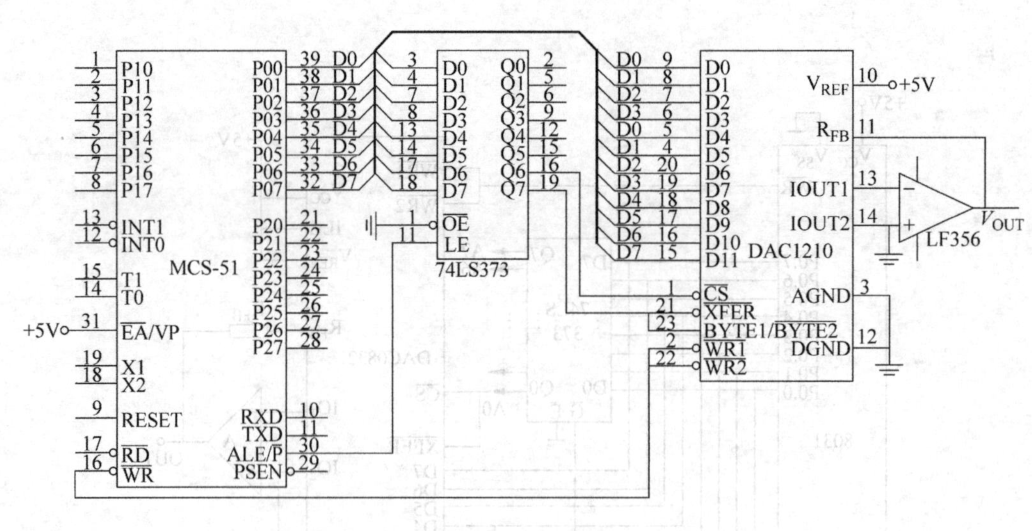

图 2.3.13　51 单片机和 DAC1210 的接口

2.4　人-机接口设计

计算机控制系统中通常有人-机对话功能，一方面操作人员能向被控系统发布命令和输入数据，另一方面计算机能向操作人员报告运行状态和运行结果。前一功能主要是通过控制系统操作面板上的键盘来实现，后一功能主要是通过显示、记录和报警等装置实现。

2.4.1　键盘

键盘是一组按键的集合。按键是一种按压式或触摸式常开型按钮开关。平时(常态)按键的两个触点处于断开状态,当按压或触摸按键时两个触点才处于闭合连通状态。

按键闭合时能向计算机输入数字(0～9 或 0～F)的键称为数字键,能向计算机输入命令以实现某项功能的键称为功能键或命令键。键盘上的按键是按一定顺序排列在一起的,每个按键都有各自的命名。为了便于 CPU 区分各个按键,必须给键盘上的每个按键赋予一个独有的编号,按键的编号或编码称为键号或键值。CPU 知道了按键的键号或键值,就能区分这个键是数字键还是功能键。如果是数字键,就直接将该键值送到显示缓冲区进行显示,如果是功能键则由该键值找到执行该键功能的程序入口地址,并转去运行该程序。

键盘接口与键盘程序的根本任务就是要监测有没有键按下?按下的是哪个位置的键?这个键的键值是多少?这个任务就叫键盘扫描。键盘扫描可以通过硬件实现,也可用软件来实现。带有键盘扫描硬件电路的键盘称为编码键盘,不带键盘扫描硬件电路的键盘称为非编码键盘,非编码键盘的扫描靠软件实现。

为了能让 CPU 监测按键是否闭合,通常将按键开关的一个触点通过一个电阻(称上拉电阻)接+5V 电源(这个触点称为"测试端"),另一个触点接地或接低电平(这个触点称为"接零端"),这样当按键开关未闭合时,其测试端为高电平,当按键开关闭合时,其测试端便为低电平。根据按键开关和 CPU 的连接方式不同,键盘又可分为独立式和矩阵式(或行列式)两大类。

1. 独立式键盘

独立式键盘接口电路如图 2.4.1 所示,其特点是:各按键相互独立,每个按键的"接零端"均接地,每个按键的"测试端"各接一根输入线,一根输入线上的按键工作状态不会影响其他输入线上的工作状态。通过检测输入线的电平状态就可以很容易地判断哪个按键被按下了,因此操作速度快且软件结构简单。其缺点是:每个按键占用一根输入口线,在按键数量较多时,输入口浪费比较大。因此,这种键盘只适用于按键较少或操作速度较高的场合。

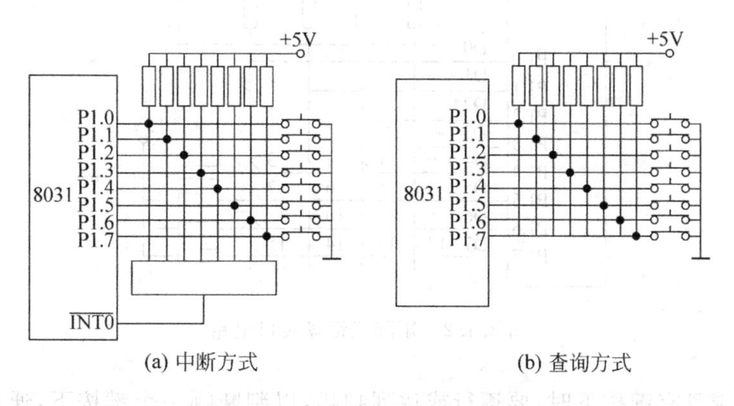

(a) 中断方式　(b) 查询方式

图 2.4.1　独立式键盘接口电路

图 2.4.1(b)所示查询方式键盘的处理程序比较简单,省略软件去抖措施后,只包括按键查询、键功能程序转移。程序清单如下:

```
START:    MOV   A,#0FFH        ;输入时先置 P1 口全为 1
          MOV   P1,A
          MOV   A,P1           ;键状态输入
          JNB   ACC.0,P0F      ;0 号键按下转 P0F 标号地址
          JNB   ACC.1,P1F      ;1 号键按下转 P1F 标号地址
          ………………
          JNB   ACC.7,P7F      ;7 号键按下转 P7F 标号地址
          JMP   START
P0F:      JMP   PROM0
P1F:      JMP   PROM1
          ……
P7F:      JMP   PROM7
PROM0:    ………………
          ………………
          JMP   START
PROM1:    ………………
          ………………
          JMP   START
PROM07    ………………
          ………………
          JMP   START
```

2. 矩阵式键盘

矩阵式键盘接口如图 2.4.2 所示，其特点是：行线、列线分别接输入线、输出线，按键设置在行、列线的交叉点上，每一行线(水平线)和列线(垂直线)的交叉处不相通，而是通过按键来联通，利用这种矩阵结构只需 m 根行线和 n 根列线就可组成 $m\times n$ 个按键的键盘，因此矩阵式键盘适用于按键数量较多的场合。由于矩阵键盘中行、列线为多键共用，所以必须将行、列线信号配合起来并作适当处理，才能确定闭合键的位置，因此，软件相对比较复杂。

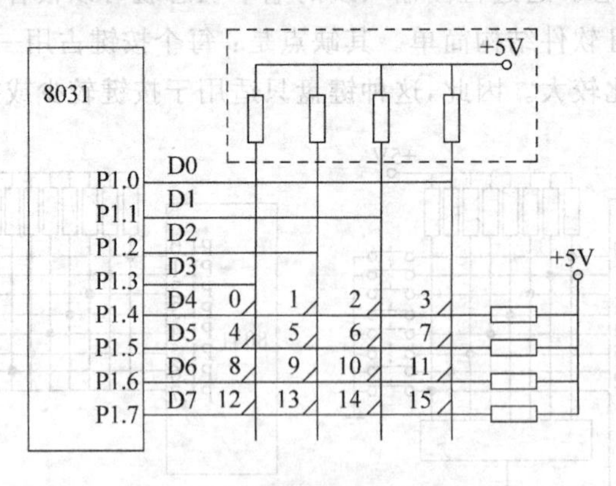

图 2.4.2　矩阵式键盘接口电路

当矩阵式键盘有键按下时，要逐行或逐列扫描，以判断哪一个键按下，通常扫描方式有扫描法和反转法。

1) 扫描法

扫描法的接口特点是：每条作为键输入线的行线(或列线)都通过一个上拉电阻接到

＋5V 上，并与该行(或列)各按键的测试端相连，每条作为键扫描输出的列线(或行线)都不接上拉电阻和＋5V(图 2.4.2 中虚线框内部分不接)，只与该列(或行)各键的接零端相连。扫描过程分两步进行：

(1) 监测有无键被按下。让所有键扫描输出线均置"0"电平，检查各键输入线电平是否有变化。例如图 2.4.2 中，将 P1.0～P1.3 编程为输出线，P1.4～P1.7 编程为输入线。第一步使 P1.0～P1.3 输出全"0"，然后读入 P1.4～P1.7，若为全"1"则无键按下，若非全"1"则有键按下。

(2) 识别哪一个键被按下。键扫描输出线逐线置"0"电平，其余各输出线均置高电平，检查各条键输入线电平的变化，如果某输入线由高电平变为零电平，则可确定此输入线与此输出线交叉处的按键被按下。例如图 2.4.2 中，如果 P1.0～P1.3 输出 0111，而 P1.4～P1.7 读入 0111，则可判定图中第 3 号键被按下了。

2) 反转法

扫描法要逐行或逐列扫描查询，当被按下的键处于最后一行或列时，则要经过多次扫描才能最后获得此按键所处的行列值，而反转法只要经过两步就能获得此按键所在的行列值。反转法的特点是：行线和列线都要通过上拉电阻接＋5V，如图 2.4.2 中所示(图中虚线框内部分要接上)，按键所在行号和列号分别由两步操作判定。

(1) 将行线编程为输入线，列线编程为输出线，并使输出线输出全"0"，则行线中电平由高变到低的所在行为按键所在行。

(2) 和第一步完全相反，将行线编程为输出线，列线编程为输入线，并使输出线输出全"0"，则列线中电平由高到低的所在列为按键所在列。

例如图 2.4.2 中第一步，P1.0～P1.3 编程为输出，且输出全"0"。P1.4～P1.7 编程为输入，若读入数据位 0111，则说明第 1 行有键按下。第二步相反，P1.4～P1.7 编程为输出且输出全"0"，P1.0～P1.3 编程为输入，若读入数据为 0111，则说明第 4 列有键被按下。综合以上两步可知第 1 行第 4 列有键按下，即图中的第 3 号键。

2.4.2 LED 数码管

LED 数码管是计算机控制系统中常用的测量数据显示器件，测控系统中的 LED 显示器通常由多位 LED 数码管排列而成。每位数码管内部有 8 个发光二极管，外部有 10 个引脚，其中 3、8 脚为公共端也称位选端。公共端是由 8 个发光二极管的阴极并接而成的称为共阴极，公共端是由 8 个发光二极管的阳极并接而成的称为共阳极。其余 8 个引脚称为段选端，分别为 8 个发光二极管的阳极(共阴极时)或阴极(共阳极时)。因此要使某一位数码管显示某一数字必须在这个数码管的段选端加上和显示数字对应的 8 位段选码(也称字形码)，在位选端加上高电平(共阳极时)或低电平(共阴极时)。

从要显示数字的 BCD 码转换成对应的段选码称为译码，译码既可用硬件实现也可用软件实现。采用硬件译码时，微机输出的是要显示数字的 BCD 码，微机与 LED 段选端之间的接口电路包括锁存器(锁存显示数字的 BCD 码)、译码器(将 BCD 码输入转换成段选码输出)、驱动器(驱动发光二极管发光)。采用软件译码时，微机输出的是通过查表软件得到的段选码。因此接口电路中无需译码器，只需锁存器和驱动器。

多位 LED 显示器有静态显示和动态显示两种形式。静态显示就是各位同时显示，因此各位LED数码管的位选端应连在一起固定接地(共阴极时)或接+5V(共阳极时),每位数码管的段选端应分别接一个8位锁存器/驱动器。动态显示就是逐位轮流显示,为实现这种显示方式,各位LED数码管的段选端应并接在一起,由同一个8位I/O口或锁存器/驱动器控制,而各位数码管的位选端分别由相应的I/O口线或锁存器控制。

1. 硬件译码显示

在采用硬件译码方式时,LED显示器和单片机接口的常用器件有:BCD-7段译码器MC14558,BCD-7段译码/驱动器MC14547,BCD-7段锁存/译码/驱动器MC14513、MC14495以及9368,串行输入4位LED动态显示驱动接口芯片MC14499,并行输入4位LED静态显示驱动接口芯片ICM7212等。MC14558和MC14547无输入锁存能力,因此,常用于动态扫描电路,如图2.4.3所示,这两种芯片如用于静态显示时,其前应加锁存器。

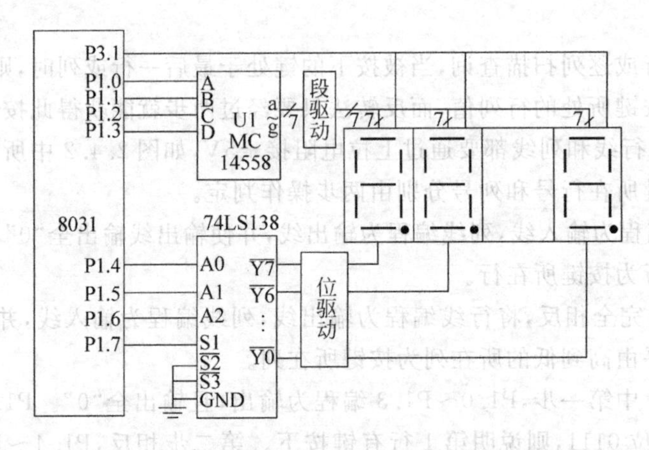

图2.4.3　MC14558构成的8位动态LED显示

MC14495内部有4位输入锁存器、译码器和驱动器,但一个MC14495只能和一位LED显示块接口,如图2.4.4是用8个MC14495和8位LED显示块构成的8位LED静态显示器电路。MC14495的BCD码输入端挂接在数据总线上,每两片一组,每组形成一个数据字节单元,各字节单元由3-8译码器输出的译码信号进行寻址。译码器的输出受$\overline{WR}$控制,只有向这些字节单元中写数据时,译码器才译出地址选通信号,将数据总线上的两位BCD码打入到相应的MC14495芯片锁存器中,从而使两位LED同时产生相应的显示,这种方法结构简单,编程容易。

MC14499片内除包含锁存/译码/驱动器外,还有一个20位移位锁存器和一个扫描振荡器,一片MC14499能同时驱动4为LED显示块,它有4个位选通端Ⅰ～Ⅳ,位控信号由片内扫描振荡器经四分频和位译码产生,串行数据及其同步时钟分别由D端和CLK端输入(标准时钟频率为250kHz),MC14499和单片机8031的串行接口方式如图2.4.5所示。MC14499每次接收20位串行输入数据,其中16位表示4位BCD码,另4位表示小数点选择位,一帧(20位)串行数据一经输入便被锁存起来供4位LED显示器使用,直到下一帧串行数据到来为止。CPU只提供显示用数据,数据的显示由片内扫描振荡器对各位进行动态扫描实现,因此,由MC14499接口的显示器工作于动态显示方式。

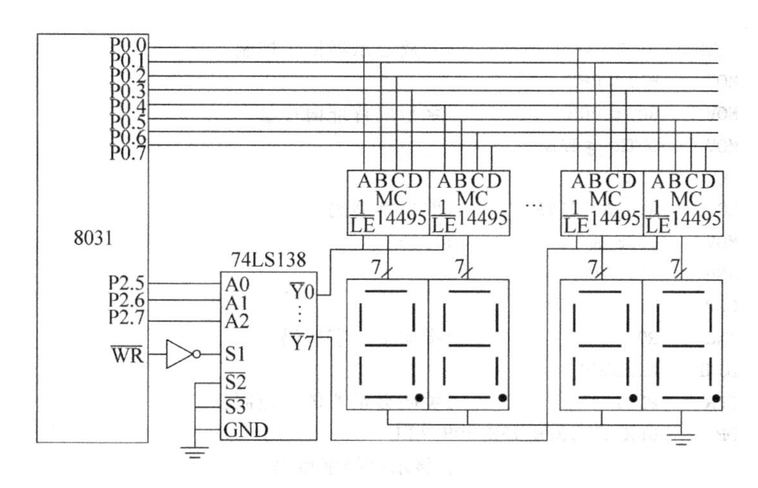

图 2.4.4　MC14495 构成的 8 位静态 LED 显示

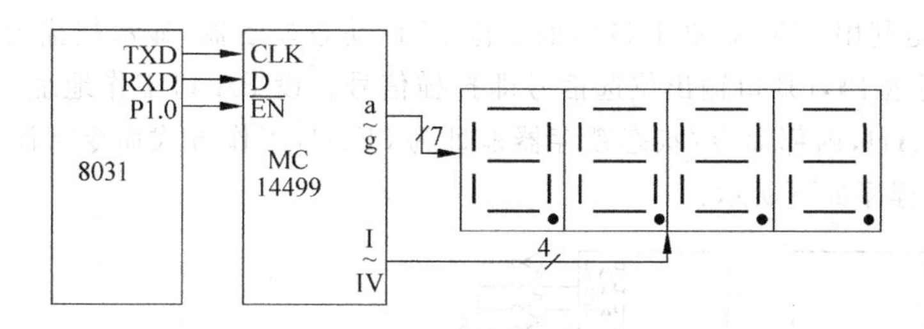

图 2.4.5　MC14499 构成的 4 位动态 LED 显示

2. 软件译码显示

采用软件译码方式时，LED 显示器和单片机接口常采用 8155、8255 并行 I/O 接口芯片或采用锁存器。

1）静态显示接口

8031 的串行口工作在方式 0 时，为移位锁存器方式，图 2.4.6 为利用 6 片串入并出移位锁存器 74LS164 作为 6 位静态显示器的显示输出口，要显示的 8 段码即字型码通过软件译码产生，并由 RXD 串行发送出去，主程序不必扫描显示器，从而 CPU 能用于其他工作。显示“P-8031”的程序如下：

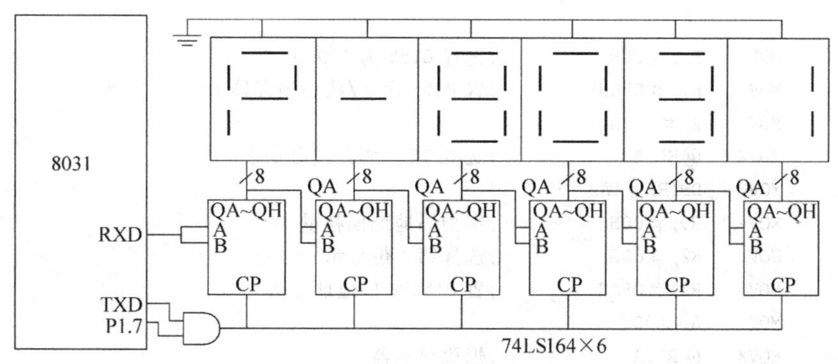

图 2.4.6　串行口 6 位静态 LED 显示

```
START:   SETB   P1.7              ;开放显示器传送控制
         MOV    R1,#06H
         MOV    R0,#00H           ;字型码首址偏移量
         MOV    DPTR,#TAB
LOOP:    MOV    A,R0
         MOVC   A,@A+DPTR         ;取出字型码
         MOV    SBUF,A            ;发送
WAIT:    JNB    T1,WAIT
         CLR    T1
         INC    R0                ;指向下一字型码
         DJNZ   R1,LOOP
         CLR    P1.7              ;关闭显示器传送控制
TAB:     DB     06H,4FH,3FH,7FH,40H,73H
                                  ; 显示字符字型码
```

2）动态显示接口

图 2.4.7 是利用 8155 扩展 I/O 口的 8 位 LED 动态显示器，显示扫描由程序实现。其中 PA 口输出字型码，PB 口输出位选信号即扫描信号。设 PA 口工作地址为 0F9H，PB 口工作地址为 0FAH，内部命令/状态锁存器地址为 0F8H，工作方式命令字设为 0F3H，显示“CPUready”的程序如下所示：

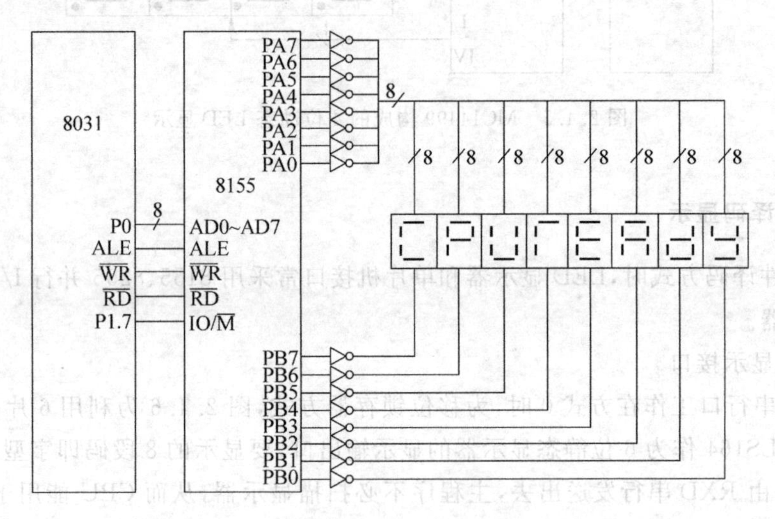

图 2.4.7　用 8155 实现 8 位动态 LED 显示器

```
DISP:    ORL    P1,#80H           ;选择 8155 为 I/O 口
         MOV    R1,#0F8H          ;置 8155 命令/状态锁存器地址
         MOV    A,#0F3H
         MOVX   @R1,A             ;送 8155 工作方式命令字
START:   MOV    DPTR,#TAB
         MOV    R0,#00H           ;字型码地址偏移量
         MOV    R2,#80H           ;选择第 1 位显示
SCAN:    MOV    R1,#0FAH          ;置 8155PB 口地址
         MOV    A,#00H
         MOVX   @R1,A             ;熄灭显示器
         MOV    A,R0
```

```
            MOVC    A,@A+DPTR           ;取字型码
            DEC     R1                  ;置 8155PA 口地址
            MOVX    @R1,A               ;送字型码
            MOV     A,R2
            INC     R1
            MOVX    @R1,A               ;送位选码
            ACALL   DELAY1ms            ;延时 1ms
            INC     R0                  ;指向下一字型码
            MOV     A,R2
            CLR     C
            RRC     A                   ;指向下一位
            MOV     R2,A
            XRL     A,#00H              ;8 位未完,扫描显示下一位
            JNZ     SCAN
            AJMP    START               ;开始下一轮扫描
DELAY1ms:   SETB    D3H
            MOV     R2,#83H
LL0:        NOP
            NOP
            DJNZ    R2,LL0
            CLR     D3H
            RET
TAB:        DB      0C6H,8CH,0C1H,0CEH,86H,88H,0A1H,91H
                                        ; 显示字符字型码
```

2.5　单元电路的级联和匹配

组成测控系统的各单元电流选定以后，就要把它们相互连接起来，为了保证各单元电路连接起来后仍能正常工作，并彼此配合地实现预期的功能，就必须仔细地考虑各单元电路之间的级联问题，如电气特性的相互匹配、信号耦合方式和时序配合等。

2.5.1　电气性能的匹配

1. 阻抗匹配

测量信息的传输是靠能量流进行的，因此，设计测控系统时的一条重要原则是要保证信息能量流最有效的传递。这个原则是由四端网络理论导出的，即信息传输通道中两个环节之间的输入阻抗和输出阻抗相匹配的原则。如果把信息传输通道中的前一个环节视为信号源，下一个环节视为负载，则可以用负载或输入阻抗 Z_L 对信号源的输出阻抗 Z_i 之比，即 $a_g=|Z_L|/|Z_i|$ 来说明这两个环节之间的匹配程度。

匹配程度 a_g 的大小决定于测控系统中两个环节之间的匹配方式。若要求信号源馈送给负载的电压最大，即实现电压匹配，则应取 $a_g\gg1$；若要求信号源馈送给负载的电流最大，即实现电流匹配，则应取 $a_g\ll1$；若要求信号源馈送给负载的功率最大，即实现功率匹配，则应取 $a_g=1$。

2. 负载能力匹配

负载能力的匹配实际上是前一级单元电路能否正常驱动后一级的问题。这在各级之间均有，但特别突出的是在最后一级单元电路中，因为末级电路往往需要驱动执行机构。如果驱动能力不够，则应增加一级功率驱动单元。在模拟电路里，如对驱动能力要求不高，可采用由运放构成的电压跟随器，否则需要采用功率集成电路，或互补对称输出电路。在数字电路里，则采用达林顿驱动器、单管射级跟随器或单管反相器。当然，并非一定要增加一级驱动电路，在负载不是很大的场合，往往可改变一下电路参数就可满足要求。总之，应视负载大小而定。

3. 电平匹配

电平匹配问题在数字电路中经常遇到。若高低电平不匹配，则不能保证正常的逻辑功能，为此，必须增加电平转换电路。尤其是 COMS 集成电路和 TTL 集成电路之间的连接，当两者的工作电源不同时，两者之间必须加电平转换电路。

2.5.2 信号耦合和时序配合

1. 信号耦合方式

常见的单元电路之间的信号耦合方式有 4 种：直接耦合、阻容耦合、变压器耦合和光电耦合。

1）直接耦合方式

上一级单元电路的输出直接（或通过电阻）和下一级单元电路的输入相连接，这种耦合方式最简单，它可把上一级输出的任何波形的信号（正弦信号和非正弦信号）送到下一级单元电路。但是，这种耦合方式在静态方式下，存在两个单元电路的相互影响。在电路分析和计算时，必须加以考虑。

2）阻容耦合方式

通过电容 C 和电阻 R 把上一级的输出信号耦合到下一级去，电阻 R 的另一端可以接电源 V_{CC} 或接地，这要看下一级单元电路的要求而定。有时电阻 R 即为下一级的输入电阻。这种耦合方式的特点是"隔直传变"，即阻止上一级输出中的直流成分送到下一级，仅把交变成分送到下一级去，因此，两级之间在静态情况下不存在相互影响，彼此可视为独立的。

这种耦合方式用于传送脉冲信号时，应视阻容时间常数 $\tau=RC$ 与脉冲宽度 b 之间的相对大小来决定是传送脉冲的跳变沿，还是不失真地传送整个脉冲信号。$\tau \ll b$ 时，称为微分电路，它只传送跳变沿；当 $\tau \gg b$ 时，称为耦合电路，它传送整个脉冲。

3）变压器耦合方式

通过变压器的原副绕组，把上一级信号耦合到下一级去，由于变压器副边电压中只反映变化的信号，故它的作用也是"隔直传变"。变压器耦合的最大优点是可以通过改变匝比与同名端，实现阻抗匹配和改变传送到下一级信号的大小和极性，以及实现级间的电气隔离。但它的最大缺点是制造困难，不能集成化，频率特性差、体积大、效率低。因此，这种耦合已很少采用。

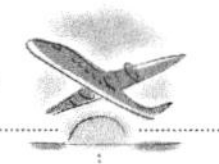

4）光电耦合方式

通过光耦器件把信号传送到下一级，上一级输出信号通过光电耦合器中的发光二极管，使其产生光，光作用于达林顿光敏三极管基极，使管子导通，把上一级信号传送到下一级，这种方式既可传送模拟信号也可传送数字信号，但传送模拟信号的线性光电耦合器件比较贵，所以多数场合用来传送数字信号。

光电耦合方式的最大特点是实现上、下级之间的电气隔离，加之光电耦合器件体积小、质量轻、开关速度快，因此，在数字电子电路的输入、输出接口中常采用光电耦合器件进行电气隔离，防止干扰侵入。

上面4种耦合方式中，变压器耦合方式应尽量少用；光电耦合方式通常只在需要电气隔离的场合中采用；直接耦合和阻容耦合是最常用的耦合方式，至于两者之间如何选择，主要取决于下一级单元电路对上一级输出信号的要求。若只要传送上一级输出信号的交变成分，不传送直流成分，则采用阻容耦合，否则采用直接耦合。

2. 时序配合

单元电路之间信号作用的时序在数字系统中是非常重要的。哪个信号作用在前，哪个信号作用在后，以及作用时间长短等，都是根据系统正常工作的要求而决定的。也就是说一个数字系统有一个固定的时序。时序配合错乱，将导致系统工作的失常。

时序配合是一个十分复杂的问题，为确定每个系统所需的时序，必须对该系统中各单元电路的信号关系进行仔细分析，画出各信号的波形关系图，确定出保证系统正常工作下的信号时序，然后提出实现该时序的措施。单纯的模拟电路不存在时序问题，但在模拟和数字混合组成的系统中则存在时序问题。

2.5.3　电平转换接口

TTL电路即晶体管逻辑电路，具有比较快的开关速度、比较强的抗干扰能力以及足够大的输出幅度，并且带负载能力也比较强，得到了最为广泛的应用。然而，TTL电路不是万能的，也不能满足生产实际中不断提出来的各种特殊要求，例如高速、高抗干扰、低功耗等，因而又出现了HTL、ECL、CMOS等各种数字集成电路。在计算机控制系统中习惯于用TTL电路作为基本电路元件，根据需要可能采用HTL、CMOS、ECL等芯片，因此，存在TTL电路和这些数字电路的接口问题。

1. TTL和HTL电平转换接口

HTL电路即高阈值逻辑集成电路，因为它的阈值电压比较高（一般在7～8V），所以噪声容限比较大、抗干扰能力较强。但是，由于它的输入部分是二极管结构，所以速度比较低。因此，这种数字集成电路适宜于对速度要求不高但要求具有高可靠性的各种工业控制设备中。HTL电路的输出高电平V_{OH}一般大于11.5V，输出低电平$V_{OL}\leqslant 1.5V$，输入短路电流$I_{IS}\leqslant 1.5mA$，输入漏电流$I_{IH}\leqslant 6\mu A$，空载导通电流$I_{E1}\leqslant 6mA$。

1）TTL→HTL电平转换

利用电平转换器CH2017可完成TTL→HTL电平转换。该电路输出能驱动8～10个HTL标准门负载，工作电源电压为15V±10%，其逻辑为反相器，$Y=\overline{A}$。CH2017内共有

6 个反相器，完成 TTL→HTL 转换，其输出高电平 $V_{OH}\geqslant 11.5V$，低电平 $V_{OL}\leqslant 1.5V$。

2）HTL→TTL 电平转换

CH2016 具有 HTL→TTL 电平转换功能，其逻辑为反相器，$Y=\overline{A}$。该芯片使用两种电源，$V_{CC1}=15V\pm 10\%$，$V_{CC2}=5V\pm 10\%$，电路输出高电平 $V_{OH}\geqslant 3V$，低电平 $V_{OL}\leqslant 0.4V$，能驱动 8～10 个标准 TTL 门负载。

在 HTL 和 TTL 逻辑电平接口时，最简单的方法是采用电平转换器，如图 2.5.1 所示。当然也可以采用其他方法实现这两种电平之间的转换，如集电极开路的 HTL 门可直接驱动 TTL 电路，如要求 HTL 电路驱动大量的 TTL 电路，则需要使用晶体管电路，如图 2.5.2 所示，图中的功率开关晶体管 T_2 可驱动 100 个 TTL 门。

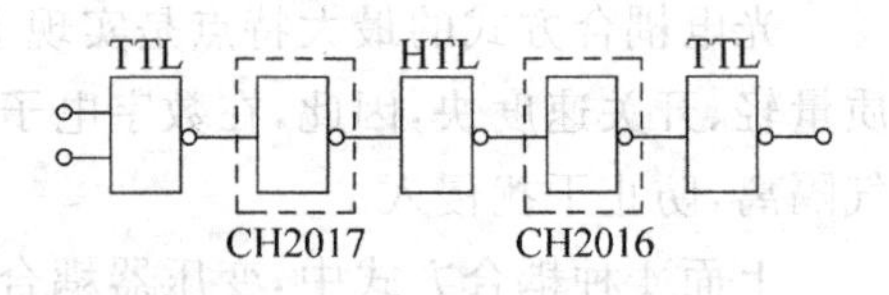

图 2.5.1　HTL 和 TTL 接口

同样，从 TTL 到 HTL 的转换，可直接采用耐压高于 15V 的集电极开路 TTL 门来驱动 HTL 电路，对于多个 HTL 门的驱动情况，则也可用晶体管驱动方式，如图 2.5.3 所示。

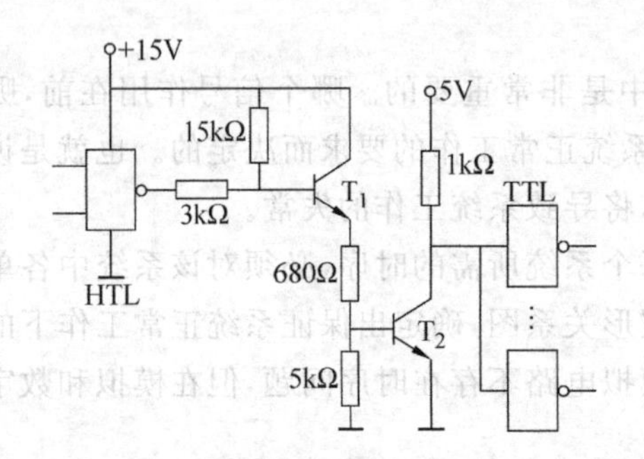

图 2.5.2　用晶体管的 HTL→TTL 转换

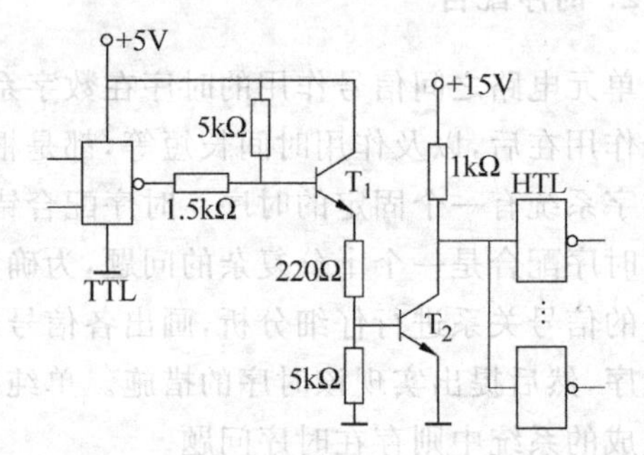

图 2.5.3　用晶体管的 TTL→HTL 转换

2. TTL 与 ECL 电平转换接口

ECL 集成电路即发射极耦合逻辑集成电路，是一种非饱和型数字逻辑电路，消除了影响速度提高的晶体管存储时间，因此速度很快。由于 ECL 电路具有速度快、逻辑功能强、扇出能力强、噪声低、引线串扰小和自带参考源等优点，被广泛应用于数字通信、高精度测试设备和频率合成等各个方面。

1）TTL→ECL 转换

利用集成芯片 CE1024 即可完成 TTL 到 ECL 的电平转换。

2）ECL→TTL 转换

CE10125 为 4 个 ECL→TTL 电平转换器，它的输入与 ECL 电平兼容，具有差分输入和抑制±1V 共态干扰输入能力，输出是 TTL 电平。如果有某路不用时，须将一个输入接到 V_{CC} 端上，以保证电路的工作稳定性。

在小型系统中，ECL 和 TTL 可能均使用＋5V 电源，此时需要用分立元件来实现接口，图 2.5.4 中(a)为 ECL 到 TTL 电平转换电路，(b)为 TTL 到 ECL 的电平转换电路。

3. TTL 与 CMOS 电平转换接口

CMOS 电路即互补对称金属氧化物半导体集成电路，具有功耗低、工作电源电压范围

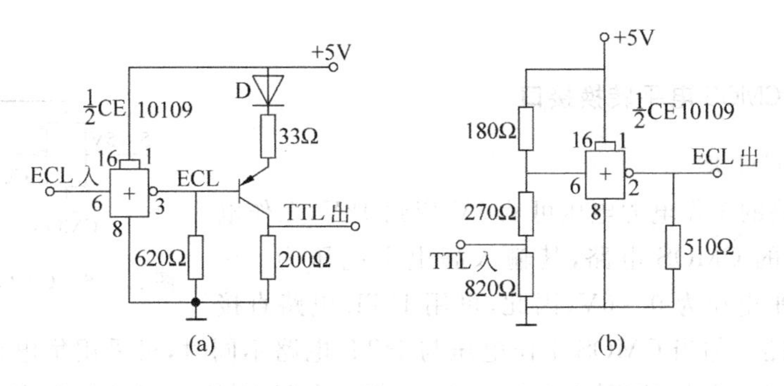

图 2.5.4 单 5V 电源供电 TTL→ECL 转换电路

宽、抗干扰能力强、逻辑摆幅大、输入阻抗高、扇出能力强等特点，目前在许多地方，特别是要求低功耗的场合得到了极为广泛的应用。

CMOS 反相器当其使用电源电压为 5V 时，输出低电平电压最大值为 0.05V，高电平最小值为 4.95V，输出低电平电流最小为 0.5mA，高电平电流最小为 −0.5mA；对于缓冲门的 CMOS 电路，当供电电源电压为 5V 时，$V_{IL}\leqslant 1.5V$，$V_{IH}\geqslant 3.5V$。对于不带缓冲门的 CMOS 门电路，$V_{IL}\leqslant 1V$，$V_{IH}\geqslant 4V$。

1) TTL→CMOS

由于 TTL 电路输出高电平的规范值为 2.4V，在电源电压为 5V 时，CMOS 电路输入高电平 $V_{IH}\leqslant 3.5V$，这样就造成了 TTL 和 CMOS 电路接口上的困难。其解决办法是在 TTL 电路输出端与电源之间接一个上拉电阻 R，如图 2.5.5 所示，电阻 R 的取值由 TTL 的高电平输出漏电流 I_{OH} 来决定，不同系列的 TTL 应选用不同的 R 值，一般有：

(1) 74 系列，$4.7k\Omega\geqslant R\geqslant 390\Omega$

(2) 74H 系列，$4.7k\Omega\geqslant R\geqslant 270\Omega$

(3) 74L 系列，$27k\Omega\geqslant R\geqslant 1.5k\Omega$

(4) 74S 系列，$4.7k\Omega\geqslant R\geqslant 270\Omega$

(5) 74LS 系列，$12k\Omega\geqslant R\geqslant 820\Omega$

如果 CMOS 电路的电源电压高于 TTL 电路的电源电压，可采用图 2.5.5(b)的接法，同时图中的 CMOS 电路应使用具有电平移位功能的电路，如 CC4504、BH017 等，CMOS 电路的电源电压可在 5～15V 范围内的任意选定。

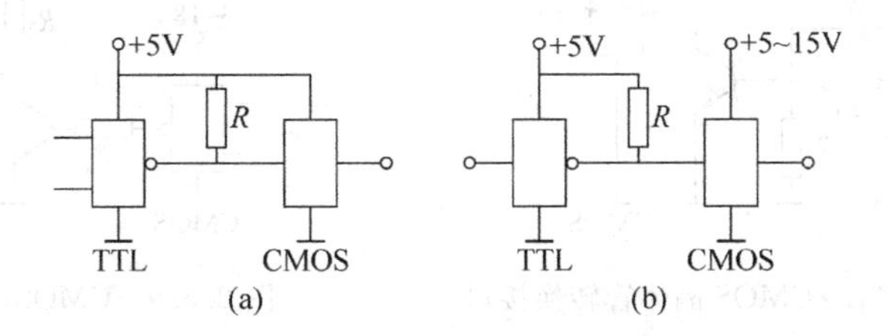

图 2.5.5 TTL 和 CMOS 接口

2) CMOS→TTL

至于 CMOS 到 TTL 的接口，由于 TTL 电路输入短路电流较大，就要求 CMOS 电路在 V_{OL} 为 0.5V 时能给出足够的驱动电流，因此，需使用 CC4049、CC4050 等作为接口器件，如

图 2.5.6 所示。

4. HTL 与 CMOS 电平转换接口

1) HTL→CMOS

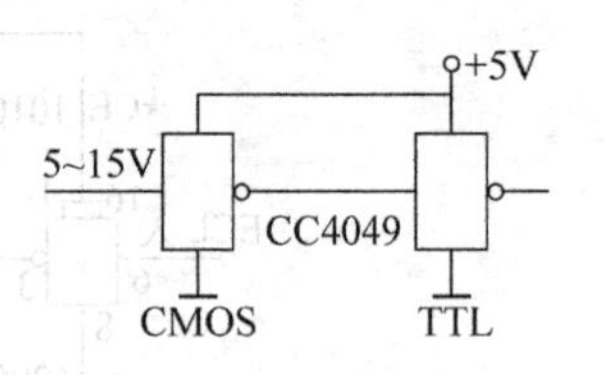

图 2.5.6　CMOS→TTL 接口

CMOS 电路的工作电源电压可从 3V 变到 18V,工作电源电压为 15V 的 CMOS 电路,其输入高电平电压为 9～15V,输入低电平电压为 0～6V,因此,可用 HTL 电路直接驱动 CMOS 电路。但当 CMOS 工作电压与 HTL 电路不同时,可采用集电极开路的 HTL 电路来驱动 CMOS 电路,如图 2.5.7(a)所示,其中电阻 R 以 5～10kΩ 为宜,也可用一般的 HTL 与非门来驱动 CMOS 电路,如图 2.5.7(b)所示,其中二极管 D 起到限位作用,使 HTL 输出高电平适合于 CMOS 输入电平的要求。

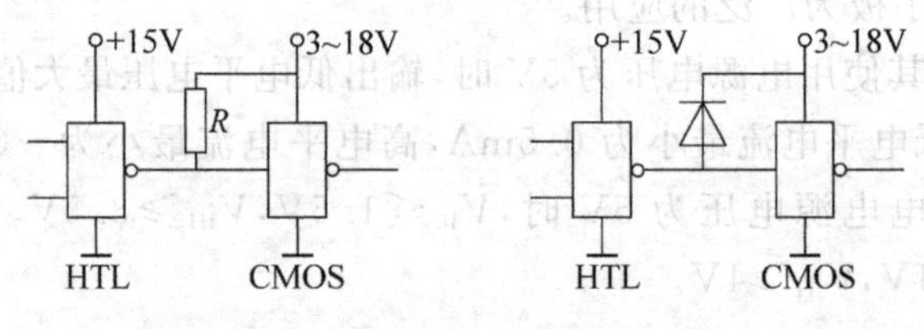

图 2.5.7　HTL→CMOS 转换

对于一般的 HTL 电路需用晶体管来驱动 CMOS 电路,如图 2.5.8 所示,其中 R_2 为基极泄放电阻,其值一般取 5～10kΩ。当 HTL 长线驱动 CMOS 电路时,必须在 CMOS 输入端串接限流电阻,防止 CMOS 电路损坏。

2) CMOS→HTL

工作电源为 15V 的 CMOS 缓冲器可直接驱动 HTL 电路,一般 CMOS 电路需通过晶体管来驱动,如图 2.5.9 所示,R_1 取值应在 10～50kΩ 之间,电路能驱动 10 个 HTL 电路。当 HTL 电路同各种 MOS 电路互联时,必须遵照 MOS 电路的使用方法和注意事项,除此以外,系统开始工作时一般必须先接通 MOS 电路电源,然后接上 HTL 工作电源电压,断电则按相反顺序,否则可能导致 MOS 电路损坏。

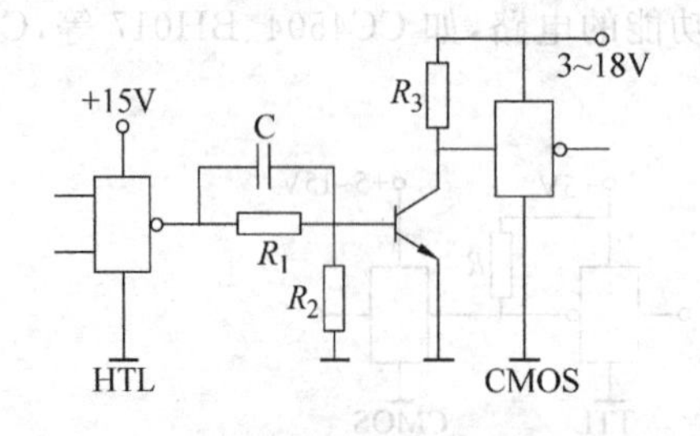

图 2.5.8　HTL→CMOS 晶体管转换接口

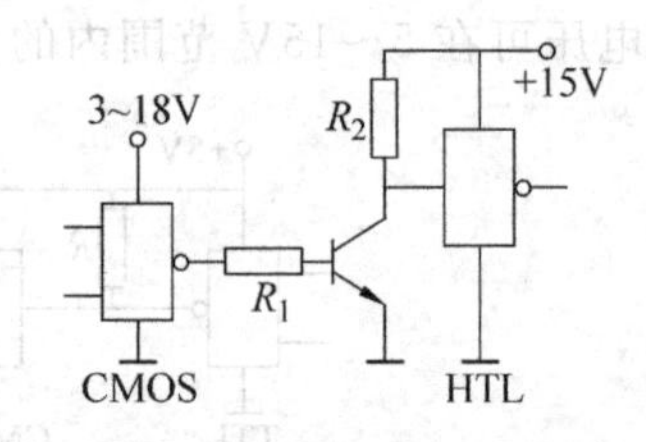

图 2.5.9　CMOS→HTL 转换

5. CMOS 与晶体管和运放的接口

1) CMOS 与晶体管的接口

利用 CMOS 驱动晶体管,可以达到驱动较大负载的功能,如图 2.5.10 所示,有 R_1、R_2

提高晶体管 T_1 的导通电平，利用 T_2 实现电流放大，从而驱动负载 R_L 工作，R_L 可以是继电器、显示灯等器件。图中 R_1 的取值可由下式决定：

$$R_1 = \frac{V_{OH} - (V_{BE1} + V_{BE2})}{I_B + (V_{BE1} + V_{BE2})/R_2}$$

式中，V_{OH} 为 CMOS 输出高电平；V_{EB1}、V_{BE2} 为晶体管 T_1、T_2 的 B、E 极之间的正向压降，其值通常可取 0.7V；R_2 为改善电路开关性能而引入的，其值一般取 4～10kΩ。

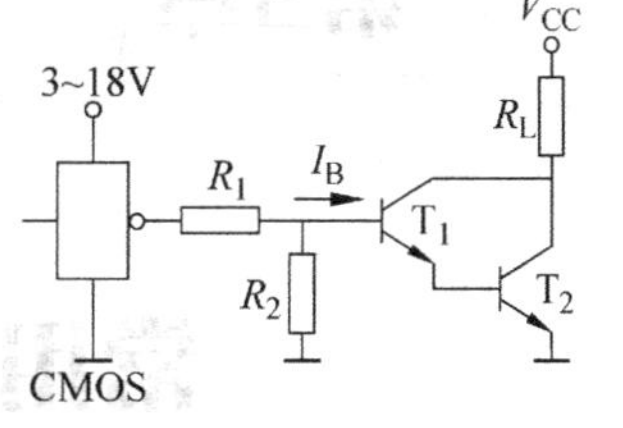

图 2.5.10　CMOS 与晶体管接口

2）CMOS 与运放的接口

图 2.5.11 为 CMOS 与运放的接口电路，其中图（a）为运放与 CMOS 电路电源独立时的接口；图（b）为 CMOS 与运放使用同一电源时的接口电路。

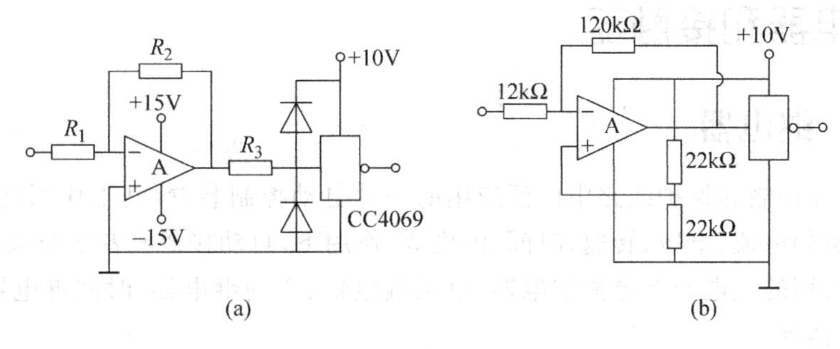

图 2.5.11　CMOS 与运放接口

习题与思考题

1. 简述开关量输入/输出通道的基本组成。

2. 单元电路连接时需要考虑哪些问题？

3. 为什么在模拟输出通道中要有零阶保持？如何用电路实现？

4. 什么情况下需要设置低噪声前置放大器？

5. 简述模拟输入通道的基本组成，并说明各组成部分的作用。

6. 利用 8255A、AD574A、LF398、CD4051 和 51 单片机接口，设计出 8 路模拟量采集系统，请画出接口电路原理图，并编制相应的数据采集程序，注意用中断实现。

7. 简述模拟输出通道的基本组成，并说明各组成部分的作用。

8. 简述反转法扫描矩阵键盘的基本原理。

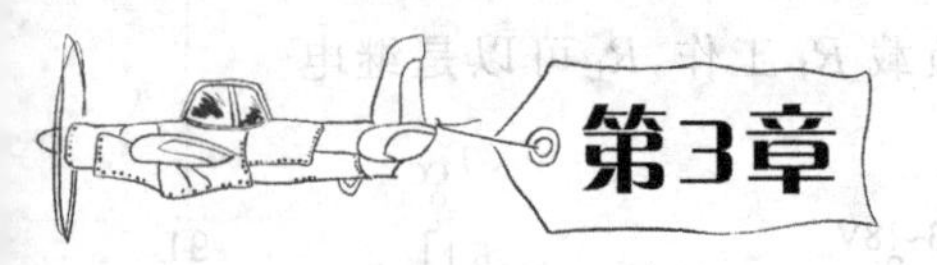

常用控制器件和驱动元件

3.1 继电器和接触器

3.1.1 继电器

继电器是在控制和保护线路中广泛应用的一种自动控制装置，其工作原理是在一定的输入物理量(例如电流、电压、转速、时间、温度等)作用下，自动接通或者断开触点，实现电路通、断功能。常用的继电器有电流继电器、电压继电器、中间继电器、时间继电器、热继电器以及干簧继电器等。

1. 电流继电器和电压继电器

电流继电器和电压继电器属于常用的电磁继电器之一，其基本结构和工作原理如图 3.1.1 所示。继电器由触电、线圈与磁路系统(包括铁心、衔铁、铁轭、非磁性垫片)及反作用弹簧组成。当在线圈中通入一定数值的电流或施加一定的电压时，根据电磁铁的作用原理，可使装在铁轭上的可动衔铁吸合，因而带动附属机构使活动触点 1 与固定触点 2 接通，与固定触点 3 断开。利用触电的这种闭合或打开，就可以对电路进行通断控制。

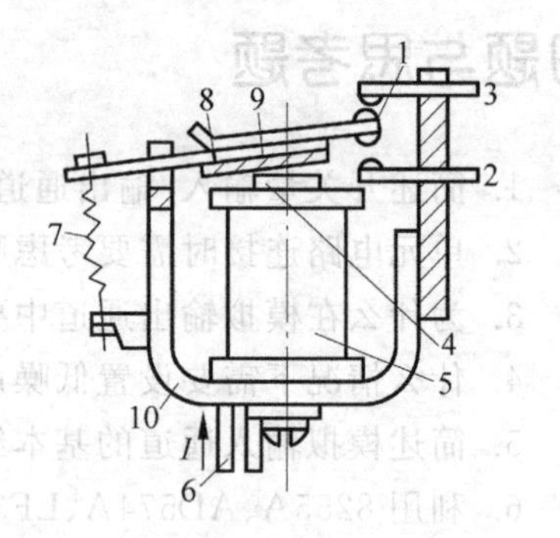

图 3.1.1　电磁继电器基本结构

1,2—常开触点；1,3—常闭触点；4—铁心；5—线圈；6—线圈引线；7—弹簧；8—非线性垫片；9—衔铁；10—铁轭

当线圈断开时，由于电磁力消失，衔铁就在反作用弹簧力的作用下，迅速释放，因而使触点 1 与 2 打开，触点 1 与 3 闭合。

衔铁刚产生吸合动作时，加给线圈的最小电压(或电流)值，称为吸合值；衔铁刚产生释放的动作时，加给线圈的最大电压(电流)值称为释放值。欲使继电器动作，吸合值总是大于释放值，也就是说继电器具有迟滞特性。

上述像 1 与 2 这样的触点，在线圈断电时是打开的，而在线圈通电时闭合，称之为常开触点；相反地，对于触点 1 与 3 这样的触点，在线圈断电时闭合而在线圈通电时打开，则称为常闭触点。如图 3.1.1 中所示的是一对具有使常开(1 与 2)、常闭(1 与 3)同时进行切换

的触点，通常称为切换式触点。根据不同需要，继电器的触点可有不同的数目和形式（常开、常闭、切换式）。

为了确保这种继电器能够快速动作，继电器的磁路系统是剩磁很小的软磁性材料制成的。即使这样，当线圈断电后，很小的剩磁也可能将衔铁维持在吸合状态。为了克服这种现象，可以在铁心与衔铁之间加装非磁性垫片，借此保留必要的气隙，以进一步削弱剩磁。

电流继电器或电压继电器是按作用于线圈的激励电流的性质来区分的。如果继电器是按照通入线圈的电流的大小而动作的，就是电流继电器。由于电流继电器是串联在负载中使用的，因此其线圈匝数较少，内阻很低。电流继电器又可分为过电流继电器与欠电流继电器两种。过电流继电器通常用来保护设备，使之不因线路中电流过大而遭受损坏。因为在电流相当大时，过电流继电器的线圈就产生足够的磁力，吸引衔铁动作，利用其触点去控制电路切断电源。欠电流继电器是在电流小到某一限度时动作的，可用来保护负载电路中电流不低于某一最小值，以达到保护的目的。

如果继电器是按照施加到线圈上的电压大小来动作的，就是电压继电器。电压继电器是与负载电路并联工作的，所以线圈匝数较多，阻抗较高。如同上述，根据作用的不同，电压继电器也可分为过电压继电器和欠电压继电器两种。

此外，根据线圈的工作电流或电压的种类不同，不论电流还是电压继电器均有直流与交流之分。交流继电器与直流继电器的区别是在铁心上加装了一个短路环以避免交变电流通过继电器线圈而引起衔铁振动，但过电流或过电压继电器不必安装短路环。

2. 中间继电器和时间继电器

中间继电器是电磁式继电器的一种，本质上仍属于电压继电器，但它具有触点多、触点电流大和动作灵敏等特点，所以常用于某一电器与被控电路之间，以扩大电器的控制出点数量和容量。

时间继电器是在电路中对动作时间起控制作用的继电器。它得到输入信号后，需经过一定的时间，其执行机构才会动作并输出信号，对其他电路进行控制。

时间继电器依延时方式可分为通电延时型和断电延时型两种。通电延时型时间继电器在获得输入信号后，需待延时间 t 完毕后，其执行部分输出信号以操纵控制电路；当输入信号消失后，继电器立即回复到动作前的状态。断电延时型时间继电器在获得输入信号后，执行部分立即输出信号；而在输入信号消失后，继电器却需要延时时间 t 才能恢复到动作前的状态。

时间继电器的种类较多，常用的时间继电器有电磁式、空气阻尼式和晶体管式三种。

3. 热继电器

热继电器是一种通过电流间接反映被控电器发热状态的防护器件，能对电动机和其他电气设备进行过载保护，以及对三相电动机和其他三相负载进行断相保护。

热继电器的简单工作原理如图 3.1.2 所示。两种线膨胀系数不同的金属片用机械碾压方式使之形成一体，线膨胀系数大的金属片在上层，称为主动层；线膨胀系数小的则在下层，称为被动层。双金属片安装在加热元件附近，加热元件则串联在电路中。当被保护的电路中的负载电流超过允许值时，加热元件对双金属片的加热也就超过一定的温度，双金属片向下弯曲，触压到压动螺钉，锁扣机构随之脱开，热继电器的常闭触点也就断开，切断控制电路，使主电路停止工作。热继电器动作后一般不能自动复位，要等双金属片冷却后，按下复位按钮才能复位。继电器的动作电流设定值可以通过压动螺钉调节。

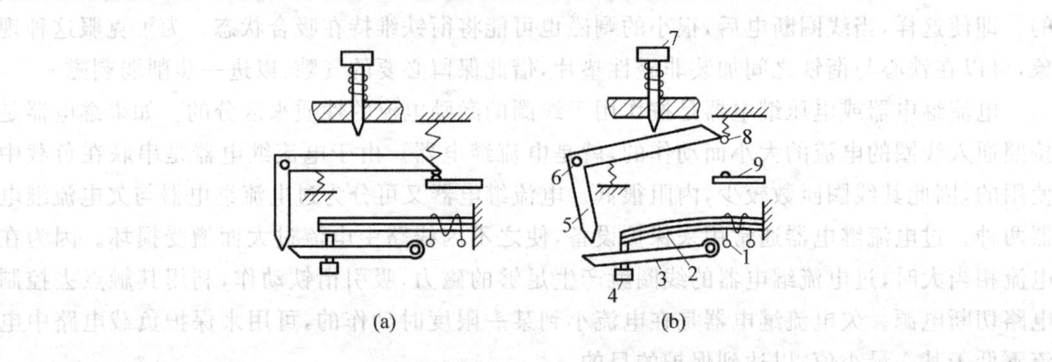

图 3.1.2　热继电器工作原理图

1—加热元件；2—双金属片；3—扣板；4—压动螺钉；5—锁扣机构；6—支点；7—复位按钮；8—动触点；9—静触点

热继电器中双金属片的加热方式有三种：间接加热、直接加热和复合加热。间接加热时电流不流经双金属片，而靠加热元件产生的热量使金属被加热。直接加热时，电流流过双金属片，由于双金属片本身具有一定的电阻，电流流过时产生热效应使之被加热，复合加热则是间接加热和直接加热两种方式的结合。

4. 干簧继电器

干式舌簧继电器简称干簧继电器，是近来迅速发展起来的一种新型密封触点的继电器。普通的电磁继电器由于动作部分惯量较大，动作速度不快；同时因线圈的电感较大，其时间常数也较大，因而对信号的反应不够灵敏。而且普通继电器的触点又暴露在外，易受污染，使触点接触不可靠。干簧继电器克服了上述缺点，具备快速动作、高度灵敏、稳定可靠和功率消耗低等优点，为自动控制装置和通信设备所广泛采用。

干簧继电器的主要部件是由铁镍合金制成的干簧片，它既能导磁又能导电，兼有普通电磁继电器的触点和磁路系统的双重作用。干簧片装在密封的玻璃管内，管中充有纯净的干燥的惰性气体，以防触点表面氧化。为了提高触点的可靠性和减小接触电阻，通常在干簧片的触点表面镀有导电性能良好的且又耐磨的贵重金属(例如金、铂、铑及合金)。

在干簧管外面套一励磁线圈就构成一只完整的干簧继电器，如图 3.1.3(a)所示。当线圈通以电流时，在线圈的轴向产生磁场，该磁场使密封管内的两干簧片磁化，于是两干簧触点产生极性相反的两种磁极，它们互相吸引而闭合。当线圈切断电流时，磁场消失，两干簧片也失去磁性，依靠其自身的弹性而恢复原位，使触点断开。

除了可以用通电线圈来作为干簧片的励磁之外，还可直接用一块永磁铁靠近干簧片来励磁。当永久磁铁靠近干簧片时，触点同样也被磁化而闭合，当永久磁铁离开干簧片时，触点则断开。

干簧片的触点有两种：一是如图 3.1.3(a)所示的常开触点；另一种是如图 3.1.3(b)所示的切换式触点。后者当给予励磁时(例如用条形永久磁铁靠近时)，干簧管中的三根簧片均被磁化，其中簧片 1、2 的触点被磁化后产生相同的磁极(图示为 S 极性)因而互相排斥，使

常闭触点断开。而簧片 1、3 的触点则因被磁化后产生的磁性相反而吸合。

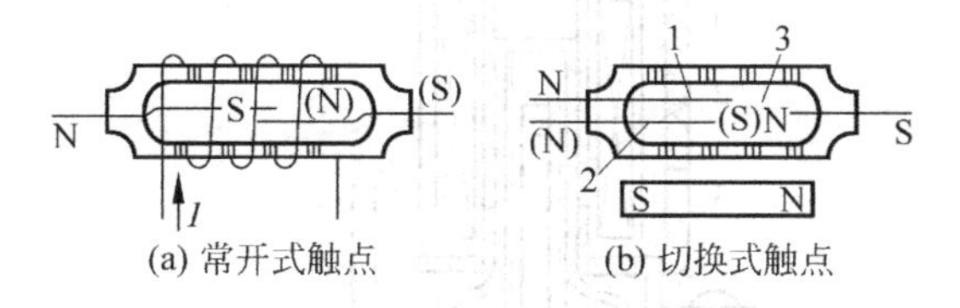

图 3.1.3 干簧继电器结构原理图

3.1.2 接触器

接触器是用来接通和断开具有大电流负载电路(例如电动机的主回路)的一种自动控制电器。它有直流接触器和交流接触器之分。

接触器在工作原理上与前述电压继电器相似,都是依靠线圈通电,衔铁吸合使触点动作的。其不同点是接触器用于控制大电流回路,而且工作次数比较频繁,因此在结构上具有下列特点:

(1) 触点系统可分为主触点和辅助触点两种。前者用于控制主回路,后者用于操纵控制电路。交流接触器一般有三个主触点,辅助触点的数目有多有少,最高的可以有三个常开触点和三个常闭触点。

(2) 由于主触点在断开大电流负载电路时将会在活动触点与固定触点之间产生电弧,不仅使通电状态继续维持,而且还会烧坏触点。为了解决这个问题,通常采取灭弧栅等灭弧措施。

3.2 电磁阀

电磁阀是一种由电磁铁控制的阀门。当电磁阀的电磁铁线圈通电流产生磁场时,会使线圈中的活动铁心(阀心)发生位移,从而达到打开或关闭阀门的目的。当线圈断电时,靠复位弹簧或阀心本身重力的作用,使阀心恢复原位。电磁阀以阀门的开合控制流体(气、液)的流通,因此它作为一种自动化元件,被广泛用于各种控制系统,如家用电器中的电冰箱、自动洗衣机、洗碗机和喷气调温电熨斗等都有电磁阀的应用。

电磁阀根据使用电源的分类可以分成交流电磁阀和直流电磁阀两种。根据电磁阀的用途,又大致可以分为三大类:方向控制阀、压力控制阀和流量控制阀。方向控制阀是一种阻止或引导流体按规定的流向进出通道,即控制流体流动方向的电磁阀。它依工作职能还分为单向控制阀和换向控制阀两种。目前在家电领域中使用的电磁阀大多是交流单向控制阀。图 3.2.1 是目前使用较多的一种进水电磁阀的工作原理图。当线圈 1 不通电时活动铁心 2 在自重和复位弹簧 5 的作用下下落,正好关闭膜片 3 上的中心孔 8,使得由平衡孔 4 进入 B 腔压力大于 A 腔压力,使膜片 3 紧压在阀体 9 上,此时阀关闭。当线圈 1 通电时,活动铁心 2 被吸动上升,B 腔的水便通过中心孔 8 流至阀出口,并接通了低压腔 C。由于中心孔 8 的流量远大于平衡孔 4 的流量,因此使水流通过平衡孔 4 时产生了足够大的水压降。这样 B 腔中压力急剧下降,而 C 腔的压强则与阀入口处的压强相同,这个压力差便使膜片 3 向上鼓起,形成阀门开启,水流导通。

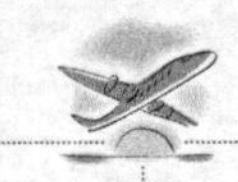

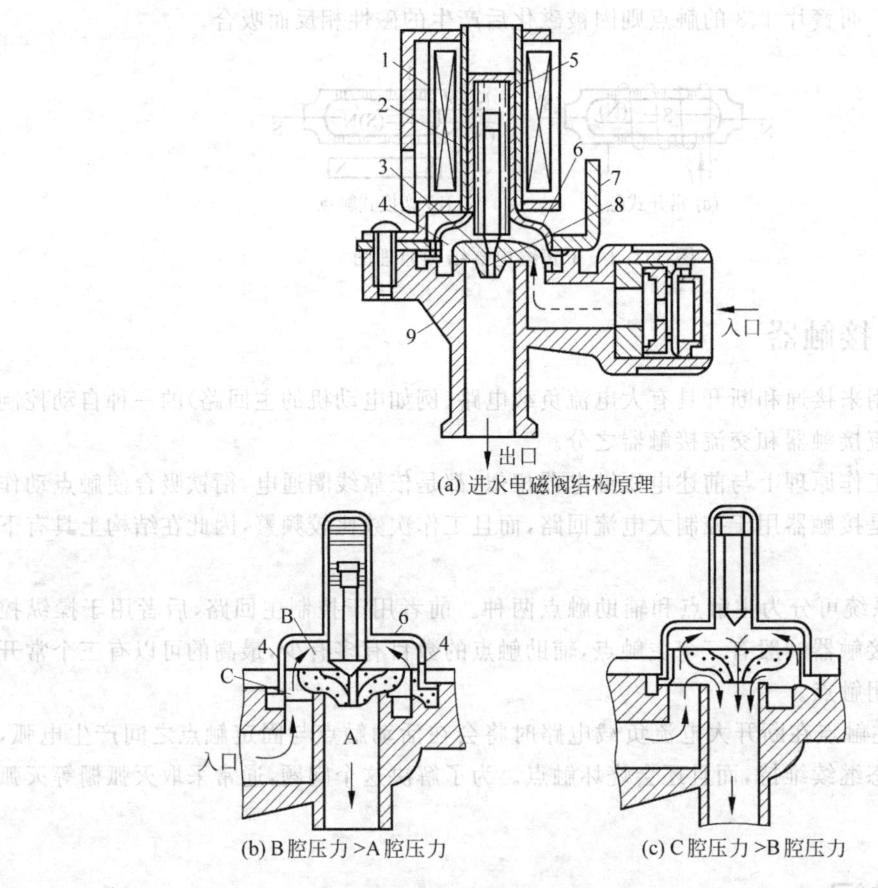

(a) 进水电磁阀结构原理

(b) B腔压力>A腔压力

(c) C腔压力>B腔压力

图 3.2.1　进水电磁阀工作原理

1—线圈；2—活动铁心；3—膜片；4—平衡孔；5—复位弹簧；6—壳体；7—安装板；8—中心孔；9—阀体

3.3　电力电子器件

半导体器件目前正向两个方面迅速发展，即往集成电路方面发展形成微电子学；往电力电子器件方面发展，形成电力学。电力电子学的任务是利用电力电子器件和线路来实现电功率的变换和控制。晶闸管是 20 世纪 60 年代发展起来的第一代电力器件，晶闸管的出现起到了弱电控制强电输出的桥梁作用。

3.3.1　普通晶闸管(单向可控硅)

普通的反向阻断晶闸管是国内应用最为广泛的一种晶闸管，以前被称为单向可控硅或可控硅整流元件(Silicon Controlled Rectifier，SCR)。

1. 工作原理

晶闸管是由硅半导体材料构成的 $P_1N_1P_2N_2$ 四层三端(A、K、G)器件，其内部结构原理如图 3.3.1(a)所示。在阳极、阴极之间由 $P_1N_1P_2N_2$ 四层半导体材料构成三个 PN 结：J_1、

J_2、J_3。当晶闸管阳极与阴极间加上反向电压(阳极接负,阴极接正)时,J_1、J_3结处于反向阻断状态;当加上正向电压(阳极接正,阴极接负)时,J_2 结处于反向阻断状态。当晶闸管满足一定的条件时,能够从正向阻断转变为正向导通,在一定条件下又能够从导通恢复阻断,由实验可以得出结论:

(1) 当晶闸管承受反向阳极电压时,不论门极电压极性如何,晶闸管都处于阻断状态。

(2) 晶闸管导通的条件有两个:一是阳极、阴极间必须加上正向阳极电压;二是门极、阴极间必须加上适当的正向门极电压和电流。即晶闸管从阻断状态转变为导通状态必须同时具备正向阳极电压和正向门极电压。

(3) 晶闸管一旦导通,门极即失去控制作用。不论门极电压如何变化,晶闸管仍然保持导通。

(4) 晶闸管在导通情况下,欲使其关断,须使流经晶闸管的电流减小到维持电流 I_H 以下。这可以用减小阳极电压到零或阳极、阴极间加反向阳极电压的方法实现。

下面从晶闸管内部结构分析其单向导通原理,如果将 N_1 层和 P_2 层分解成两部分,则可将晶闸管等效成 PNP 型和 NPN 型两个晶体管的互联,如图 3.3.1(b)所示,T_1 为 PNP 型管,T_2 为 NPN 型管,T_1 的集电极接至 T_2 的基极,而 T_2 的集电极接至 T_1 的基极,如图 3.3.1(c)所示。

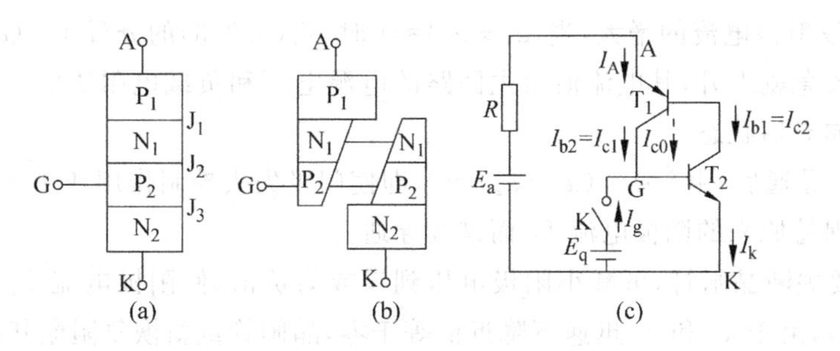

图 3.3.1 晶闸管的工作原理

如果在晶闸管的阳极和阴极间加上正向阳极电压的同时,在门极也加上正向门极电压,即 T_2 的发射结加正偏压,一旦有足够的门极电流 I_g 流入 T_2 的基极,就形成强烈的正反馈,使两只等效晶体管迅速饱和导通,即晶闸管由阻断转变为导通状态。晶闸管的工作过程用等效的双晶体管原理表示如下:

$$I_g \uparrow \rightarrow I_{b2} \uparrow \rightarrow I_{c2} \uparrow \rightarrow I_{b1} \uparrow \rightarrow I_{c1} \uparrow$$

设 T_1 管、T_2 管的电流放大倍数分别为 a_1 和 a_2,发射极电流分别是 I_A 和 I_k,则 $a_1 = I_{c1}/I_A$、$a_2 = I_{c2}/I_k$。流经 J_2 结的反向漏电流为 I_{c0},则晶闸管的阳极电流为

$$I_A = I_{b2} + I_{c2} + I_{c0} = a_1 I_A + a_2 I_k + I_{c0} \tag{3.3.1}$$

若门极电流为 I_g,则晶闸管的阴极电流为

$$I_k = I_A + I_g \tag{3.3.2}$$

由式(3.3.1) 及式(3.3.2)得出晶闸管的阳极电流为

$$I_A = \frac{I_{c0} + a_2 I_g}{1 - (a_1 + a_2)} \tag{3.3.3}$$

两个晶闸管的电流放大倍数 a_1 和 a_2,随发射极电流变化的关系曲线如图 3.3.2 所示。

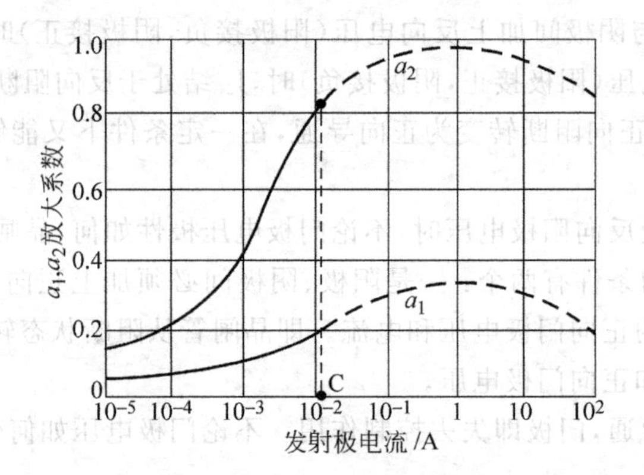

图 3.3.2　两个晶体管的 a_1、a_2 与发射极电流的关系曲线

由此可对晶闸管导通和关断过程作如下定性分析：

(1) 当晶闸管承受正向阳极电压，门极未加触发电压时，式(3.3.3)中的 $I_g=0$，而(a_1+a_2)又很小，故阳极电流 $I_A \approx I_c0$，晶闸管处于正向阻断状态。

(2) 当门极注入足够大的电流 I_g 流经 T_2 管的发射结，随发射电流增加，电流放大倍数 a_2 也相应提高，此时产生足够大的集电极电流 I_{c2} 又流经 T_1 管的发射结，提高了电流放大倍数 a_1。随着发射极电流的增大，当(a_1+a_2)$\approx$1 时，式(3.3.3)的分母 $1-(a_1+a_2)\approx 0$，晶闸管的阳极电流急剧上升，其电流值由主回路的电源电压和负载电阻决定。晶闸管由正向阻断转变为正向导通状态。

(3) 晶闸管导通后，由于 $1-(a_1+a_2)\approx 0$，即使门极失去控制作用使 $I_g=0$，正反馈的作用使晶闸管仍保持原来的阳极电流 I_A 而继续导通。

(4) 如果要关断晶闸管，可减小阳极电压到零或为负值，使阳极电流 I_A 小于维持电流 I_H(约数 10mA)，由于 a_1 和 a_2 迅速下降近似等于零，晶闸管重新恢复阻断状态。

2. 伏安特性

实际晶闸管的伏安特性如图 3.3.3 所示。根据阳极电压的极性，分成正向伏安特性和反向伏安特性。

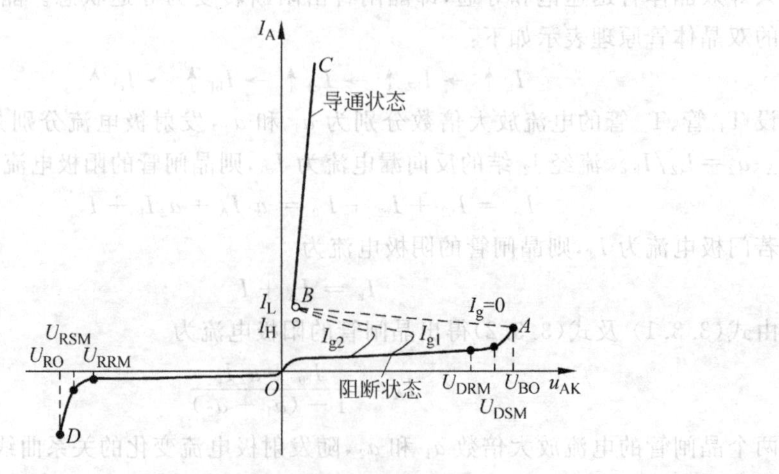

图 3.3.3　晶闸管的伏安特性

正向特性位于第一象限，根据晶闸管的工作状态，又有阻断状态和导通状态之分。

当门极电流 $I_g=0$ 时，晶闸管在正向阳极电压作用下，只有很小的漏电流，晶闸管处于正向阻断状态。随着正向阳极电压增加，正向漏电流逐渐上升，当 u_{AK} 达到正向转折电压 U_{BO} 时，漏电流突增，特性从高阻区（$O\sim A$ 段）、经过负阻区（虚线 $A\sim B$ 段）、达到低阻区（$B\sim C$ 段）。

在实际使用中，正向阳极电压不允许超过转折电压 U_{BO}，而是在门极加上触发电流 I_g 去降低晶闸管的正向转折电压，使其触发导通，且 I_g 越大，转折电压就越低。晶闸管导通后的特性与二极管正向伏安特性相似，管压降很小，阳极电流 I_A 取决于外加电压和负载。

3.3.2 双向晶闸管(双向可控硅)

双向晶闸管(TRIAC)是把两个反向并联的晶闸管集成在同一硅片上，用一个门极控制其触发导通，使它具有正、反两个方向对称的开关特性，相当于两只反并联的普通晶闸管，不同的是它只有一个门极，因而简化了主电路，又有触发电路简单、工作稳定可靠等优点。在温度控制、灯光调节、交流电机调速、交流调压和无触点交流开关电路中得到广泛应用。

1. 基本结构

双向晶闸管是一个交流控制器件，具有对称的开关特性。通常，把两个主电极分别称为主电极 T_1 和主电极 T_2，并定义 T_2 为参考端。

双向晶闸管的内部结构和符号如图 3.3.4(a)、(b)所示。由图可见，TRIAC 是一种 NPNPN 五层半导体结构的三端(T_1、T_2 与 G)器件。

为了进一步了解双向晶闸管的工作原理，从结构上将其分解成左、右两只普通晶闸管，如图 3.3.4(c)所示，其等效电路如图 3.3.4(d)所示，即双向晶闸管在电路中等效于两只普通晶闸管的反向并联。

对于两只反向并联晶闸管的控制比较复杂。因为它们各自有独立的门极，触发信号必须满足一定的逻辑关系，且两个门极间要很好地相互协调配合。双向晶闸管只有一个门极，而且不管触发信号的极性如何，即不管所加的触发信号电压 U_s 对 T_2 是正向还是反向，都能使其被触发导通。双向晶闸管的这个特点是普通晶闸管所没有的，因而它的触发电路更简单、电路设计更灵活，比较适合家用电器对控制器件的要求。

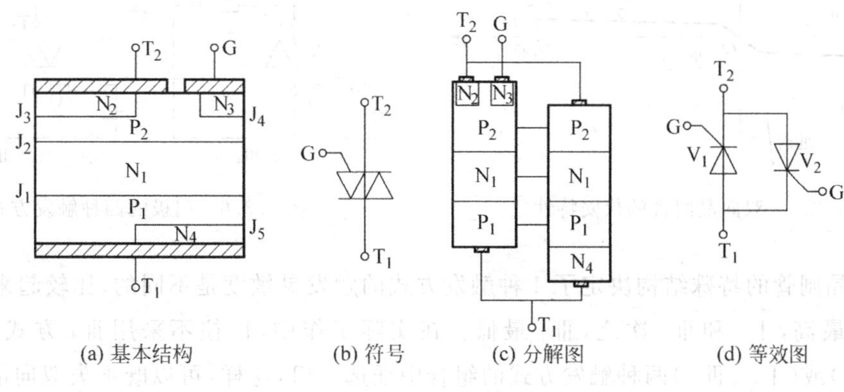

图 3.3.4 双向晶闸管

2. 伏安特性曲线

双向晶闸管的伏安特性曲线是由以坐标为中心、基本对称的两部分组成的,如图 3.3.5 所示。它们分别位于第一象限和第三象限。第一象限的曲线表示主电极 T_1 对 T_2 电压极性为正。当该电压增加到转折电压 U_{DSM} 时,相当于 V_1 管触发导通,通态电流方向从 T_1 流向 T_2,且转折电压随即触发电流增大而降低。当通态电流小于维持电流时,双向晶闸管在该方向关断。特性越过负阻区(虚线)由导通状态转变为阻断状态,这与普通晶闸管的触发导通规律一致。

当主电极 T_2 对 T_1 的电压极性为正,相当于 V_2 管触发导通,电流方向则从 T_2 流向 T_1,这时,双向晶闸管的伏安特性曲线对应图 3.3.5 中第三象限的特性。经比较可见,除了加在主电极上的电压和通态电流方向相反外,两者之间触发导通规律完全相同。如果内部两只反向并联器件的特性一致,则双向晶闸管在一、三象限的伏安特性曲线必定对称。

由此可知,双向晶闸管的主电极上无论承受的是正向电压还是反向电压,它都可以被触发导通,这是双向晶闸管的一个重要特点;此外,不论触发信号的极性相对 T_2 是正向还是反向,它都能触发使其导通,这是双向晶闸管的另一个重要特点。有上述特点,导出双向晶闸管具有四种触发方式。

3. 触发方式

由于在双向晶闸管的主电极上,无论加正向电压或是反向电压,都具有导通和阻断能力,而且,不管门极触发电压是正向还是反向,都能被触发导通。按照主电极和门电极极性的组合,双向晶闸管有 4 种触发方式:I_+、I_-、III_+、III_-,分别如图 3.3.6(a)、(b)、(c)和(d)所示。

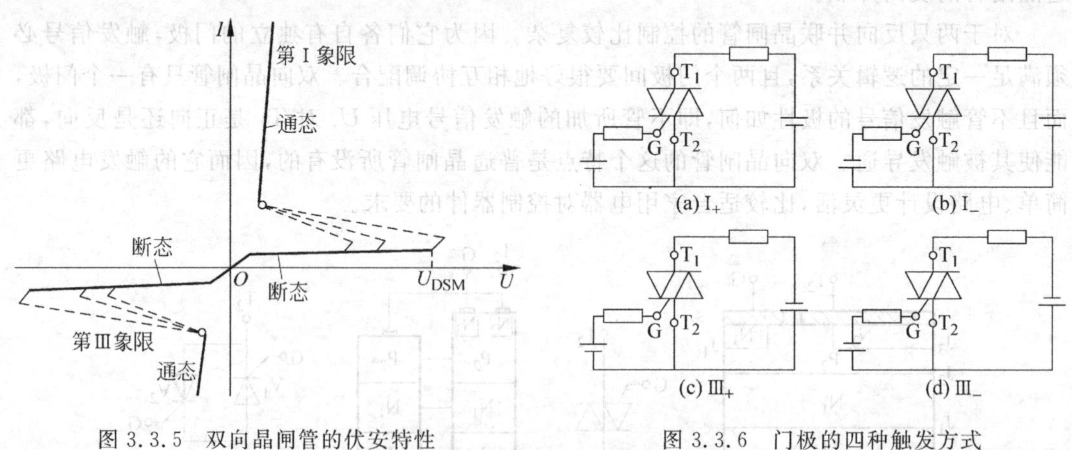

图 3.3.5 双向晶闸管的伏安特性

图 3.3.6 门极的四种触发方式

双向晶闸管的特殊结构决定了 4 种触发方式的触发灵敏度是不同的,比较起来,I_+ 触发灵敏度最高,I_- 和 III_- 次之,III_+ 最低。在实际工作中,往往不采用 III_+ 方式触发,在(I_+、III_-)或(I_-、III_-)两种触发方式的组合中任选一组,这样,可以既不失双向晶闸管触发方式的灵活性,又保证了良好的换向性能。

3.3.3 单结晶体管及触发电路

向晶体管供给触发脉冲的电路，叫触发电路。比较常用的触发电路有下面几种：

(1) 采用单结晶体管作为触发电路，是基本的、常用的一种。它的优点是电路简单，可靠性高，适用于中小容量的晶闸管触发电路。其缺点是输出脉冲不够宽。

(2) 采用小容量的晶闸管触发电路，触发大功率晶闸管。它的优点是电路简单，可靠，触发功率大，可以得到宽脉冲。其缺点是还需要单晶体管触发小晶体管，用的元件比较多。

(3) 采用晶体管的触发电路。它的优点是价格便宜、容易实现、输出功率比较大，所以应用很广，特别是广泛用于多相电路中。晶体管组成的触发电路种类很多，常用的有正弦波移相和锯齿波移相两种。现已生产出单片集成晶闸管触发电路。

下面主要介绍单结晶体管及其触发电路。

1. 单结晶体管的结构和特性

单结晶体管是一种特殊的半导体器件，它有三个电极，一个发射极和两个基极，故又叫双基极二极管。它的外形与普通三极管相似，但特性与晶体三极管不同，其结构如图 3.3.7(a) 所示。在 N 型硅半导体基片的一侧引出两个基极，b_1 为第一基极，b_2 为第二基极，在硅片的另一侧用合金或扩散法渗入 P 型杂质，引出发射极 e。因为发射极 e 与 b_1 和 b_2 之间是一个 PN 结，所以相当于一只二极管。单结晶体管的图形符号和等效电路如图 3.3.7(b)、(c) 所示。两个基极之间是硅片本身的电阻，呈纯电阻性。等效电路中的 r_{b1} 为第一基极与发射极之间的电阻，r_{b2} 为第二基极与 PN 结的电阻。

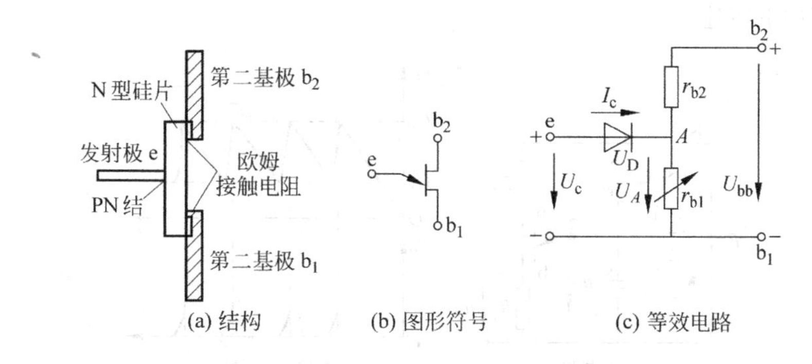

(a) 结构　(b) 图形符号　(c) 等效电路

图 3.3.7 单结晶体管

如果两个基极间加入一定的电压 U_{bb}(b_1 接负、b_2 接正)，则 A 点电压为

$$U_A = \frac{r_{b1}}{r_{b1}+r_{b2}}U_{bb} = \eta U_{bb} \tag{3.3.4}$$

式中，$\eta=\dfrac{r_{b1}}{r_{b1}+r_{b2}}$称为单结晶管的分压系数(或分压比)，它是一个很重要的参数，其数值与管子的结构有关，一般在 0.3～0.9 之间。

当发射极 e 上外加正向电压 $U_e<U_A$ 时，由于 PN 结承受反向电压，故发射极只有极小的反向电流，这时 r_{b1} 呈现很大的电阻；当 $U_e=U_A$ 时，$I_e=0$；随着 U_e 的继续增加，I_e 开始大于零，这时 PN 结虽然处于正向偏压，但由于硅二极管本身有一定的正向压降 U_D(一般为

0.7V)。因此,在 $U_e-U_A<U_D$ 时,I_e 不会有显著的增加,这时单结晶体管处于截止状态,这一区域称为截止区,如图 3.3.8 所示。

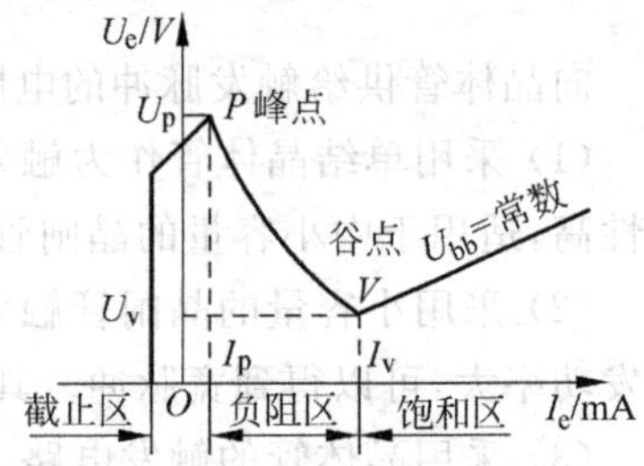

图 3.3.8　单结晶体管特性曲线

当 $U_e=U_A+U_D$ 时,由于PN结承受了正向电压,e对 b_1 开始导通,随着发射极电流 I_e 的增加,PN结沿电场方向且朝N型硅片注入大量空穴型载流子到第一基极 b_1 与电子复合,于是 r_{b1} 迅速减小。由于 r_{b1} 的减小,促使 U_A 降低,导致 I_e 进一步增大,而 I_e 增大,又使 r_{b1} 进一步较小,促使 U_A 急剧下降,因此,随着 I_e 的增加,U_e 则不断下降,呈现出负阻特性,开始出现负阻特性的点 P 称为峰点,该点的电压和电流称为峰点电压 U_p 和峰点电流 I_p。随着 I_e 的不断增加,当 U_e 下降到某一点 V 时,r_{b1} 便不再有显著变化,U_e 也不再继续下降,而是随着 I_e 按线性关系增加,点 V 称为谷点,该点的电压和电流称为谷点电压 U_v 和谷点电流 I_v,对应于峰点 P 至谷点 V 的负特性段称为负阻区,谷点以后的线段称为饱和区。当 $U_e<U_v$ 时发射极与第一基极间便恢复截止。

国产单结晶体管的型号主要由 BT_{31}、BT_{32}、BT_{33}、BT_{35} 系列(其中B表示半导体,T表明特种管,3表示三个电极,后面一个数字表示耗散功率为100mW,200mW,300mW或500mW)。还有5S1,5S2等系列。

2. 单结晶体管的自振荡电路

利用单结晶体管的负阻特性和RC充放电特性,可组成自振荡电路,如图 3.3.9 所示。它的工作原理如下所述。

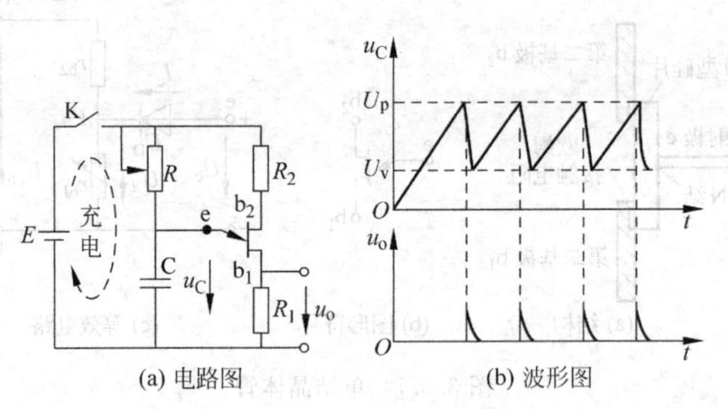

图 3.3.9　单结晶体管的自振荡电路

假设在接通电源前,电容C上的电压为零,当合上电源开关K时,电源 E 一方面通过 R_1,R_2 加于单结晶体管的 b_1 和 b_2 上,同时又通过充电电阻 R 向电容C充电,电压 u_C 便按指数曲线逐渐升高。在 u_C 较小时,发射极电流极小,单结晶体管的发射极e和第一基极 b_1 之间处于截止状态;当电容两端的电压 u_C 充电到单结晶体的峰点电压 U_p 时,e和 b_1 间由截止变为导通,电容C通过发射极e与第一基极 b_1 迅速向电阻 R_1 放电,由于 R_1 阻值较小(一般只有50~100Ω),而导通后e与 b_1 之间的电阻更小,因此电容C的放电速度很快,于是在 R_1 上得到一个尖峰脉冲输出电压 u_o。由于 R 的阻值较大,当电容上的电压降到谷点电压时,经 R 供给的电流便小于谷点电流,不能满足导通的要求,于是e与 b_1 之间的电阻

r_{b1}迅速增大，单结晶体管便恢复截止。此后电源 E 又对电容 C 充电，这样电容 C 反复进行充电放电，结果在电容 C 上形成锯齿波电压，在 R_1 上则形成脉冲电压，如图 3.3.9(b)所示。这就是单结晶体管自振荡(又称张弛振荡)电路的工作原理。

由以上分析可知，要使单结晶体管振荡电路产生振荡，充电电阻 R 必须满足以下两点：

(1) 当发射极电压(即 u_C)等于峰点电压 U_p 时，为确保单结晶体管由截止转为导通，实际通过充电电阻 R 流入单结晶体管的电流 I'_p 必须大于峰点的电流 I_p，即

$$I'_p = \frac{E - U_p}{R} > I_p \tag{3.3.5}$$

(2) 当发射极电压等于谷点电压 U_v 时，为确保单结晶体管导通后能恢复截止，实际通过 R 流入单结晶体管的电流 I'_v 必须小于谷点电流 I_v，即

$$I'_v = \frac{E - U_v}{R} < I_v \tag{3.3.6}$$

可见，充电电阻 R 既不能太大，也不能太小，否则都会停止振荡。由式(3.3.5)和式(3.3.6)可得出 R 的取值范围为

$$\frac{E - U_p}{I_p} > R > \frac{E - U_v}{I_v} \tag{3.3.7}$$

一般 R 为数 kΩ 到数 MΩ。

电阻 R_1 两端输出尖峰脉冲电压 u_o 的震荡周期 T，主要由电容 C 的充电时间常数(RC)所决定，近似等于电容器两端的电压 u_C 由零充电到峰点电压 U_p 所需的时间，T 与 R、C、η 的关系为

$$T = RC\ln\frac{1}{1-\eta} \tag{3.3.8}$$

在 R_1 两端输出的脉冲宽度，主要取决于电容的放电时间常数(R_1C)。一般电容 C 的选用范围为 0.1～1μF，R_1 的范围为 50～100Ω，故可得到数十μs 的脉冲宽度。

当电容 C 两端的电压 u_C 充电到峰点电压 U_p 时，单结晶体管的 e 与 b_1 之间立即导通，因此在 R_1 上输出的尖峰脉冲电压幅值 U_{om} 是由 U_p 决定的。而 $U_p = \eta U_{bb} + U_D$，所以如要增大 U_{om}，可选 η 大一些的管子或提高电源电压(即加大 U_{bb})。

需要说明的是，单结晶体管的分压比 η 是由结构决定的，它是一个常数。但峰点电压 U_p 不是固定值，它主要与分压比 η 及外加电源电压有关，选择不同 η 或电源电压时均可改变 U_p 值。

图 3.3.9 中的 R_2 用以补偿温度对峰点电压 U_p 的影响。当温度变化时，单结晶体管中 PN 结压降 U_D 随温度升高而降低，因而峰点电压 $U_p = \eta U_{bb} + U_D$ 也随之变化。另外第一基极与第二基极之间的电阻 $r_{b1} + r_{b2}$ 随温度升高而增加，流过其电阻的电流将减小。接入 R_2 后，则其上的压降因流过它的电流减小而减小，这样加到管子上的电压 U_{bb} 将增加，从而补偿了 U_D 的降低，使 $U_p = \eta U_{bb}\uparrow + U_D\downarrow$ 基本上保持不变，从而使振荡的周期(或频率)得到稳定。一般 R_2 取值为 200～500Ω。

3. 单结晶体管触发电路

图 3.3.9 所示的单结晶体管振荡电路，不能直接用来做晶闸管的触发电路，因为晶闸管的主电路是接在交流电源上的，二者不能同步。实际应用的晶闸管触发电路，必须使触发脉

冲与主电路电压同步，否则由于每个正半周的控制角不同，输出电压就会产生忽大忽小的波动。为此在电源电压正半周经过零点时，触发电路的电容C必须把电荷全部放掉，在下一个正半周再重新从零开始充电，只有这样才能保证每次正半周第一个触发脉冲出现的时间相等。

图 3.3.10(a)所示为单结晶体管的触发电路，这种电路在中小型可控整流装置中用得十分普遍。向触发电路供电的变压器B(称为同步变压器)与主电路共一电源，由B的次级提供的电压，经桥式整流后获得直流脉冲电压，再经稳压管削波，在稳压管两端获得梯形波电压(u_s)，如图 3.3.10(b)所示。这一电压在电源电压过零点时也降到零，将此电压供给单结晶体管触发电路，则每当电源电压过零时，b_1 与 b_2 之间的电压也降到零。e与 b_1 之间导通，电容C上的电压通过e与 b_1 及 R_1 回路很快地放掉，使电容每次均能从零开始放电，从而获得与主电路的同步。

触发电路每周期工作两个循环，每次发出的第一个脉冲同时送到两只晶闸管的控制极，但只能使其中承受正向电压的晶闸管导通。第一个脉冲发出后，振荡电路仍在工作，电容继续充电和放电，可能发出第二个或第三个或更多的脉冲，如图 3.3.10(b)所示，但由于晶闸管已因第一个脉冲触发而导通，所以后面的脉冲就不起作用了。当电压过零反向时，晶闸管将自行关断。移相控制时只要改变 R，就可以改变电容电压 u_C 上升到 U_p 的时间，亦即改变电容开始放电产生脉冲使晶体管触发导通的时刻，从而达到移相的目的。图 3.3.10(b)所示为进行移相时，不同控制角 α 的电压和电流整形。

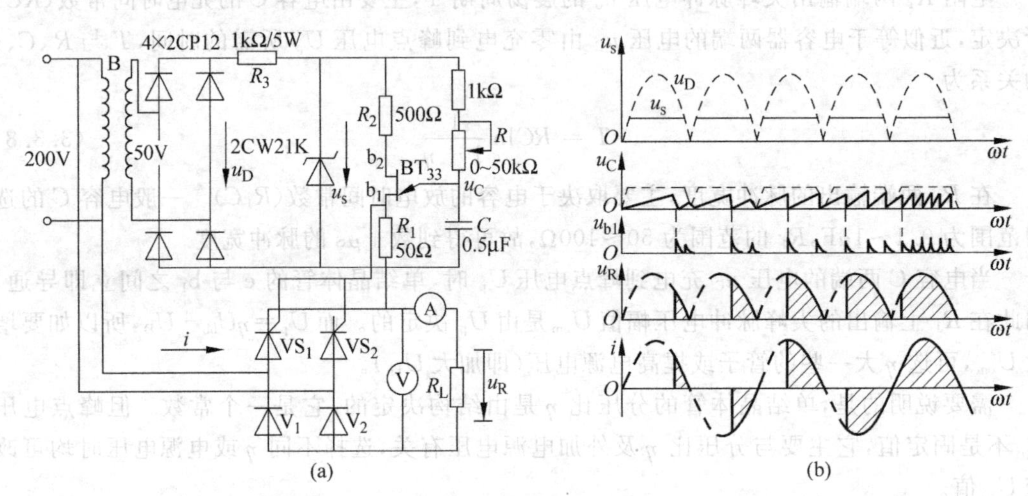

图 3.3.10 单相半控桥式整流电路的触发电路

由于 R 的数值是有一定限制的。所以其移相范围受到一定的限制，同时由于同步电压为梯形波，梯形电压的两侧使 U_{bb} 太小，满足不了输出脉冲的幅值要求，从而也限制了移相范围，所以这种电路的移相范围一般在 $5\pi/6$ 左右。在单结晶体管耐压允许的条件下，提高电源电压的幅值使梯形波两端更陡，解决的办法是增大移相范围，使同步电源电压在50V以上。在实际应用中，单结晶体管的触发电路还有其他许多接线方式，这里就不一一介绍了。

3.3.4 全控型器件

前述普通晶闸管及其派生器件属于半控型器件，因其开通过程可控而关断过程不可控，被称为第一代电力电子器件。继晶闸管之后又出现了电力晶体管(GTR)、电力场效应晶体

管(MOSFET)、可关断晶闸管(GTO)等第二代电子器件。这些器件通过对基极(栅极、门极)的控制，既可使其导通又可使其关断，属于全控型器件。因为这些器件具有自关断能力，所以又称为自关断器件。和晶闸管电路相比，采用自关断器件的电路结构简单，控制灵活方便。

1. 电力晶体管 GTR

电力晶体管又称功率晶体管，通常用 GTR 表示，它是巨型晶体管 Giant Transistor 的缩写。其电流是由电子和空穴两种载流子的运动而形成的，故又称双极型电力晶体管。

在各种自关断器件中，电力晶体管的应用最为广泛。在数百千瓦以下的低压电力电子装置中，使用最多的是电子晶体管。

1) 电力晶体管的结构原理

现在所生产的电力晶体管主要用于电机控制，所以几乎全部都工作在开关方式。为了满足大功率电机的要求，要求电力晶体管具备如下性能。

(1) 耐压高。这样可以适应电压变化范围较大的功率控制，使系统有较宽的安全工作区域。

(2) 工作电流大。在大功率范围一般负载功率较大，故要求电力晶体管能通过足够大的电流；同时要求电力晶体管有较高的电流放大系数。

(3) 开关时间短。开关时间长短是一个开关器件最重要的品质因素之一。开关时间短才能适应高速应用的用途。

(4) 饱和压降低。饱和压降就是电力晶体管在饱和导通时的自身压降。饱和压降越低，说明电力晶体管的本身功耗越小，使用功率越高。

(5) 可靠性高。可靠性高则意味着电力晶体管的特性稳定，对湿度和温度反应不敏感，过载能力强。

为了使晶体管能具有上述特性，一般采用三重扩散工艺结构，在逻辑上都采用达林顿结构，并且附设加速二极管和续流二极管。电力晶体管的结构如图 3.3.11 所示。

三重扩散的最大特点是用质量比较容易控制的高阻 N 型单晶层取代以往的高阻外延材料，而低阻的集电区和发射区都用扩散法产生。使用三重扩散工艺制造的电力晶体管，其电流可达 300A，耐压为 1200V，功率可达 2kW。除了三重扩散工艺之外，目前还采用其他新工艺，以求进一步提高电力晶体管的性能。

在图 3.3.11 中，晶体管 T_1 和 T_2 组成了达林顿结构，通常也称复合管。因为采用这种结构，电力晶体管有较高的电流放大系数。二极管 D_1 是加速二极管，当输入端 b 的控制信号从高电平变成低电平的瞬间，二极管 D_1 开始导通，可以使 T_1 的一部分发射极电流通过 D_1 流到输入端 b，从而加速了电力晶体管集电极电流的下降速度，也即加速了电力晶体管的关断。在图 3.3.11 中的 D_2 是续流二极管，它可以对晶体管 T_2 起保护作用，特别是在负载是感性器件的情况下，当电力晶体管关断时，感性负载所存储的能量可以通过 D_2 的续流作用而泄放，从而不会对电力晶体管造成反向击穿。

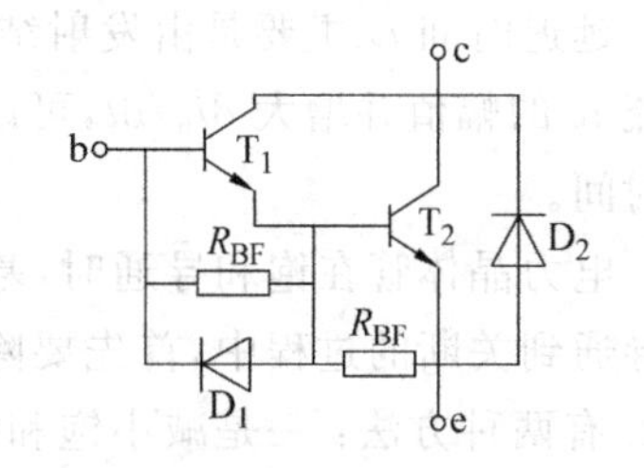

图 3.3.11　功率晶体管内部逻辑结构

电力晶体管基本上工作在大电流工作状态，故其芯片较大,并且硅芯片和金属基板之间会因芯片通过大电流发热而产生热膨胀。如果两者的膨胀系数不一致,则会破坏电力晶体管的封装,使外壳形成平板型,这样有利于实际应用和安装。要指出的是,电力晶体管和以往人们心中的所谓"大功率晶体管"不同,这里的电力晶体管在本职上不是一个管子,而是一种晶体管的多管结构,而其功率可高达几千瓦。

2) 电力晶体管的开关特性

电力晶体管在电路中通常工作在频繁开关状态。因此了解其开关特性对正确使用电力晶体管十分重要。电力晶体管是用基极电流来控制集电极电流的。图 3.3.12 给出了基极电流波形和集电极电流波形的关系。

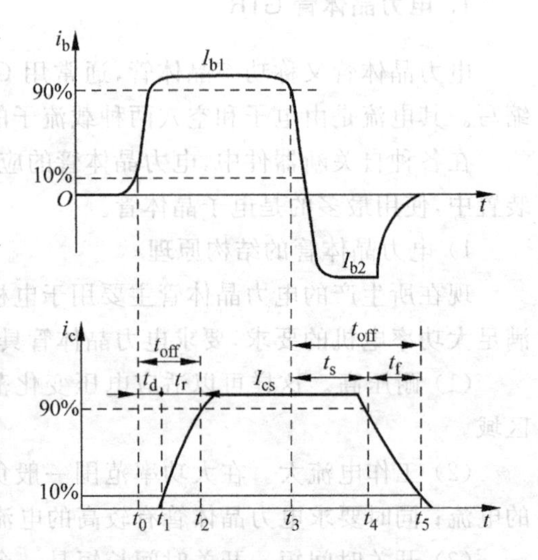

图 3.3.12 开关过程中 i_b 和 i_c 的波形

先来分析电力晶体管的开通过程。从 t_0 时刻起给基极注入驱动电流,这时并不能立刻产生集电极电流,过一小段时间后,集电极电流才开始上升,逐渐达到饱和值 I_{cs}。设 i_c 到 $10\% I_{cs}$ 的时刻为 t_1,到达 $90\% I_{cs}$ 的时刻为 t_2,则把 t_0 到 t_1 这段时间称为延迟时间 t_d,把 t_1 到 t_2 这段时间称为上升时间 t_r。

欲使电力晶体管关断,通常给基极加上一个负的电流脉冲。但这时集电极电流并不能立刻减小,而是要经过一段时间后才开始减小,再逐渐降为零。设 i_b 降为稳态值 I_{b1} 的 90% 的时刻为 t_3,i_c 下降到 $90\% I_{cs}$ 时刻为 t_4,下降到 $10\% I_{cs}$ 的时刻为 t_5,则把 t_3 到 t_4 这段时间称为储存时间 t_s,把 t_4 到 t_s 这段时间称为下降时间 t_f。

延迟时间和上升时间之和是电力晶体管从关断过渡到导通所需要的时间,称为开通时间 t_{on},其值为

$$t_{on} = t_d + t_r \tag{3.3.9}$$

储存时间和下降时间之和是电力晶体管从导通过渡到关断所需的时间,称为关断时间 t_{off},其值为

$$t_{off} = t_s + t_f \tag{3.3.10}$$

电力晶体管在关断时漏电流很小,在导通时饱和压降很小,因此,在关断状态和导通状态时损耗都较小。但在关断和导通的过渡过程中,电流和电压降都较大,因此,开关损耗也大。在开关频率较高时,开关损耗是总损耗中的主要部分。因此,缩短开通时间和关断时间对降低损耗和安全运行都有重要意义,同时也可以提高工作效率。

延迟时间 t_d 主要是由发射结势垒电容和集电结势垒电容充电产生的。增大基极驱动电流 i_b 的幅值并增大 di_b/dt,可以缩短延迟时间 t_d,同时也可缩短上升时间 t_r,从而缩短开通时间。

电力晶体管在饱和导通时,基区存在着储存电荷。饱和越深,储存电荷越多。在晶体管从导通到关断的过程中,首先要除去储存电荷时间 t_s,它是关断时间 t_{off} 的主要部分。要缩短 t_s 有两种方法:一是减小饱和深度,最好使晶体管导通时工作在临界饱和状态,以减少储存电荷的总量;二是增大基极抽取负电流 I_{b2} 的幅值和负偏压。这样可缩短储存时间,加快

关断速度。

电力晶体管的开关时间在几 μs 以内，比快速晶闸管（通常为几十 μs）短得多，可用于工作频率较高的场合。

2. 电力场效应晶体管 MOSFET

电力场效应晶体管也称功率场效应晶体管，简称 MOSFET，它和双极晶体管相比，其优点表现在如下几个方面：

(1) 由于电力场效应晶体管是多数载流子导电，故不存在少数载流子的储存效应，从而有较高的开关速度。

(2) 具有较宽的安全工作区而不会产生热点，同时，由于它的通态电阻具有正温度系数（这一点对器件并联时的均流有利），所以，容易进行并联使用。

(3) 具有较高的可靠性。

(4) 具有较强的过载能力。短时过载能力通常为额定的 4 倍。

(5) 具有较高的开启电压即阈值电压，这个阈值电压达 2～6V。因此，有较高的噪声容限和抗干扰能力，给电路设计带来了极大的方便。

(6) 由于它是电压控制器件，具有很高的输入阻抗，因此，驱功率很小，对驱动电路要求也就很低。

由于电力场效应晶体管存在这些明显的优点，因此其在电机调速、开关电源等各种领域的应用越来越广泛。

1) 电力场效应晶体管的结构原理

电力场效应晶体管和普通场效应管的原理相同。不过，由于它工作在大功率范围内，所以本身有一定的特殊性。

场效应晶体管是电压控制器件，这一点和双极型晶体管的区别极大。目前的场效应晶体管绝大多数是绝缘栅型，它的栅极与漏极完全绝缘。在这种场效应晶体管中，根据绝缘材料的不同又可分成若干种类型。而目前应用最广泛的是金属-氧化物-半导体场效应管，它是以二氧化硅为绝缘层的绝缘型场效应晶体管，一般也简称为 MOS 场效应管，在传统的生产工艺中，栅极、源极和漏极都处于水平方向的同一芯片上，导通时的工作电流是沿芯片表面按水平方向流动。这种场效应管也就是水平式场效应管。

目前，在功率场效应晶体管中，较多采用的是 V 沟槽工艺。它与传统工艺生产的 MOS 场效应管不同。这种工艺生产的管称为 VMOS 场效应管，VMOS 管的最大特点是具有 V 形的槽，其结构如图 3.3.13 所示。它的栅极做成 V 形，源极做在栅极的两边，而栅极与半导体材料之间的二氧化硅层也做成 V 形；半导体材料分成 4 层，从源极 S 开始分别是 N^+、P、N^-、N^+ 材料层。而漏极则从最底层 N^+ 引出。这样，在 VMOS 管工作时，电流不是沿着芯片表面的水平方向流动，而是从重掺杂 N^+ 的源极 S 流出，经过与芯片表面有一定角度上网沟道流到轻掺杂 N^- 的漂移区，接着垂直流到漏极 D。很明显，VMOS 有垂直导电的特性。由于它有沟道短、电容量大、耐压能力强、跨导线性好、开关速度快等优良特性，故在功率应用领域有着广泛的应用。

现在出现一种比 VMOS 管更好的新管，这就是 TMOS 管，TMOS 管是在 VMOS 管的基础上加以改进而成的。在 TMOS 管中，没有 V 形槽，它的结构如图 3.3.14 所示。由于在这种结构中漏极D是从N型垫层引出的，所以，漏极电流也是垂直流向源极S的，并且流到表面时分两边流向两个源极的，这样只形成了很短的导通沟道，并且使电流的通路产生一个T形，故为TMOS管。

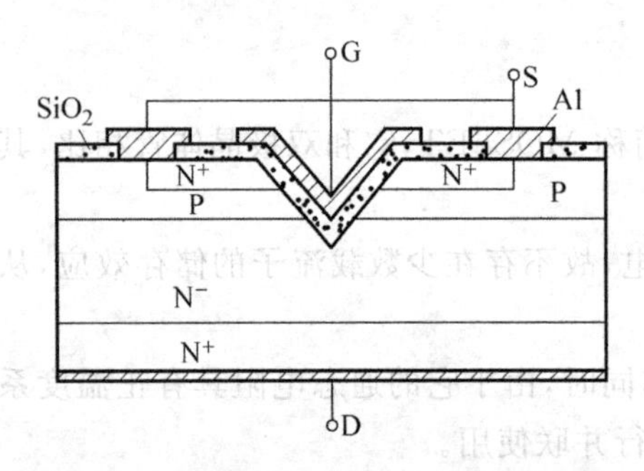

图 3.3.13　VMOS场效应晶体管结构

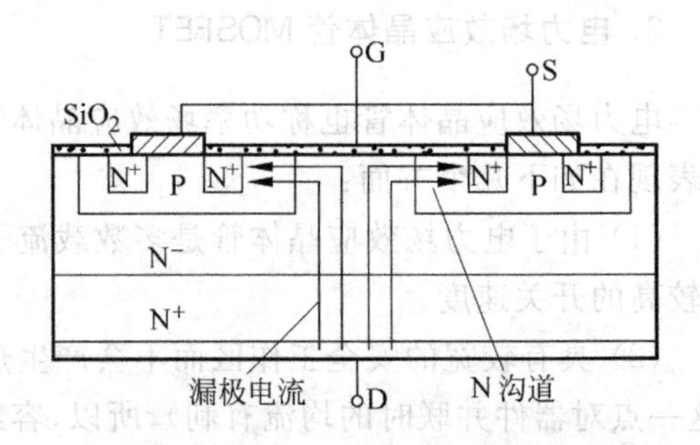

图 3.3.14　TMOS场效应管结构

2) 电力MOSFET的开关特性

用图3.3.15(a)的电路来测试MOSFET的开关特性。图中u_p为矩形脉冲电压信号源(波形如图3.3.15(b))所示，R_s为信号源内阻，R_G为栅极电阻，R_L为漏极负载电阻，R_F用于检测漏极电流。

因为MOSFET存在输入电容C_{in}，所以当脉冲电压u_p的前沿到来时，C_{in}有充电过程，栅极电压u_{GS}呈指数曲线上升，如图3.3.15(b)所示。当u_{GS}上升到开启电压u_T时，开始出现漏极电流i_D。从u_p前沿时刻到$u_{GS}=U_T$并开始出现i_D的这段时间称为开通延迟时间$t_{d(on)}$，此后，i_D随u_{GS}的上升而上升。u_{GS}从开启电压上升到MOSFET进入非饱和区栅压U_{GSP}这段时间称为t_r，这时相当于电力晶体管的临界饱和，漏极电流i_D也达到稳态值。i_D的稳态值由漏极电源电压U_E和漏极负载电阻所决定，U_{GSP}的大小与i_D的稳态值有关。u_{GS}的值达到U_{GSP}后，在脉冲信号源u_p的作用下继续升高直至到达稳态，但i_D已不再变化，相当于电力晶体管处于深饱和。MOSFET的开通时间t_{on}为开通延迟时间t_r之和，即

$$t_{on}=t_{d(on)}+t_r \tag{3.3.11}$$

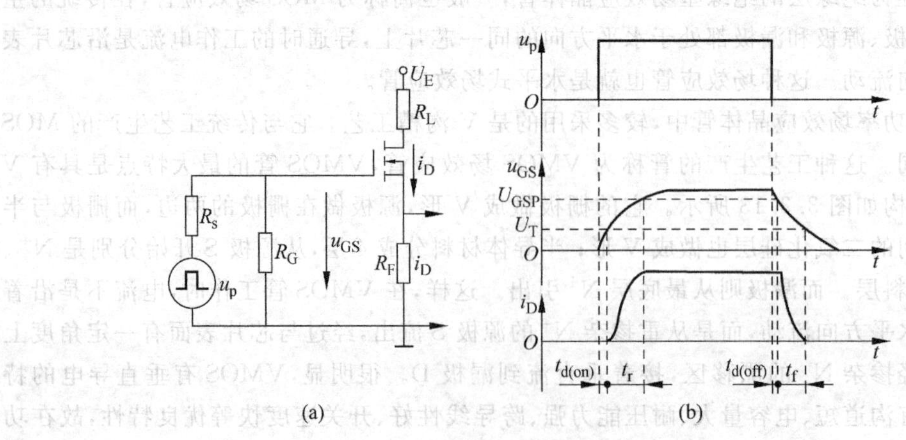

图 3.3.15　电力MOSFET的开关过程

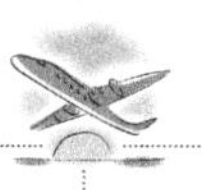

当脉冲电压 u_p 下降到零时，栅极输入电容 C_{in} 通过信号源内阻 R_s 和栅极电阻 R_G（$\gg R_s$）开始放电，栅极电压按指数曲线下降，当 u_{GS} 下降到 U_{GSP}，漏极电流 i_D 才开始减小，这段时间称为关断延迟时间 $t_{d(off)}$。此后，C_{in} 继续放电，u_{GS} 从 U_{GSP} 继续下降，i_D 减小，到 $u_{GS}<U_T$ 时沟道消失，i_D 下降到零。这段时间称为下降时间 t_f。关断延迟时间 $t_{d(off)}$ 和下降时间 t_f 之和为 MOSFET 的关断时间 t_{off}，即

$$t_{off}=t_{d(off)}+t_f \tag{3.3.12}$$

从上面的开关过程可以看出，MOSFET 的开关速度和其输入电容的充放电有很大关系。使用者虽然无法降低 C_{in} 的值，但可以降低栅极驱动回路信号源内阻 R_s 的值，从而减小栅极回路的充放电时间常数，加快开关速度。MOSFET 的工作频率可达 100kHz，是各种电力电子器件中最高的。

MOSFET 是场控型器件，在静态时几乎不需要输入电流。但在开关过程中需要对输入电容充放电，仍需要一定的驱动功率。开关频率越高，所需的驱动功率越大。

3. 可关断晶闸管 GTO

可关断晶闸管也是一种 PNPN 半导体控制元件，常写作 GTO(Gate Turn Off Thyristor)。GTO 的结构特性与晶闸管极为相似。它的主要特点是元件关断的方法非常简便，它与晶闸管(SCR)比较，有下列特点：

(1) GTO 的控制极可以控制元件的导通和关断，而晶闸管控制极只能控制元件的导通。

只要在 GTO 的控制极加不同极性的脉冲触发信号就可以控制其导通与断开，但 GTO 所需的控制电流远较晶闸管为大，例如额定电流相同的 GTO 与晶闸管相比较，如果晶闸管需要 30μA 的控制触发电流，则 GTO 约需 20mA 才能动作。

(2) GTO 的动态特性较晶闸管好，一般来说，两者导通时间相差不多，但断开时间 GTO 只需 1μs 左右，而晶闸管需要 5～30μs。因此，GTO 是一种很有发展前景的晶闸管，它主要应用于直流调压和直流开关电路中，因其不需要关断电路，故电路简单，工作频率也可提高。

GTO 的内部结构和开关控制原理如图 3.3.16 所示。图中(a)所示为 GTO 的含结间电容和扩散电阻的模型。当在门极加上比阴极要正的控制电压时，晶体管 T_2 导通，从而向晶体管 T_1 提供基流使 T_1 导通；T_1 导通之后又向 T_2 提供基流，这种正反馈的作用使 GTO 导通。这时，在电容 C_2 上产生的电压极性，E 点位正，F 点为负。当在门极加上比阴极要负的控制电压时，一方面在晶体管 T_2 的基射结加上反向电压使 T_2 截止；另一方面将 C_2 上的电压加在晶体管的基极和集电极上，使 T_1 退出导通；T_1 这种状态又加速 T_2 的截止，T_2 的截止状态又进一步使 T_1 截止，最终使 GTO 关断。简言之，在门极加上正控制信号时 GTO 导通；在门极上加上负控制信号时 GTO 截止。GTO 的表示符号如图 3.3.16(b)所示。

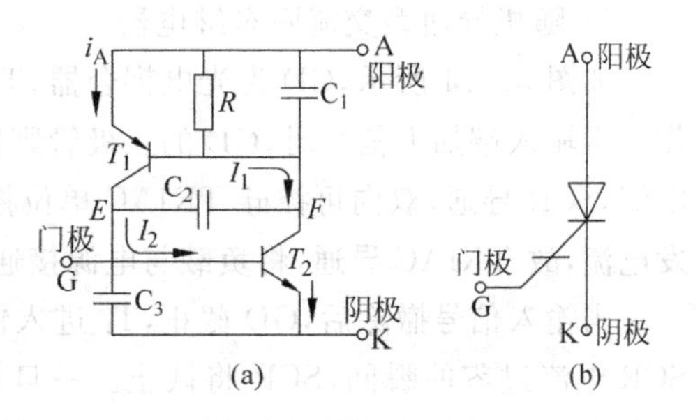

图 3.3.16　GTO 的结构与符号

3.4 固态继电器

3.4.1 交直流固态继电器

固态继电器(SSR)是近年来发展起来的一种新型电子继电器，其输入控制电流小，用TTL、HTL、CMOS等集成电路或加简单的辅助电路就可直接驱动。因此，适宜于在微机测控系统中作为输出通道的控制元件；其输出利用晶体管或可控硅驱动，无触点。与普通的电磁式继电器和磁力开关相比，具有无机械噪声、无抖动和回跳、开关速度快、体积小、质量轻、寿命长、工作可靠等特点，并且耐潮湿、抗腐蚀。因此，在微机测控等领域中，已逐渐取代传统的电磁式继电器和磁力开关作为开关量输出控制元件。

1. 固态继电器分类

(1) 固态继电器依负载电源类型可分为交流固态继电器(AC-SSR)和直流固态继电器(DC-SSR)。AC-SSR以双向可控硅作为开关元件，DC-SSR以功率晶体管作为开关元件，分别用来接通或分断交流或负载电源。

(2) 依控制触发形式，交直流固态继电器可分为过零触发型固态继电器和随机导通型固态继电器。当控制信号输入后，过零触发型总是在交流电源为零电压附近导通，导通时，干扰很小，一般用于计算机I/O接口等场合；随机导通则是在交流电源的任意状态(指相位)上导通或关闭，但在导通瞬间可能产生较大的干扰。

(3) 依开关触点形式，固态继电器可分为常开式固态继电器和常闭式固态继电器两种。当常开式固态继电器输入端加信号时，输出端接通，常闭式则反之。

(4) 依安装形式，固态继电器可分为装配式固态继电器(A、N型)、焊接型固态继电器(C型)、插座式固态继电器(F、H型)。装配式可装在配电板上，当通断容量在5A以上时需要配散热器。焊接式可在印制电路板上直接焊接。

2. 交直流固态继电器的原理

AC-SSR为四端器件，二个输入端、二个输出端。DC-SSR为五端器件，二个输入端、二个输出端、一个负端。输入输出间采用光电隔离，没有电气联系。输入端仅要求很小的控制电流，输出回路采用双向可控硅或大功率晶体管接通或分断负载电源。

1) 随机导通型交流固态继电器

如图3.4.1所示，GD为光电耦合器，T_1为开关三极管，用来控制单向可控硅SCR的工作。当输入端加上信号时，GD的三极管则饱和导通，T_1截止，SCR的控制极经R_3获得触发电流，SCR导通，双向可控硅TRIAC单位控制极通过R_5→整流桥→SCR→整流桥，得到触发电流，故TRIAC导通，将负载与电源接通。

当输入信号撤除后，GD截止，T_1进入饱和状态，它旁路了SCR的控制极电流，因此，在SCR电流过零的瞬间，SCR将截止。一旦SCR截止后，TRIAC也在其电流减小到小于维持电流的瞬间自动关断，切断负载与电源间的电流通路。

图3.4.1中的R_1和R_5分别是GD和SCR的限流电阻。R_4和R_6为分流电阻，用来保

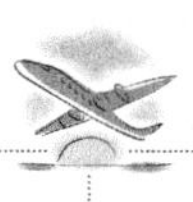

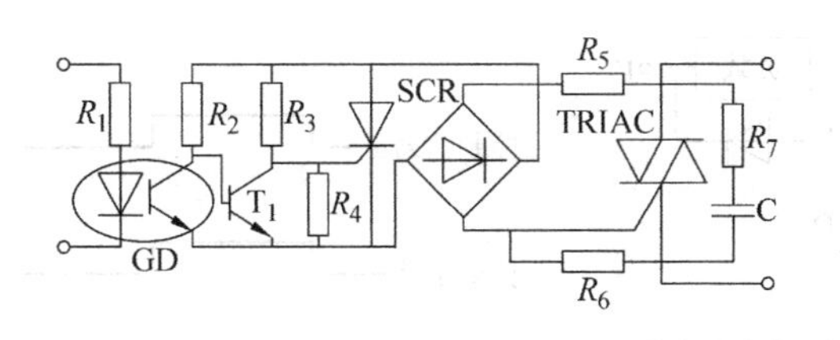

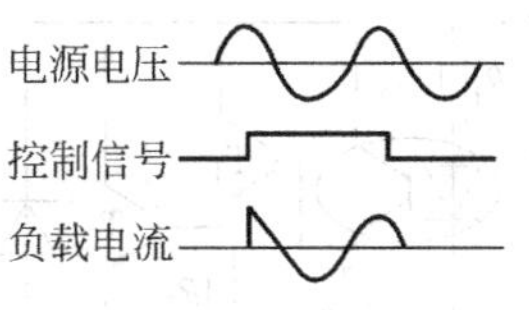

图 3.4.1 随机导通型交流固态继电器

护 SCR 和 TRIAC 的控制极。R_7 和 C 组成浪涌吸收网络，用来保护双向可控硅 TRIAC。

2）过零触发型交流固态继电器

如图 3.4.2 所示，该电路有电压过零时开启而电流过零时关断的特性，因此线路可以使射频及传导干扰的发射减到最低程度。无信号输入时，T_1 管饱和导通，旁路了 SCR 的控制电流，SCR 处于关断状态，因此，固态继电器也呈断开状态。

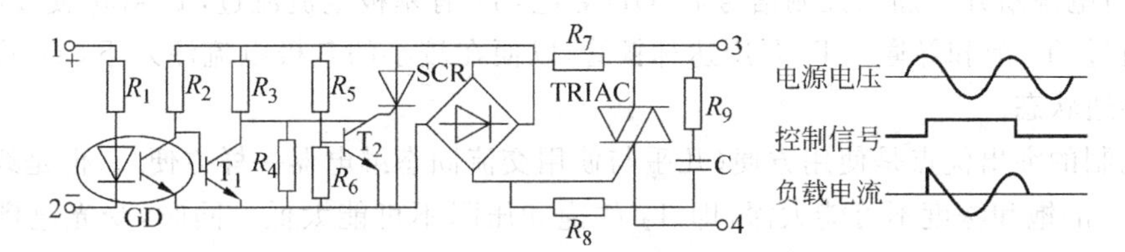

图 3.4.2 过零触发型交流固态继电器

信号输入时，GD 的三极管导电，它旁路了 T_1 的基极电流，使 T_1 截止。此时 SCR 的工作还取决于 T_2 的状态。T_2 在这里成为负载电源的零点检测器，只要 R_5、R_6 的分压超过 T_2 的基、射极压降，T_2 将饱和导通，它也能使 SCR 的控制极钳在低电位上，而不能导通。只有当输入信号加入的同时，负载电压又处于零电压附近，来不及使 T_2 进入饱和导通，此时的 SCR 才能通过 R_3 注入控制电流而导通。过零触发型交流固态继电器在此后的动作与随机型相同，这里不再重述。

综上所述，过零触发型交流固态继电器并非真地在电压为 0V 处导通，而有一定电压，一般在±10～±20V 范围内。

3）直流固态继电器

直流固态继电器有两种型式，一种是输出端为 3 根引线的（见图 3.4.3），另一种是输出端为 2 根引线的（见图 3.4.4）。

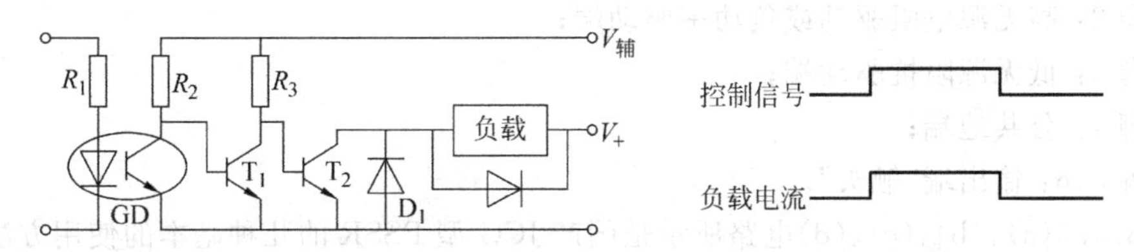

图 3.4.3 直流固态继电器（三线制）

在图 3.4.3 中，GD 为光电耦合器，T_1 为开关三极管，T_2 为输出管，D_1 为保护二极管。当信号输入时，GD 饱和导通，T_1 管截止，T_2 管基极经 R_3 注入电流而饱和，这样负载便与电源接通。反之，则负载与电源断开。

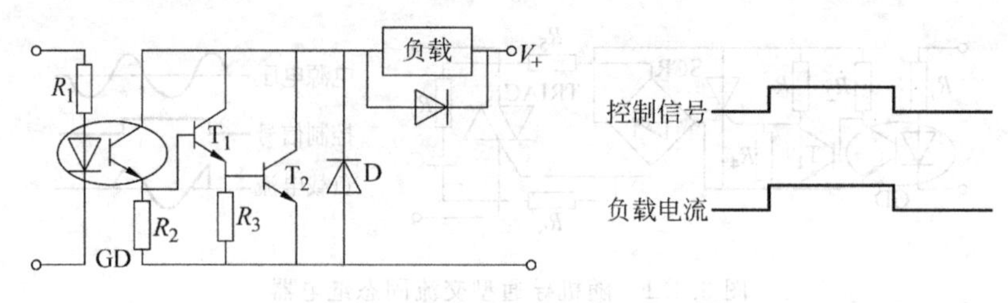

图 3.4.4 直流固态继电器(二线制)

三线制的主要优点是,T_2 管的饱和深度可以做得很大。如果辅助电源用＋10～15V时,T_2 可改用 VMOS 管。三线制的主要缺点是多用了一组辅助电源,如果负载的电压不高时,辅助电源与负载电源可以合用,省去一组电源。

在图 3.4.4 中,当控制信号未加入时,GD 不导电,T_1 亦无电流流过,所以,T_2 截止不导通,负载与电源断开。加入控制信号后,GD 导电,T_1 有基极电流流过,T_1 导电使 T_2 的基极有电流通过,T_2 饱和导通。T_2 要用达林顿管,以便在较小的基极电流注入下,T_2 管也能进入饱和导通状态。

二线制的突出优点是使用方便(几乎与使用交流固态继电器一样方便)。但是线路结构决定了 T_2 的饱和深度不可能太深,即 T_2 的饱和压降不可能太低。同时,受光电耦合器和 T_1 管的耐压所限,二线制直流固态继电器切换的负载电压不能太高。

3.4.2 参数固态继电器

参数固态继电器(以下简称 PSSR)是在普通固态继电器的基础上由我国自行研制成功的一种新型新型固态继电器。由于它能接受多种电参数的控制,因而比一般的固态继电器有着更加广泛的用途。它可运用于微型计算机(特别是 1.5～3V 低压供电的微型计算机)、电子电路和电桥电路等处,实现接口有隔离的驱动交流工频大容量负载；可以直接和热敏、湿敏、磁敏、光敏等各种敏感元件构成自动控制系统；还可以与各种微功耗电子电路及其他需要无源、负功率操作的自动控制系统连接,构成完备的整机电路。

1. 外形与结构

国产 JCG 型参数固态继电器的引脚排列采用以下单列 6 脚形式：

引脚 1：有源驱动端(正功率驱动端)；

引脚 2：高无源电阻驱动或负功率驱动端；

引脚 3：低无源阻抗驱动端；

引脚 4：公共地端；

引脚 5、6：输出端"触头"。

图 3.4.5(a)、(b)、(c)、(d)电路所示是国产 JCG 型 PSSR 的几种基本的使用方法。

图 3.4.5(a)所示电路是正功率驱动(有源驱动)的应用。它相当于把 PSSR 当做常闭型继电器使用。引脚 4 接地,引脚 1 由微机 I/O 口或低压 CMOS 电路的逻辑电平驱动。如图中当低压 CMOS 逻辑电路(1.5～3V 供电)的输出端为低电平时,没有电流送入 PSSR 的有源驱动端 1 脚,因此输出端"触头"5、6 脚闭合；当为高电平时,有一个大于 2μA 的电流送入 PSSR 的有源驱动端 1 脚,输出端"触头"5、6 脚断开。通常在不使用 PSSR 的正功率驱动

功能时，应将 1 脚与公共端 4 脚短接。

图 3.4.5(b)电路是低无源阻抗驱动的应用。PSSR 的 3、4 脚可以外接阻抗型(包括纯电感，纯电阻，纯电容)的敏感元件，当这些无源元件的阻抗高于切换点门限值 Z_0(Z_0 较小，常在 1～2kΩ 之间，故 3 脚称为低无源阻抗驱动端)时，“触头”5、6 脚闭合。如图中当微电接点 K 断开时有一个无穷大的电阻跨接在 PSSR 的无源驱动端 3 脚和公共端 4 脚上，输出端“触头”5、6 脚闭合，当微电接点 K 闭合时有一个很小的电阻跨接在 PSSR 的无源驱动端 3 脚和公共端 4 脚上，输出端“触头”5、6 脚断开。如果微电接点 K 的接触电阻比较大时(大于数 kΩ)则应选用 PSSR 的高无源电阻驱动器端 2 脚才能正常工作。

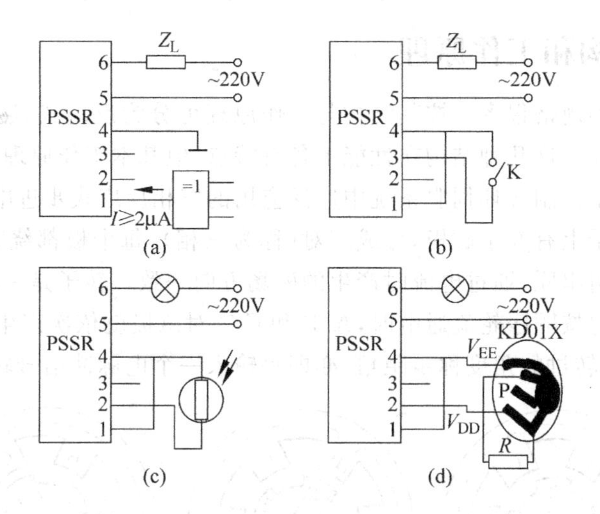

图 3.4.5　JCG 型 PSSR 的几种基本用法

图 3.4.5(c)所示电路是高无源电阻驱动的应用。PSSR 的 2、4 脚只能外接电阻型敏感元件，而且其驱动切换点的门限值 R_0 较大，常在 20kΩ 以上。因此，2 脚称高无源电阻驱动端。如图 3.4.5(c)中当光照较强时光敏电阻的阻值很小，PSSR 的输出“触头”5、6 脚断开。当光照很弱时，光敏电阻的阻值很大，PSSR 的输出端“触头”5、6 脚闭合。由于光照从强到弱的变化过程中，光敏电阻的阻值是逐渐变大的，当该阻值越过高无源电阻驱动门限值 R_0 时，“触头”5、6 脚从断开到闭合是缓慢变化的，从而具有“软”的过渡特性。

图 3.4.5(d)所示电路是负功率驱动的应用。JCG 型 PSSR 的 2、4 脚有一个约 3V 的直流输出电压，该电压向外接的微功耗电路提供一个很小的工作电流。如果该电流远小于使 PSSR 输出端“触头”切换的电流值，即负功率驱动门限电流值 I_0，那么，PSSR 输出端 5、6 脚“触头”闭合。如果由于外接的微功耗电路的输出状态变化，使得它从 PSSR 的 2、4 脚吸入的电流大为增加，以至超过负功率驱动门限值电流 I_0，这时 PSSR 的输出端 5、6 脚“触头”断开。我们把这种继电器的控制端向外送出功率进行操作的方式称为负功率驱动。如图中 PSSR 的 2、4 脚向 KD01X 闪烁电路提供 3V、静态电流 2μA 左右的工作电流。当闪烁电路的输出端 P 为高电平时，没有电流流过负载电阻 R，PSSR 的 2 脚输出电流很小，输出端“触头”5、6 脚闭合。当闪烁电路的输出端 P 为低电平时，流过负载电阻 R 的电流有几百 μA，PSSR2 脚输出电流很大，输出端“触头”5、6 脚断开。

3.5 步进电机

步进电机又称电脉冲马达。它是将电脉冲信号转换成机械角位移的执行元件。特点是输入一个电脉冲就转动一步,即每当电动机绕组接受一个电脉冲,转子就转过一个相应的步距角(步进电机便因此而得名)。转子的角位移的大小及转速分别与输入的电脉冲数及其频率成正比,并在时间上与输入脉冲同步,只要控制输入电脉冲的数量、频率以及电动机绕组通电相序即可获得所需的转角、转速及转向,很容易用微机实现数字控制。

3.5.1 结构和工作原理

步进电机的品种规格很多。按其结构与工作原理可分为反应式(磁阻式)、电磁式和永磁式等几种主要形式。这几种结构在性能上各有特点,但基本工作原理是一致的。

图 3.5.1 是数字控制开环伺服系统中广泛应用的三相反应式步进电机的工作原理示意图。图中电动机定子上有 6 个磁极,分成三对(称为三相),每个极都绕有控制绕组(图中未示出),每对极的绕组串联,通过电流时产生的磁场方向一致。转子是一个带齿的铁心,无绕组。当定子三相绕组按顺序轮流通电时,A、B 和 C 三对磁极就依次产生磁场并吸引转子一步步地转动,每一步转过的角度称步距角,亦即每输入一个电脉冲信号转子转过的角度。

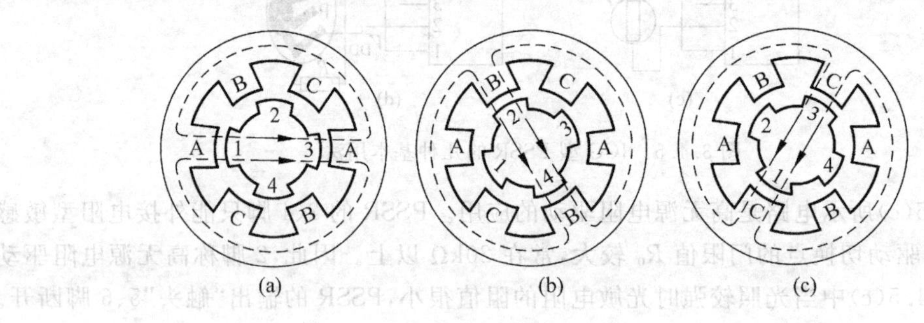

图 3.5.1 三相反应式步进电机三相单三拍运行原理图

三相步进电机绕组的通电方式一般有单三拍、六拍及双三拍等几种。“单”、“双”、“拍”的意思分别如下:“单”是指每次切换前后只有一相绕组通电;“双”是指每次有两相绕组通电;而从一种通电状态转换到另一种通电状态就叫做一“拍”。

1. 三相单三拍运行方式(单拍方式)

如果图 3.5.1(a)中 A 相通电,则转子 1,3 两齿被磁极 A 吸引,转子停留在此位置;然后 B 相通电,A 相断开,磁极 B 产生磁场而磁极 A 的磁场消失,2,4 齿被离它最近的磁极 B 吸引过去,于是转子从图 3.5.1(a)的位置逆时针转动了 30°,如图 3.5.1(b)所示;C 相通电时,它的磁场将转子 1,3 齿吸住,如图 3.5.1(c)所示,以此类推。只要定子绕组按 A→B→C→A 顺序轮流通电,步进电机就能一步步地按逆时针方向旋转。绕组通电每转换一次,步进电

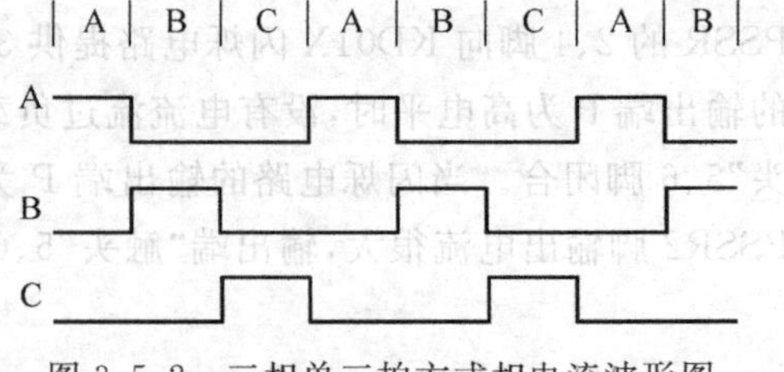

图 3.5.2 三相单三拍方式相电流波形图

机旋转30°。假如定子绕组按A→C→B→A的顺序通电，则步进电机按顺时针方向旋转。这种控制方式称为单拍控制方式。对三相电动机而言又称单三拍控制方式。其绕组电流波形如图3.5.2所示。

2. 三相双三拍运行方式(双拍方式)

由于单拍控制方式每次只有一相绕组通电，在绕组电流切换的瞬间，电动机将失去自锁力矩，容易造成失步。此外，因为只有一相绕组吸引转子，易在平衡位置附近发生振荡，稳定性不佳，故单拍运行方式很少采用。另一种三相双三拍(双拍)运行方式，它的通电顺序按AB→BC→CA→AB(逆时针旋转)或AC→CB→BA→AC(顺时针旋转)进行。由于双三拍运行每次有两相绕组同时通电，转子被吸引到与两通电绕组等距离的中间位置，所以双三拍运行的步距角与单三拍运行时相同，都为30°。由于切换过程中始终有一相绕组保持通电，所以工作比较稳定，但功耗比单拍方式增大近一倍。其绕组电流波形如图3.5.3所示。

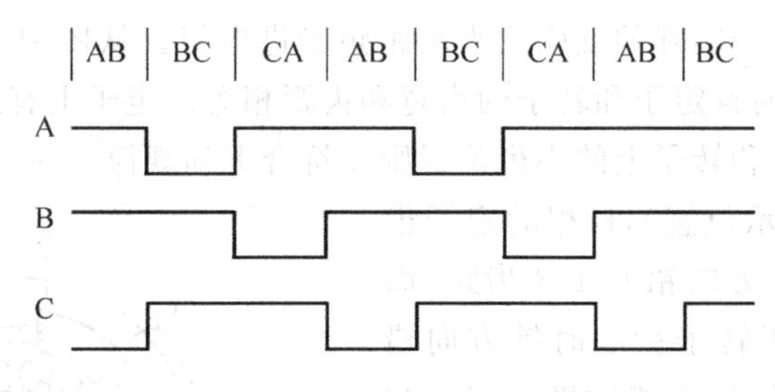

图3.5.3　三相双三拍方式相电流波形图

3. 三相六拍运行方式(单一双拍方式)

三相六拍运行方式的绕组通电顺序按A→AB→B→BC→C→CA→A进行，即首先A相通电，再使AB相通电，下一步A相断电，B相通电，然后BC两相同时通电，……每切换一次，步进电机逆时针旋转15°，如图3.5.4(a)、(b)、(c)和(d)所示。如通电顺序按A→AC→C→CB→B→BA→A进行，则步进电机每步顺时针旋转15°。六拍运行方式步距角比三拍运行方式小一半，且转换时始终保证有一个绕组通电，工作也比较稳定。其绕组电流波形如图3.5.5所示。由于六拍运行方式增大了步进电机的稳定区域，改善了步进电机性能，故步进电机较多采用这种运行方式。

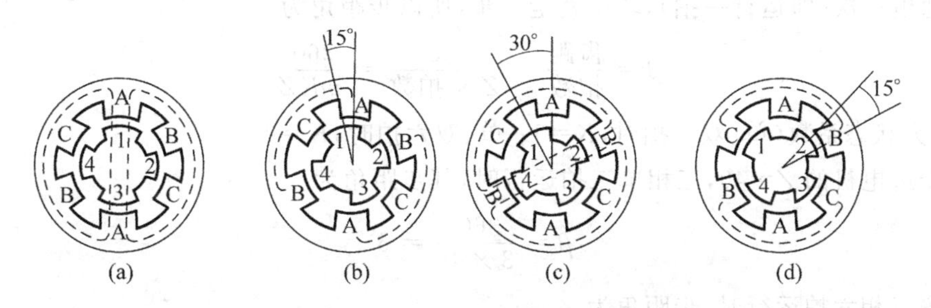

图3.5.4　三相六拍运行原理图

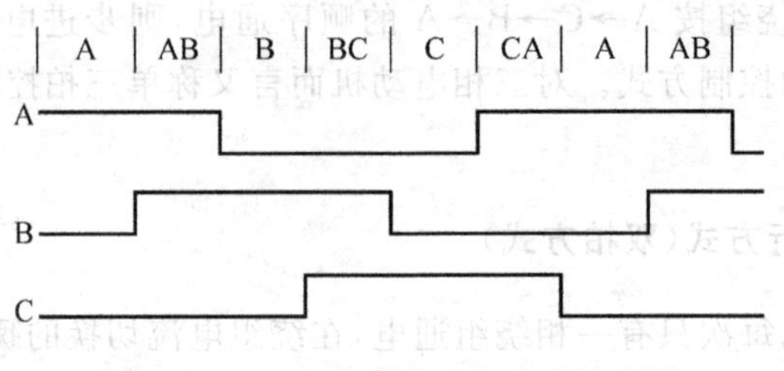

图 3.5.5　三相六拍方式相电流波形图

3.5.2　类型及结构

近年来步进电机发展很快，品种规格也日趋繁多，常用的步进电机类型如下所述。

1. 反应式步进电机

图 3.5.6 所示是一个实际的反应式小步距角步进电机。从图中看出，它的定子内圈和转子外圆均有齿和槽，而且定子和转子的齿宽和齿距相等。定子上有三对磁极，分别绕有三相绕组。定子极面小齿和转子上的小齿位置则要符合下列规律：当 A 相的定子齿和转子齿对齐时（如图 3.5.6 所示位置），B 相的定子齿应相对于转子齿顺时针方向错开 1/3 齿距，而 C 相的定子齿又相对于转子齿顺时针方向错开 2/3 齿距。也就是说，当一相磁极下定子与转子的齿相对时，下一相磁极下定子与转子齿的位置则刚好错开 τ/m。其中 τ 为齿距，m 为相数。再下一相磁极定子与转子的齿则错开 $2\tau/m$，以此类推。当定子绕组按 A→B→C→A 顺序轮流通电时，转子就沿顺时针方向一步一步地转动，各相绕组轮流通电一次，转子就转过一个齿距。

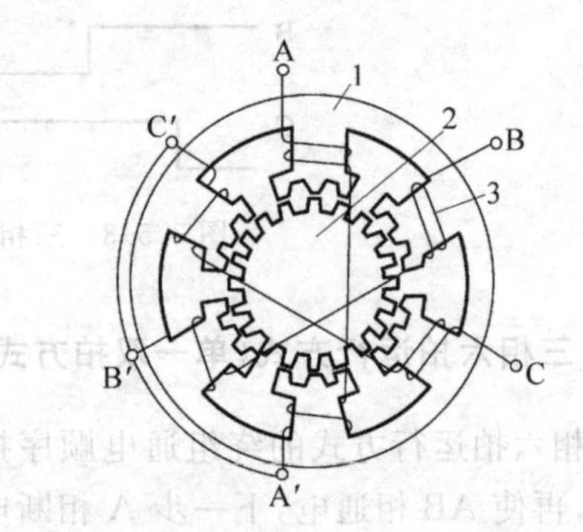

图 3.5.6　三相反应式步进电机结构示意图

1—定子；2—转子；3—定子绕组

设转子的齿数为 Z，则齿距为

$$\tau = 360°/Z \tag{3.5.1}$$

因为每通电一次（即运行一拍），转子就走一步，所以步距角为

$$\beta = \frac{\text{齿距}}{\text{拍数}} = \frac{360°}{Z \times \text{拍数}} = \frac{360°}{mKZ} \tag{3.5.2}$$

式中，K 为状态系数（单、双三拍时，$K=1$；单、双六拍时，$K=2$）。

若步进电机的 $Z=40$，三相单三拍运行时，其步距角为

$$\beta = \frac{360°}{3 \times 40} = 3°$$

若按三相六拍运行时，步距角为

$$\beta = \frac{360°}{2 \times 3 \times 40} = 1.5°$$

由此可见，步进电机的转子齿数 Z 和定子相数 m（或运行拍数）越多，则步距 β 越小，控

制越精确。

当定子控制绕组按照一定顺序不断地轮流通电时，步进电机就持续不断地旋转。如果电脉冲的频率为 f(通电频率)，则步进电机转速的每分钟转数 n 为

$$n=\frac{\beta \cdot f}{360^{\circ}} \times 60=\frac{60}{mKZ} \cdot f \tag{3.5.3}$$

反应式步进电机可以按特定指令进行角度控制，也可以进行速度控制。角度控制时，每输入一个脉冲，定子绕组换接一次，输出轴就转过一个角度，其步数与脉冲数一致，输出轴转动角位移与输入脉冲数成正比。速度控制时，各相绕组不断地轮流通电，步进电机就连续转动，由上式可见，反应式步进电机转速只取决于脉冲频率、转子齿数和拍数，而与电压、负载、温度等因素无关。当步进电机的通电方式选定后，其转速只与输入脉冲频率成正比，改变脉冲频率就可以改变转速，故可进行无级调速，调速范围很宽。同时步进电机具有自锁能力，当控制电脉冲停止输入，而让最后一个脉冲控制的绕组继续通入直流时，则电动机可以保持在指定的位置上。这样，步进电机可以实现停车时转子定位。

综上所述，由于步进电机工作时的步数或转速既不受电压波动和负载变化的影响(在允许负载范围内)，也不受环境条件(温度、压力、冲击和振动等)变化的影响，只与控制脉冲同步；同时，它又能按照控制的要求进行启动、停止、反转或改变速度。因此，它被广泛地应用于各种数字控制系统中。

2. 永磁式步进电机

永磁式步进电机的结构如图 3.5.7 所示。转子为充磁的永久磁钢，定子由硅钢片叠成并有多对绕组。转子受磁钢加工的限制，极对数不能做得很多，因而步距角较大，电动机频率响应很低。与反应式相比，它具有控制功率较小，内部电磁阻尼较大和断电情况下具有定位转矩等特点。

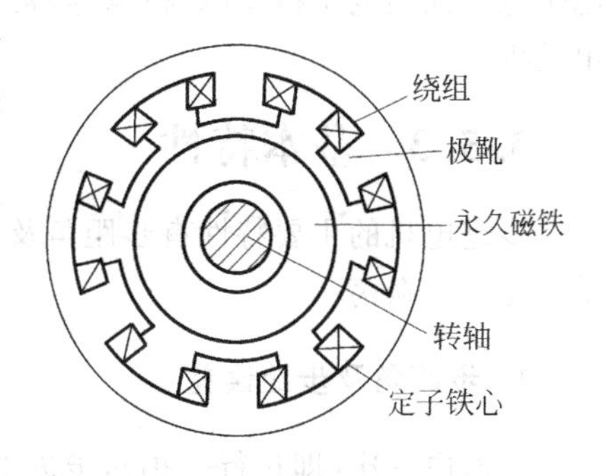

图 3.5.7　永磁式步进电机结构图

3. 电磁式步进电机

电磁式步进电机转子的磁极上绕有激磁绕组，绕组中通以直流电以产生直流磁通。由磁路计算可知，电磁式步进电机采用良好的软磁材料，对相同的转子截面，所能通过的直流磁通比优良的永磁材料产生的大得多。步进电机的输出转矩与直流磁通量成正比。因此，对输出大转矩的功率步进电机，电磁式结构是可取的。

按原理讲，将永磁式步进电机转子改由直流激磁绕组激磁，即可构成电磁式步进电机，但从转子引出激磁绕组必须采用滑环结构。

电磁式步进电机与反应式步进电机相比，有如下特点：

(1) 电磁式步进电机是由直流和脉冲两种电源提供能量，因而它的输出转矩大而输入脉冲电流较小；

(2) 电磁式步进电机转子有一恒定的直流磁通，可在气隙中产生电磁阻尼转矩，能削弱低频运行时的振荡，因而使电磁式电动机在低频工作时比反应式电动机更稳定可靠；

(3) 电磁式步进电机的直流激磁能量不随频率变化，因此，在高频运行时的矩频特性比反应式步进电机好。

4. 永磁反应式(混合式)步进电机

永磁反应式步进电机可分为转子带磁钢和定子带磁钢两种。转子带磁钢的典型结构如图 3.5.8 所示。定子与反应式步进电机类似，磁极上有控制绕组，极靴表面有小齿。转子铁心分成两段，中间用轴向充磁的永久磁钢隔开，每一段转子铁心上有齿而没有绕组，二段转子铁心的齿数和齿形完全一致，但相对位置沿圆周方向扭过 1/2 齿距角，与反应式步进电机的转子不同。由于永久磁钢的作用，其转子的齿带有固定的极性。这种步进电机既具有反应式步进电机步距角小和工作频率较高的特点，又具有永磁式步进电机控制功率比较小的特点，但结构较复杂，成本也较高。

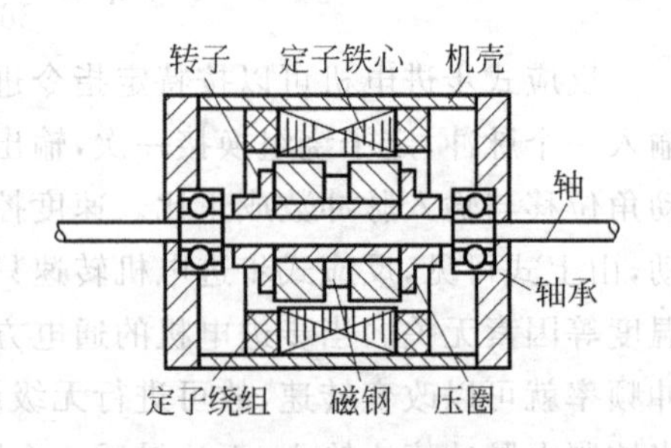

图 3.5.8　永磁反应式步进电机结构图

目前，反应式步进电机由于结构简单，工作可靠，运行频率高，应用最为广泛。此外，还相继出现了直线式、平面式和滚切式等新型结构的步进电机。

除了三相步进电机外，常见的还有四相、五相和七相电动机。通常相数越多，输出转矩越平稳。大型电子机械(如机床等)常用三相和五相电动机，而小型精密产品中多采用四相电动机。

3.5.3　基本特性

步进电机的主要特性有步距角及步距误差、矩角特性、动态矩频特性、启动惯频特性和单步运行与振荡。

1. 步距角及步距误差

每通电一次(即运行一拍)，步进电机转子就进一步，每步转过的空间角度即步距角 β，步距角的大小由式(3.5.2)决定。步距角越小，分辨力越高。在实际工作中，最常用的步距角有 0.6°/1.2°，0.75°/1.5°，0.9°/1.8°，1°/2°，1.5°/3°等。

步进电机每走一步，转子实际的角位移与设计的步距角存在有步距误差。连续走若干步，上述步距误差形成累积值。转子转过一圈后，回至上一转的稳定位置，因此步进电机步距的误差不会长期累积。步进电机的累积误差，是指转一圈范围内步距累积误差的最大值，步距误差和累积误差通常用度(°)、分(′)或者步距角的百分比表示。影响步距误差和累积误差的主要因素有：齿与磁极的分度精度；铁心叠压及装配精度；各相距角特性之间差别的大小；气隙的不均匀程度等。

2. 矩角特性

矩角特性是反映步进电机电磁转矩 T 随偏转角 θ 变化的关系。定子一相绕组通以直流电后，如果转子上没有负载转矩的作用，转子齿和通电相磁极上的小齿对齐，这个位置称

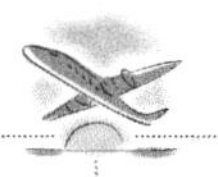

为步进电机的初始平衡位置。当转子有负载转矩作用时，转子齿就要偏离初始位置。由于磁力线有力图缩短的倾向，从而产生电磁转矩，直到电磁转矩与负载转矩相等，使转子重新处于平衡状态。此时，转子齿偏离初始平衡位置的角度就叫转子偏转角 θ（空间角），对应的电角度 θ_e 为失调角。由于定子每相绕组通电循环一周（360°电角度），对应转子在空间转过一个齿距（$\tau=360°/Z$ 空间角度），故电角度是空间角度的 Z 倍，即 $\theta_e=Z\theta$。可以证明，此曲线可近似地用一条正弦曲线表示（见图 3.5.9），而 $T=f(\theta_e)$ 就是矩角特性曲线。

$$T=-T_{s,max}\sin\theta_e=-T_{s,max}\sin(Z\theta) \tag{3.5.4}$$

从图中看出，θ_e 达到 $\pm\pi/2$ 时，即在定子齿与转子齿错开 1/4 个齿距时，转矩 T 达到最大值，称为最大静转矩 $T_{s,max}$。步进电机的负载转矩必须小于最大静转矩，否则根本带不动负载。为了能稳定运行，负载转矩一般只能是最大静转矩的 0.3～0.5 倍。因此，这一特性反映了步进电机带负载的能力，通常在技术数据中都有说明，它是步进电机最主要的性能指标之一。

3. 动态矩频特性

步进电机在连续运行时，需要足够的转矩来克服负载转矩和加减速惯量。步进电机在不同的速度下所能产生的最大转矩（失步转矩）是不同的，其关系常用动态矩频特性（失步转矩/频率特性）来描述，如图 3.5.10 所示。

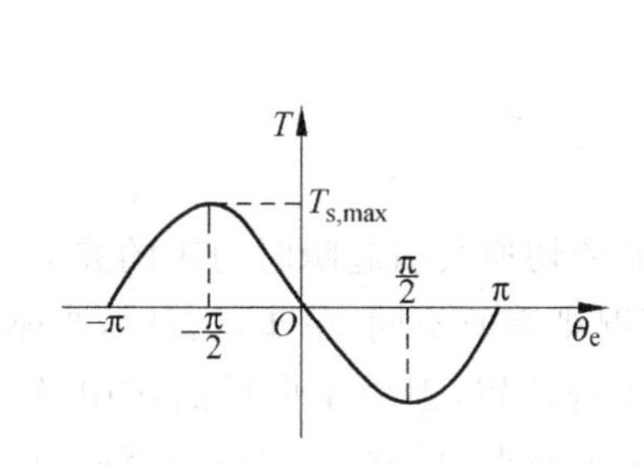

图 3.5.9 步进电机的矩角特性

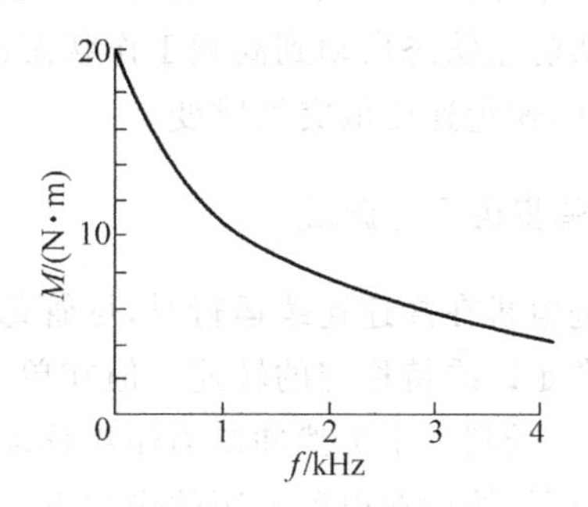

图 3.5.10 动态矩频特性

动态矩频特性是选用合适步进电机的最重要的指标之一。值得注意的是，同一电动机在使用不同的驱动方案时的矩频特性相差很大，因而在选用电动机时必须注意所给特性的测试条件。

图 3.5.11 所示为某型号步进电机在三种不同驱动情况下的矩频特性。曲线①为单相通电、单电压驱动；曲线②为单相通电、高低压驱动；曲线③为双相通电、高低压驱动时的矩频特性。

由矩频特性曲线可见，随着电动机运行频率的提高，输出转矩逐渐下降。这是因为在低速时，相绕组电流近似矩形（图 3.5.12(a)），但在高速运行时，各个激磁时间很短，因而电动机感性绕组时间常数对激磁电流的影响增加，降低了相电流平均值。在很高速时，当激磁时间结束之前，相绕组里的电流可能尚未达到额定值，波形严重失真（图 3.5.12(b)）。相电流的减少使有效转矩减小。绕组断电时相电流的衰减时间在高速时也十分重要，因为残余电流产生的力矩和转动方向相反，这也减小了电动机转子的平衡转矩。另外，高速运行时涡流损耗大大增加，而且转子运动在相绕组里产生的感生电压会严重影响波形中间及前后沿形状(图 3.5.12(c))。这些都是输出转矩下降的原因。

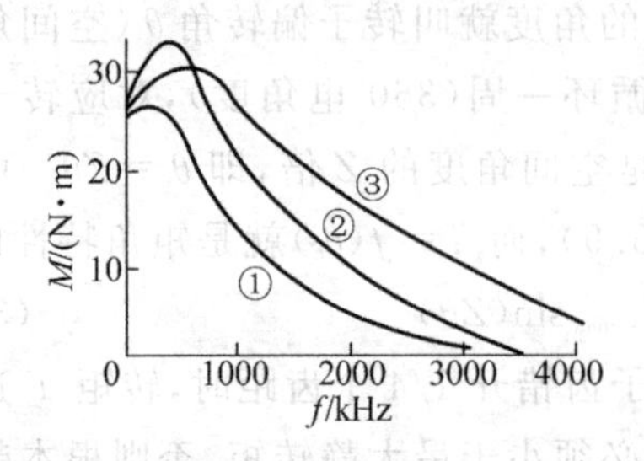

图 3.5.11　三种不同驱动情况下的矩频特

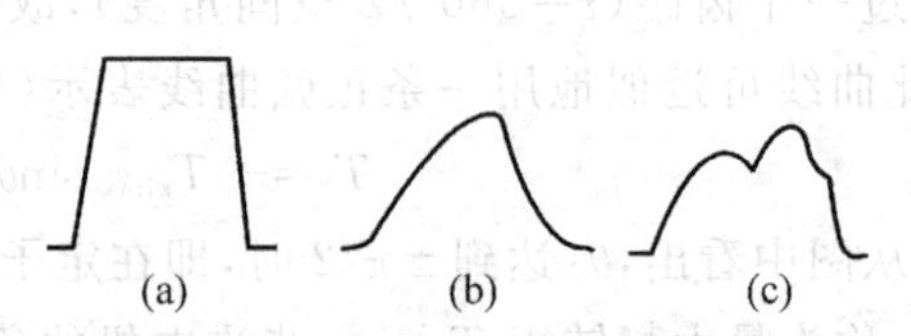

图 3.5.12　电动机绕组电流波形的畸变

4. 启动惯频特性

步进电机由静止突然启动，不失步地进入正常运行所允许的最高启动频率，称为启动频率。步进电机的启动频率受转子负载惯量的影响很大，两者间的关系称为启动惯频特性或牵入特性，如图 3.5.13 所示。

步进电机的启动频率远远小于其最高运行频率，而且若电动机除了惯性负载之外，还带有摩擦转矩等转矩负载，其启动频率将进一步降低。因此，在实际应用时，为了使电动机能正确地从静止状态启动到高频工作状态或反之，必须使用软硬件方法使电动机速度逐渐上升或下降，避免速度的突然跳变。

5. 单步运行与振荡

步进电机在高速连续运行时，尽管每次绕组电流的切换会引起瞬时力矩的波动，但系统惯量通常足以维持稳定的转速。但在单步运行的情况则有所不同，单步运行时，当驱动脉冲来时，转子受到一个突然冲击力作用移动到下一个步进位置，但由于惯性的作用，转子会冲过平衡位置，然后在电磁力矩的作用下被拉回并拉过平衡点，形成一个振荡过程。该振荡过程在摩擦力矩等阻尼力矩的作用下逐渐衰减，最后稳定于平衡点。典型的步进电机单步振荡曲线如图 3.5.14 所示。

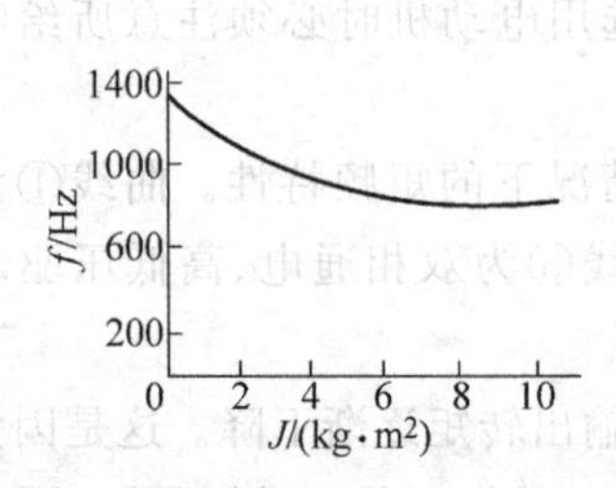

图 3.5.13　启动惯频特性

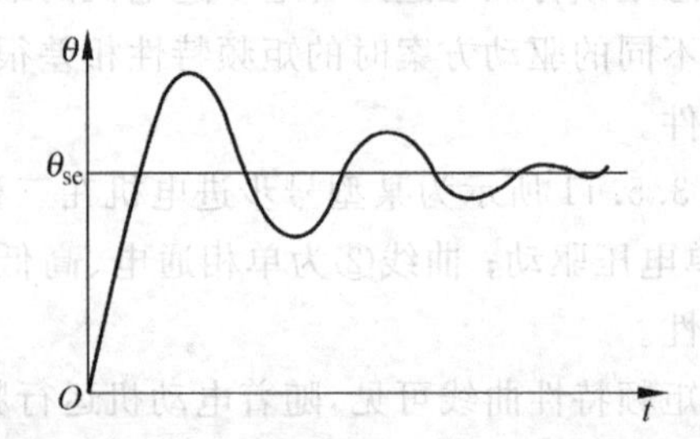

图 3.5.14　步进电机单步振荡曲线

在需要频繁启停的精确定位系统中，单步振荡会对系统性能带来相当不利的影响。例如，在需不断启停的电传打字机或绘图仪中，每当打印头或绘图笔移动到合适位置时，系统必须等待电动机稳定后才能打印或绘图，人为降低了工作速度。

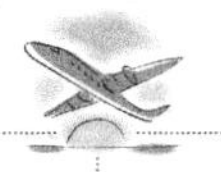

为了减小单步响应的设定时间，可使用增加黏性摩擦阻尼的方法，使转子振荡快速衰减。但是，直接引入摩擦阻尼会严重影响电动机的高速运行。一种解决的方法是使用黏性耦合的惯性阻尼器（VCID），该部件在速度迅速变化（如单步响应时）的情况下会产生黏性摩擦转矩，但并不妨碍恒速工作。

3.5.4　步进电机控制

步进电机的驱动电路根据控制信号工作。在步进电机的单片机控制中，控制信号由单片机产生，其基本控制作用如下：

（1）控制换相顺序。步进电机的通电换相顺序严格按照步进电机的工作方式进行。通常把通电换相这一过程称为脉冲分配。例如，三相步进电机的单三拍工作方式，其各相通电的顺序为 A→B→C，通电控制脉冲必须严格按照这一顺序分别控制 A、B、C 相的通电和断电。

（2）控制步进电机的转向。通过步进电机原理可以知道，如果按给定的工作方式正序通电换相，步进电机就正转；如果按反序通电换相，则电动机就反转。例如，四相步进电机工作在单四拍方式，通电换相的正序是 A→B→C→D，电动机就正转；如果按反序 A→D→C→B，电动机就反转。

（3）控制步进电机的速度。如果给步进电机发一个控制脉冲，它就转一步，再发一个脉冲，它会再转一步。两个脉冲的间隔时间越短，步进电机就转得越快。因此，脉冲的频率决定了步进电机的转速。调整单片机发出脉冲的频率，就可以对步进电机进行调速。

下面我们介绍如何用单片机实现上述控制。

1. 脉冲分配

实现脉冲分配（也就是通电换相控制）的方法有两种：软件法和硬件法。

1）通过软件实现脉冲分配

软件法是完全用软件的方式，按照给定的通电换相顺序，通过单片机的 I/O 口向驱动电路发出控制脉冲。图 3.5.15 是用这种方法控制五相步进电机的硬件接口例子。利用 8051 系列单片机的 P1.0～P1.4 这 5 条 I/O 线，向五相步进电机传送控制信号。

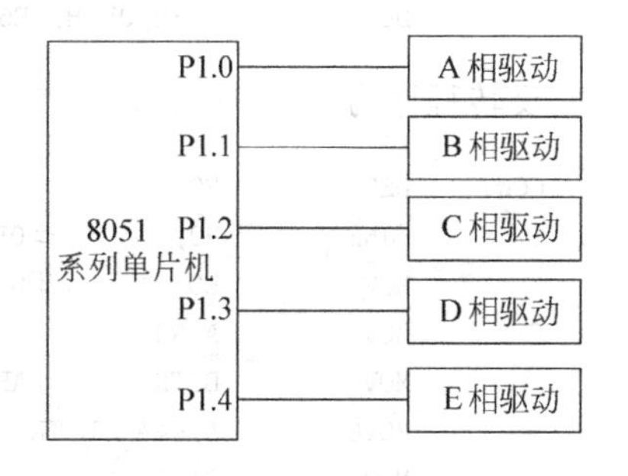

图 3.5.15　用软件实现脉冲分配的接口示意图

下面以五相步进电机工作在十拍方式为例，说明如何设计软件。

五相十拍工作方式通电换相的正序为：AB→ABC→BC→BCD→CD→CDE→DE→DEA→EA→EAB，共有 10 个通电状态。如果 P_1 口输出的控制信号中，0 代表使绕组通电，1 代表使绕组断电，则可用 10 个控制字来对应这 10 个通电状态。这 10 个控制字如表 3.5.1 所列。

表 3.5.1 五相十拍工作方式的控制字

通电状态	P1.4(E)	P1.3(D)	P1.2(C)	P1.1(B)	P1.0(A)	控制字
AB	1	1	1	0	0	FCH
ABC	1	1	0	0	0	F8H
BC	1	1	0	0	1	F9
BCD	1	0	0	0	1	F1H
CD	1	0	0	1	1	F3H
CDE	0	0	0	1	1	E3H
DE	0	0	1	1	1	E7H
DEA	0	0	1	1	0	E6H
EA	0	1	1	1	0	EEH
EAB	0	1	1	0	0	ECH

在程序中,只要依次将这 10 个控制字送到 P1 口,步进电机就会转动一个齿距角。每送一个控制字,就完成一拍,步进电机转过一个步距角。程序就是根据这个原理进行设计的。

用 R0 作为状态计数器,来指示第几拍,按正转时加 1,反转时减 1 的操作规律,则正转程序为

```
CW:     INC     R0                          ;正转加 1
        CJNE    R0,      #0AH,ZZ            ;如果计数器等于 10 修正为 0
        MOV     R0,      #00H
ZZ:     MOV     A,R0                        ;计数器值送 A
        MOV     DPTR,    #ABC               ;指向数据存放首地址
        MOVC    A,@A+DPTR                   ;取控制字
        MOV     P1,A                        ;送控制字到 P1 口
        RET
ABC:    DB      0FCH,0F8H,0F9H,0F1H,0F3H    ;10 个控制字
        DB      0E3H,0E7H,0E6H,0EEH,0ECH
```

反转程序为

```
CCW:    DEC     R0                          ;反转减 1(反序)
        CJNE    R0,      #0FFH,FZ           ;如果计数器等于 FFH 修正为 9
        MOV     R0,      #09H
FZ:     MOV     A,R0
        MOV     DPTR.    #ABC               ;指向数据存放首地址
        MOVC    A,@A+DPTR                   ;取控制字
        MOV     P1,A                        ;送 P1 口
        RET
```

软件法在电动机运行过程中,要不停地产生控制脉冲,占用了大量的 CPU 时间,可能使单片机无法同时进行其他工作(如监测等),所以实际应用时更多地使用硬件法。

2) 通过硬件实现脉冲分配

所谓硬件法实际上是使用脉冲分配器芯片进行通电换相控制。脉冲分配器有很多种,这里介绍一种 8713 集成电路芯片。8713 有几种型号,如三洋公司生产的 PMM8713,富士通公司生产的 MB8713,国产的 5G8713 等,它们的功能一样,可以互换。

8713 属于单极性控制，用于控制三相和四相步进电机，可以选择以下不同的工作方式。

三相步进电机：单三拍、双三拍、六拍。

四相步进电机：单四拍、双四拍、八拍。

8713 可以选择单时钟输入或双时钟输入；具有正反转控制、初始化复位、工作方式和输入脉冲状态监视等功能；所有输入端内部都设有斯密特整型电路，提高抗干扰能力；使用 4～18V 直流电源，输出电流为 20mA。

8713 有 16 个引脚，各引脚功能如表 3.5.2 所列。

表 3.5.2 8713 引脚功能

引脚	功　能	说　明
1	正脉冲输入端	1、2 脚为双时钟输入端
2	反脉冲输入端	
3	脉冲输入端	3、4 脚为单时钟输入端
4	转向控制端。0 为反转；1 为正转	
5	工作方式选择：00 为双三(四)拍；01、10 为单三(四)拍；11 为六(八)拍	
6		
7	三/四相选择。0 为三相；1 为四相	
8	地	
9	复位端，低电平有效	
10	输出端	四相用 13、12、11、10 脚，分别代表 A、B、C、D；三相用 13、12、11 脚，分别代表 A、B、C
11		
12		
13		
14	工作方式监视	0 为单三(四)拍；1 为双三(四)拍；脉冲为六(八)拍
15	输入脉冲状态监视，与时钟同步	
16	电源	

8713 脉冲分配器与单片机的接口例子如图 3.5.16 所示。本例选用单时钟输入方式，8713 的 3 脚为步进脉冲输入端，4 脚为转向控制端，这两个引脚的输入均有单片机提供和控制。选用对四相步进电机进行八拍方式控制，所以 5、6、7 脚均接高电平。

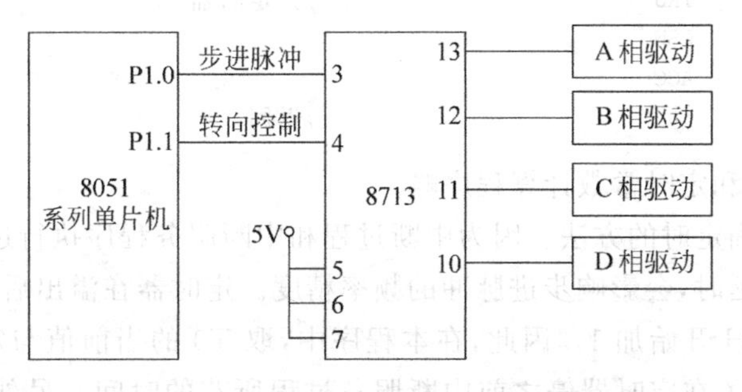

图 3.5.16 8713 脉冲分配器与单片机接口

由于采用了脉冲分配器，单片机只需提供步进脉冲，进行速度控制和转向控制，脉冲分配的工作交给脉冲分配器来自动完成。因此，CPU 的负担减轻许多。

2. 步进电机的速度控制

步进电机的速度控制通过控制单片机发出的步进脉冲频率来实现。对于图 3.5.15 所示的软脉冲分配方式，可以采用调整两个控制字之间的时间间隔来实现调速。对于图 3.5.16 所示的硬脉冲分配方式，可以控制步进脉冲的频率来实现调速。

根据上面介绍的调速原理，控制步进电机速度的方法可有两种。

第一种是通过软件延时的方法。改变延时的时间长度就可以改变输出脉冲的频率；但这种方法使 CPU 长时间等待，占用大量机时，因此没有实用价值。

第二种是通过定时器中断的方法。在中断服务子程序中进行脉冲输出操作，调整定时器的定时常数就可以实现调速。这种方法占用 CPU 时间较少，在各种单片机中都能实现，是一种比较实用的调速方法。下面以图 3.5.16 为例介绍这种调速方法的应用。

定时器法利用定时器进行工作。为了产生如图 3.5.16 所示的步进脉冲，要根据给定的脉冲频率和单片机的机器周期来计算定时常数，这个定时常数决定了定时时间。当定时时间到而使定时器产生溢出时发生中断，在中断子程序中进行改变 P1.0 电平状态的操作，这样就可以得到一个给定频率的方波输出。改变定时常数，就可以改变方波的频率，从而实现调速。

本例使用定时器 T0，工作方式 1。设用于改变速度的定时常数存放在内部 RAM 30H（低 8 位）和 31H（高 8 位）中，则定时器中断服务子程序为

```
AA:     CPL     P1.0            ;改变 P1.0 电平状态
        PUSH    ACC             ;累加器 A 进栈
        PUSH    PSW
        CLR     C
        CIR     TR0             ;停定时器
        MOV     A,TL0           ;取 TL0 当前值
        ADD     A,# 08H         ;加 8 个机器周期
        ADD     A,30H           ;加定时常数(低 8 位)
        MOV     TL0,A           ;重装定时常数(低 8 位)
        MOV     A,TH0           ;取 TH0 当前值
        ADDC    A,31H           ;加定时常数(高 8 位)
        MOV     TH0,A           ;重装定时常数(高 8 位)
        SETB    TR0             ;开定时器
        POP     PSW
        POP     ACC
        RETI                    ;返回
```

T0 初始化程序和定时常数计算程序略。

本例采用了精确定时的方法。因为中断过程和中断服务程序执行过程都要花一定的时间。这些时间造成延时，会影响步进脉冲的频率精度。定时器在溢出后，如果没接到停止的指令会继续从 0000H 开始加 1。因此，在本程序中，取 T0 的当前值与定时常数相加，是因为 T_0 的当前值包含了在定时器停之前中断服务过程所花的时间。另外，在本程序中，定时器从停止到重新打开，CPU 执行了 8 条单周期的指令，这 8 个机器周期也要计算在内。

调速指令是通过输入界面由外界输入的，可通过键盘程序或 A/D 转换程序接收，通过这些程序将外界给定的速度值转换成相应的定时常数，并存入 30H 和 31H。这样就可以在

定时器中断后改变步进脉冲的频率，达到调速的目的。

采用定时器法进行步进电机的速度控制时，CPU 只在改变步进脉冲状态时进行参与，所以 CPU 的负担大大地减轻，完全可以同时从事其他项工作。

3.6 直流伺服电动机

伺服电动机又称为执行电动机，它具有一种服从控制信号要求而动作的功能，即电动机的启停、转向、转速分别由控制信号的有无、极性、大小来决定。伺服电动机正是因为具有这种"伺服"性能而得名。伺服电动机按其使用的电源性质不同，可分为直流伺服电动机和交流伺服电动机两大类。直流伺服电动机输出功率稍大，一般可达几百瓦；交流伺服电动机输出功率较小，一般为几十瓦。

3.6.1 结构和工作原理

直流伺服电动机是在自动控制系统中用做执行元件的一种特殊的直流电动机，其基本结构与普通的小型直流电动机相同，也是由静止的磁极（定子）和旋转的电枢（转子）所组成，如图 3.6.1 所示。

若磁极由永久磁钢制成，则称为永磁式；若磁极由套有励磁绕组的铁心制成，则称为电磁式或他励式。电枢由铁心、电枢绕组和换向器组成。换向器配以电刷，能将外加直流电源转换为电枢线圈中的交变电流，使电磁转矩的方向恒定不变。

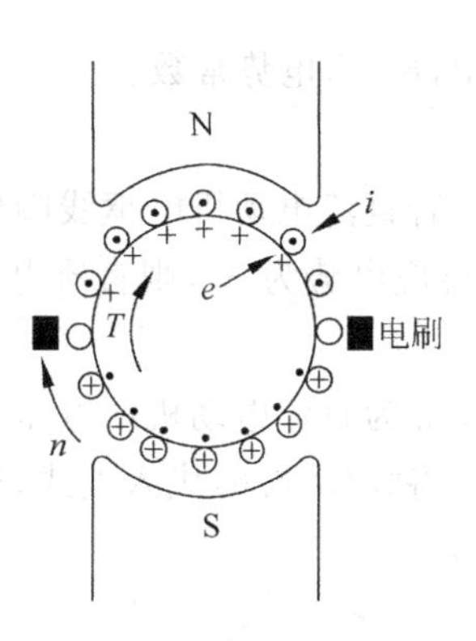

图 3.6.1 直流电动机的示意图

图中大圆表示电枢，大圆外侧上的⊙、⊕表示电枢导体的电流方向。假定在 N 极下，导体的电流方向由纸面指向读者，用⊙表示；在 S 极下，导体的电流方向由读者指向纸面，用⊕表示。

由物理学可知，载流导体在磁场中要受到电磁力作用。如果导体在磁场中的长度 l，其中流过的电流为 i，导体所在处的磁通密度为 B，那么导体所受到的电磁力为

$$F = Bli \tag{3.6.1}$$

式中所用的单位：F 为 N；B 为 Wb/m^2；l 为 m；i 为 A。电磁力的方向由左手定则确定。

因为电磁力作用在电枢外圆的切线方向，故产生相应的转矩 t_i 为

$$t_i = Fi\frac{D}{2} = B_x l i_a \frac{D}{2}$$

式中，l 为导体在磁场中的长度，即电枢铁心长度；B_x 为导体所在处的气隙磁通密度；i_a 为导体的电流；D 为电枢直径。

假设空气隙中平均磁通密度为 B_p，电枢绕组总的导体数为 N，则电动机转子所受到的总转矩为

$$T = NB_p l i_a \frac{D}{2} \tag{3.6.2}$$

因为磁通密度 B_p 与磁通 Φ 成正比，电枢导体电流 i_a 与电枢总电流 I_a 成正比，而且上

式中 N,l,D 均为常数，所以由上式可得电磁转矩为

$$T = C_m \Phi I_a \tag{3.6.3}$$

式中，C_m 为直流电动机转矩结构常数。当磁通 Φ 不变时，上式又可写为

$$T = K_m I_a \tag{3.6.4}$$

式中，K_m 为转矩常数。

$$K_m = C_m \Phi \tag{3.6.5}$$

由于电枢线圈在磁场中转动，导体切割磁力线便会产生感应电势。导体中感应电势的方向在图 3.6.1 中用大圆内侧的"·"和"+"表示。根据电磁感应定律，可推导出直流电动机电刷两端的感应电势为

$$E_a = C_e \Phi n \tag{3.6.6}$$

式中，C_e 为直流电动机电动势的结构常数；n 为电枢转速，单位为 r/min。

当磁通 Φ 一定时，上式可写为

$$E_a = K_e n \tag{3.6.7}$$

式中，K_e 为电势常数。

$$K_e = C_e \Phi \tag{3.6.8}$$

若直流电动机电枢线圈外加直流电源电压为 U_a，电枢回路总电阻为 R_a，电枢总电流为 I_a，感应电势为 E_a，则直流电动机稳态运行时，电气回路方程为

$$U_a = E_a + I_a R_a \tag{3.6.9}$$

上式称为直流电动机的电压平衡方程。

将式(3.6.6)代入上式，得

$$I_a = \frac{U_a - E_a}{R_a} = \frac{U_a - C_e \Phi n}{R_a} \tag{3.6.10}$$

$$n = \frac{U_a - I_a R_a}{C_e \Phi} \tag{3.6.11}$$

由上式可见，直流电动机调速可以有三种方法：①改变电枢电源电压 U_a；②改变磁通 Φ，即改变电磁式直流电动机的励磁电流；③改变 R_a，即在电枢电路中串联可调电阻。比较而言，第一种方法可行性最好，因此是直流电动机调速最常用的方式。

要改变电动机转向，必须改变电磁转矩的方向。根据左手定则可知，这就必须单独改变电枢电流方向或单独改变磁通方向（即单独改变励磁电流方向）。

3.6.2 基本特性和技术参数

直流伺服电动机最常用的控制方式是电枢控制。电枢控制就是把电枢电压 U_a 作为控制电压，在保持式(3.6.11)中 R_a 和 Φ 不变的情况下，通过改变控制电压 U_a，来控制直流伺服电动机的运行状态。

在电枢控制方式下，直流伺服电动机的稳态运行特性主要有机械特性和调节特性。

1. 机械特性

机械特性是指控制直流电压 U_a 恒定时，电动机的转速随转矩变化的关系。由式(3.6.4)、式(3.6.7)和式(3.6.9)可得直流伺服电动机的机械特性方程为

$$n=\frac{U_a}{K_e}-\frac{R_a}{K_e K_m}T \tag{3.6.12}$$

由上式可画出电枢控制的直流伺服电动机的机械特性曲线，如图 3.6.2(a)所示。由图可见机械特性是线性的。机械特性曲线与纵轴的交点 n_0 称为电动的理想空载(即电磁转矩 $T=0$)转速，n_0 为

$$n_0=\frac{U_a}{K_e} \tag{3.6.13}$$

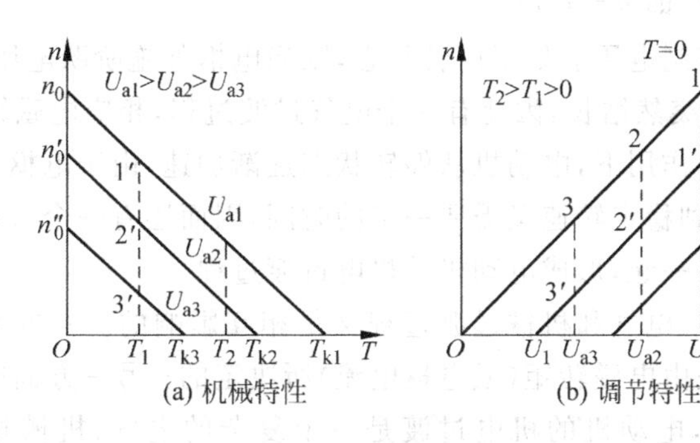

图 3.6.2　直流伺服电动机的运行特性

机械特性曲线与横轴的交点 T_k 为电动机堵转($n=0$)时的转矩即电动机的堵转转矩，T_k 为

$$T_k=\frac{K_m}{R_a}U_a \tag{3.6.14}$$

机械特性曲线斜率的绝对值 β 为

$$\beta=\frac{n_0}{T_k}=\frac{R_a}{K_e K_m} \tag{3.6.15}$$

上式表示了电动机的转速随转矩 T 的改变而变化的程度。通常说电动机的机械特性软(或硬)，就是指 β 大(或小)。

由式(3.6.12)或图 3.6.2(a)都可以看出，随着控制电压 U_a 增大，导致电动机的机械特性曲线平行地向转速和转矩增加的方向移动，但它的斜率保持不变。所以，电枢控制电压不同时直流伺服电动机的机械特性是一组平行的直线。

2. 调节特性

调节特性是指电磁转矩恒定时，电动机转速 n 随直流控制电压 U_a 变化的关系。由式(3.6.12)便可画出直流伺服电动机的调节特性，如图 3.6.2(b)所示。

当 T 为不同值时，调节特性为一组平行直线，如图 3.6.2(b)所示。当 T 一定时，控制电压高则转速也高，转速的增加与控制电压的增加成正比，这是理想的调节特性。

调节特性曲线与横坐标的交点($n=0$)，就表示在一定负载转矩时电动机启动电压。在该转矩下，电动机的控制电压只有大于相应的启动电压时，电动机方能启动。例如 $T=T_1$ 时，启动电压为 U_1；当控制电压 $U_a>U_1$ 时，电动机方能转动。理想空载时，启动电压为零。实际空载时，由于总存在着或大或小的空载制动转矩，因而启动电压不为零，它的大小取决于电动机的空载制动转矩。空载制动转矩大，启动电压也大。当电动机带负载时，启动电压

随负载转矩的增大而增大。一般把调节特性曲线上横坐标从零到启动电压这一范围称为失灵区。在失灵区内，即使电枢有外加电压，电动机也转不起来。显然，失灵区的大小与负载转矩成正比，负载转矩大，失灵区也大。

3. 动态特性

电枢控制时直流伺服电动机的动态特性，是指在电动机的电枢上外施阶跃电压后，电动机的转速随时间的变化规律，即 $n=f(t)$。

若电动机在电枢外施控制电压前处于停转状态，则当电枢外施阶跃电压后，由于电枢绕组有电感，电枢电流 I_a 不能突然增长，因此有一个电气过渡过程，相应电磁转矩 T 的增长也有一个过程。在电磁转矩的作用下，电动机从停转状态逐渐加速，由于电枢有一定的转动惯量，电动机的转速从零增长到稳定转速又需要一定的时间，因而还有一个机械过渡过程。电气和机械的过渡过程交叠在一起，形成电动机的机电过渡过程。

在整个机电过渡过程中，电气和机械过渡过程又是相互影响的。一方面由于电动机的转速由零加速到稳定转速是由电磁转矩(或电枢电流)所决定的；另一方面电磁转矩或电枢电流又随转速而变化，所以，电动机的机电过渡是一个复杂的电气、机械相互交叠的物理过程。

直流伺服电动机电枢回路的等效电路如图 3.6.3 所示。图中 L_a 为电枢绕组电感，R_a 为电枢回路总电阻。u_a、i_a、e_a 分别为电枢电压、电流及感应电势的瞬时值，它们都是时间的函数。电枢回路的动态电压平衡方程为

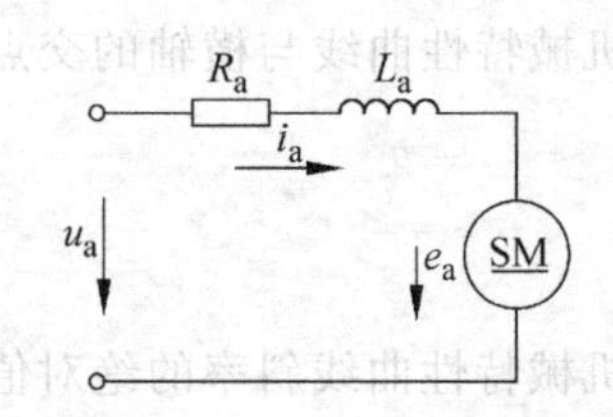

图 3.6.3　直流伺服电动机的等效电路

$$U_a = R_a i_a + L_a \frac{di_a}{dt} + e_a \tag{3.6.16}$$

根据式(3.6.7)，电枢旋转时产生的瞬时感应电势 e_a 与电枢瞬时转速 n 成正比，即

$$e_a = K_a n \tag{3.6.17}$$

根据式(3.6.4)，电枢瞬时电流 i_a 产生的电磁转矩为

$$T = K_m i_a \tag{3.6.18}$$

电磁转矩克服负载转矩 T_L 以带动机械运动。当两个转矩相等($T=T_L$)时，转轴恒速转动，转动角加速度 $dn/dt=0$，这种运行状态称为静态或稳态。此时的转速由式(3.6.12)决定，而当电动机启动或制动时，$T\neq T_L$，将产生加速或减速，速度变化的大小与转动惯量有关，转矩平衡方程应写为

$$T = T_L + J\frac{d\Omega}{dt} \tag{3.6.19}$$

式中，Ω 为电动机的角速度，其值为

$$\Omega = \frac{2\pi}{60}n \tag{3.6.20}$$

由以上三式可得

$$i_a = \frac{2\pi}{60}\frac{J}{K_m}\frac{dn}{dt} + \frac{T_L}{K_m}$$

将上式和式(3.6.17)代入式(3.6.16)，整理后得

$$\tau_m \tau_e \frac{d^2 n}{dt^2} + \tau_m \frac{dn}{dt} + n = n_s \tag{3.6.21}$$

式中，τ_m 为机械时间常数，其值为

$$\tau_m = \frac{2\pi}{60} \frac{JR_a}{K_m K_e} \tag{3.6.22}$$

τ_e 为电气时间常数，其值为

$$\tau_e = \frac{L_a}{R_a} \tag{3.6.23}$$

n_s 为稳态转速，其值为

$$n_s = \frac{u_a}{K_e} - \frac{T_L R_a}{K_m K_a} \tag{3.6.24}$$

令

$$n' = n - n_s \tag{3.6.25}$$

因 n_s 为常数，故 $dn'/dt = dn/dt$，$d^2 n'/dt^2 = d^2 n/dt^2$，于是式(3.6.21)便可化为如下标准形式的二阶齐次常微分方程：

$$\frac{d^2 n'}{dt^2} + 2h \frac{dn'}{dt} + \omega_o^2 n' = 0 \tag{3.6.26}$$

式中，h 为衰减常数，其值为

$$h = \frac{1}{2\tau_e} \tag{3.6.27}$$

ω_o 为自然频率，其值为

$$\omega_o = \frac{1}{\sqrt{\tau_m \tau_e}} \tag{3.6.28}$$

D 为阻尼系数，其值为

$$D = \frac{h}{\omega_o} = \frac{1}{2}\sqrt{\frac{\tau_m}{\tau_e}} \tag{3.6.29}$$

当 $D=1$ 即 $\tau_m = 4\tau_e$（称临界阻尼）时，式(3.6.26)的通解为

$$n'(t) = e^{-ht}(C_1 + C_2 t) \tag{3.6.30}$$

当 $D>1$ 即 $\tau_m > 4\tau_e$（称过阻尼）时，式(3.6.26)的通解为

$$n'(t) = e^{-ht}(C_1 e^{\omega_2 t} + C_1 e^{-\omega_2 t}) \tag{3.6.31}$$

式中，

$$\omega_2 = \sqrt{h^2 - \omega_o^2} \tag{3.6.32}$$

当 $D<1$ 即 $\tau_m < 4\tau_e$（称欠阻尼）时式(3.6.26)的通解为

$$n'(t) = e^{-ht}(C_1 \cos\omega_1 t + C_2 \sin\omega_1 t)$$

令 $C = \sqrt{C_1^2 + C_2^2}$，$\varphi = \arctan\frac{C_2}{C_1}$，上式可化简为

$$n'(t) = Ce^{-ht}\sin(\omega_1 t + \varphi) \tag{3.6.33}$$

式中：

$$\omega_1 = \sqrt{\omega_o^2 - h^2} \tag{3.6.34}$$

将式(3.6.25)代入式(3.6.30)、式(3.6.31)和式(3.6.33)后可得

当 $D=1$ 时，

$$n(t)=n_s+e^{-ht}(C_1+C_2t) \tag{3.6.35}$$

当 $D>1$ 时，

$$n(t)=n_s+e^{-ht}(C_1e^{\omega_2 t}+C_2e^{-\omega_2 t}) \tag{3.6.36}$$

当 $D<1$ 时，

$$n(t)=n_s+Ce^{-ht}\sin(\omega_1 t+\varphi) \tag{3.6.37}$$

以上三式中，C_1,C_2,C,φ 均为由初始条件决定的常数。

将式(3.6.22)和式(3.6.23)代入式(3.6.29)后，得阻尼系数为

$$D=\frac{R_a}{2}\sqrt{\frac{2\pi}{60}\frac{J}{K_mK_aL_a}} \tag{3.6.38}$$

由上式可见，当电枢回路电阻 R_a 及转动惯量 J 很小，而电枢电感 L_a 很大，使 $D<1$ 时，转速就会出现如式(3.6.37)所表示的振荡现象，如图 3.6.4(a)所示。对于惯量不是特别小而电感又不是很大的电动机，由于满足 $D>1$ 的条件，因而在阶跃电压输入下，速度一般都不会出现超调振荡，如图 3.6.4(b)所示。

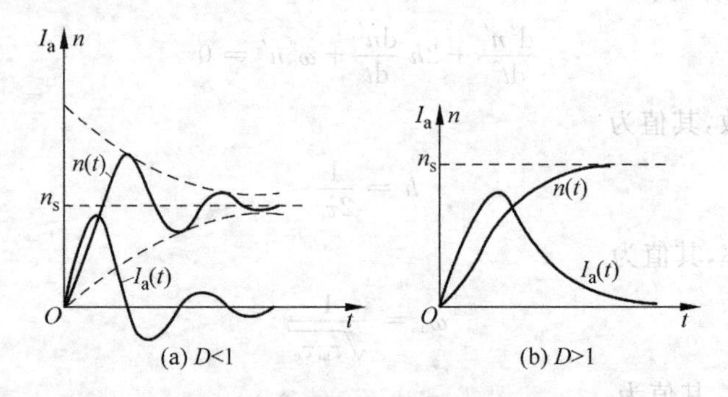

图 3.6.4　直流电动机的过渡过程

一般来说，电气过渡过程所需时间要比机械过渡过程短得多，即 $\tau_m \gg \tau_e$，因此，在许多场合下，只考虑机械过渡过程而忽略电气过程，于是式(3.6.21)简化为

$$\tau_m\frac{dn}{dt}+n=n_s \tag{3.6.39}$$

解此微分方程可得

$$n(t)=n(\infty)+[n(0)-n(\infty)]e^{-t/\tau_m} \tag{3.6.40}$$

启动时，$n(0)=0, n(\infty)=n_s$，代入上式得

$$n(t)=n_s(1-e^{-t/\tau_m}) \tag{3.6.41}$$

刹车时，$n(\infty)=0, n(0)=n_s$，代入上式得

$$n(t)=n_se^{-t/\tau_m} \tag{3.6.42}$$

稳态运行时，$dn/dt=0$，代入式(3.6.39)得

$$n(t)=n_s=\frac{U_a}{K_e}-\frac{T_LR_a}{K_mK_e} \tag{3.6.43}$$

因为稳态运行时，$T=T_L$，所以上式与式(3.6.12)是相同的。

由式(3.6.41)可见，在启动过程中，电动机转速按指数规律增长。将式 $t=\tau_m$ 代入式(3.6.41)后可得：$n=0.632n_s$。因此，τ_m 在数值上等于电动机在启动时，其转速从零上升

到稳态转速的 63.2％时所需要的时间。当 $t=4\tau_m$ 时，电动机转速达到稳态转速的 98％，在工程上认为此时电动机达到了稳定运行状态，过渡过程完成。一般把$(3\sim4)\tau_m$ 作为启动时间，即过渡过程时间。因此机械常数 τ_m 是表示电动机动态特性的一项重要指标：τ_m 越小，动态特性越好，快速响应越好。

3.6.3　工作状态

直流伺服电动机有 4 种工作状态，即电动机状态、发电机状态、能耗制动状态和反接制动状态。判断工作状态的方法，可根据电枢电压 U_a和反电势 E 的关系来进行。

根据图 3.6.3，不计电感的作用，则当 $U_a>E$ 时为电动机状态；$U_a<E$ 时为发电机状态；$U_a=0$，而 E 不为 0 时为能耗制动状态；U_a 与 E 沿电气回路处于同方向时为反接制动状态。这 4 种状态能量的转化关系如图 3.6.5 所示。

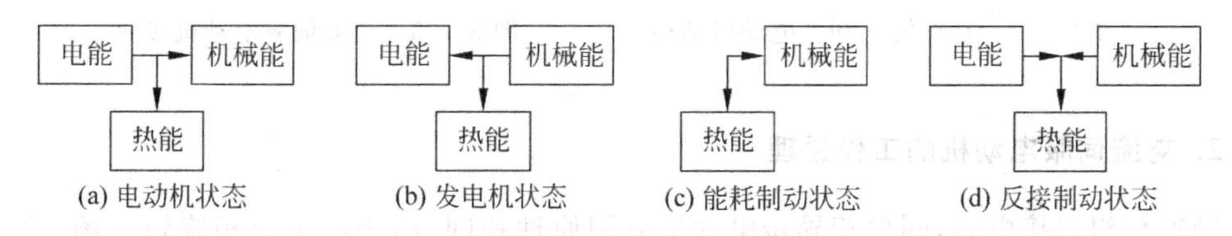

图 3.6.5　电动机各状态的能量转换关系

只有在电动机状态，电磁转矩与转速方向相同，起着加速或带动负载的作用。而在其他几种状态，电磁转矩都与转速方向相反，起着减速或阻碍正向运转的作用。反接制动状态时，电枢电压的极性与反电势 E 相同，电枢电流为 $I=(U_a+E)/R_a$，这个电流比启动电流还要大。因此，设计功放电路时，应按最危险的反接制动状态来考虑回路提供电流的能力。

3.7　交流伺服电动机

交流伺服电动机应从结构特点、工作原理和电动机特性来讨论。

1. 交流伺服电动机的结构

交流伺服电动机，就是两相异步电动机。它的定子上装有两个绕组，一个是励磁绕组，另一个是控制绕组，两个绕组在空间相隔 90°。交流伺服电动机的转子目前有两种，一种为笼形转子，一种为杯形转子。笼形转子的制作与三相笼形异步电动机转子相似。但从结构上看，为了减小转动惯量常做成细长形，并且转子导体采用高电导率的铝或黄铜制成。杯形转子通常用铝合金或铜合金制成空心薄壁圆筒，以便减小转动惯量。此外，空心杯形转子内放置固定的内定子，目的是减小磁路的磁阻。两相异步电动机的定子和转子示意图，如图 3.7.1 所示。

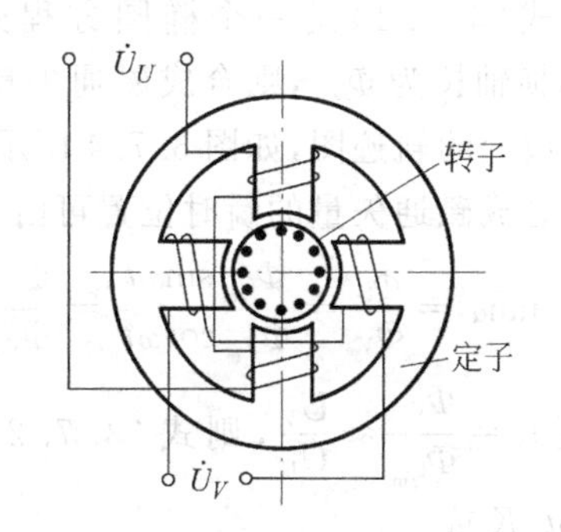

图 3.7.1　两相异步电动机的定子与转子

杯形转子伺服电动机结构，如图 3.7.2 所示，其中 1 为外定子铁心，2 为杯形转子，3 为内定子铁心，4 为转轴，5 为轴承，6 为定子绕组。交流伺服电动机的接线图如图 3.7.3 所示，励磁绕组 V 与电容串联接到单相交流电源电压上，控制绕组 U 接于同频率交流电压或功率放大器的输出端。

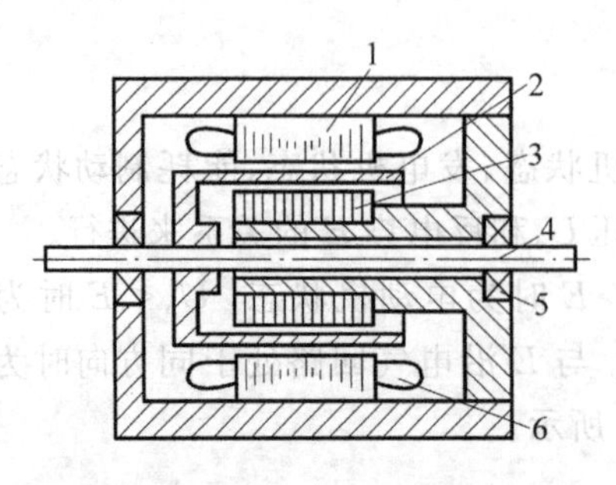

图 3.7.2　杯形转子伺服电动机结构

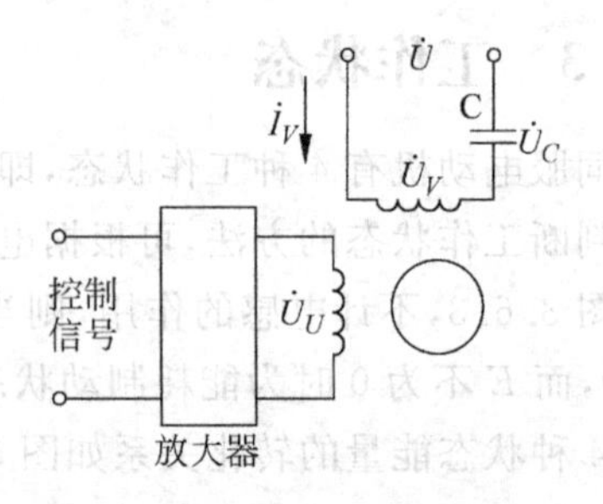

图 3.7.3　交流伺服电动机接线

2. 交流伺服电动机的工作原理

励磁绕组串接电容，同单相异步电动机分相原理相同，用于产生两相旋转磁场，适当选择 C 的数值，可使励磁电流 $\dot{I}_V$ 超前于 $\dot{U}$，从而使励磁绕组的端电压 $\dot{U}_V$ 与电源电压 U 间有近 90°的相位差。而控制绕组的电压 $\dot{U}_U$ 其频率与 $\dot{U}$ 及 $\dot{U}_V$ 相同，而相位与 $\dot{U}$ 相同或相反（对应伺服电动机的正转或反转）。$\dot{U}_U$ 的大小取决于控制信号的大小，从而决定电动机转速的快慢。为什么 $\dot{U}_U$ 的大小可以调节伺服电动机转速呢？原理如下：

假定不考虑磁饱和现象，两相绕组外加电压 $\dot{U}_U$ 和 $\dot{U}_V$，在两绕组中分别产生脉动磁场 Φ_U 和 Φ_V。由于两绕组中电流相差 90°相位角，故两磁通在相位上也相差 90°。其瞬时表达式分别为

$$\Phi_U = \Phi_{U_m} \sin\omega t$$

$$\Phi_V = \Phi_{V_m}(\sin\omega t + 90°) = \Phi_{V_m} \cos\omega t$$

两磁通在空间的合成磁通应是两个磁通的几何和，即

$$\Phi = \sqrt{\Phi_U^2 + \Phi_V^2} = \sqrt{(\Phi_{U_m} \sin\omega t)^2 + (\Phi_{V_m} \cos\omega t)^2} \tag{3.7.1}$$

式(3.7.1)是一个椭圆方程式。设纵轴长为 Φ_{V_m}，横轴长为 Φ_{U_m}，则合成磁通矢量末端，形成随时间而改变的轨迹图，如图 3.7.4 所示。

合成磁通矢量的瞬时位置可由下式导出：

$$\tan\alpha = \frac{\Phi_U}{\Phi_V} = \frac{\Phi_{U_m} \sin\omega t}{\Phi_{V_m} \cos\omega t} = \frac{\Phi_{U_m}}{\Phi_{V_m}} \tan\omega t \tag{3.7.2}$$

若设 $K = \frac{\Phi_{V_m}}{\Phi_{U_m}} \approx \frac{U_V}{U_U}$，则式(3.7.2)可写为 $\tan\alpha = \tan\omega t / K$ 或

$$\alpha = \arctan\left(\frac{\tan\omega t}{K}\right) \tag{3.7.3}$$

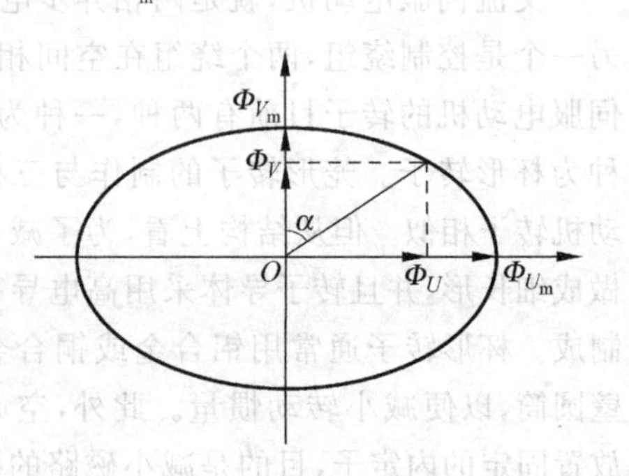

图 3.7.4　合成磁通矢量末端随时间变化的轨迹图

如果电动机的磁极对数为 p，则合成磁通矢量在空间的转速为 $\omega'=\dfrac{d\alpha}{p\,dt}$，代入式(3.7.3)并整理后得

$$\omega'=\frac{\omega}{p}\frac{K}{K^2+(1-K^2)\sin^2\omega t} \tag{3.7.4}$$

从式(3.7.4)可知，由于合成磁通具有脉动特性，所以转速的瞬时值也是脉动的，而我们需要的是一个周期内的平均速度。式中的正弦交变量 $\sin^2\omega t$，在一个周期内的平均值为

$$\frac{1}{T}\int_0^T \sin^2\omega t\,d(\omega t)=\frac{1}{2}$$

最后得到转速在一个周期内的平均值为

$$\omega'=\frac{\omega}{p}\frac{2K}{1+K^2} \tag{3.7.5}$$

由式(3.7.5)可以看出：合成磁通矢量的转速为电动机转子的理想空载转速。它取决于两个绕组中磁通的幅值比 K，也就是取决于两绕组的电压有效值或幅值比。当励磁绕组回路电压为常数时，改变控制绕组两端电压大小，可改变 K 值，也就使电动机可以获得不同的转速。

3. 交流伺服电动机的特性

交流伺服电动机的机械特性和在不同控制电压下的人为机械特性，如图 3.7.5 所示。由图可见：在一定负载转矩 T_L 作用下，控制电压 U_U 越大，则转速 n 也越高；在一定控制电压下，负载转矩加大，转速下降。另外特性曲线的斜率也随控制电压的大小不同而变化，因此，机械特性较软。这一点，对以交流伺服电动机为执行元件的控制系统的稳定是不利的。交流伺服电动机的输出功率，一般在 0.1～100W 之间。电源频率有 50Hz 和 400Hz 等几种。

交流伺服电动机的调节特性，可由机械特性得到，如图 3.7.6 所示。该调节特性属幅值控制，即改变控制电压 U_U 的大小电动机转速随之改变的关系曲线。从图中看到，幅值控制的调节特性也不是直线，只是当 n 较低时近似为直线。因此，交流伺服电动机在伺服系统中为保证系统动态误差要求，应尽量使电动机的调节特性工作于 n 较小的区域。为此，许多交流伺服电动机采用 400Hz 的交流电源，用以提高其同步转速 n_0。

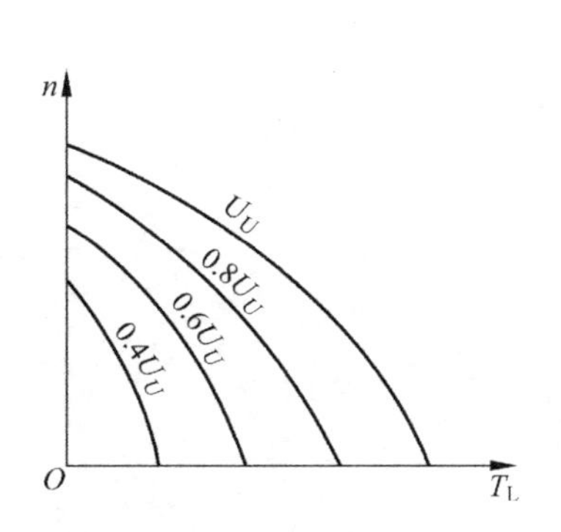

图 3.7.5　U_U 为常数时 $n=f(T_L)$ 曲线

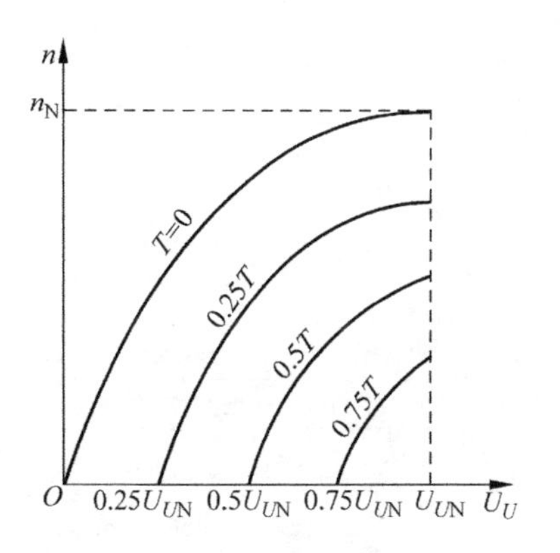

图 3.7.6　交流伺服电动机调节特性

从调节特性还可以看出，负载转矩大时，初始启动电压也高。由于交流伺服电动机输出功率 $P_2=T_2\omega\approx T\omega$，在控制电压 U_U 一定的条件下，若转速低，即 ω 小，输出功率 P_2 也很小；若转速接近理想空载转速时，虽然 ω 高，但 T 很小，输出功率也不大。只当负载转矩为电动机的额定转矩 T_N，而转速也达到额定转速 n_N 时，电动机可输出最大功率。通常规定为电动机的额定输出功率 P_N。所以，交流伺服电动机的额定输出功率的规定方法与普通电动机是不同的。

习题与思考题

1. 三相步进电机的运行方式有哪几种？哪种方式采用较多？为什么？

2. 为什么反应式步进电机既能进行角度控制又能进行速度控制？

3. 已知一台直流伺服电动机的电枢电压 $U_a=110\text{V}$，空载电流 $I_{a0}=0.05\text{A}$，空载转速 $n_0'=4600\text{r/min}$，电枢电阻 $R_a=80\Omega$，试求：①当电枢电压 $V_a=67.5\text{V}$ 时，理想空载转速 n_0 及堵转转矩 T_k；②该电机若用放大器控制，放大器电阻 $R_i=80\Omega$，开路电压 $V_i=67.5\text{V}$，求这时的理想空载转速计堵转转矩。

4. 一台直流伺服电动机带动一恒转矩负载(负载转矩不变)，测得始动电压为4V，当电枢电压 $V_a=50\text{V}$ 时，其转速为1500r/min，若要求转速达到3000r/min，试问要加多大的电枢电压？

5. 有一台三相异步电动机，电源频率 $f_1=50\text{Hz}$，额定负载时的转差率 $s=2.5\%$，该电机的同步转速 n_0 为1500r/min，试求该电机的极对数和额定转速。

6. 为什么改变控制电压的大小和极性可改变交流伺服电机的转速和转向？

7. 一台磁阻式电磁减速同步电动机，定子齿数为48，极对数为2，电源频率为50Hz，转子齿数为50，试求电动机转速。

8. 交流测速发电机的转子静止时有无电压输出？转动时为何输出电压与转速成正比，但频率却与转速无关？

9. 为什么直流测速发电机的转速不得超过规定的最高转速？负载电阻不能小于给定值？

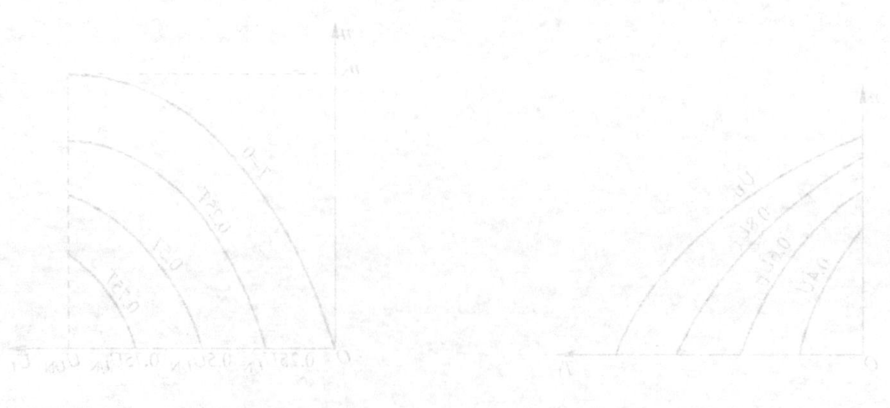

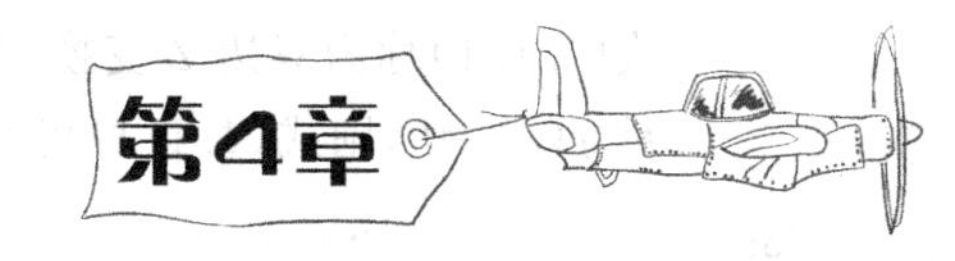

数字控制器设计

自动化控制系统的核心是控制器。控制器的任务是按照一定的控制规律，产生满足工艺要求的控制信号，以输出驱动执行器，达到自动控制的目的。在传统的模拟控制系统中，控制器的控制规律或控制作用是由仪表或电子装置的硬件电路完成的，而在计算机控制系统中，除了计算机装置以外，更主要的体现在软件算法上，即数字控制器的设计上。

4.1 Z变换基础

在连续时间系统的分析中，为了避开解微分方程的困难，可以通过拉氏变换把时域内的微分方程转换为代数方程，给运算带来较大方便。在离散时间系统的理论研究中，同样也可以采用变换方法，把离散系统的数学模型——差分方程，转化为代数方程，这种变换称为Z变换。

4.1.1 Z变换的定义

1. 从拉氏变换到Z变换

离散时间信号的Z变换，可以由抽样信号的拉氏变换推导出来。设连续时间信号为$f(t)$，利用δ-函数的筛选特性，在$\{\cdots,-T_s,0,T_s,\cdots\}$瞬间抽样，则抽样函数$f_s(t)$可表示为

$$f_s(t)=f(t)\sum_{n=-\infty}^{\infty}\delta(t-nT_s)=\sum_{n=-\infty}^{\infty}f(nT_s)\delta(t-nT_s)$$

对抽样函数$f_s(t)$取拉氏变换：

$$F_s(s)=\mathcal{L}[f_s(t)]=\sum_{n=-\infty}^{\infty}f(nT_s)\,\mathcal{L}[\delta(t-nT_s)]=\sum_{n=-\infty}^{\infty}f(nT_s)\mathrm{e}^{-snT_s}$$

令复变量$z=\mathrm{e}^{sT_s}$，式中$\boldsymbol{s}=\sigma+\mathrm{j}w$，则

$$F_s(\boldsymbol{s})\big|_{z=\mathrm{e}^{sT}}=\sum_{n=-\infty}^{\infty}f(nT_s)z^{-n}=F(z)$$

这是对抽样序列$f(nT_s)$的Z变换式。对于任何一个离散时间序列$f(n)$，其Z变换式定义为

$$F(z)=\sum_{n=-\infty}^{\infty}f(n)z^{-n} \tag{4.1.1}$$

式(4.1.1)称为双边 Z 变换，若 $f(n)$是因果序列，则总会有一个起始时刻(设为 $n=0$)，若满足 $f(n)=0$，则式(4.1.1)可写作

$$F(z) = \sum_{n=0}^{\infty} f(n) z^{-n} \tag{4.1.2}$$

式(4. 1.2)称作单边 Z 变换。在实际中，多数序列具有因果性，亦称为有起因序列，所以在本书中主要讨论单边 Z 变换。

Z 变换可简单记作

$$F(z) = \mathcal{Z}[f(n)]$$

式(4.1.1)和式(4.1.2)表明，离散序列 $f(n)$的 Z 变换是复变数 z^{-n}的幂级数，其系数是序列 $f(n)$的样值。$f(n)$的 Z 变换展开式为

$$\begin{aligned} F(z) &= \mathcal{Z}[f(n)] = \sum_{n=-\infty}^{\infty} f(n) z^{-n} \\ &= \cdots + f(-2)z^{2} + f(-1)z + f(0) + f(1)z^{-1} + f(2)z^{-2} + \cdots \end{aligned} \tag{4.1.3}$$

2. 逆变换式

已知序列 $f(n)$的 Z 变换式 $F(z)$，则 $F(z)$的逆变换记作

$$f(n) = \mathcal{Z}^{-1}[F(z)]$$

根据复变函数中柯西定理

$$\oint_c z^{k-1} \mathrm{d}z = \begin{cases} 2\pi \mathrm{j}, & k = 0 \\ 0, & k \neq 0 \end{cases}$$

设一个函 $z^{m-1}F(z)$，在变换式 $F(z)$的收敛域内选一围线 c，沿围线对其积分，则得到

$$\oint_c z^{m-1} F(z) \mathrm{d}z = \oint_c \left[\sum_{n=-\infty}^{\infty} f(n) z^{-n} \right] z^{m-1} \mathrm{d}z$$

式中 $F(z) = \sum\limits_{n=-\infty}^{\infty} f(n) z^{-n}$。沿围线积分与求和运算次序互换，则有

$$\begin{aligned} \oint_c z^{m-1} F(z) \mathrm{d}z &= \sum_{n=-\infty}^{\infty} f(n) \oint_c z^{m-n-1} \mathrm{d}z \\ &= \begin{cases} 2\pi \mathrm{j} f(n), & m = n \\ 0, & m \neq n \end{cases} \end{aligned}$$

即

$$\oint_c F(z) z^{n-1} \mathrm{d}z = 2\pi \mathrm{j} f(n)$$

由此得到原函数

$$f(n) = \frac{1}{2\pi \mathrm{j}} \oint_c F(z) z^{n-1} \mathrm{d}z \tag{4.1.4}$$

式(4.1.4)称为 $F(z)$的逆变换，或称 $f(n)$是 $F(z)$的原函数。记作

$$f(n) = \mathcal{Z}^{-1}[F(z)] \text{ 或 } f(n) \leftrightarrow F(z)$$

下面先研究几个 Z 变换例子。

(1) 设离散序列 $f_1(n)=2^n (n\geqslant 0)$，则其 Z 变换为

$$F_1(z) = \mathcal{Z}[f_1(n)]$$

$$F_1(z) = \sum_{n=0}^{\infty} f_1(n) z^{-n} = \sum_{n=0}^{\infty} 2^n z^{-n} = \sum_{n=0}^{\infty} \left(\frac{2}{z}\right)^n$$

根据级数求和公式得

$$F_1(z) = \frac{\left(\frac{2}{z}\right)^0}{1 - \frac{2}{z}} = \frac{z}{z-2}$$

(2) 设离散序列 $f_2(n) = -2^n (n < 0)$，则其 Z 变换为

$$F_2(z) = \sum_{n=-\infty}^{-1} f_2(n) z^{-n} = \sum_{n=-\infty}^{-1} -2^n z^{-n} = -\sum_{n=-\infty}^{-1} \left(\frac{2}{z}\right)^n = -\sum_{n=1}^{\infty} \left(\frac{z}{2}\right)^n = -\frac{\frac{z}{2}}{1 - \frac{z}{2}} = \frac{z}{z-2}$$

上面例题中的 $f_1(n)$ 和 $f_2(n)$ 是两个不同的序列，但是具有相同形式的 Z 变换式，这说明了仅有变换式 $F(z)$ 本身，不能唯一地确定相应的序列 $f(n)$，必须要指定 $F(z)$ 存在的范围。

4.1.2 基本序列的 Z 变换

1. 指数序列

指数序列 $f(n) = a^n u(n)$ 的 Z 变换为

$$\mathcal{Z}[f(n)] = \sum_{n=0}^{\infty} a^n z^{-n} = \sum_{n=0}^{\infty} \left(\frac{a}{z}\right)^n = \frac{1}{1 - \frac{a}{z}} = \frac{z}{z-a}$$

即

$$a^n u(n) \leftrightarrow \frac{z}{z-a} \tag{4.1.5}$$

若令 $a = e^b$，$|z| > |e^b|$，则

$$(e^b)^n u(n) \leftrightarrow \frac{z}{z - e^b} \tag{4.1.6}$$

2. 单位阶跃序列

单位阶跃序列 $f(n) = u(n)$ 的 Z 变换为

$$\mathcal{Z}[f(n)] = \sum_{n=0}^{\infty} 1^n z^{-n} = \frac{z}{z-1}$$

即

$$u(n) \leftrightarrow \frac{z}{z-1} \tag{4.1.7}$$

3. 单位采样信号

单位采样信号 $f(n) = \delta(n)$ 的 Z 变换为

$$\mathcal{Z}[\delta(n)] = \sum_{n=0}^{\infty} \delta(n) z^{-n} = 1$$

即

$$\delta(n)\leftrightarrow 1 \tag{4.1.8}$$

4. 正弦序列

正弦序列 $f(n)=\sin(\Omega_0 n)u(n)$，令(4.1.6)式中的 $b=\mathrm{j}\Omega_0$，则有

$$\mathcal{Z}[(\mathrm{e}^{\mathrm{j}\Omega_0})^n u(n)]=\frac{z}{z-\mathrm{e}^{\mathrm{j}\Omega_0}}$$

同理有

$$\mathcal{Z}[(\mathrm{e}^{-\mathrm{j}\Omega_0})^n u(n)]=\frac{z}{z-\mathrm{e}^{-\mathrm{j}\Omega_0}}$$

由于

$$\sin(\Omega_0 n)=\frac{\mathrm{e}^{\mathrm{j}\Omega_0 n}-\mathrm{e}^{-\mathrm{j}\Omega_0 n}}{2\mathrm{j}}$$

则

$$\mathcal{Z}[\sin(\Omega_0 n)u(t)]=\frac{1}{2\mathrm{j}}\left[\frac{z}{z-\mathrm{e}^{\mathrm{j}\Omega_0}}-\frac{z}{z-\mathrm{e}^{-\mathrm{j}\Omega_0}}\right]=\frac{z\sin\Omega_0}{z^2+2z\cos\Omega_0+1} \tag{4.1.9}$$

用同样的方法可得

$$\cos(\Omega_0 n)=\frac{\mathrm{e}^{\mathrm{j}\Omega_0 n}+\mathrm{e}^{-\mathrm{j}\Omega_0 n}}{2}\leftrightarrow\frac{z(z-\cos\Omega_0)}{z^2+2z\cos\Omega_0+1} \tag{4.1.10}$$

4.1.3 单边 Z 变换的性质

1. 线性

若 $f_1(n)\leftrightarrow F_1(z)$，$f_2(n)\leftrightarrow F_2(z)$，则

$$a_1 f_1(n)+a_2 f_2(n)\leftrightarrow a_1 F_1(z)+a_2 F_2(z) \tag{4.1.11}$$

2. 序列乘 n

若 $f(n)\leftrightarrow F(z)$，则

$$nf(n)\leftrightarrow -z\frac{\mathrm{d}}{\mathrm{d}z}F(z) \tag{4.1.12}$$

证明　对原序列 $f(n)$的 Z 变换式进行微分，得

$$\begin{aligned}\frac{\mathrm{d}}{\mathrm{d}z}F(z)&=\frac{\mathrm{d}}{\mathrm{d}z}\left[\sum_{n=0}^{\infty}f(n)z^{-n}\right]=\sum_{n=0}^{\infty}f(n)\left[\frac{\mathrm{d}}{\mathrm{d}z}z^{-n}\right]\\&=\sum_{n=0}^{\infty}f(n)[-nz^{n-1}]=-z^{-1}\sum_{n=0}^{\infty}[nf(n)]z^{-n}\end{aligned}$$

即

$$-z\frac{\mathrm{d}}{\mathrm{d}z}F(z)=\sum_{n=0}^{\infty}[nf(n)]z^{-n}$$

由 Z 变换的定义可知，$nf(n)$与$-z\dfrac{\mathrm{d}}{\mathrm{d}z}F(z)$是一对 Z 变换对。

利用式(4.1.12)可以很容易地求出斜变序列 $nu(n)$的 Z 变换，因为已知单位阶跃序列

$u(n)$的 Z 变换式为

$$\mathcal{Z}[u(n)]=\frac{z}{z-1}$$

所以

$$\mathcal{Z}[nu(n)]=-z\frac{\mathrm{d}}{\mathrm{d}z}\left(\frac{z}{z-1}\right)=\frac{z}{(z-1)^2}$$

即

$$nu(n)\leftrightarrow\frac{z}{(z-1)^2} \tag{4.1.13}$$

3. z 域尺度变换(序列指数加权)

若 $f(n)\leftrightarrow F(z)$,则

$$a^n f(n)\leftrightarrow F\left(\frac{z}{a}\right)$$
$$a^{-n}f(n)\leftrightarrow F(az)\quad (a\text{ 为常数}) \tag{4.1.14}$$

证明　对于式(4.1.14)的两种情况,这里只证明其中的一种,即求 $a^n f(n)$的 Z 变换。

$$\mathcal{Z}[a^n f(n)]=\sum_{n=0}^{\infty}a^n f(n)z^{-n}=\sum_{n=0}^{\infty}f(n)\left(\frac{z}{a}\right)^{-n}$$

可以看出,$a^n f(n)$与 $F\left(\frac{z}{a}\right)$是一对 Z 变换对。

另一种情况请读者自己证明。

4. 移位

设 $f(n)$是双边序列,其单边 Z 变换为 $F(z)$。

1) 右移位

$$f(n-m)u(n)\leftrightarrow z^{-m}\left[F(z)+\sum_{k=-m}^{-1}f(k)z^{-k}\right] \tag{4.1.15}$$

证明　因为

$$\mathcal{Z}[f(n-m)]=\sum_{n=0}^{\infty}f(n-m)z^{-n}=\sum_{n=0}^{\infty}f(n-m)z^{-(n-m)}\cdot z^{-m}$$

令 $k=n-m$,当 $n=0$ 时,$k=-m$,这样上式可以重新写为

$$\mathcal{Z}[f(n-m)]=z^{-m}\sum_{k=-m}^{\infty}f(k)z^{-k}=z^{-m}\left[\sum_{k=-m}^{-1}f(k)z^{-k}+\sum_{k=0}^{\infty}f(k)z^{-k}\right]$$
$$=z^{-m}\left[\sum_{k=-m}^{-1}f(k)z^{-k}+F(z)\right]$$

若 $m=1$,则 $f(n-1)\leftrightarrow z^{-1}F(z)+f(-1)$;

若 $m=2$,则 $f(n-2)\leftrightarrow z^{-2}F(z)+z^{-1}f(-1)+f(-2)$。

如果 $f(n)$是有起因序列,即 $f(n)=0(n<0)$,则

$$f(n-m)u(n)\leftrightarrow z^{-m}F(z)$$

2）左移位

$$f(n+m)u(n)\leftrightarrow z^{m}\left[F(z)-\sum_{k=0}^{m-1}f(k)z^{-k}\right] \tag{4.1.16}$$

其证明的方法与右移位特性的证明相同，请读者自行证明。

若 $m=1$，则 $f(n+1)u(n)\leftrightarrow zF(z)-zf(0)$

若 $m=2$，则 $f(n+2)u(n)\leftrightarrow z^{2}F(z)-z^{2}f(0)-zf(1)$

下面利用移位特性来求周期序列的 Z 变换。

设有一周期序列

$$f(n)=f_1(n)+f_1(n-N)+f_1(n-2N)+\cdots+f_1(n-mN)+\cdots$$

式中 $f_1(n)$是第一个周期的信号，其 Z 变换为

$$F_1(z)=\sum_{n=0}^{N-1}f_1(n)z^{-n}$$

利用右移位特性式(4.1.14)，$f(n)$的 Z 变换为

$$\begin{aligned}F(z)=\mathcal{Z}[f(n)]&=F_1(z)+z^{-N}F_1(z)+z^{-2N}F_1(z)+\cdots+z^{-mN}F_1(z)+\cdots\\&=F_1(z)\sum_{m=0}^{\infty}z^{-mN}\sum_{m=0}^{\infty}z^{-mN}=\sum_{m=0}^{\infty}(z^{-N})^{m}=\frac{1}{1-z^{-N}}=\frac{z^{N}}{z^{N}-1}\end{aligned}$$

所以周期序列 $f(n)$的 Z 变换为

$$F(z)=\frac{z^{N}}{z^{N}-1}\cdot F_1(z) \tag{4.1.17}$$

5. *n* 域卷积

若 $f_1(n)\leftrightarrow F_1(z)$，$f_2(n)\leftrightarrow F_2(z)$，则

$$f_1(n)*f_2(n)\leftrightarrow F_1(z)\cdot F_2(z) \tag{4.1.18}$$

证明　对卷积求 Z 变换

$$\begin{aligned}\mathcal{Z}[f_1(n)*f_2(n)]&=\sum_{n=0}^{\infty}[f_1(n)*f_2(n)]z^{-n}=\sum_{n=0}^{\infty}\left[\sum_{k=0}^{\infty}f_1(k)f_2(n-k)\right]z^{-n}\\&=\sum_{k=0}^{\infty}f_1(k)\left[\sum_{n=0}^{\infty}f_2(n-k)z^{-n}\right]\\&=\sum_{k=0}^{\infty}f_1(k)\left[z^{-k}F_2(z)\right]=F_2(z)\sum_{k=0}^{\infty}f_1(k)z^{-k}=F_2(z)\cdot F_1(z)\end{aligned}$$

在上面的求证过程中，运用了右移位性质及卷积和的定义式，如同连续系统中的卷积定理一样，式(4.1.18)是一个非常重要的性质。下面举例说明。

例 4.1.1　求整数 $0\sim n$ 的和。

解　和式可写成

$$y(n)=\sum_{k=0}^{n}k$$

还可以写成

$$y(n)=n\,u(n)*u(n)\leftrightarrow\frac{z}{(z-1)^{2}}\cdot\frac{z}{z-1}=\frac{z\cdot z}{(z-1)^{3}}$$

根据$\frac{z}{(z-1)^3} \leftrightarrow \frac{n(n-1)}{2}u(n)$，则

$$n\,u(n) * u(n) \leftrightarrow z\frac{z}{(z-1)^3}$$

所以 $y(n)=\frac{(n+1)(n-1+1)}{2}=\frac{(n+1)n}{2} \qquad n>0$

6. 初值定理

已知序列 $f(n)$的 Z 变换 $F(z)$，则 $f(n)$的初值为

$$f(0)=\lim_{z\to\infty}F(z) \tag{4.1.19}$$

证明 利用有起因序列 $f(n)$的 Z 变换展开式

$$F(z)=\mathcal{Z}[f(n)]=\sum_{n=0}^{\infty}f(n)z^{-n}=f(0)+f(1)z^{-1}+f(2)z^{-2}+\cdots$$

由于 Z 变换的收敛域$|z|=r>R_-$，即在圆外收敛，故可令 $z\to\infty$，便可得到式(4.1.19)。

7. 终值定理

终值定理仅适用于当 $n\to\infty$时收敛的序列。设有因果序列 $f(n)$，其 Z 变换为 $F(z)$，则

$$f(\infty)=\lim_{n\to\infty}f(n)=\lim_{z\to 1}[(1-z^{-1})F(z)] \tag{4.1.20}$$

证明 由定义式得$[f(n)-f(n-1)]$的 Z 变换

$$\mathcal{Z}[f(n)-f(n-1)]=\sum_{n=0}^{\infty}[f(n)-f(n-1)]z^{-n}$$

显然

$$F(z)-z^{-1}F(z)=\sum_{n=0}^{\infty}[f(n)-f(n-1)]z^{-n}$$
$$=[f(0)-f(-1)]+[f(1)-f(0)]z^{-1}+\cdots$$
$$+[f(\infty-1)-f(\infty-2)]z^{-(\infty-1)}+[f(\infty)-f(\infty-1)]z^{-\infty}$$

当 $z\to 1$ 时，便可得到终值

$$f(\infty)=\lim_{z\to 1}[(1-z^{-1})F(z)]$$

从以上的推导可以看出，$F(z)$的极点必须在单位圆内，即收敛域$|z|=r>R_1$，而 $R_1<1$，$f(n)$才存在终值。

常用因果序列的 Z 变换见表 4.1.1。

表 4.1.1 常用因果序列的 Z 变换表

序号	$f(n)$ $f(n)=0\ (n<0)$	$F(z)$ $\|z\|>R_-$
1	$\delta(n)$	1
2	$u(n)$	$\frac{z}{z-1}$
3	$nu(n)$	$\frac{z}{(z-1)^2}$

续表

序号	$f(n)$ $f(n)=0 \quad (n<0)$	$F(z)$ $\lvert z\rvert>R_-$
4	$n^2u(n)$	$\dfrac{z(z+1)}{(z-1)^3}$
5	$a^nu(n)$	$\dfrac{z}{z-a}$
6	$e^{jn\Omega}u(n)$	$\dfrac{z}{z-e^{j\Omega}}$
7	$a^{n-1}u(n-1)$	$\dfrac{1}{z-a}$
8	$na^nu(n)$	$\dfrac{az}{(z-a)^2}$
9	$\dfrac{1}{2}n(n-1)u(n)$	$\dfrac{z}{(z-1)^3}$
10	$na^{n-1}u(n-1)$	$\dfrac{z}{(z-a)^2}$
11	$\cos(\Omega n)u(n)$	$\dfrac{z(z-\cos\Omega)}{z^2+2z\cos\Omega+1}$
12	$\sin(\Omega n)u(n)$	$\dfrac{z\sin\Omega}{z^2+2z\cos\Omega+1}$

4.2 数字控制器的模拟化设计

计算机控制系统设计通常是指在反馈控制系统结构和对象特性确定的情况下，按照给定的系统性能指标，设计出数字控制器的控制规律和相应的数字控制算法，使控制器系统满足性能指标的要求。

由于计算机具有强大的计算功能、逻辑判断功能及存储信息量大等特点，因此计算机可以实现模拟控制器难以实现的许多复杂的先进控制策略。计算机控制系统的设计方法也是多种多样的，按照各种设计方法所采用的理论和系统模型的形式，可以大致分为：模拟化设计法（连续域-离散化设计法）、离散域直接设计法（Z 域设计方法或直接设计法）、复杂控制规律设计法、状态空间设计法。

数字控制器的模拟化设计方法，是指在一定条件下把计算机控制系统近似地看成模拟系统，忽略控制回路中所有的采样开关和保持器，在 s 域中按连续系统进行初步设计，求出模拟控制器，然后通过某种近似，将模拟控制器离散化为数字控制器，并由计算机实现。由于工程技术人员对连续域设计有丰富经验，因此，数字控制器的模拟化设计方法得到了广泛应用。

下面介绍数字控制器的模拟化设计步骤。

如图 4.2.1 所示的计算机控制系统中，$G(s)$是被控对象的传递函数，$H(S)$是零阶保持器，$D(z)$数字控制器。现在的设计问题是：根据已知的系统性能指标和 $G(s)$，设计数字控制器 $D(z)$。

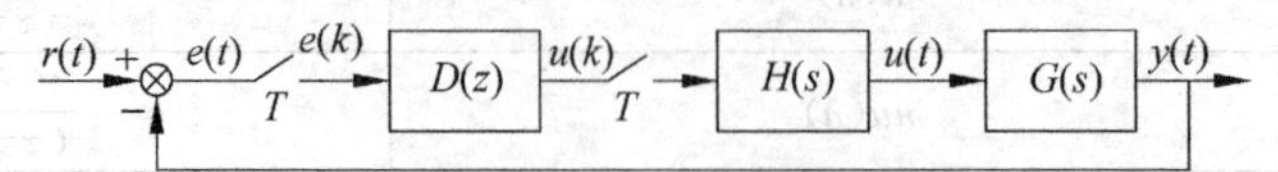

图 4.2.1　典型的计算机控制系统

1. 设计假想的连续控制器 $D(s)$

设计控制器 $D(s)$，一种方法是事先确定控制器的结构，如 PID 算法等，然后通过控制器参数的整定完成设计；另一种方法是用连续控制系统设计方法设计，如用频率特性法、根轨迹法等设计 $D(s)$的结构和参数。

2. 选择采样周期 T

无论采用哪种设计方法，设计时都需要知道广义被控对象，如图 4.2.1 所示，广义被控对象包含零阶保持器，其传递函数为 $H_0(s)G(s)$。香农采样定理给出了从采样信号恢复连续信号的最低采样频率。在计算机控制系统中，完成信号恢复功能一般由零阶保持器 $H_0(s)$来实现。零阶保持器的传递函数为

$$H_0(s)=\frac{1-\mathrm{e}^{-sT}}{s}$$

其频率特性为

$$H(\mathrm{j}\omega)=\frac{1-\mathrm{e}^{-\mathrm{j}\omega T}}{\mathrm{j}\omega}=T\frac{\sin\frac{\omega t}{2}}{\frac{\omega t}{2}}\angle-\frac{\omega t}{2} \tag{4.2.1}$$

从式(4.2.1)可以看出，零阶保持器将对控制信号产生附加相移(滞后)。对于小的采样周期，可把零阶保持器近似为

$$H(s)=\frac{1-\mathrm{e}^{-sT}}{s}\approx\frac{1-1+sT-\frac{(sT)^2}{2}+\cdots}{s}=T\left(1-s\frac{T}{2}+\cdots\right)\approx T\mathrm{e}^{-s\frac{T}{2}} \tag{4.2.2}$$

式(4.2.2)表明，零阶保持器可用半个采样周期的时间滞后环节来近似。而在控制理论中，大家都知道，若有滞后的环节，每滞后一段时间，其相位裕量就减少一部分。我们就要把相应减少的相位裕量补偿回来。根据采样周期的经验公式，假定相位裕量可减少 4°～14°，则采样周期应选为

$$T\approx(0.15\sim0.5)\frac{1}{\omega_c} \tag{4.2.3}$$

其中，ω_c 是连续控制系统的剪切频率。按式(4.2.3)的经验法选择的采样周期相当短。因此，采用连续化设计方法，用数字控制器去近似连续控制器，要有相当短的采样周期。

3. 将 $D(s)$离散化为 $D(z)$

将连续控制器 $D(s)$离散化为数字控制器 $D(z)$的方法有很多，如双线性变换法、后向差分法、前向差分法、冲击响应不变法、零极点匹配法、零阶保持法等。通过近似方法，把连续控制器离散化为数字控制器。

4. 设计由计算机实现的控制方法

将表示成 $D(z)$差分方程的形式，编制程序，由计算机实现数字调节规律。

5. 校验

设计好的数字控制器能否达到系统设计指标，必须进行检验。可以采用数学分析方法，

在 Z 域内分析、检验系统性能指标；也可由计算机控制系统的数字仿真计算来验证系统的指标是否满足设计要求，如果满足设计要求，设计结束，否则应修改设计。

例 4.2.1 已知被控对象的传递函数为$G(s)=\frac{10}{s(0.5s+1)}$。试设计数字控制器 $D(z)$，使闭环系统性能指标满足：

(1) 静态速度误差系数 $K_v \geqslant 10\text{s}^{-1}$；

(2) 超调量 $\sigma\% \leqslant 25\%$；

(3) 调节时间 $t_s \leqslant 1\text{s}$。

解 第一步：设计 $D(s)$

(1) 采样周期的确定，系统的截止频率 $\omega_c \approx 10\text{s}^{-1}$，此处选取 $T=0.05\text{s}$，$\omega_s \approx 2\pi/T = 125.7\text{s}^{-1}$。由控制理论可知，闭环系统的通频带 ω_m 与开环系统的剪切频率 ω_c 接近，即$\omega_m \approx \omega_c$，所以 $\omega_s \gg \omega_m$，因此可以忽略掉零阶保持器的影响，可以用连续系统的设计方法设计计算机控制系统。

(2) 设计结果为

$$D(s) = 8\,\frac{s+2}{s+15}$$

第二步：$D(s)$离散为 $D(z)$

采用双线性变换法，将 $D(s)$离散为 $D(z)$。

$$D(z) = D(s)\Big|_{s=\frac{2}{T}\frac{z-1}{z+1}} = 8\,\frac{s+2}{s+15}\Big|_{s=40\frac{z-1}{z+1}} = \frac{6.11z-5.53}{z-0.45}$$

第三步：检验系统的性能指标

① 求 $G(z)$

$$G(z) = \mathcal{L}\left[\frac{1-\text{e}^{-Ts}}{s}G(s)\right] = \frac{0.05}{(z-1)(z-0.9)}$$

② 检验 K_v

$$K_v = \frac{1}{T}\lim_{z\to 1}(1-z^{-1})D(z)G(z) = \frac{1}{0.05}\lim_{z\to 1}(1-z^{-1})\,\frac{6.11z-5.53}{z-0.45}\cdot$$

$$\frac{0.05}{(z-1)(z-0.9)} = 10.55\text{s}^{-1}$$

由此可知 K_v 满足静态指标要求。

(3) 检验控制系统超调量和调节时间性能指标。连续系统仿真曲线和计算机控制系统仿真曲线分别如图 4.2.2 和图 4.2.3 所示。

从图 4.2.2 中曲线看，$\sigma\%=10\% \leqslant 20\%$，$t_s=0.4 \leqslant 1\text{s}$，模拟控制系统满足性能指标要求。从图 4.2.3 中曲线看，$\sigma\%=10\% \leqslant 20\%$，$t_s=0.65 \leqslant 1\text{s}$，计算机控制系统满足性能指标要求。很明显，计算机控制系统与模拟控制系统的性能符合比较好，动态和静态设计指标均达到要求，设计任务完成。

第四步：数字控制器的实现

$$D(z) = \frac{U(z)}{E(z)} = \frac{6.11-5.53z^{-1}}{1-0.45z^{-1}}$$

将上式取 Z 反变换，其差分方程为

$$u(k) = 0.45u(k-1) + 6.11e(k) - 5.53e(k-1)$$

按照上式编制程序并由计算机运行，即可实现数字控制规律。

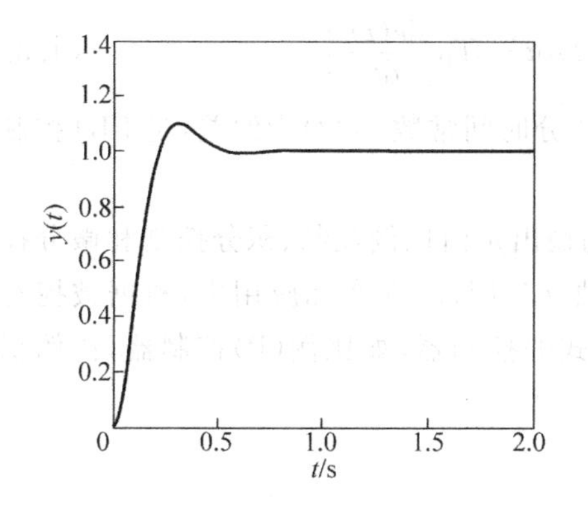

图 4.2.2 模拟控制系统的单位阶跃相应

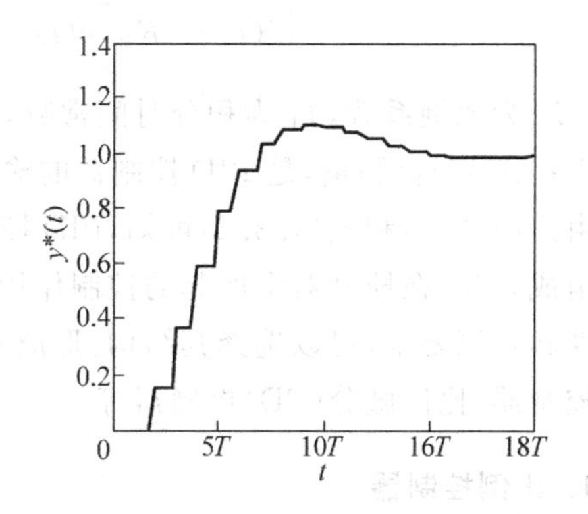

图 4.2.3 计算机控制系统单位阶跃响应输出时序

4.3 PID 控制算法

在工程实际中，应用最为广泛的调节器控制规律为比例、积分、微分控制，简称 PID 控制，又称 PID 调节。PID 控制器问世至今已有近 70 年历史，它以其结构简单、稳定性好、工作可靠、调整方便而成为工业控制的主要技术之一。当被控对象的结构和参数不能完全掌握，或得不到精确的数学模型时，控制理论的其他技术难以采用时，系统控制器的结构和参数必须依靠经验和现场调试来确定，这时应用 PID 控制技术最为方便。

按反馈控制系统偏差的比例（proportional）、积分（integral）和微分（differential）规律进行控制的调节器，简称为 PID 调节器。

即当我们不完全了解一个系统和被控对象，或不能通过有效的测量手段来获得系统参数时，最适合用 PID 控制技术。PID 控制，实际中也有 PI 和 PD 控制。PID 控制器就是根据系统的误差，利用比例、积分、微分计算出控制量进行控制的。

4.3.1 PID 控制器原理

PID 控制器是一种线性控制器，它将给定值与实际输出值的偏差 $e(t)$ 的比例、积分和微分进行线性组合，形成控制量 $u(t)$ 输出，如图 4.3.1 所示。

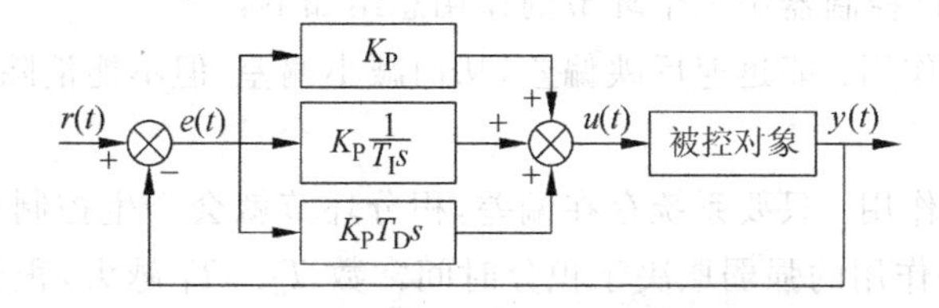

图 4.3.1 模拟 PID 控制系统原理图

对应的模拟 PID 调节器的传递函数为

$$D(s)=\frac{U(s)}{E(s)}=K_{\mathrm{P}}\left(1+\frac{1}{T_{\mathrm{I}}s}+T_{\mathrm{D}}s\right) \tag{4.3.1}$$

PID 控制规律为

$$U(t) = K_P\left[e(t) + \frac{1}{T_I}\int e(t)\mathrm{d}t + T_D\frac{\mathrm{d}e(t)}{\mathrm{d}t}\right] \tag{4.3.2}$$

式中，K_P 为比例系数，T_I 为积分时间常数，T_D 为微分时间常数；$e(t)$为偏差，是 PID 控制器的输入；$u(t)$为控制量，是 PID 控制器的输出。

由式(4.3.1)和式(4.3.2)可知，PID 控制器的输出是由比例控制、积分控制和微分控制三项组成，三项在控制器中所起的控制作用相互独立。因此，在实际应用中，根据被控对象的特性和控制要求，可以选择其结构，形成不同形式的控制器，如比例(P)控制器，比例积分(PI)控制器，比例微分(PD)控制器等。

1. 比例控制器

比例控制器是最简单的一种控制器，其控制规律为

$$u(t) = K_P e(t) \tag{4.3.3}$$

2. 比例积分调节器(PI)

为了消除在比例控制中残存的静差，可在比例控制器的基础上加入积分控制，构成比例积分控制器，其控制规律为

$$u(t) = K_P\left[e(t) + \frac{1}{T_I}\int e(t)\mathrm{d}t\right] \tag{4.3.4}$$

式中，T_I 为积分时间常数，表示积分速度的快慢，越大积分速度越慢，积分作用也就越弱。

3. 比例积分微分调节器(PID)

虽然积分作用可以消除静差，但它会降低系统的响应速度。为了加快控制过程，可以通过检测误差的变化率来预报误差，根据误差变化趋势，产生强烈的调节作用，使偏差尽快地消除在萌芽状态。为此，在比例积分控制器的基础上再引入微分控制，形成比例积分微分(PID)控制器，其控制规律为

$$u(t) = K_P\left[e(t) + \frac{1}{T_I}\int e(t)\mathrm{d}t + T_D\frac{\mathrm{d}e(t)}{\mathrm{d}t}\right] \tag{4.3.5}$$

式中，T_D 为微分时间常数，代表微分作用的强弱，T_D 越大微分作用越强。

综上所述，对 PID 控制器中三个环节的作用总结如下：

(1) 比例环节的作用：能迅速反映偏差，从而减小偏差，但不能消除静差，K_P的加大，会引起系统的不稳定。

(2) 积分环节的作用：只要系统存在偏差，积分环节就会产生控制作用减小偏差，直到最终消除偏差。积分作用的强弱取决于积分时间常数 T_I。T_I 越大，积分作用越弱，反之则越强。但积分作用太强会使系统超调加大，甚至使系统出现振荡。

(3) 微分环节的作用：有助于系统减小超调，克服振荡，加快系统的响应速度，减小调节时间，从而改善了系统的动态性能。即反映偏差信号的变化趋势(变化速率)，并能在偏差信号的值变得太大之前，在系统中引入一个有效的早期修正信号，从而加快系统的动作速度，减少调节时间。但 T_D 过大，会使系统出现不稳定。

4.3.2 数字 PID 控制器

由于计算机控制是一种采样控制，它只能根据采样时刻的偏差值计算控制量，而不能像模拟控制那样连续输出控制量，进行连续控制。同时计算机只能识别数字量，不能对连续的控制算式直接进行运算，故在计算机控制系统中，必须首先对控制规律（式(4.3.2)）进行离散化的算法设计，用数字形式的差分方程代替连续系统的微分方程，将其变成数字 PID 控制器。

1. 数字 PID 位置型控制算法

为了用数字形式的差分方程代替连续系统的微分方程，便于计算机实现，为此必须将积分项和微分项进行离散化处理。离散化处理的方法为：以 T 作为采样周期，作为采样序号，则离散采样时间对应着连续时间，用矩形法数值积分近似代替积分，用一阶后向差分近似代替微分，可作如下近似变换：

$$
\begin{cases}
u(t) \approx u(k) \\
e(t) \approx e(k) \\
\displaystyle\int_0^t e(t)\mathrm{d}t \approx \sum_{j=0}^{k} e(j)\Delta t = T\sum_{j=0}^{k} e(j) \\
\dfrac{\mathrm{d}e}{\mathrm{d}t} \approx \dfrac{e(k)-e(k-1)}{\Delta t} = \dfrac{e(k)-e(k-1)}{T}
\end{cases}
$$

有

$$
u_{\mathrm{D}}(k) = K_{\mathrm{P}}\left\{e(k) + \frac{T}{T_{\mathrm{I}}}\sum_{j=0}^{k} e(j) + \frac{T_{\mathrm{D}}}{T}[e(k)-e(k-1)]\right\} \tag{4.3.6}
$$

式中，比例项 $u_{\mathrm{P}}(k)=K_{\mathrm{P}}e(t)$；积分项 $u_{\mathrm{I}}(k) = K_{\mathrm{P}}\dfrac{T}{T_{\mathrm{I}}}\sum\limits_{j=0}^{k} e(j)$；微分项 $u_{\mathrm{D}}(k)=K_{\mathrm{P}}\dfrac{T_{\mathrm{D}}}{T}[e(k)-e(k-1)]$。式中，$T$ 为采样周期；k 为采样序号，$k=0,1,2,\cdots$；$e(k)$是第 k 次采样时的偏差值；$e(k-1)$是第$(k-1)$次采样时的偏差值；$u(k)$为第 k 次采样时调节器的输出。

式(4.3.6)中所得到的第 k 次采样时调节器的输出 $u(k)$，表示在数字控制系统中，在第 k 时刻执行机构所应达到的位置。如果执行机构采用调节阀，则 $u(k)$就对应阀门的开度，因此通常把式(4.3.6)称为位置式 PID 控制算法。

由式(4.3.6)可以看出，数字调节器的输出 $u(k)$不仅与上次的偏差信号 $e(k)$和 $e(k-1)$有关，而且还要在积分项中把历次的偏差信号 $e(j)$进行累加，即 $\sum\limits_{j=0}^{k} e(j)$。这样，不仅运算工作量很大，运算烦琐，而且，为保存 $e(j)$还要占用很多内存。另外，计算机的故障也可能使 $u(k)$做大幅度的变化。因此，用式(4.3.6)直接进行控制很不方便，而且有些场合可能会造成严重的事故。因此，在实际的控制系统中不太常用这种方法。为此，作如下改动。

根据递推原理，可写出第$(k-1)$次的 PID 输出的表达式，即

$$
u(k-1) = K_{\mathrm{P}}\left\{e(k-1) + \frac{T}{T_{\mathrm{I}}}\sum_{j=0}^{k-1} e(j) + \frac{T_{\mathrm{D}}}{T}[e(k-1)-e(k-2)]\right\} \tag{4.3.7}
$$

用式(4.3.6)减去式(4.3.7)，可得数字 PID 增量式控制算法为

$$u(k)=u(k-1)+K_P[e(k)-e(k-1)]+K_Ie(k)+K_D[e(k)-2e(k-1)+e(k-2)] \tag{4.3.8}$$

式中，$K_I=K_P\dfrac{T}{T_I}$为积分系数，$K_D=K_P\dfrac{T_D}{T}$为微分系数。

由式(4.3.8)可知，要计算第 k 次输出值 $u(k)$，只需知道 $u(k-1)$，$e(k)$，$e(k-1)$，$e(k-2)$即可，比用式(4.3.7)计算要简单得多。

2. 数字 PID 增量型控制算法

在很多控制系统中，由于执行机构是采用步进电机、电动调节阀、多圈电位器等具有保持历史位置功能的装置时，需要的不是控制量的绝对数值，而是一个增量信号即可。因此，由式(4.3.6)和式(4.3.7)相减得到

$$\begin{aligned}\Delta u(k)&=u(k)-u(k-1)=K_P[e(k)-e(k-1)]+K_Ie(k)\\&\quad+K_D[e(k)-2e(k-1)+e(k-2)]\end{aligned} \tag{4.3.9}$$

式中，K_I、K_D 同式(4.3.8)。

式(4.3.9)表示第 k 次输出的增量 $\Delta u(k)$，等于第 k 次与第 $k-1$ 次调节器输出差值，即在第($k-1$)次的基础上增加(或减少)的量，所以式(4.3.9)叫做增量型 PID 控制算式。

为了编程方便，可将上式整理成如下形式：

$$\Delta u(k)=Ae(k)+Be(k-1)+Ce(k-2) \tag{4.3.10}$$

式中，$A=K_P\left(1+\dfrac{T}{T_I}+\dfrac{T_D}{T}\right)$，$B=-K_P\left(1+\dfrac{2T_D}{T}\right)$，$C=K_P\dfrac{T_D}{T}$。

3. 数字 PID 控制算法实现方式比较

用计算机实现位置式和增量式控制算式时，其原理框图如图 4.3.2 所示。

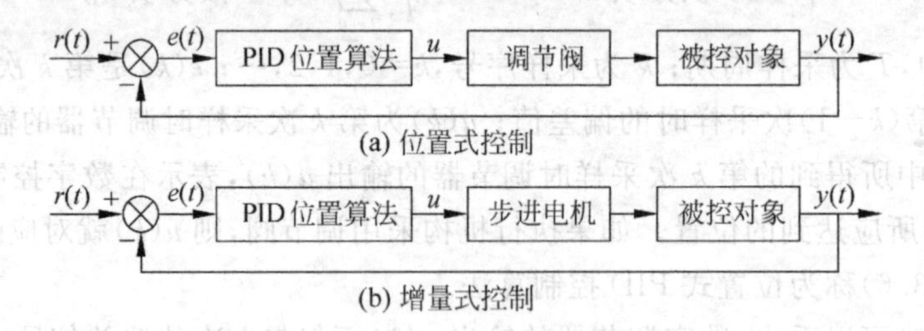

图 4.3.2　数字 PID 控制系统

如执行机构采用调节阀，则控制量对应阀门的开度，表征了执行机构的位置，此时控制器应采用数字 PID 位置式控制算法。如执行机构采用步进电机，每个采样周期，控制器输出的控制量，是相对于上次控制量的增加，此时控制器应采用数字 PID 增量式控制算法。

增量型算法与位置型算法相比，具有如下优点。

(1) 增量算法不需要做累加，控制量增量的确定仅与最近几次误差采样值有关，计算误差或计算精度问题，对控制量的计算影响较小。而位置算法要用到过去的误差的累加值，容易产生大的累加误差。

(2) 增量式算法得出的是控制量的增量，例如阀门控制中，只输出阀门开度的变化部

分，误动作影响小，必要时通过逻辑判断限制或禁止本次输出，不会严重影响系统的工作。而位置算法的输出是控制量的全量输出，误动作影响大。

(3) 在位置型控制算法中，由手动到自动切换时，必须首先使计算机的输出值等于阀门的原始开度，即 $P(k-1)$，才能保证手动/自动无扰动切换，这将给程序设计带来困难。而增量设计只与本次的偏差值有关，与阀门原来的位置无关，因而增量算法易于实现手动/自动无扰动切换。

(4) 不产生积分失控，所以容易获得较好的调节品质。

增量控制因其特有的优点已得到了广泛的应用。但是，这种控制也有以下不足之处：

(1) 积分截断效应大，有静态误差。

(2) 溢出的影响大。因此，应该根据被控对象的实际情况加以选择。一般认为，在以晶闸管或伺服电机作为执行器件，或对控制精度要求高的系统中，应当采用位置型算法，而在以步进电机或多圈电位器做执行器件的系统中，则应采用增量式算法。实现增量式控制算法与位置型控制算法的程序框图分别如图 4.3.3 及图 4.3.4 所示。

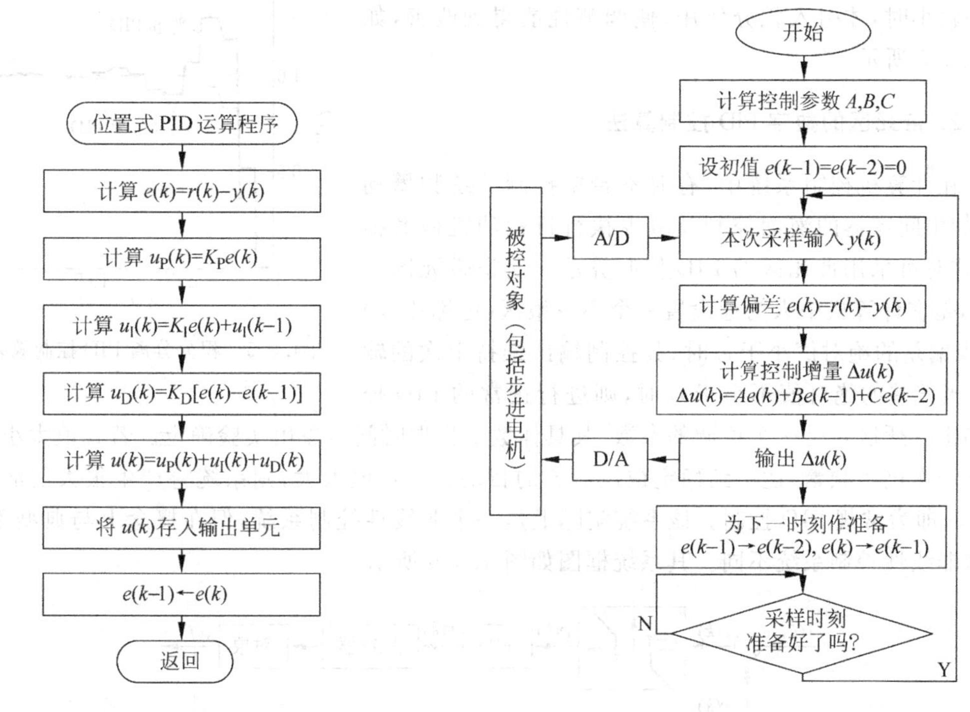

图 4.3.3 位置式 PID 运算程序流程图　　图 4.3.4 增量式 PID 运算程序流程图

4.3.3 数字 PID 控制算法的改进

在计算机控制系统中，PID 控制规律是用计算机程序实现的，它的灵活性很大。因此，通过改进算法可以满足不同控制系统的要求，解决了一些原来在模拟 PID 控制器中无法实现的问题。

下面介绍几种常用的数字 PID 算法的改进措施。

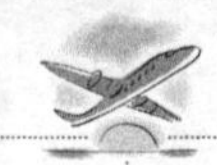

1. 积分分离数字 PID 控制算法

系统引入积分控制的目的是提高控制精度。但在过程的启动、结束或大幅度增减给定值时的短时间内,系统输出会产生很大的偏差,造成 PID 的积分累积,积分项的数值很大,这样会导致系统较大超调,甚至引起系统的振荡。为了避免出现这种情况,引入逻辑判断功能,使积分项在大偏差时不起作用,而在小偏差时起作用。这样既保持了积分作用,又减小了超调量,改善了系统的控制性能。

积分分离数字 PID 控制算法可以表示为

$$u(k) = K_{\mathrm{P}}e(k) + K_{\mathrm{L}}K_{\mathrm{I}}\sum_{j=0}^{k}e(j) + K_{\mathrm{D}}[e(k) - e(k-1)] \tag{4.3.11}$$

式中,$K_{\mathrm{L}}=\begin{cases}1, & |e(j)|\leqslant E_0\\ 0, & |e(j)|\geqslant E_0\end{cases}$ 为逻辑系数,E_0 为预先设置的阈值。

可见,当偏差绝对值大于 E_0 时,积分不起作用;当偏差较小时,才引入积分作用,使调节性能得到改善,如图 4.3.5 所示。

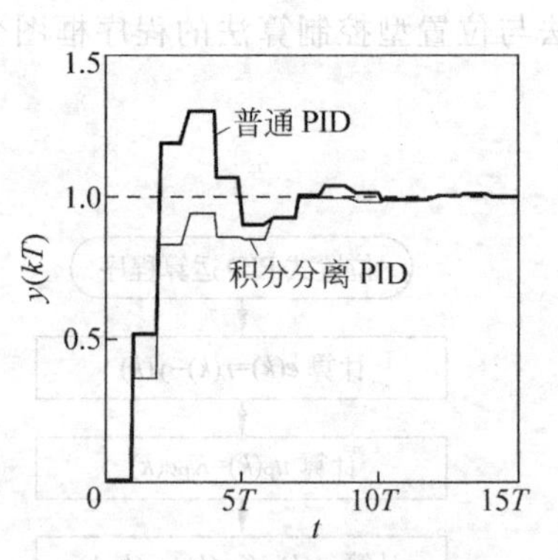

图 4.3.5　积分分离 PID 控制效果

2. 带死区的数字 PID 控制算法

在计算机控制系统中,有时不希望控制系统频繁动作,如中间容器的液面控制及减少执行机构的机械磨损等,这时可采用带死区的 PID 控制算法。所谓带死区的 PID,是在计算机中人为地设置一个不灵敏区(也称死区)e_0,当偏差的绝对值小于 e_0 时,其控制输出维持上次的输出;当偏差的绝对值不小于 e_0 时,则进行正常的 PID 控制输出。死区 e_0 是一个可调的参数,其具体数值根据时间对象由实验确定。若 e_0 值太小,使控制动作过于频繁,达不到稳定被控对象的目的;若 e_0 值太大,则系统将产生很大的滞后。$e_0=0$,即为常规 PID 控制。该系统实际上是一个非线性控制系统,但在概念上与典型不灵敏区非线性控制系统不同。其系统框图如图 4.3.6 所示。

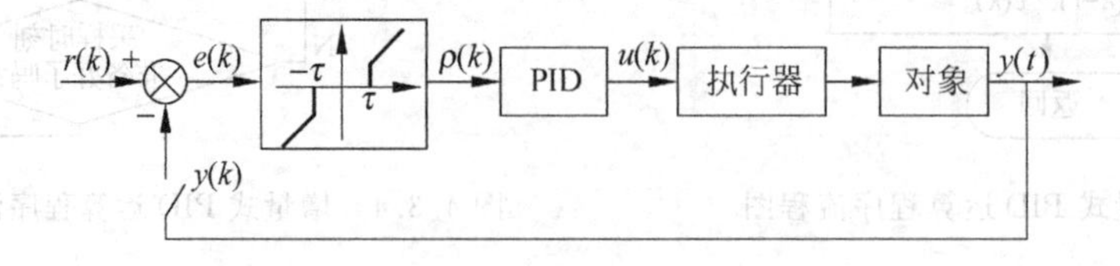

图 4.3.6　带死区的 PID 控制系统框图

3. 不完全微分 PID 控制算法

微分控制反映的是误差信号的变化率,是一种有"预见"的控制,因而它与比例或比例积分组合起来控制能改善系统的动态特性。但微分控制有放大噪声信号的缺点,因此对具有高频干扰的生产过程,微分作用过于敏感,控制系统很容易产生振荡,反而导致了系统控制性能降低。例如当被控量突然变化时,偏差的变化率很大,因而微分输出很大,由于计算机

对每个控制回路输出时间是短暂的，执行机构因惯性或动作范围的限制，其动作位置未达到控制量的要求值，因而限制了微分正常的校正作用，使输出产生失真，即所谓的微分失控（饱和）。这种情况的实质是丢失了控制信息，其后果是降低了控制品质。为了克服这一缺点，采用不完全微分 PID 控制器可以抑制高频干扰，系统控制性能则明显改善。不完全微分结构如图 4.3.7 所示。

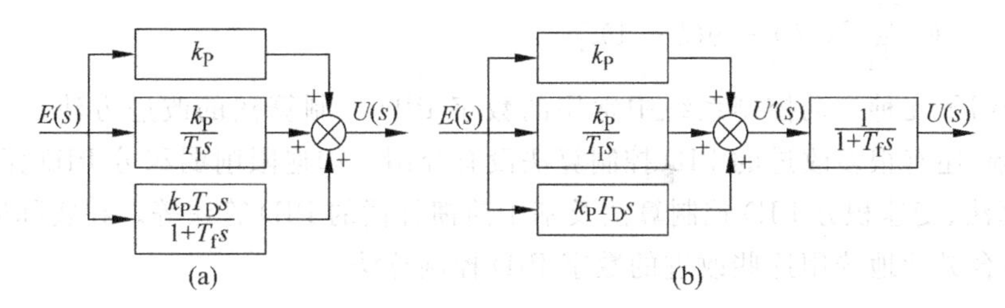

图 4.3.7　不完全微分算法结构图

对于如图 4.3.7 所示的不完全微分结构的微分传递函数为

$$U(s)=\frac{K_D T_D s}{1+T_f s}E(s) \tag{4.3.12}$$

对于完全微分结构的微分传递函数为

$$U(s)=K_P T_D sE(s) \tag{4.3.13}$$

两种微分作用比较如图 4.3.8 所示。从图中可以看出，普通数字 PID 控制器中的微分，只有在第一个采样周期有一个大幅度的输出，一般工业的执行机构无法在较短的采样周期内跟踪较大的微分作用输出，而且还容易引进高频干扰。不完全微分数字 PID 控制器的控制性能好，是因为其微分作用能缓慢地持续多个采样周期，使得一般的工业执行机构能比较好地跟踪微分作用输出；而且算式中含有一阶惯性环节，具有数字滤波作用，抗干扰作用也强。因此，近年来不完全微分数字 PID 控制算法得到越来越广泛的应用。

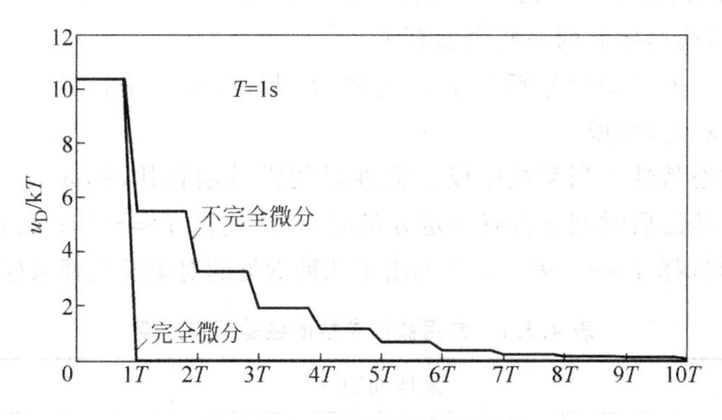

图 4.3.8　两种微分作用比较

4. 微分先行 PID 控制算法

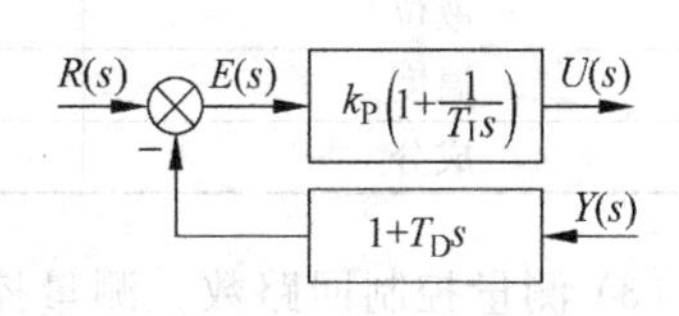

图 4.3.9　微分先行 PID 控制结构图

微分先行 PID 控制结构如图 4.3.9 所示。它的特点是只对输出量 $y(t)$ 进行微分，对给定值 $r(t)$ 不作微分。这样，在改变给定值时，对系统的输出影响是比较缓和的。这种对输出量先行微分的控制算法特别适用于给定值频繁变化的场合,可以避免因给定值升降时所引起的超调量过大、阀门动作过分振荡,明显地改善了系统的动态特性。

由图4.3.9可得微分先行的增量控制算式为

$$\Delta u(k) = k_P[e(k)-e(k-1)] + k_P\frac{T}{T_I}e(k) - k_P\frac{T_D}{T}[y(k)-2y(k-1)+y(k-2)]$$
$$- k_P\frac{T_D}{T_I}[y(k)-y(k-1)] \tag{4.3.14}$$

以上介绍了几种自动控制系统中常用的数字PID控制算法的改进方法。需要指出的是,限于篇幅,还有很多改进的PID控制算法没有介绍。如遇限削弱积分PID算法、带滤波器的PID算法、变速积分PID控制算法及基于前馈补偿的PID算法等。在实际应用中可根据不同的场合灵活地选用这些改进的数字PID控制算法。

4.3.4 数字PID控制器参数的整定

各种数字PID控制算法用于实际系统时,必须确定算法中各参数的具体数值,如比例增益K_P、积分时间常数T_I、微分时间常数T_D和采样周期T,以使系统全面满足各项控制指标,这一过程叫做数字控制器的参数整定。数字PID控制器参数整定的任务是确定K_P、T_I、T_D和T。

1. 采样周期T的选择

采样周期T在计算机控制系统中是一个重要的参量,从信号的保真度来考虑,采样周期T不宜太长,即采样角频率($\omega_s=2\pi/T$)不能太低,采样定理给出了下限频率,$\omega_s \geqslant 2\omega_m$,$\omega_m$是原来信号的最高频率。从控制性能来考虑,采样周期应尽可能地短,也即ω_s应尽可能地高,但是采样频率越高,对计算机的运算速度要求越快,存储器容量要求越大,计算机的工作时间和工作量随之增加。另外,采样频率高到一定程度,对系统性能的改善已经不显著了。所以,对每个回路都可以找到一个最佳的采样周期。

采样周期T的选择与下列一些因素有关。

(1) 作用于系统的扰动信号频率f_n。通常,f_n越高,要求采样频率f_s也要相应提高,即采样周期($T=2\pi/f_s$)缩短。

(2) 对象的动态特性。当系统中仅是惯性时间常数起作用时,$\omega_s \geqslant 10\omega_m$,$\omega_m$为系统的通频带;当系统中纯滞后时间$\tau$占有一定分量时,应该选择$T\approx\tau/10$;当系统中纯滞后时间$\tau$占主导作用时,可选择$T\approx\tau$。表4.3.1列出了几种常见的对象及选择采样周期的经验数据。

表4.3.1 常用被控参数的经验采样周期

被控参数	采样周期 T/s	备注
流量	1～5	优先用(1～2)s
压力	3～10	优先用(6～8)s
液位	6～8	优先用7s
温度	15～20	取纯滞后时间常数
成分	15～20	优先用18s

(3) 测量控制回路数。测量控制回路数n越多,采样周期T越长。若采样时间为τ,则采样周期$T \geqslant n\tau$。

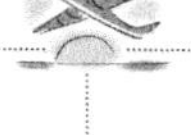

(4) 与计算字长有关。计算字长越长,计算时间越多,采样频率就不能太高。反之,计算字长较短,便可适当提高采样频率。

采样周期可在比较大的范围内选择,另外,确定采样周期的方法也较多,应根据实际情况选择合适的采样周期。

2. 数字 PID 参数的工程整定

数字 PID 参数整定有理论计算和工程整定等多种方法。理论计算法确定 PID 控制器参数需要知道被控对象的精确模型,这在一般工业过程中是很难做到的。因此,常用的方法还是简单易行的工程整定法,它由经典频率法简化而来,虽然较为粗糙,但很实用,且不必依赖于被控对象准确的数学模型。

由于数字 PID 控制系统的采样周期 T 一般远远小于系统的时间常数,是一种准连续控制,因此,可以按模拟 PID 控制器参数整定的方法来选择数字 PID 控制参数,并考虑采样周期 T 对参数整定的影响,对控制参数做适当调整,然后在系统运行中加以检验和修正。

下面介绍扩充临界比例度法、扩充响应曲线法、归一参数整定法和变参数寻优法。

1) 扩充临界比例度法

此法是模拟调节器中所用的临界比例度法的扩充,其整定步骤如下。

(1) 选择合适的采样周期 T。调节器作纯比例 K_P 的闭环控制,逐步加大 K_P,使控制过程出现临界振荡。由临界振荡求得临界振荡周期 T_u 和临界振荡增益 K_u,即临界振荡时的 K_P 值。

(2) 选择控制度,控制度的意义是数字调节器和模拟调节器所对应的过渡过程的误差平方的积分之比,即

$$控制度=\frac{\left[\min\int e^2\,\mathrm{d}t\right]_D}{\left[\min\int e^2\,\mathrm{d}t\right]_A} \tag{4.3.15}$$

实际应用中并不需要计算出两个误差的平方积分,控制度仅表示控制效果的物理概念。例如,当控制度为 1.05 时,就可认为数字控制与模拟控制效果相当;当控制度为 2 时,数字控制器较模拟控制器的控制质量差一倍。

(3) 选择控制度后,按表 4.3.2 求得 T、K_P、T_I、T_D 值。

表 4.3.2 扩充临界比例度法整定参数表

控制度	控制规律	T/T_u	K_P/K_u	T_I/T_u	T_D/T_u
11.05	PPI	0.03	0.55	0.88	—
	PID	0.014	0.63	0.49	0.14
11.2	PPI	0.05	0.49	0.91	—
	PID	0.043	0.47	0.47	0.16
11.50	PPI	0.41	0.42	0.99	—
	PID	0.09	0.34	0.43	0.20
22.0	PPI	0.22	0.36	10.05	—
	PID	0.16	0.27	0.40	0.22
模拟调节器	PPI	—	0.57	0.83	—
	PID	—	0.70	0.50	0.13

(4) 参数的整定只给出一个参考值,需经过实际调整,直到获得满意的控制效果为止。

2) 扩充响应曲线法

在上述方法中,不需要事先知道对象的动态特性,而是直接在闭环系统中进行整定。

如果已知系统的动态特性曲线,那么就可以与模拟调节方法一样,采用扩充响应曲线法进行整定。其步骤如下:

(1) 断开数字调节器,使系统在手动状态下工作。当系统在给定值处达到平衡后,给一阶跃输入。

(2) 用仪表记录下被调参数在此阶跃作用下的变化过程曲线(即广义对象的飞升特性曲线),如图 4.3.10 所示。

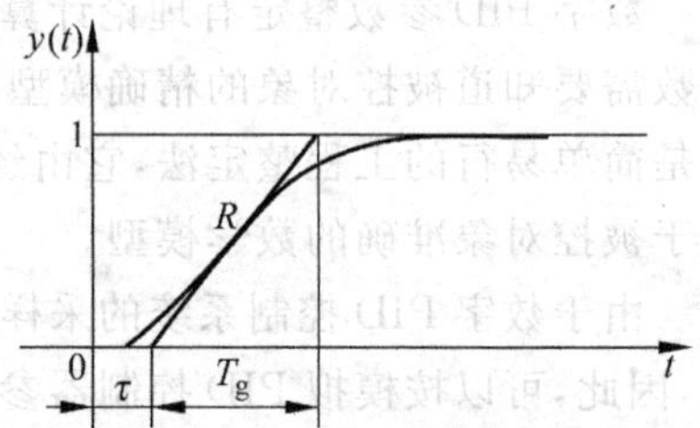

图 4.3.10 被控对象阶跃响应

(3) 在曲线最大斜率处,求得滞后时间 τ、被控对象时间常数 T_g 以及它们的比值 $R_\tau = \tau/T_g$。

(4) 根据所求得的 τ、T_g 和 R_τ 的值,查表 4.3.3,即可求出控制器的 T、K_P、T_I、T_D。

表 4.3.3 PID 参数整定计算表

被控参数	K_P	T_I	T_D
P	$1/(R_\tau)$	—	—
PI	$0.9/(R_\tau)$	3τ	—
PID	$1.2/(R_\tau)$	2τ	0.5τ

例 4.3.1 已知某加热炉温度计算机控制系统的过渡过程曲线如图 4.3.11 所示,其中 $\tau=30$,$T_g=180\text{s}$,$T=10\text{s}$,试求数字 PID 控制算法的参数,并求其差分方程。

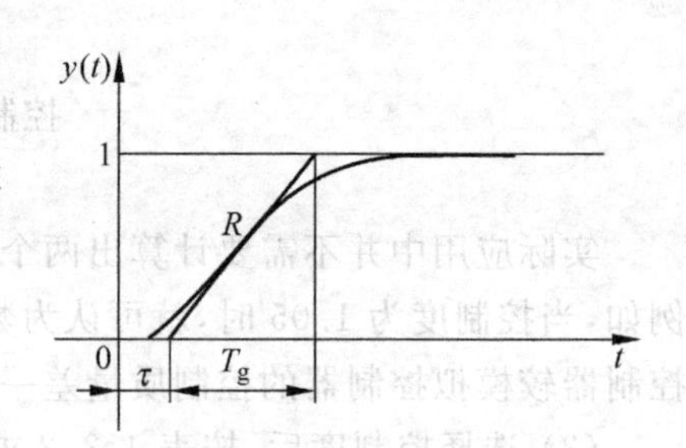

图 4.3.11 某加热炉温度计算机系统的过渡曲线

解 $R=1/T_g=1/180$,$R_\tau=1/180\times30=1/6$。

根据表 4.3.3 有

$$K_P = 1.2/R_\tau = 7.2$$

$$T_I = 2\tau = 60\text{s}$$

$$T_D = 0.5\tau = 15\text{s}$$

$$K_I = K_P \times T/T_I = 7.2\times10/60 = 1.2$$

$$K_D = K_P \times T_D/T = 7.2\times15/10 = 10.8$$

$$\begin{aligned} u(k) &= u(k-1) + K_P[e(k)-e(k-1)] + K_I e(k) + K_D[e(k)-2e(k-1)+e(k-2)] \\ &= u(k-1) + 7.2[e(k)-e(k-1)] + 1.2e(k) + 10.8[e(k)-2e(k-1)+e(k-2)] \\ &= u(k-1) + 9.2[e(k) - 28.8e(k-1)] + 10.8e(k-2) \end{aligned}$$

3) 归一参数整定法

除了上面讲的一般的扩充临界比例度整定法外,Roberts P. D 在 1974 年提出一种简化扩充临界比例度整定法。由于该方法只需要整定一个参数即可,故称其为归一参数整定法。

已知增量型 PID 控制的公式为

$$\Delta P(k) = K_P[e(k)-e(k-1)] + K_I e(k) + K_D[e(k)-2e(k-1)+e(k-2)] \tag{4.3.16}$$

根据 Ziegler-Nichle 条件，如令 $T=0.1T_k$，$T_I=0.5T_k$，$T_D=0.125T_k$，式中 T_k 为纯比例作用下的临界振荡周期，则

$$\Delta P(k) = K_P[2.45e(k)-3.5e(k-1)+1.25e(k-2)] \tag{4.3.17}$$

这样，整个问题便简化为只要整定一个参数 K_P。改变 K_P，观察控制效果，直到满意为止。该法为实现简易的自整定控制带来方便。

4）变参数寻优法

在工业生产过程中，若用一组固定的参数来满足各种负荷或干扰时的控制性能的要求是很困难的，因此，必须设置多组 PID 参数。当工况发生变化时，能及时调整 PID 参数，使过程控制性能最佳。目前常用的参数调整方法有以下几种：

(1) 对某些控制回路根据负荷不同，采用几组不同的 PID 参数，以提高控制质量。

(2) 时序控制：按照一定的时间顺序采用不同的给定值和 PID 参数。

(3) 人工模型：把现场操作人员的操作方法及操作经验编制成程序，由计算机自动改变参数。

(4) 自寻最优：编制自动寻优程序，当工况变化时，计算机自动寻找合适的参数，使系统保持最佳的状态。

4.4　控制器离散化设计

前面介绍了计算机控制系统的模拟化设计方法。这种方法是以连续控制系统设计为基础，然后离散化控制器，变为能在数字计算机上实现的算法，进而构成计算机控制系统。这种设计方法的缺点是，系统的动态性能与采样频率的选择关系很大，若采样频率选得太低，则离散后失真较大，整个系统的性能显著降低，甚至不能达到要求。在这种情况下应该采用离散化设计方法。

离散化设计方法是在 z 平面上设计的方法，对象可以用离散模型表示。或者用离散化模型的连续对象，以采样控制理论为基础，以 Z 变换为工具，在 Z 域中直接设计出数字控制器 $D(z)$。这种设计法也称直接设计法或 Z 域设计法。

由于直接设计法无须离散化，也就避免了离散化误差。又因为它是在采样频率给定的前提下进行设计的，可以保证系统性能在此采样频率下达到品质指标要求，所以采样频率不必选得太高。因此，离散化设计法比模拟设计法更具有一般意义。

4.4.1　离散化设计步骤

在图 4.4.1 中，$D(z)$ 为数字控制器，$G_c(z)$ 为系统的闭环脉冲传递函数，$HG(z)$ 为广义对象的脉冲传递函数，$H_0(s)$ 为零阶保持器传递函数，$G(s)$ 为被控对象传递函数，$Y(z)$ 为系统输出信号的 Z 变换，$R(z)$ 为系统输入信号的 Z 变换。

广义对象的脉冲传递函数为

$$HG(z) = \mathcal{Z}[H_0(s)G(s)] = \mathcal{Z}\left[\frac{1-e^{-Ts}}{s}G(s)\right] \tag{4.4.1}$$

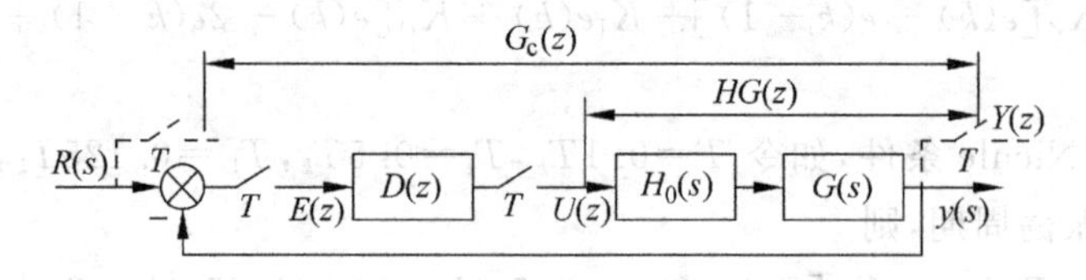

图 4.4.1　数字控制系统原理框图

可得到对应图 4.4.1 的闭环脉冲传递函数为

$$G_c(z)=\frac{Y(z)}{R(z)}=\frac{D(z)HG(z)}{1+D(z)HG(z)} \tag{4.4.2}$$

误差脉冲传递函数为

$$G_e(z)=\frac{E(z)}{R(z)}=1-G_c(z) \tag{4.4.3}$$

$$D(z)=\frac{U(z)}{E(z)}=\frac{G_c(z)}{HG(z)[1-G_c(z)]}=\frac{G_c(z)}{HG(z)G_e(z)} \tag{4.4.4}$$

当 $G(s)$已知,并根据控制系统性能指标要求构造出 $G_c(z)$,则可由式(4.4.2)和式(4.4.4)求得 $D(z)$。由此可得出数字控制器的离散化设计步骤如下:

(1) 由 $H_0(s)$和 $G(s)$求取广义对象的脉冲传递函数 $HG(z)$;

(2) 根据控制系统的性能指标及实现的约束条件构造闭环脉冲传递函数 $G_c(z)$;

(3) 根据式(4.4.4)确定数字控制器的脉冲传递函数 $D(z)$;

(4) 由 $D(z)$确定控制算法并编制程序。

4.4.2　最少拍控制器设计

在数字随动系统中,通常要求系统输出能够尽快地、准确地跟踪给定值变化,最少拍控制就是适应这种要求的一种直接离散化设计法。

在数字控制系统中,通常把一个采样周期称为一拍。所谓最少拍控制,就是要求设计的数字调节器能使闭环系统在典型输入作用下,经过最少拍数达到输出无静差。显然这种系统对闭环脉冲传递函数的性能要求是快速性和准确性。实质上最少拍控制是时间最优控制,系统的性能指标是调节时间最短(或尽可能地短)。

1. 最少拍控制系统 $D(z)$的设计

设计最少拍控制系统的数字控制器 $D(z)$,最重要的就是要研究如何根据性能指标要求,构造一个理想的闭环脉冲传递函数。

由误差表达式

$$E(z)=G_e(z)R(z)=e_0+e_1z^{-1}+e_2z^{-2}+\cdots \tag{4.4.5}$$

可知,要实现无静差、最小拍,$E(z)$应在最短时间内趋近于零,即 $E(z)$应为有限项多项式。因此,在输入 $R(z)$一定的情况下,必须对 $G_e(z)$提出要求。

典型输入的 Z 变换具有如下形式:

(1) 单位阶跃输入

$$R(t)=u(t),\quad R(z)=\frac{1}{1-z^{-1}}$$

（2）单位速度输入

$$R(t)=t,\quad R(z)=\frac{Tz^{-1}}{(1-z^{-1})^2}$$

（3）单位加速度输入

$$R(t)=\frac{1}{2}t^2,\quad R(z)=\frac{T^2z^{-1}(1+z^{-1})}{2\,(1-z^{-1})^3}$$

由此可得出调节器输入共同的Z变换形式为

$$R(z)=\frac{A(z)}{(1-z^{-1})^m} \tag{4.4.6}$$

其中 $A(z)$是不含有$(1-z^{-1})$因子的 z^{-1} 的多项式，根据Z变换的终值定理，系统的稳态误差为

$$\lim_{t\to\infty}e(t)=\lim_{z\to1}(1-z^{-1})E(z)=\lim_{z\to1}(1-z^{-1})G_e(z)R(z)$$

$$=\lim_{z\to1}(1-z^{-1})G_e(z)\frac{A(z)}{(1-z^{-1})^m}=0$$

很明显，要使稳态误差为零，$G_e(z)$中必须含有$(1-z^{-1})$因子，且其幂次不能低于 m，即

$$G_e(z)=(1-z^{-1})^M F(z)$$

式中，$M\geqslant m$，$F(z)$是关于 z^{-1} 的有限多项式。为了实现最少拍，要 $G_e(z)$中关于 z^{-1} 的幂次尽可能低，令 $M=n$，$F(z)=1$，则所得 $G_e(z)$即可满足准确性，又可快速性要求，这样就有

$$G_e(z)=(1-z^{-1})^m \tag{4.4.7}$$

$$G_c(z)=1-(1-z^{-1})^m \tag{4.4.8}$$

2. 典型输入下的最少拍控制系统分析

1）单位阶跃输入

$$G_e(z)=(1-z^{-1}),G_c(z)=1-(1-z^{-1})=z^{-1}$$

$$E(z)=R(z)G_e(z)=\frac{1}{1-z^{-1}}(1-z^{-1})=1$$

$$=1\cdot z^0+0\cdot z^{-1}+z^{-2}+\cdots$$

$$Y(z)=R(z)G_c(z)=\frac{1}{1-z^{-1}}z^{-1}=z^{-1}+z^{-2}+z^{-3}+\cdots$$

$e(0)=1$，$e(T)=e(2T)=\cdots=0$，这说明开始一个采样点上有偏差，一个采样周期后，系统在采样点上不再有偏差，这时过渡过程为一拍。

2）单位速度输入时

$$G_e(z)=(1-z^{-1})^2,G_c(z)=1-(1-z^{-1})^2=2z^{-1}-z^{-1}$$

$$E(z)=R(z)G_e(z)=\frac{Tz^{-1}}{(1-z^{-1})^2}(1-2z^{-1}+z^{-2})=Tz^{-1},$$

$$Y(z)=R(z)G_c(z)=2Tz^{-1}+3Tz^{-2}+4Tz^{-3}+\cdots$$

$e(0)=0$，$e(T)=T$，$e(2T)=e(3T)=\cdots=0$，这说明经过两拍后，偏差采样值达到并保持为零，过渡过程为两拍。

3）单位加速度输入

$$G_e(z) = (1-z^{-1})^3, G_e(z) = 1-(1-z^{-1})^3 = 3z^{-1}-3z^{-2}+z^{-3}$$

$$E(z) = G_e(z)R(z) = (1-z^{-1})^3 \frac{T^2 z(1+z^{-1})}{2(1-z^{-1})^3} = \frac{T^2 z^{-1}}{2} + \frac{T^2 Z^{-2}}{2}$$

$e(0)=0, e(T)=e(2T)=T^2/2, e(3T)=e(4T)=\cdots=0$，这说明经过三拍后，输出序列不会再有偏差，过渡过程为三拍。

例 4.4.1 计算机控制系统如图 4.4.1 所示，对象的传递函数 $G(s)=\dfrac{2}{s(0.5s+1)}$，采样周期 $T=0.5\text{s}$，系统输入为单位速度函数，试设计有限拍调节器 $D(z)$。

解 广义对象传递函数为

$$\begin{aligned}
HG(z) &= \mathcal{Z}\left[\frac{1-\mathrm{e}^{-Ts}}{s}\frac{2}{s(0.5s+1)}\right] = \mathcal{Z}\left[(1-\mathrm{e}^{-Ts})\frac{4}{s^2(s+2)}\right] \\
&= (1-z^{-1})\,\mathcal{Z}\left[\frac{4}{s^2(s+2)}\right] \\
&= (1-z^{-1})\,\mathcal{Z}\left[\frac{2}{s^2}-\frac{1}{s}+\frac{1}{s+2}\right] \\
&= (1-z^{-1})\left[\frac{2Tz^{-1}}{(1-z^{-1})^2}+\frac{1}{1-z^{-1}}+\frac{1}{(1-\mathrm{e}^{-2T}z^{-1})}\right] \\
&= \frac{0.368z^{-1}(1+0.718z^{-1})}{(1-z^{-1})(1-0.368z^{-1})}
\end{aligned}$$

由于 $r(t)=t$，得

$$G_c(z) = (1-z^{-1})^2$$

所以，由上式可写出控制器的脉冲传递函数

$$D(z) = \frac{G_c(z)}{HG(z)G_e(z)} = \frac{5.435(1-0.5z^{-1})(1-0.368z^{-1})}{(1-z^{-1})(1+0.718z^{-1})}$$

检验：

$$E(z) = G_e(z)R(z) = Tz^{-1}$$

由此可见，当 $K\geqslant 2$ 以后，误差经过两拍达到并保持为零。

$$\begin{aligned}
Y(z) &= (1-G_e(z))R(z) \\
&= (2z^{-1}-z^{-2})\frac{Tz^{-1}}{(1-z^{-1})^2} \\
&= 2Tz^{-2}+3Tz^{-3}+4Tz^{-4}+\cdots
\end{aligned}$$

上式中各项系数，即为 $y(t)$ 在各个采样时刻的数值。

其输出响应曲线如图 4.4.2(b)所示。从图 4.4.2 所示中，当系统为单位速度输入时，经过两拍以后，输出量完全等于输入采样值，即 $y(kT)=r(kT)$。但在各采样点之间还存在着一定的误差，即存在着一定的波纹。

下面再来看，当系统输入为其他函数值时，输出相应的情况。输入为单位阶跃函数时，系统输出序列的 Z 变换为

$$\begin{aligned}
Y(z) &= G_c(z)R(z) = (2z^{-1}-z^{-2})\frac{1}{1-z^{-1}} \\
&= 2z^{-1}+z^{-2}+z^{-3}+z^{-4}+\cdots
\end{aligned}$$

输出序列为

$$y(0)=0,\quad y(T)=2,\quad y(2T)=1,\quad y(3T)=1,\quad y(4T)=1,\quad \cdots$$

若输入为单位加速度，输出量的Z变换为

$$\begin{aligned}Y(z)&=G_c(z)R(z)=(2z^{-1}-z^{-2})\frac{T^2z^{-1}(1+z^{-1})}{2(1-z^{-1})^3}\\&=T^2z^{-2}+3.5T^2z^{-3}+7T^2z^{-4}+11.5T^2z^{-5}+\cdots\end{aligned}$$

输出序列为

$$y(0)=0,\quad y(T)=0,\quad y(2T)=T^2,\quad y(3T)=3.5T^2,\quad y(4T)=7T^2,\quad \cdots$$

其输出响应曲线如图4.4.2所示。由图中可见，按单位速度输入设计的最小拍系统，当为单位阶跃输入时，有100%的超调量，加速度输入时有静差。

由上述分析可知，按照某种典型输入设计的最小拍系统，当输入函数改变时，输出响应不理想，说明最小拍系统对输入信号的变化适应性较差。

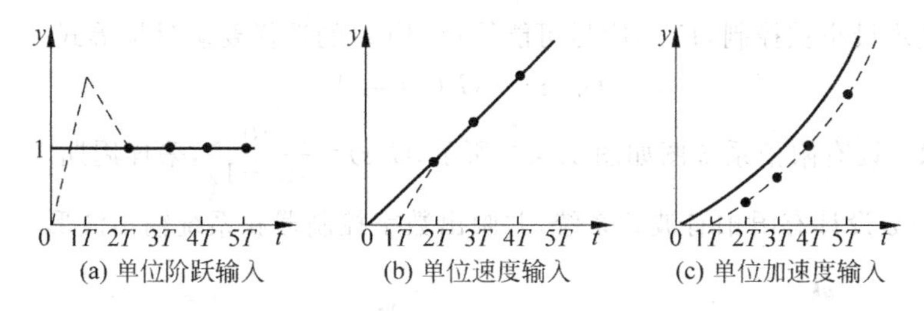

图4.4.2 按单位速度输入设计的最小拍系统对不同输入的响应曲线

3. 最少拍控制器设计的限制条件

最少拍控制器的设计必须考虑如下几个问题。

(1) 稳定性：闭环控制系统必须是稳定的，只有广义对象的脉冲传递函数 $HG(z)$ 是稳定的(即在 z 平面单位圆上和圆外没有极点)，且不含有纯滞后环节时，上述方法才能成立。如果 $HG(z)$ 不满足稳定条件，则需对设计原则作相应的限制。

由式

$$G_c(z)=\frac{D(z)HG(z)}{1+D(z)HG(z)}\tag{4.4.9}$$

可以看出，$D(z)$ 和 $HG(z)$ 总是成对出现的，但却不允许它们的零点、极点互相对消。这是因为，简单的利用 $D(z)$ 的零点去对消 $HG(z)$ 的不稳定极点，虽然从理论上可以得到一个稳定的闭环系统，但这种稳定是建立在零极点完全对消的基础上的。当系统的参数产生漂移，或辨识的参数有误差时，这种零极点对消不可能准确实现，从而将引起闭环系统不稳定。上述分析说明，在单位圆上或圆外上 $D(z)$ 和 $HG(z)$ 不能对消零极点，但并不意味含有这种现象的系统不能补偿成稳定的系统，只是在选择 $G_e(z)$ 时必须加一个约束条件，这个约束条件称为稳定条件。

(2) 准确性：控制系统对典型输入必须无稳态误差。仅在采样点上无稳态误差称最少拍有波纹系统；在采样点和采样点之间都无稳态误差的系统称为最少拍无波纹系统。

(3) 快速性：过渡过程应尽快结束，即调整时间是有限的，拍数是最少的。

(4) 物理可实现性：设计出的 $D(z)$ 必须在物理上是可实现的。所谓 $D(z)$ 的物理可实现性，是指当前时刻的输出只取决于当前时刻及过去时刻的输入，而与未来的输入无关。从数学上讲，应保证数字控制器 $D(z)$ 中不能含有 z 的正幂项 z^r。这是因为 z^r 环节表示数字控制器应具有超前特性，即在施加输入信号之前，r 个采样周期就应当有输出，这样的环节是不可能实现的。所以应当保证 $D(z)$ 分母中 z^{-1} 的最低次幂不大于分子关于 z^{-1} 的最低次幂。

根据上面的分析，设计最小拍系统时，考虑到控制器的可实现性和系统的稳定性，必须考虑以下几个条件：

(1) 为实现无静差调节，选择 $G_e(z)$ 时，必须针对不同的输入选择不同的形式，通式为

$$G_e(z) = (1 - z^{-1})^m F(z)$$

(2) 为保证系统的稳定性，$G_e(z)$ 的零点应包含 $HG(z)$ 的所有不稳定极点；

(3) 为保证控制器 $D(z)$ 物理上的可实现性，$HG(z)$ 的所有不稳定零点和滞后因子均应包含在闭环脉冲传递函数 $G_c(z)$ 中；

(4) 为实现最小拍控制，$F(z)$ 应尽可能简单，$F(z)$ 的选择要满足恒等式

$$G_e(z) + G_c(z) = 1 \tag{4.4.10}$$

例 4.4.2 设有限拍系统图如图 4.4.3 所示，$G(s)=\dfrac{10}{s(s+1)}$，采样周期 $T=1$，试针对单位速度输入函数设计有限拍有波纹系统，并画出数字控制器和系统输出波形。

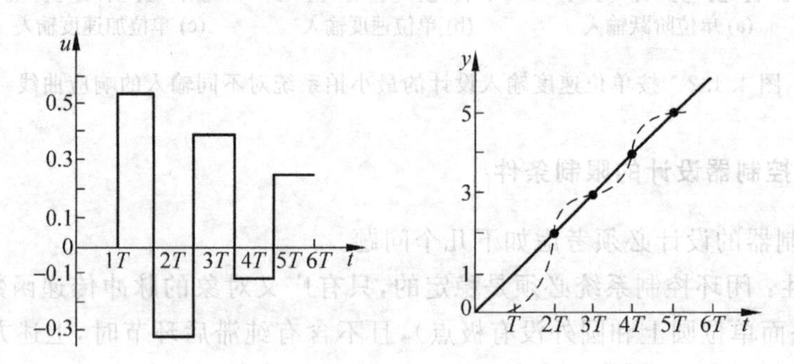

图 4.4.3 有限拍系统输出序列波形图

解 首先求取广义对象的脉冲传递函数

$$HG(z) = \mathcal{Z}\left[\frac{1-e^{-Ts}}{s}\frac{10}{s(s+1)}\right] = (1-z^{-1})\,\mathcal{Z}\left[\frac{10}{s^2(s+1)}\right]$$

$$= 10(1-z^{-1})\,\mathcal{Z}\left[\frac{1}{s^2}+\frac{1}{s+1}-\frac{1}{s}\right]$$

$$= 10(1-z^{-1})\left[\frac{Tz^{-1}}{(1-z^{-1})^2}+\frac{1}{1-e^{-T}z^{-1}}-\frac{1}{1-z^{-1}}\right]$$

$$= \frac{3.68z^{-1}(1+0.718z^{-1})}{(1-z^{-1})(1-0.368z^{-1})}$$

根据输入形式，选择 $G_e(z)=(1-z^{-1})^2$，则

$$D(z) = \frac{G_c(z)}{G_e(z)HG(z)} = \frac{0.543(1-0.5z^{-1})(1-0.368z^{-1})}{(1-z^{-1})(1+0.718z^{-1})}$$

$$G_c(z) = 1 - G_e(z) = 2z^{-1} - z^{-2}$$

进一步求得

$$E(z)=G_e(z)R(z)=(1-z^{-1})^2\frac{Tz^{-1}}{(1-z^{-1})^2}=z^{-1}$$

$$Y(z)=R(z)G_c(z)=\frac{Tz^{-1}}{(1-z^{-1})^2}(2z^{-1}-z^{-2})=2z^{-2}+3z^{-3}+4z^{-4}+\cdots$$

$$U(z)=E(z)D(z)=z^{-1}\frac{0.543(1-0.5z^{-1})(1-0.368z^{-1})}{(1-z^{-1})(1+0.718z^{-1})}$$

$$=0.54z^{-1}-0.32z^{-2}+0.4z^{-3}-0.12z^{-4}+0.25z^{-5}+\cdots$$

4.4.3　最少拍无纹波控制器设计

有限拍无纹波设计的要求是：系统在典型的输入作用下，经过尽可能少的采样周期后，系统达到稳定，并且在采样点之间没有波纹。

1. 波纹产生的原因

由例 4.4.2 可知

$$E(z)=G_e(z)R(z)=(1-z^{-1})^2\frac{Tz^{-1}}{(1-z^{-1})^2}=z^{-1}$$

即一步进行跟踪，无稳态误差。

控制量输出为

$$U(z)=0.54z^{-1}-0.32z^{-2}+0.4z^{-3}-0.12z^{-4}+0.25z^{-5}+\cdots$$

可见，控制量在一拍后并未进入稳态，而是在不停地波动，从而使连续部分的输出在多样点之间存在波纹（见图 4.4.3）。

最少拍有波纹设计可以使得在有限拍后采样点上的偏差为零，但数字调节器的输出并不一定达到稳定值，而是上下波动的。这个波动的控制量作用在保持器的输入端，保持器的输出也必然波动，于是系统的输出也出现了波纹。

控制量波动的原因是，由于其 Z 变换 $U(z)$ 含有左半单位圆的极点，根据 z 平面上的极点分布与瞬态响应的关系，左半单位圆内极点虽然是稳定的，但对应的时域响应是振荡的。而 $U(z)$ 的这种极点是由 $HG(z)$ 的相应零点引起的。

2. 消除波纹的附加条件

由上面分析可知，产生波纹的原因是控制量 $u(k)$ 并没有成为恒值（常数或零）。因此，使 $y(k)$ 在有限拍内达到稳定，就必须设计出一个 $D(z)$，使 $u(k)$ 也能在有限拍内达到稳定。

$$U(z)=D(z)E(z)=D(z)G_e(z)R(z) \tag{4.4.11}$$

根据式(4.4.11)可以证明，只要 $D(z)G_e(z)$ 是关于 z^{-1} 的有限多项式，那么，在确定的典型输入作用下经过有限拍以后，$U(z)$ 达到相对稳定，从而保证系统输出无波纹。

$$D(z)G_e(z)=\frac{1-G_e(z)}{HG(z)}=\frac{G_c(z)}{HG(z)}$$

由上面的式子可知，$HG(z)$ 的极点不会影响 $D(z)G_e(z)$ 成为 z^{-1} 的有限多项式，而 $HG(z)$ 的零点可能使 $D(z)G_e(z)$ 成为 z^{-1} 的无限多项式。因此，如让 $G_c(z)$ 中包含 $HG(z)$ 的全部零点，则可保证 $D(z)G_e(z)$ 是关于 z^{-1} 的有限多项式。因此，使 $G_c(z)$ 包含 $HG(z)$ 圆内的零点，就是消除波纹的附加条件，也是有纹波和无纹波设计的唯一区别。

确定最少拍(有限拍)无纹波 $G_c(z)$ 的方法如下：

(1) 先按有纹波设计方法确定 $G_c(z)$；

(2) 再按无纹波附加条件确定 $G_c(z)$。

例 4.4.3 已知条件如例 4.4.2 所示，试设计无纹波 $D(z)$ 并检查 $U(z)$。

解 广义对象的脉冲传递函数为

$$HG(z) = \frac{3.68z^{-1}(1+0.718z^{-1})}{(1-z^{-1})(1-0.368z^{-1})}$$

由上式可知：有一个单位圆内零点($z=-0.718$)；$G_c(z)=z^{-1}(1+0.718z^{-1})(a+bz^{-1})$；$G_e(z)=(1-z^{-1})(1+fz^{-1})$。

利用 $G_c(z)=1-G_e(z)$，可求得 $a=1.407, b=-0.826, f=0.592$，则

$$D(z) = \frac{G_c(z)}{HG(z)G_e(z)} = \frac{0.382(1-0.368z^{-1})(1-0.587z^{-1})}{(1-z^{-1})(1+0.592z^{-1})}$$

$$U(z) = \frac{G(z)}{G_c(z)} = 0.38z^{-1} + 0.02z^{-2} + 0.10z^{-3} + 0.10z^{-4} + \cdots$$

由此可知，从第二拍起，$u(k)$ 恒为零，因此输出量稳定在稳态值，而不会有波纹了。无波纹比有波纹设计的调节时间延长了一拍，也就是说无纹波是靠牺牲时间来换取的，如图 4.4.4 所示。

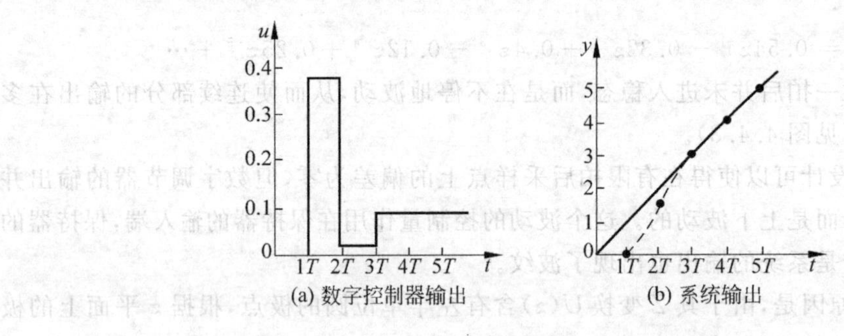

图 4.4.4 无纹波系统输出序列波形图

有限拍无纹波设计能消除系统采样点之间的波纹，而且，还在一定程度上减少了控制能量，降低了对参数的灵敏度。但它仍然是针对某一特定输入设计的，对其他输入的适应性仍然不好。

4.5 大林算法及振铃现象

4.5.1 大林算法

前面介绍的最少拍无纹波系统的数字控制器的设计方法只适合于某些随动系统，对系统输出的超调量有严格限制的控制系统，它并不理想。在一些实际工程中，经常遇到纯滞后调节系统，它们的滞后时间比较长。对于这样的系统，往往允许系统存在适当的超调量，以尽可能地缩短调节时间。人们更感兴趣的是要求系统没有超调量或只有很小的超调量，而调节时间则允许在较多的采样周期内结束。也就是说，超调是主要设计指标。对于这样的系统，用一般的随动系统设计方法是不行的，用 PID 算法效果也欠佳。

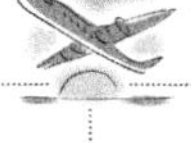

据此，IBM公司的大林(Dahlin)在1968年提出了一种针对工业生产过程中含有纯滞后对象的控制算法。其目标就是使整个闭环系统的传递函数相当于一个带有纯滞后的一阶惯性环节，获得了良好的控制效果。

假设带有纯滞后对象的计算机控制系统如图4.4.1所示，是一个负反馈控制系统。纯滞后对象的特性为$G(s)$，$H_0(s)$为零阶保持器，$D(z)$为数字控制器。

大林算法是用来解决含有纯滞后对象的控制问题，其适用于被控对象具有带有纯滞后的一阶惯性环节或二阶惯性环节，它们的传递函数分别为

$$G(s)=\frac{K\mathrm{e}^{-\tau s}}{T_1 s+1} \tag{4.5.1}$$

$$G(s)=\frac{K\mathrm{e}^{-\tau s}}{(T_1 s+1)(T_2 s+1)} \tag{4.5.2}$$

式中，K为放大系数；T_1和T_2是对象的时间常数；τ为被控对象的纯滞后时间，一般假定它们为采样周期T的整数倍。

1）大林算法设计目标

大林算法的设计目标是：设计合适的数字控制器$D(z)$，使整个计算机控制系统等效的闭环传递函数期望为一个纯滞后环节和一阶惯性环节相串联，并期望闭环系统的纯滞后时间等于被控对象的纯滞后时间，即闭环传递函数为

$$G_c(s)=\frac{K\mathrm{e}^{-\tau s}}{T_\tau s+1} \tag{4.5.3}$$

式中，T_τ为要求的等效惯性时间常数；τ为对象的纯滞后时间常数，其与采样周期T有整数倍关系，即

$$\tau=nT\quad(n=1,2,3,\cdots) \tag{4.5.4}$$

对$G_c(s)$用零阶保持器法离散化，可得系统的闭环Z传递函数

$$G_c(z)=\frac{Y(z)}{R(z)}=\mathcal{Z}[H_0(s)G_c(s)]=\mathcal{Z}\left[\frac{1-\mathrm{e}^{-Ts}}{s}\frac{1-\mathrm{e}^{-\tau s}}{T_\tau s+1}\right] \tag{4.5.5}$$

将式(4.5.4)代入式(4.5.5)并进行Z变换得

$$G_c(z)=\frac{(1-\mathrm{e}^{-\frac{T}{T_\tau}s})z^{-(n+1)}}{1-\mathrm{e}^{-\frac{T}{T_\tau}s}z^{-1}} \tag{4.5.6}$$

由图4.4.1可知广义对象的Z传递函数为

$$HG(z)=\mathcal{Z}[H_0(s)G(s)] \tag{4.5.7}$$

由图4.4.1、式(4.5.6)及式(4.5.7)可推导出大林算法的数字控制器为

$$D(z)=\frac{1}{HG(z)}\frac{G_c(z)}{1-G_c(z)}=\frac{1}{HG(z)}\frac{(1-\mathrm{e}^{-\frac{T}{T_\tau}})z^{-n-1}}{1-\mathrm{e}^{-\frac{T}{T_\tau}}z^{-1}-(1-\mathrm{e}^{-\frac{T}{T_\tau}})z^{-n-1}} \tag{4.5.8}$$

若已知被控对象的Z传递函数$HG(z)$，就可以利用式(4.5.8)求出数字控制器的Z传递函数的$D(z)$。

2）带纯滞后一阶惯性对象的大林算法

设对象特性为

$$G(s)=\frac{K\mathrm{e}^{-\tau s}}{T_1 s+1} \tag{4.5.9}$$

将式(4.5.9)代入 $HG(s)$ 并进行 Z 变换得

$$HG(z)=\mathcal{Z}\left[\frac{1-\mathrm{e}^{-Ts}}{s}\frac{K\mathrm{e}^{-\tau s}}{T_1 s+1}\right]=Kz^{-n-1}\frac{1-\mathrm{e}^{-\frac{T}{T_1}}}{1-\mathrm{e}^{-\frac{T}{T_1}}z^{-1}} \tag{4.5.10}$$

将式(4.5.10)代入 $D(z)$ 得出数字控制器的算式：

$$D(z)=\frac{1}{HG(z)}\frac{G_c(z)}{1-G_c(z)}=\frac{\left(1-\mathrm{e}^{-\frac{T}{T_\tau}}\right)\left(1-\mathrm{e}^{-\frac{T}{T_1}}z^{-1}\right)}{K\left(1-\mathrm{e}^{-\frac{T}{T_1}}\right)\left[1-\mathrm{e}^{-\frac{T}{T_\tau}}z^{-1}-\left(1-\mathrm{e}^{-\frac{T}{T_\tau}}\right)z^{-n-1}\right]} \tag{4.5.11}$$

3) 带纯滞后二阶惯性对象的大林算法

设对象特性

$$G(s)=\frac{K\mathrm{e}^{-\tau s}}{(T_1 s+1)(T_2 s+1)} \tag{4.5.12}$$

将式(4.5.12)代入 $HG(s)$ 并进行 Z 变换得

$$\begin{aligned}HG(z)&=\mathcal{Z}\left[\frac{1-\mathrm{e}^{-Ts}}{s}\frac{K\mathrm{e}^{-\tau s}}{(T_1 s+1)(T_2 s+1)}\right]\\&=\frac{K(c_1+c_2z^{-1})z^{-n-1}}{\left(1-\mathrm{e}^{-\frac{T}{T_1}}z^{-1}\right)\left(1-\mathrm{e}^{-\frac{T}{T_2}}z^{-1}\right)}\end{aligned} \tag{4.5.13}$$

式中

$$c_1=1+\frac{1}{T_2-T_1}\left(T_1\mathrm{e}^{-T/T_1}-T_2\mathrm{e}^{-T/T_2}\right)$$

$$c_2=\mathrm{e}^{-T(1/T_1+1/T_2)}+\frac{1}{T_2-T_1}\left(T_1\mathrm{e}^{-T/T_2}-T_2\mathrm{e}^{-T/T_1}\right)$$

将式(4.5.13)代入式(4.5.8)得出数字控制器的算式为

$$D(z)=\frac{1}{HG(z)}\frac{G_c(z)}{1-G_c(z)}=\frac{\left(1-\mathrm{e}^{-\frac{T}{T_\tau}}\right)\left(1-\mathrm{e}^{-\frac{T}{T_1}}z^{-1}\right)\left(1-\mathrm{e}^{-\frac{T}{T_2}}z^{-1}\right)}{K(c_1+c_2z^{-1})\left[1-\mathrm{e}^{-\frac{T}{T_\tau}}z^{-1}-\left(1-\mathrm{e}^{-\frac{T}{T_\tau}}\right)z^{-n-1}\right]} \tag{4.5.14}$$

4.5.2 振铃现象及其消除方法

所谓振铃(Ringing)现象，是指数字控制器的输出 $u(kT)$ 以 1/2 采样频率大幅度衰减的振荡。这与前面介绍的最少拍有纹波系统中的波纹是不一样的。最少拍有纹波系统中是由于系统输出达到给定值后，控制器还存在振荡，影响到系统的输出有波纹，而振铃现象中的振荡是衰减的。被控对象中惯性环节的低通特性，使得这种振荡对系统的输出几乎无任何影响，但是振荡现象却会增加执行机构的磨损；在存在耦合的多回路控制系统中，还有可能影响到系统的稳定性。

1. 振铃幅度

振铃幅度(Ringing Amplitude，RA)是用来衡量振铃强烈的程度，RA 定义为：数字控制器在单位阶跃输入作用下，第 0 拍输出与第 1 拍输出之差，即

$$\mathrm{RA}=u(0)-u(T) \tag{4.5.15}$$

式中，RA≤0，则无振铃现象；RA>0，则存在振铃现象，且 RA 值越大，振铃现象越严重。

2. 振铃现象的分析

大林算法的数字控制器的 $D(z)$ 写成一般形式：

$$D(z) = Az^{-L}\frac{1+b_1z^{-1}+b_2z^{-2}+\cdots}{1+a_1z^{-1}+a_2z^{-2}+\cdots} = Az^{-L}Q(z) \tag{4.5.16}$$

式中，$Q(z)=(1+b_1z^{-1}+b_2z^{-2}+\cdots)/(1+a_1z^{-1}+a_2z^{-2}+\cdots)$，$A$ 为常数，z^{-L} 表示延迟。从式(4.5.16)看出，数字控制器的单位阶跃响应输出序列幅度的变化仅与 $Q(z)$ 有关，因为 Az^{-L} 只是将输出序列延时和比例放大或缩小。因此，只需分析单位阶跃作用下 $Q(z)$ 的输出序列即可：

$$U(z) = Q(z)R(z) = \frac{1+b_1z^{-1}+b_2z^{-2}+\cdots}{1+a_1z^{-1}+a_2z^{-2}+\cdots}\frac{1}{1-z^{-1}} = 1+(b_1-a_1+1)z^{-1}+\cdots \tag{4.5.17}$$

根据 RA 定义，从式(4.5.17)可得

$$\mathrm{RA} = U(0)-U(T) = 1-(b_1-a_1+1) = a_1-b_1 \tag{4.5.18}$$

例 4.5.1　设数字控制器 $D(z)=\frac{1}{1+z^{-1}}$，试求 RA。

解　在单位阶跃输入作用下，控制器输出的 Z 变换为

$$U(z) = \frac{1}{1+z^{-1}}\frac{1}{1-z^{-1}} = 1+z^{-2}+z^{-4}+\cdots$$

$$\mathrm{RA} = U(0)-U(T) = 1-0 = 1$$

例 4.5.2　设数字控制器 $D(z)=\frac{1}{1+0.5z^{-1}}$，试求 RA。

解　在单位阶跃输入作用下，控制器输出的 Z 变换为

$$U(z) = \frac{1}{1+0.5z^{-1}}\frac{1}{1-z^{-1}} = 1+0.5z^{-1}+0.75z^{-2}+0.625z^{-3}+\cdots$$

$$\mathrm{RA} = U(0)-U(T) = 1-0.5 = 0.5$$

例 4.5.3　设数字控制器 $D(z)=\frac{1}{(1+0.5z^{-1})(1-0.2z^{-1})}$，试求 RA。

解　在单位阶跃输入作用下，控制器输出的 Z 变换为

$$U(z) = \frac{1}{(1+0.5z^{-1})(1-0.2z^{-1})}\frac{1}{1-z^{-1}} = 1+0.7z^{-1}+0.89z^{-2}+0.803z^{-3}+\cdots$$

$$\mathrm{RA} = U(0)-U(T) = 1-0.7 = 0.3$$

例 4.5.4　设数字控制器 $D(z)=\frac{1-0.5z^{-1}}{(1+0.5z^{-1})(1-0.2z^{-1})}$，试求 RA。

解　在单位阶跃输入作用下，控制器输出的 Z 变换为

$$U(z) = \frac{1-0.5z^{-1}}{(1+0.5z^{-1})(1-0.2z^{-1})}\frac{1}{1-z^{-1}} = 1+0.2z^{-1}+0.5z^{-2}+0.37z^{-3}+\cdots$$

$$\mathrm{RA} = U(0)-U(T) = 1-0.2 = 0.8$$

产生振铃的原因是数字控制器中含有左半平面上的极点。由例 4.5.1～例 4.5.4 可知，$Q(z)$ 的极点位置在 $z=-1$ 时，振铃现象最严重；$Q(z)$ 在单位圆内中的左半平面极点位

置离-1越远，振铃现象越弱(见例4.5.1和例4.5.4)；$Q(z)$在单位圆内右半平面有极点或左半平面有零点时，会减轻振铃现象(见例4.5.3)；$Q(z)$在单位圆内右半平面有零点时，会增加振铃现象(见例4.5.4)。

下面分析带纯滞后的一阶或二阶惯性环节系统中的振铃现象。

1) 带纯滞后的一阶惯性对象

将式(4.5.11)化成一般形式为

$$D(z)=\frac{(1-e^{-\frac{T}{T_\tau}})}{K(1-e^{-\frac{T}{T_1}})}\frac{(1-e^{-\frac{T}{T_1}}z^{-1})}{[1-e^{-\frac{T}{T_\tau}}z^{-1}-(1-e^{-\frac{T}{T_\tau}})z^{-n-1}]} \tag{4.5.19}$$

由式(4.5.18)可看出式(4.5.19)振铃幅值为

$$\mathrm{RA}=a_1-b_1=-e^{-T/T_\tau}-(-e^{-T/T_1})=e^{-T/T_1}-e^{-T/T_\tau} \tag{4.5.20}$$

式中，T_1为被控对象时间常数，T_τ为闭环传递函数的时间常数。

如果，$T_\tau \geqslant T_1$，则$\mathrm{RA}\leqslant 0$，无振铃现象；如果$T_\tau<T_1$，则$\mathrm{RA}>0$，则有振铃现象。$D(z)$可进一步化为

$$D(z)=\frac{(1-e^{-\frac{T}{T_\tau}})(1-e^{-\frac{T}{T_1}}z^{-1})}{K(1-e^{-\frac{T}{T_1}})(1-z^{-1})[1+(1-e^{-\frac{T}{T_\tau}})(z^{-1}+z^{-2}+\cdots+z^{-n})]} \tag{4.5.21}$$

在$z=1$处的极点不产生振铃现象，可能引起振铃现象的是因子$[1+(1-e^{-T/T_\tau})(z^{-1}+z^{-2}+\cdots+z^{-n})]$，分析该极点因子可见：

(1) 当$n=0$时，对象无纯滞后特性，不存在振铃因子，不会产生振铃现象；

(2) 当$n=1$时，有一个极点$z=-(1-e^{-T/T_\tau})$，当T_τ远远小于T时，$z\to -1$，即产生严重的振铃现象；

(3) 当$n=2$时，极点为

$$z=-\frac{1}{2}(1-e^{-T/T_\tau})\pm\frac{1}{2}\mathrm{j}\sqrt{4(1-e^{-T/T_\tau})-(1-e^{-T/T_\tau})^2}$$

若T_τ远远小于T时，$z\approx-\frac{1}{2}\pm\mathrm{j}\frac{\sqrt{3}}{2}$，$|z|\to -1$，同样有严重的振铃现象。

由上述分析得到启发，在选择$T_\tau<T_1$条件下，若采样周期T的选择与期望闭环系统时间常数T_τ的数量级相同，将有利于削弱振铃现象。

2) 带纯滞后的二阶惯性对象

将式(4.5.14)化为

$$D(z)=\frac{(1-e^{-\frac{T}{T_\tau}})}{Kc_1}\frac{[1-(e^{-\frac{T}{T_1}}+e^{-\frac{T}{T_2}})z^{-1}+\cdots]}{\left[1+\left(\frac{c_2}{c_1}-e^{-\frac{T}{T_\tau}}\right)z^{-1}+\cdots\right]} \tag{4.5.22}$$

由式(4.5.14)可见，$D(z)$存在一个极点$z=-\frac{c_2}{c_1}$。在$T\to 0$时，$\lim\limits_{T\to 0}\frac{c_2}{c_1}=1$，所以系统在$z=-1$处存在强烈的振铃现象。由式(4.5.18)及式(4.5.22)可得振铃幅度为

$$\mathrm{RA}=\frac{c_2}{c_1}-e^{-T/T_\tau}+e^{-T/T_1}+e^{-T/T_2} \tag{4.5.23}$$

当$T\to 0$，$\mathrm{RA}\approx 2$。

3. 消除振铃的方法

消除振铃的方法是消除$D(z)$中的左半平面的极点。具体方法是先找出引起振铃现象

的极点，然后令这些极点 $z=1$，于是消除了产生振铃的极点。根据终值定理，这样处理不会影响数字控制器的稳态输出。另外从保证闭环系统的特性出发，选择合适的采样周期 T 及系统闭环时间常数 T_τ，使得数字控制器的输出避免产生强烈的振铃现象。

4. 大林算法的设计步骤

用直接设计法设计具有纯滞后系统的数字控制器，主要考虑的性能指标是控制系统无超调或超调很小，为了保证系统稳定，允许有较长的调节时间。设计中应注意的问题是振铃现象。下面是考虑振铃现象影响时设计数字控制器的一般步骤：

(1) 根据系统性能，确定闭环系统的参数 T_τ，给出振铃幅度 RA 的指标；

(2) 由 RA 与采样周期的关系，解出给定振铃幅度下对应的采样周期，如果 T 有多解，则选择较大的采样周期；

(3) 确定纯滞后时间 τ 与采样周期 T 之比的最大整数 N；

(4) 求广义对象的脉冲传递函数 $HG(z)$ 及闭环系统的脉冲传递函数 $G_c(z)$；

(5) 求数字控制器的脉冲传递函数 $D(z)$。

例 4.5.5　设工业对象 $G(s)=\dfrac{\mathrm{e}^{-s}}{3.34s+1}$，采样周期 $T=1\mathrm{s}$，期望闭环系统时间常数 $T_\tau=2\mathrm{s}$。试比较消除振铃前后的数字控制器及单位阶跃输入下的系统响应输出序列。

解　已知 $T_\tau=2\mathrm{s}$，$N=\tau/T=1$，由式(4.5.11)可求出闭环系统脉冲传递函数

$$G_c(z)=z^{-1}\frac{(1-\mathrm{e}^{-T/T_\tau})z^{-1}}{1-\mathrm{e}^{-T/T_\tau}z^{-1}}=\frac{0.3935z^{-2}}{1-0.6065z^{-1}} \tag{4.5.24}$$

由 $G(s)$ 和 T 可求出广义对象(查改进 Z 变换表)

$$HG(z)=\frac{0.1439z^{-2}(1+0.733z^{-1})}{1-0.7413z^{-1}} \tag{4.5.25}$$

由式(4.5.24)和由式(4.5.25)可得数字控制器的脉冲传递函数

$$D(z)=\frac{G_c(z)}{HG(z)[1-G_c(z)]}=\frac{2.6365(1-0.7413z^{-1})}{(1+0.733z^{-1})(1-z^{-1})(1+0.3935z^{-1})} \tag{4.5.26}$$

当 $T_\tau<T_1$，$RA>0$，存在振铃现象。消除振铃前，数字控制器的输出序列为

$$u(z)=\frac{G_c(z)}{HG(z)}R(z)=\frac{2.6365(1-0.7413z^{-1})}{(1-0.6065z^{-1})(1-z^{-1})(1+0.733z^{-1})}$$

$$=2.635+0.3438z^{-1}+1.8096z^{-2}+0.6078z^{-3}+1.4093z^{-4}+\cdots$$

由此可见，该数字控制器的输出是以 $2T$ 为周期的大幅度衰减振荡，出现振铃现象，如图 4.5.1 所示。

由式(4.5.24)可得期望闭环系统单位阶跃响应的输出序列：

$$y(z)=G_c(z)\frac{1}{1-z^{-1}}=0.3935z^{-2}+0.6322z^{-3}+0.7769z^{-4}+0.8647z^{-5}+\cdots$$

由此可见，由于被控对象中惯性环节的低通特性，使得控制器的这种振荡对系统输出的稳定性几乎无任何影响，但会增加执行机构的磨损，如图 4.5.1 所示。

产生振铃现象的主要极点是 $z_1=-0.733$。为了消除振铃现象，令 $z_1=1$，代入式(4.5.26)得到被修正的数字控制器的脉冲传递函数为

$$D(z)=\frac{1.5208(1-0.7413z^{-1})}{(1-z^{-1})(1+0.3935z^{-1})}$$

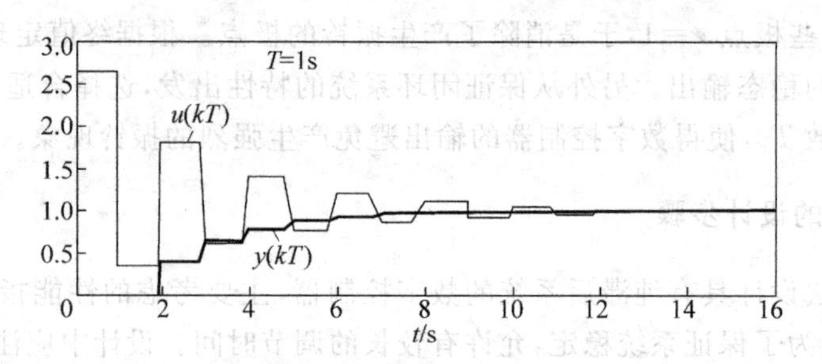

图 4.5.1 控制器输出及系统输出曲线

由此可得控制器输出为

$$U(z)=D(z)\frac{1}{(1-z^{-1})}=1.5208+1.3158z^{-1}+1.4445z^{-2}+1.2355z^{-3}+1.1642z^{-4}$$

相应的闭环系统脉冲传递函数为

$$G_c(z)=\frac{0.2271(1+0.733z^{-1})}{1-0.6065z^{-1}-1.664z^{-2}+0.1664z^{-3}}$$

$$y(z)=G_c(z)R(z)=0.2271z^{-2}+0.5312z^{-3}+0.7534z^{-4}+0.9011z^{-5}$$

修正后的控制器输出曲线及系统输出曲线，如图 4.5.2 所示。由图可看出控制器输出无振铃现象，而且控制器输出幅值也减小了。系统输出是稳定的，仅略有 2% 的超调量，调节时间增加了 2s。

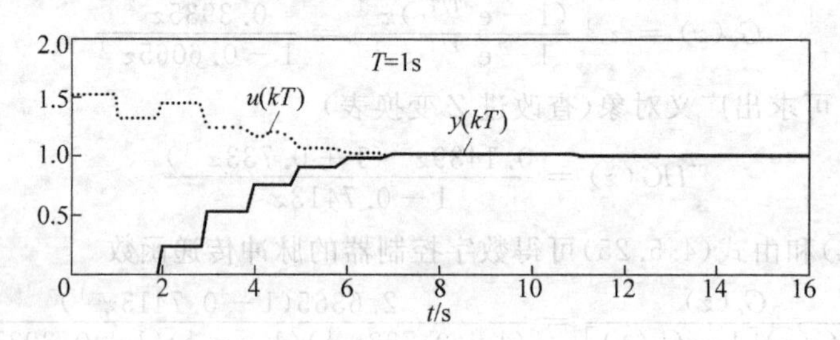

图 4.5.2 修正后的控制器及系统输出曲线

习题与思考题

1. 数字控制器模拟化设计方法有哪些步骤？
2. 写出数字 PID 控制器的位置算式、增量算式，并比较它们的特点。
3. 已知模拟调节器的传递函数为

$$D(s)=\frac{U(s)}{E(s)}=\frac{1+0.17s}{0.085s}$$

写出相应数字控制器的位置型和增量型控制算式，设采样周期 $T=0.2$s。

4. 简述扩充临界比例度法选择 PID 参数的步骤。
5. 采样周期的选择需要考虑哪些因素？
6. 简述离散化设计方法的设计步骤。
7. 设有限拍系统如图 4.4.1 所示，试设计分别在单位阶跃输入及单位速度输入作用

下，不同采样周期的有限拍无纹波系统，并计算输出响应、控制信号和误差，画出它们对时间变化的波形。

已知条件：

（1）采样周期分别为① $T=10$s；② $T=1$s；③ $T=0.1$s。

（2）对象模型为 $G(s)=\frac{5}{s(s+1)}$。

（3）保持器模型为 $H_0(s)=\frac{1-e^{-Ts}}{s}$。

8．某工业加热炉通过飞升曲线实验法测得参数为：$K=1.2$，$\tau=30$s，$T_1=320$s，即可以用带纯滞后的一阶惯性环节模型来描述。若采用零阶保持器，取采样周期 $T=6$s，试用大林算法设计工业炉温度控制系统的数字控制器的 $D(z)$，已知 $T_\tau=120$s。

9．已知被控对象传递函数为 $G(s)=\frac{e^{-s}}{(2s+1)(s+1)}$，采样周期 $T=1$s，试用大林算法设计，判断是否会出现振铃现象？如何消除？

10．设数字控制器 $D(z)=\frac{1}{1+0.4z^{-1}}$，试求 RA。

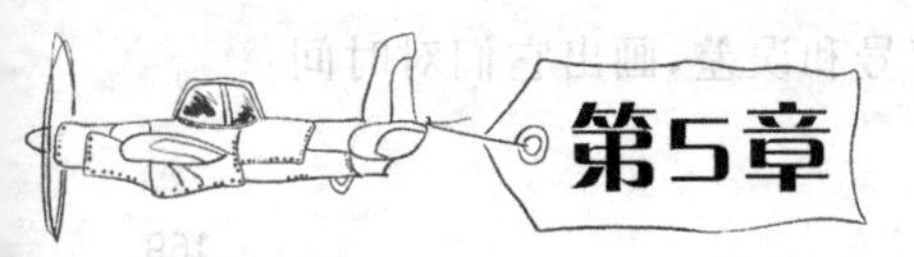

控制系统的数据处理

除了硬件电路外，计算机控制系统中还有软件，分为系统软件和应用软件。应用软件指根据系统的具体要求，由用户自己设计、开发，面向控制系统本身的程序。在进行计算机控制系统开发的过程中，根据控制过程的实际需要设计应用程序是很重要的一个环节。

应用软件的设计主要包括以下几个模块：系统界面模块、采集模块、控制模块、数据处理模块、打印显示模块、数据存储模块和数据传输模块等。

随着应用范围的不断扩大，软件技术也得到了很大的发展。在工业过程控制系统中，最常用的软件设计方法有汇编语言、C语言、Delphi语言及工业控制组态软件。汇编语言编程灵活，实时性好，便于实现控制，而C语言是一种功能很强的语言，特别是Visual C是一种面向对象的语言，用它编写程序非常方便，而且它还能很方便地进行接口；Delphi语言具有编译、执行速度快的特点；工业控制组态软件是专门为工业过程控制开发的软件，工业控制组态软件采用模块化的设计方法，给程序设计者带来极大的方便。通常，在智能化仪器或小型控制系统中多使用Visual C语言和Delphi语言开发；在某些专用大型工业控制系统中，常常采用控制组态软件。

本章主要介绍程序设计技术以及计算机数据处理过程常用的技术，如数据的预处理技术、软件抗干扰技术及查表与排序技术等。

5.1 程序设计技术

5.1.1 程序设计的步骤与方法

1. 程序设计步骤

一个完整的程序设计过程设计由以下几部分组成。

1）拟定设计任务书

根据实际系统的功能要求，写出软件具体实现的功能，即拟定设计任务书。设计任务书要条理清楚、内容完善。

2）建立数学模型并确定算法

根据实际情况，描述出各输出变量与输入变量之间的数学关系，即数学模型。数学模型

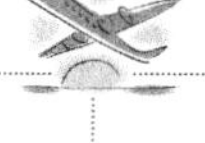

的正确度是系统性能好坏的决定性因素之一。例如在热电偶温度测量控制系统中,要得到当前的温度值,需要根据热电偶的输出电压与温度的关系,但该关系为非线性关系,这就涉及如何将其进行线性化处理,这对系统的测量精度起决定性的作用,也直接关系到系统的控制精度。所以系统的数学模型和根据数学模型确定的算法一定要统筹考虑,认真确定。

3）程序的总体设计及其流程图

从整体出发划分功能模块、安排程序结构并画出程序设计流程图。如根据系统的要求将程序大致分为数据采集模块、算法模块、串口接收发送模块、控制输出模块和故障诊断模块等,并规定每个模块的任务及其相互间的关系等。

程序流程图是用图形的方法将程序设计思路及程序流向完整地展现在平面图上,使程序结构直观、一目了然,有利于程序的审核、差错和修改。好的流程图可大量节省源程序的编辑、调试时间,保证程序的质量和正确性。

4）编写源程序

经上述几个步骤后进入编程阶段。根据系统总体设计的要求,按照流程图所设定的结构、算法和流向,选择合适的指令顺序编写,所编写的程序即为应用系统的源程序。在编写源程序时,要养成良好的注释习惯,即注明每条指令的功能或程序完成的功能、入口参数、出口参数、具体的编程时间等,以备程序的检查和修改,增加程序的可读性和可维护性。

5）源程序的编译与调试

不管是汇编语言还是C语言等高级语言编写的源程序都需要经过汇编或编译后才能进行调试。对于大型的应用程序,必须对程序反复进行严格、全面的调试和验证以及现场运行,直到完全正确、符合设计要求。

6）系统软件的整体运行与测试。

测试一般由两个阶段组成：第一阶段由程序员根据功能要求进行测试,并写出测试报告；第二阶段由专业程序测试人员完成,根据程序员的软件使用说明和功能进行测试,并出具测试结果和建议。

7）总结归纳进一步编写程序说明文件

程序说明文件是对程序工作进行的技术总结,有利于程序的后续修改、开发和经验交流,而且是正确使用、扩展和维护的必备文件。一般应包括以下几个方面的内容：

(1) 程序设计任务书,包括功能要求和技术指标；

(2) 程序流程图,资源分配、参数定义、带注释的源程序清单等；

(3) 数学模型和应用的算法；

(4) 实际功能及技术指标测试结果说明书；

(5) 软件使用及维护说明书。

2. 程序设计方法

程序设计时一般遵循模块化的程序设计思想。

1）模块化程序设计

模块化程序设计是把一个较长的复杂的程序分成若干个功能模块或子程序,每个功能模块执行单一的功能。每个模块单独设计、编程、调试后最终组合在一起,联结成整个系统的程序。程序模块通常按功能划分。

模块程序设计技术的优点是：单个模块的程序要比一个完整的程序更容易编写、查错和调试，并能为其他程序所用。其缺点是在把模块组合成一个大程序时，要对各模块进行连接，以完成模块之间的信息传送，其次使用模块程序设计占用的内存容量较多。

模块化程序设计可以按照自底向上和自顶向下两种思路进行设计。

(1) 自底向上

首先对最底层进行编程、测试。这些模块工作正常后，再用它们开发较高层次的模块。例如，在编写主程序之前，先开发各个子程序，然后，用一个测试用的主程序来测试每一个子程序。这是汇编语言程序设计常用的方法。自底向上程序设计的缺点是高层模块设计中的根本错误也许很晚才会发现。

(2) 自顶向下

自顶向下程序设计是在程序设计时，先从系统一级的管理程序(或者主程序)开始设计，从属的程序或者子程序用一些程序标志来代替，如编写一些空函数等。当系统一级程序编好后，再将各标志扩展成从属程序或子程序，最后完成整个系统的设计。程序设计过程大致分为以下几步：

① 写出管理程序并进行测试。尚未确定的子程序用程序标志来代替，但必须在特定的测试条件下(如人为设置标志或给定数据等)产生与原定程序相同的结果。

② 对每个程序标志进行程序设计，使它成为实际的工作程序。这个过程是和设计与查错同时进行的。

③ 对最后的整个程序进行测试。

自顶向下程序设计的优点是设计、测试和连接按同一个线索进行，矛盾和问题可以及早发现和解决；而且，测试能够完全按真实的系统环境来进行，不需要依赖于测试程序。这是将程序设计、编写程序、测试几步结合在一起的设计方法。自顶向下程序设计的缺点主要是上一级的错误将对整个程序产生严重的影响，一处修改有可能牵动全局，引起对整个程序的修改。

实际设计时，必须较好地规划、组织软件的结构，最好是两种方法结合进来，先开发高层模块和底层关键性模块。

2) 结构化程序设计方法

结构化程序设计的概念最早由 Dijkstra E. W 提出。1965 年他在一次会议上指出："可以从高级语言中取消 goto 语句"，"程序的质量与程序中所包含的 goto 语句的数量成反比。"1966 年，Bohm C 和 Jacopini G 证明了只用 3 种基本的控制结构就能实现任何单入口单出口的程序。这 3 种基本的控制结构是顺序、选择、循环。

结构化程序设计是一种程序设计技术，它采用自顶向下逐步求精的设计方法和单入口单出口的控制结构。在总体设计阶段采用自顶向下逐步求精的方法，可以把一个复杂问题的解决分解和细化成一个由许多模块组成的层次结构的软件系统。在详细设计或编码阶段采用自顶向下逐步求精的方法，可以把一个模块的功能逐步分解为一系列具体的处理步骤或某种高级语言的语句。

5.1.2 工业控制组态软件

组态的概念最早来自英文 Configuration，其含义是使用软件工具对计算机及软件的各种资源进行配置(包括进行对象的定义、制作和编辑，并设定其状态特征属性参数)，达到使

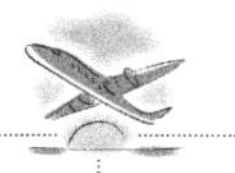

计算机或软件按照预先设置，自动执行特定任务，满足使用者要求的目的。它是伴随着集散控制系统的出现而引入工业控制系统的。

工业控制组态软件是标准化、规模化、商品化的通用过程控制软件，编写程序时不必了解计算机以及使用的仪表、设备，在计算机屏幕上采用图形化的方式，对输入、输出信号用“设备”组态的方法进行连接。在组态概念出现之前，要实现某一任务，都是通过编写程序(如使用BASIC语言、C语言、Delphi语言等)来实现的。编写程序不但工作量大、周期长，而且容易犯错误，不能保证工期。组态软件出现后，过去需要几个月完成的工作，通过组态几天就可以完成。

目前世界上的组态软件有近百种之多。国际上知名的工控组态软件有美国商业组态软件公司Wonderware公司的Intouch、Intellution公司的FIX、Nema Soft公司的Paragon、Rock Well公司的Rsview32、德国西门子公司的Win CC等。国内的组态软件起步也比较早，目前实际工业过程中运行可靠的有北京昆仑通态自动化软件科技有限公司的MCGS、北京三维力控科技有限公司的力控、北京亚控科技发展有限公司的组态王以及中国台湾地区研华公司的GENIE等。

MCGS系统组态软件有MCGS嵌入版组态软件、MCGS通用版组态软件、MCGS网络版组态软件。力控系列主要有pLerine通用组态软件、pSolidLerine嵌入式HMI/SCADA组态软件、三维力控pNetPower电力版自动化软件。

1. 嵌入式组态软件

嵌入式组态软件是基于嵌入式系统而言的。嵌入式系统是以应用为中心，软硬件可裁减，是应对功能、可靠性、成本、体积、功耗等有严格要求的专用计算机系统。它主要包括4个部分：嵌入式微处理器、外围硬件设备、嵌入式操作系统以及应用软件系统。嵌入式组态软件运行于Windows CE和Delta OS等嵌入式实施多任务操作系统。嵌入式软件在通用计算机环境下组态，组态好的应用系统要(一般通过网线)下载到嵌入式操作系统中运行，下载之后，程序不能修改。如果需要修改，必须在计算机上将程序修改后再重新下载。嵌入板是运行在嵌入式操作系统之上，执行速度非常快，系统的时间控制精度可以达到毫秒级。

嵌入式计算机主要包括单板计算机(SBC)、PC104计算机等。与标准计算机相比，嵌入式计算机具有以下优点。

(1) 功耗低，可靠性高。

(2) 功能强大，具有很高的性能价格比。

嵌入式计算机与计算机兼容，采用与标准计算机相同的硬件结构、软件操作系统和软件开发平台。使用嵌入式计算机进行产品开发时，设计人员不需要在嵌入式系统自身的硬件电路和底层操作系统软件设计上耗费大量精力，而是将设计工作的重点转向应用扩展卡、应用软件，将精力投入到终端产品开发上。

(3) 实时性强，支持多任务。

(4) 占用空间小，效率高。

嵌入式计算机的最主要的技术特点是将计算机的主要硬件(CPU、RAM、磁盘、扩展槽、I/O接口、网络等)集成在一张信用卡大小的主板上，将操作系统和应用软件存储在Flash芯片中(System in Chip)，极大地缩小了计算机的体积。例如PC104嵌入式计算机的体积只有一个肥皂盒大小。

2. 通用版组态软件

通用版组态软件主要应用于实时性要求不高的监测系统中,它的主要作用是用来做监测和数据后处理,比如动画显示、报表等,运行于 Microsoft Windows 95/98/Me/NT/2000/XP 等操作系统。通用版组态软件执行速度相对来说慢一些,时间通常都是在秒级。

3. 组态软件主要解决的问题

组态软件主要解决的问题如下:

(1) 如何与采集、控制设备间进行数据交换;

(2) 使来自设备的数据与计算机图形画面上的各个元素关联起来;

(3) 处理数据报警和系统报警;

(4) 存储历史数据并支持历史数据查询;

(5) 各类报表的生成和打印输出;

(6) 为使用者提供灵活多变的组态工具,适应不同领域的需求;

(7) 最终生成的应用系统运行稳定可靠;

(8) 具有第三方程序的接口,方便数据共享。

4. 组态软件的功能

(1) 强大的画面显示组态功能。目前,工控组态软件大都运行于 Windows 系统下,具有图表功能完备、界面美观的特点,提供给用户丰富的作图工具,可随心所欲地绘制出各种工业画面,并可任意编辑,从而将开发人员从繁重的画面设计中解放出来,丰富的动画连接方式,如隐含、闪烁、移动等,使画面生动、形象、直观。

(2) 良好的开放性。社会化的大生产使得系统构成的全部硬件不可能是一家公司的产品,"异构"是当今控制系统的主要特点之一。开放性指组态软件能与多种通信协议互联,支持多种硬件设备。开放性是衡量一个组态软件好坏的重要指标。组态软件向下应能与底层的数据设备通信,向上能与管理层通信实现上位机与下位机的双向通信。利用组态软件,用户只需要通过简单的组态就可构造自己的应用系统,从而将用户从烦琐的编程中解脱出来,使用户在编程时更加得心应手。

(3) 丰富的功能模块。提供丰富的控制功能库,满足用户的测控要求和现场要求。利用各种功能模块,完成实时监控、产生报表、显示历史曲线/实时曲线、提供报警等功能,使系统具有良好的人-机界面,易于操作。

(4) 强大的数据库。配有实时数据库,可存储各种数据,如模拟型、字符型等,实现与外部设备的数据交换。

(5) 可编程的命令语言。有可编程的命令语言,一般称为脚本语言,用户可根据自己的需要编写程序,增强图形界面。

(6) 周密的系统安全防范。对不同的操作者,赋予不同的操作权限,保证整个系统的安全可靠运行。

(7) 仿真功能。提供强大的仿真功能,使系统并行设计,从而缩短开发周期。

5.2　测量数据预处理技术

5.2.1　系统误差的自动校准

系统误差是指在相同条件下，经过多次测量，误差的数值(包括大小、符号)保持恒定，或按某种已知规律变化的误差。这种误差的特点是，在一定的测量条件下，其变化规律是可以掌握的，产生误差的原因一般也是知道的。因此，原则上讲，系统误差是可以通过适当的技术途径来确定并加以校正的。在系统的输入测量通道中，一般均存在零点偏移和漂移、放大电路的增益误差及器件参数的不稳定等现象，它们会影响测量数据的准确性。这些误差都属于系统误差。有时需对这些系统误差进行校准，实际中一般通过全自动校准和人工自动校准两种方法实现。

1. 全自动校准

全自动校准的特点是由系统自动完成，不需人的介入，可以实现零点和量程的自动校准。全自动校准结构如图 5.2.1 所示。

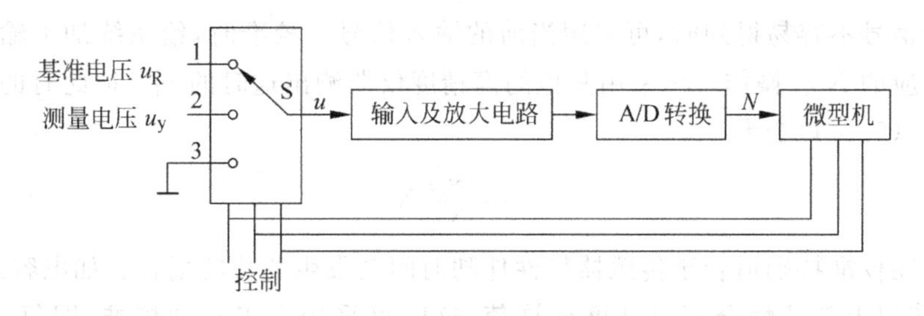

图 5.2.1　全自动校准结构

系统由多路转换开关(可以用 CD4051 实现)、输入及放大电路、A/D 转换电路、计算机组成。可以在刚通电或每隔一定时间，自动进行一次校准，找到 A/D 输出 N 与输入测量电压 u_y 之间的关系，以后再求测量电压时则按照该修正后的公式计算。校准步骤如下：

(1) 微机控制多路开关使 S 与 3 接通，则输入电压 $u=0$，测出此时的 A/D 值 N_0；

(2) 微机控制多路开关使 S 与 1 接通，则输入电压 $u=u_R$，测出此时的 A/D 值 N_R。

设测量电压与 u 与 N 之间为线性关系，其表达式为 $u=aN+b$，则上述测量结果满足：

$$\begin{cases} u_R = aN_R + b \\ 0 = aN_0 + b \end{cases} \tag{5.2.1}$$

联立求解式子(5.2.1)得

$$\begin{cases} a = \dfrac{u_R}{N_R - N_0} \\ b = \dfrac{u_R N_0}{N_0 - N_R} \end{cases} \tag{5.2.2}$$

从而得到校正后的公式：

$$u = \frac{u_R}{N_R - N_0}N + \frac{u_R}{N_0 - N_R}N_0 = \frac{u_R}{N_R - N_0}(N - N_0) = k(N - N_0) \tag{5.2.3}$$

这时的 u 与放大器的漂移和增益变化无关，与 u_R 的精度也无关，可大大提高测量精度，降低对电路器件的要求。

程序设计时，每次校准后根据 u_R、N_R、N_0 计算出 k，将 k 与 N_0 放在内存单元中，按式(5.2.3)，就可以计算出 u 值。

如果只校准零点时，实际的测量值为 $u=a(N-N_0)+b$。

2. 人工自动校准

上述校准只适合于基准参数是电信号的场合，且不能校正由传感器引入的误差，为此，可采用人工校准的方法。人工自动校准不是自动定时校准，而是由人工在需要时接入标准的参数进行校准测量，并将测量的参数存储起来以备使用。人工校准一般只测一个标准输入信号 y_R，零信号的补偿由数字调零来完成。设数字调零(即 $N_0=0$)后，输入 y_R，输出为 N_R，输入为 y，输出为 N，则可得

$$y=\frac{y_R}{N_R}N \tag{5.2.4}$$

计算$\frac{y_R}{N_R}$的比值，并将其输入计算机中，即可实现人工自动校准。

当校准信号不容易得到时，可采用当前的输入信号。校准时，给系统加上输入信号，计算机测出对应的 N_{IN}，操作者再采用其他的高精度仪器测出这时的 y_{IN}，把此时的 y_{IN} 当成标准信号，则式(5.2.4)变为

$$y=\frac{y_{IN}}{N_{IN}}N \tag{5.2.5}$$

人工自动校准特别适合于传感器特性伴随时间会发生变化的场合。如电容式湿敏传感器，一般一年以上其特性会超过精度允许值，这时可采用人工自动校准，即每隔一段时间(1个月或3个月)用高精度的仪器测出当前的湿度值，然后把它作为校准值输入计算机测量系统，以后测量时，就可以自动用该值来校准测量值。

5.2.2 线性化处理

许多常见的测温元件，其输出与被测量之间呈非线性关系，因而需要线性化处理和非线性补偿。

1. 铂热电阻的阻值与温度的关系

Pt100 铂热电阻适用于测量 $-200\sim850$℃全部或部分范围测量，其主要特性是测温精度高，稳定性好。Pt100 阻值与温度的关系分为两段：$-200\sim0$℃和 $0\sim800$℃，其对应关系如下：

(1) $-200\sim0$℃范围内，有

$$R_T=R_0[1+AT+BT^2+C(T-100)T^3] \tag{5.2.6}$$

(2) $0\sim800$℃范围内，有

$$R_T=R_0(1+AT+BT^2) \tag{5.2.7}$$

其中，$A=3.908\ 02\times10^{-3}$℃$^{-1}$，$B=-5.802\times10^{-7}$℃$^{-2}$，$C=-4.273\ 50\times10^{-12}$℃$^{-4}$，$R_0=$

100Ω(0℃时的电阻值)，R_T 为对应测量温度的电阻值，T 为检测温度。

若已知铂热电阻的阻值(一般通过加恒流源测量电压得到)，可以按照式(5.2.6)和式(5.2.7)计算温度 T，但由于涉及平方运算，计算量较大。一般先根据公式计算出所测量温度范围内温度与铂热电阻的对应关系表，即分度表，然后将分度表输入计算机中，利用查表的方法实现；或者根据式(5.2.6)和式(5.2.7)画出对应的曲线，然后分段进行线性化，即用多段折线代替曲线。线性化过程见5.2.5小节"插值算法"。

2. 热电偶热电势与温度的关系

热电偶热电势与温度之间的关系也是非线性关系。先介绍几种热电偶的热电势与温度的关系，然后找到通用公式进行线性化。

1) 铜-康铜热电偶

以 T 表示检测温度，E 表示热电偶产生的热电势(下同)，则 T-E 关系如下：

$$T = a_8E^8 + a_7E^7 + a_6E^6 + a_5E^5 + a_4E^4 + a_3E^3 + a_2E^2 + a_1E \tag{5.2.8}$$

其中，$a_1=3.874\,077\,384\,0\times10^{-2}$，$a_2=3.319\,019\,809\,2\times10^{-5}$，$a_3=2.071\,418\,364\,5\times10^{-7}$，$a_4=-2.194\,583\,482\,3\times10^{-9}$，$a_5=1.103\,190\,055\,0\times10^{-11}$，$a_6=-3.092\,758\,189\,0\times10^{-4}$，$a_7=4.565\,333\,716\,0\times10^{-17}$，$a_8=-2.761\,687\,804\,0\times10^{-20}$。

当误差规定小于±0.2℃时，在0～400℃范围内仅取如下4项计算温度：

$$T = b_4E^4 + b_3E^3 + b_2E^2 + b_1E \tag{5.2.9}$$

其中，$b_1=2.566\,129\,7\times10$，$b_2=-6.195\,486\,9\times10^{-1}$，$b_3=2.218\,164\,4\times10^{-2}$，$b_4=-3.550\,090\,0\times10^{-4}$。

2) 铁-康铜热电偶

当误差规定小于±1℃时，在0～400℃范围内，按式(5.2.10)计算温度：

$$T = b_4E^4 + b_3E^3 + b_2E^2 + b_1E \tag{5.2.10}$$

其中，$b_1=1.975\,095\,3\times10$，$b_2=-1.854\,260\,0\times10^{-1}$，$b_3=8.368\,395\,8\times10^{-3}$，$b_4=-1.328\,568\,0\times10^{-4}$。

3) 镍镉-镍铝热电偶

在400～1000℃范围内，按式(5.2.11)计算温度：

$$T = b_4E^4 + b_3E^3 + b_2E^2 + b_1E + b_0 \tag{5.2.11}$$

其中，$b_0=-2.470\,711\,2\times10$，$b_1=2.946\,563\,3\times10$，$b_2=-3.133\,262\,0\times10^{-1}$，$b_3=6.507\,571\,7\times10^{-3}$，$b_4=-3.966\,383\,4\times10^{-5}$。

综上所述，常见的 T-E 关系可以用式(5.2.12)表示：

$$T = c_4E^4 + c_3E^3 + c_3E^2 + c_1E + c_0 \tag{5.2.12}$$

式(5.2.12)可化为

$$T = \{[(c_4E + c_3)E + c_2]E + c_1\}E + c_0 \tag{5.2.13}$$

编程时利用式(5.2.13)计算，较式(5.2.12)省去了四次方、三次方、平方等运算，简化计算过程。也可以如热电阻处理所述，利用查表或线性化处理的方法。

5.2.3 量程变换

量程自动切换是实现自动测量的重要组成部分，它使测量过程自动迅速地选择在最佳

量程上，这样既能防止数据溢出和系统过载，又能防止读数精度损失。下面用图 5.2.2 说明。图 5.2.2 是模拟信号输入通道略去增益为 1 的环节后的简化框图，也就是说图 5.2.2 只包含了模拟信号输入通道中导致信号幅度变化因而影响量程选择的三个环节。假设被测量为 x，传感器灵敏度为 S，从传感器到 A/D 间信号输入通道的总增益（即各放大增益的连乘积）为 K，A/D 转换器满度输入电压为 E，满度输出数字为 N_{FS}（例如 8 位自然二进制码 A/D 满度输出数字为 FFH，$3\frac{1}{2}$位 BCD 码 A/D 满度输出数字为 1999 等），则被测量 x 对应的输出数字 N_x 为

$$N_x = \frac{V_x}{q} = \frac{xSK}{E/N_{FS}} \tag{5.2.14}$$

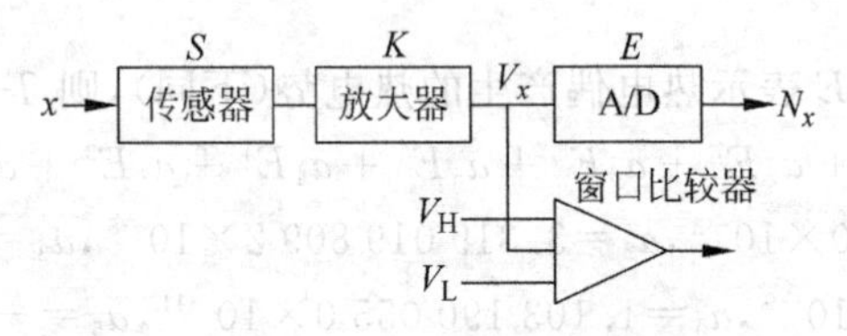

图 5.2.2　数字测量简化过程

因 A/D 量化最大绝对误差为 q，故相对误差即读数精度为

$$\delta_x = \frac{q}{V_x} = \frac{1}{N_x} = \frac{E/N_{FS}}{xSK} \tag{5.2.15}$$

为了不使数据溢出，需满足以下条件

$$xSK \leqslant E \tag{5.2.16}$$

为了不使读数精度受损失，若要求读数精度不低于 δ_0，即 $\delta_x \leqslant \delta_0$，则应满足以下条件：

$$N_x \geqslant \frac{1}{\delta_0} \tag{5.2.17}$$

为了既不使数据溢出，又不使读数精度受损失，通道总增益 K 必须同时满足以上两个条件，即

$$\frac{E/N_{FS}}{\delta_0 xS} \leqslant K \leqslant \frac{E}{xS} \tag{5.2.18}$$

对于多路集中采集式测试系统，各路的被测量 x 和传感器灵敏度 S 都不相同。因此由上式确定的通道总增益 K 也不相同，为满足各路信号对通道总增益的要求，还应在多路开关之后设置程控增益放大器（PGA），当多路开关接通第 i 道时，程控增益放大器的增益应满足下式：

$$\frac{E/N_{FS}}{\delta_0 x_i S_i} \leqslant K_i \leqslant \frac{E}{x_i S_i} \tag{5.2.19}$$

式中，K_i 为第 i 道总增益。

即使是单路信号测试系统，如果被测信号幅度随时间延续而增大或缩小，放大器的增益也要相应减小或增大，因此也应设置程控增益放大器或瞬时浮点放大器，以便在不同时段，使用不同的增益来满足式(5.2.19)的要求。

综上所述可知，针对不同的信号幅度，测试系统必须切换不同的放大器增益，才能保证式(5.2.19)得到满足，这就叫“量程的切换”。当放大器增益满足式(5.2.19)时，就意味着测

试系统工作在“最佳量程”。为此，可在图 5.2.2 中设置一个窗口比较器，其窗口比较电平分别为

$$V_H = E \tag{5.2.20}$$

$$V_L = \frac{E}{N_{FS}\delta_0} \tag{5.2.21}$$

若 $V_x > V_H$，则意味着“过量程”，应该改用小的增益，即切换到较大量程；若 $V_x < V_L$，则意味着“欠量程”，应该改用大的增益，即切换到较小量程。

如果测试结果用 m 位十进制数显示，则可用显示器上小数点的移动反映量程的变化，这时通道总增益 K 可分 m 挡并以十倍率变化。窗口下比较电平 V_L 应不高于上比较电平 V_H 的 $\frac{1}{10}$，即 $V_L \leqslant V_H/10$。在实际工作中为避免噪声干扰影响比较结果的稳定，一般可以取 $V_H = 0.95E$。

为了实现量程切换，除了在输入通道中采用数控放大器(程控增益放大器、瞬时浮点放大器)外，也可以在通道中串入数控衰减器。数控衰减器可由电阻分压网络和多路开关 MUX 构成，如图 5.2.3 所示。通过控制 MUX 可改变衰减器的衰减系数。微机根据窗口比较器的比较结果来控制数控增益放大器或数控衰减器中的 MUX 动作，以实现量程切换，微机控制量程自动切换的程序流程如图 5.2.4 所示。

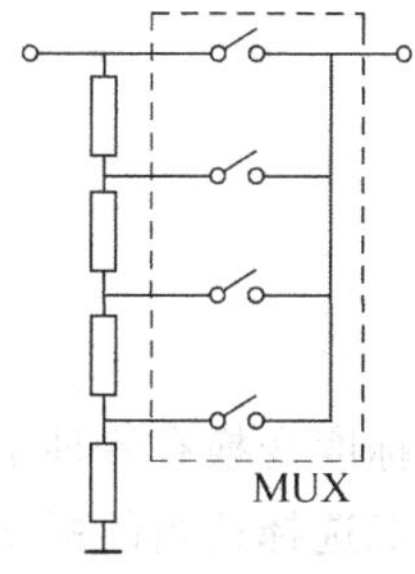

图 5.2.3　数控衰减器电路

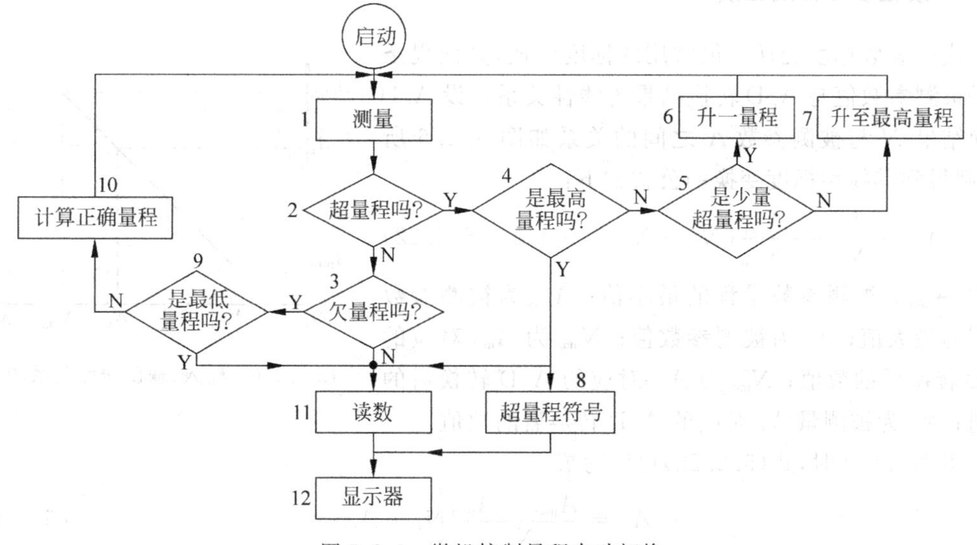

图 5.2.4　微机控制量程自动切换

5.2.4　标度变换

生产中的各个参数都有着不同的量纲，如测温元件用热电偶或热电阻，温度单位为℃。又如测量压力用的弹性元件膜片、膜盒以及弹簧管等，其压力范围从几帕到几十兆帕。而测量流量则用节流装置，其单位为 m^3/h 等。在测量过程中，所有这些参数都经过变送器或传感器再利用相应的信号调理电路，将非电量转换成数字量送到计算机进行显示、打印等相关

的操作。而A/D转换后的这些数字量并不一定等于原来带量纲的参数值,它仅仅与被测参数的幅值有一定的函数关系,所以必须把这些数字量转换为带有量纲的数据,以便显示、记录、打印、报警以及操作人员对生产过程进行监视和管理。将A/D转换后的数字量转换成与实际被测量相同量纲的过程称为标度变换,也称为工程量转换。如热电偶测温,其标度变换说明如图5.2.5所示,要求显示被测温度值。其电压输出与温度之间的关系表示为 $u_1=f(T)$,温度与电压值存在一一对应的关系;经过放大倍数为 K_1 的线性放大处理后,$u_2=K_1u_1=K_1f(T)$,再经过A/D转换后输出为数字量 D_1,D_1 数字量与模拟量成正比,其系数为 K_2,则 $D_1=K_1K_2f(T)$。这就是计算机接收到的数据,该数据只是与被测量温度有一定函数关系的数字量,并不是被测温度,所以不能显示该数值。要显示的被测温度值需要利用计算机对其进行标度变换,即需推导出 T 与 D_1 的关系,再经过计算得到实际温度值。

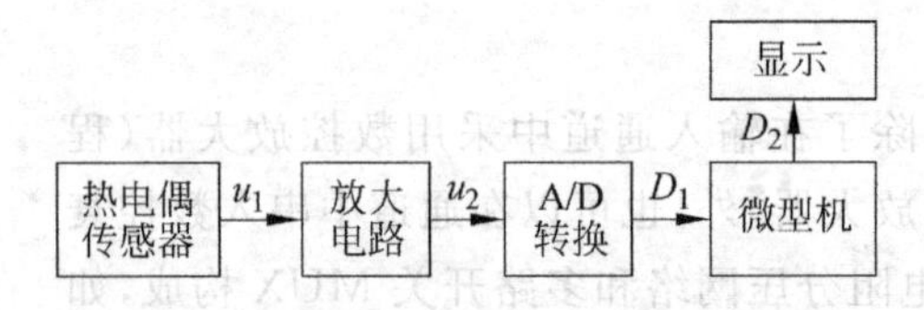

图5.2.5 热电偶测温中的标度变换

标度变换有各种不同类型,它主要取决于被测参数测量传感器的类型,设计时应根据实际情况选择适当的标度变换方法。

1. 线性参数标度变换

线性参数标度变换是最常用的标度变换,其前提条件是被测参数值与A/D转换结果为线性关系。设A/D转换结果 N 与被测参数 A 之间的关系如图5.2.6所示,则得到其线性标度变换的公式如下:

$$A_x=\frac{A_{\max}-A_{\min}}{N_{\max}-N_{\min}}(N_x-N_{\min})+A_{\min} \quad (5.2.22)$$

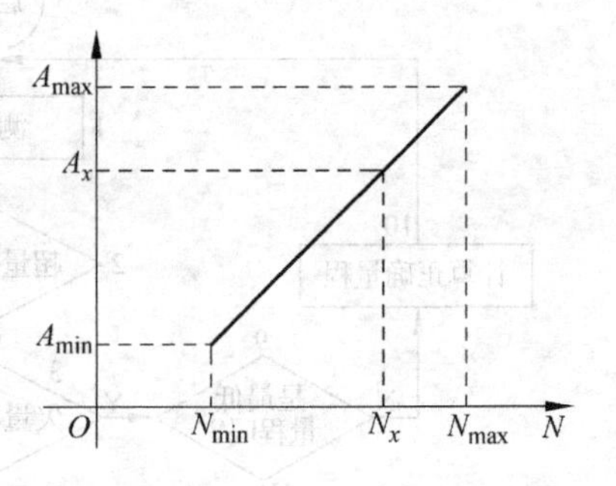

图5.2.6 输入、输出线性关系图

式中,$A_{\min}$ 为被测参数量程的最小值;$A_{\max}$ 为被测参数量程的最大值;A_x 为被测参数值;$N_{\max}$ 为 $A_{\max}$ 对应的A/D转换后的数值;$N_{\min}$ 为 $A_{\min}$ 对应的A/D转换后的数值;N_x 为被测量 A_x 对应的A/D转换后的数值。

当 $N_{\min}=0$ 时,式(5.2.22)可以写成

$$A_x=\frac{A_{\max}-A_{\min}}{N_{\min}}N_x+A_{\min} \quad (5.2.23)$$

在许多测量系统中,被测参数量程的最小值 $A_{\min}=0$,对应 $N_{\min}=0$,则式(5.2.23)可以写成

$$A_x=\frac{A_{\max}}{N_{\max}}N_x \quad (5.2.24)$$

根据上述公式编写的程序称为标度变换程序。编写标度变换程序时,$A_{\min}$、$A_{\max}$、$N_{\max}$、$N_{\min}$ 为已知值,可将式(5.2.22)变换为 $A_x=A(N_x-N_{\min})+A_{\min}$,事先计算出 A 值,则计算过程包括一次减法、一次乘法、一次加法,相对于按式(5.2.22)直接计算简单。

2. 非线性参数标度变换

前面的标度变换公式只适用于A/D转换结果与被测量为线性关系的系统。但实际中有些传感器测得的数据与被测物理量之间不是线性关系,存在着由传感器测量方法所决定的函数关系,并且这些函数关系可以用解析式表示。一般而言,非线性参数的变化规律各不相同,故其标度变换公式亦需根据各自的具体情况建立,这时可以采用直接解析式计算。

1) 公式变换法

例如,在流量测量中,流量与差压间的关系式为

$$Q = K\sqrt{\Delta P} \tag{5.2.25}$$

式中,Q 为流量;K 为刻度系数,与流体的性质及节流装置的尺寸相关;ΔP 为节流装置的差压。

可见,流体的流量与被测流体流过节流装置前后产生的压差的平方根成正比。如果后续的信号处理及A/D转换后为线性转换,则A/D数字量输出与差压信号成正比,所以流量值与A/D转换后的结果的平方根成正比。

根据式(5.2.25)及式(5.2.22)可以推导出流量计算时的标度变换公式为

$$Q_x = \frac{Q_{\max} - Q_{\min}}{\sqrt{N_{\max}} - \sqrt{N_{\min}}}(\sqrt{N_x} - \sqrt{N_{\min}}) + Q_{\min} \tag{5.2.26}$$

式中,$Q_{\min}$为被测流量量程的最小值;$Q_{\max}$为被测流量量程的最大值;Q_x 为被测流体流量值。

实际测量中,一般流量量程的最小值为0,所以式(5.2.26)可以化简为

$$Q_x = \frac{Q_{\max}}{\sqrt{N_{\max}} - \sqrt{N_{\min}}}(\sqrt{N_x} - \sqrt{N_{\min}}) \tag{5.2.27}$$

若流量量程的最小值对应的数字量 $N_{\min}=0$,则式(5.2.27)进一步化简为

$$Q_x = Q_{\max}\frac{\sqrt{N_x}}{\sqrt{N_{\max}}}\sqrt{N_x} \tag{5.2.28}$$

根据上述公式编写标度变换程序时,$Q_{\min}$、$Q_{\max}$、$N_{\max}$、$N_{\min}$为已知值,可将式(5.2.26)、式(5.2.27)、式(5.2.28)变换为

$$Q_x = A_x(\sqrt{N_x} - \sqrt{N_{\min}}) + Q_{\min} \tag{5.2.29}$$

$$Q_x = A_2(\sqrt{N_x} - \sqrt{N_{\min}}) \tag{5.2.30}$$

$$Q_x = A_3\sqrt{N_x} \tag{5.2.31}$$

式(5.2.29)、式(5.2.30)、式(5.2.31)为常用条件下的流量计算式。编程时先计算出A_1、A_2、A_3 值,再按上述公式计算。

2) 其他标度变换法

许多非线性传感器并不像上面讲的流量传感器那样,可以写出一个简单的公式,或者虽然能够写出,但计算相当困难,这时可采用多项式插值法,也可以用线性插值法或查表法进行标度变换。

5.2.5 插值算法

实际系统中,一些被测参数往往是非线性参数,常常不便于计算和处理,有时甚至很难

找出明确的数学表达式,需要根据实际检测值或采用一些特殊的方法来确定其与自变量之间的函数值;在某些时候,虽然有较明显的解析表达式,但计算起来也相当麻烦。例如,在温度测量中,热电阻及热电偶与温度之间的关系即为非线性关系,很难用一个简单的解析式来表达;而在流量测量中,流量孔的差压信号与流量之间也是非线性关系。即使能够用公式 $Q=K\sqrt{\Delta P}$ 计算,但开方运算不但复杂,而且误差也比较大。另外,在一些精度及实时性要求比较高的仪表及测量系统中,传感器的分散性、温度的漂移以及机械滞后等引起的误差很大程度上都是不能允许的。诸如此类的问题,在模拟仪表及测量系统中解决起来相当地麻烦,甚至是不可能的。而在实际测量和控制系统中,都允许有一定范围的误差。因此,在实际系统中可以采用计算机处理,用软件补偿的办法进行校正。这样,不仅能节省大量的硬件开支,而且精度也大为提高。

1. 线性插值算法

计算机处理非线性函数应用最多的方法是线性插值法。线性插值法是代数插值法中最简单的形式。假设变量 y 和自变量 x 的关系如图 5.2.7 所示。

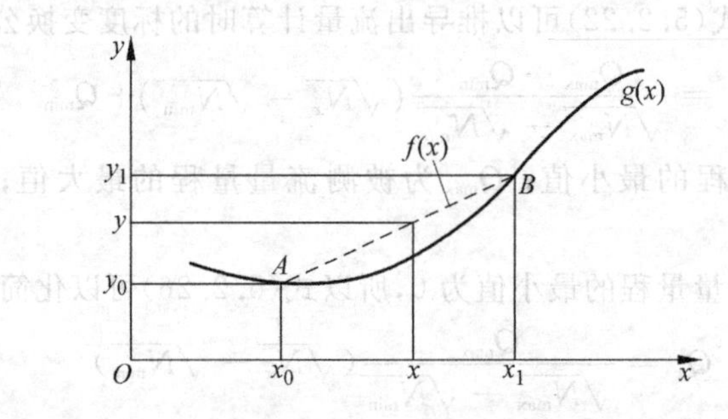

图 5.2.7 线性插补法示意图

为了计算出现自变量 x 所对应的变量 y 的数值,用直线 $\overline{AB}$ 代替弧线 $\overset{\frown}{AB}$,由此可得方程

$$f(x)=ax+b \tag{5.2.32}$$

根据插值条件,应满足

$$\begin{cases} y_0=ax_0+b \\ y_1=ax_1+b \end{cases} \tag{5.2.33}$$

解方程(5.2.32)和方程组(5.2.33),可求出直线方程的参数,得到直线方程的表达式为

$$f(x)=\frac{y_1-y_0}{x_1-x_0}(x-x_0)+y_0=k(x-x_0)+y_0 \tag{5.2.34}$$

由图 5.2.7 可以看出,插值点 x_0 与 x_1 之间的间距越小,则在这一区间内 $f(x)$ 与 $g(x)$ 之间的误差越小。利用式(5.2.33)可以编写程序,只需要进行一次减法、一次乘法和一次加法运算。因此,在实际应用中,为了提高精度,经常采用几条直线来代替曲线,此方法称为分段插值算法。

2. 分段插值算法

分段插值算法的基本思想是将被逼近的函数(或测量结果)根据其变化情况分成几段,

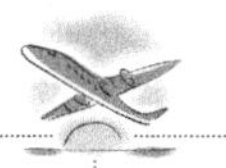

为了提高精度及缩短运算时间，各段可根据精度要求采用不同的逼近公式。最常见的是线性插值和抛物线插值。分段插值的分段点的选取可按实际曲线的情况及精度的要求灵活决定。

分段插值算法程序设计步骤如下：

(1) 用实验法测量出传感器的输出变化曲线 $y=g(x)$（或各插值节点的值(x_i,y_i)，$i=0,1,2,\cdots,n$）。为使测量结果更接近实际值，要反复进行测量，以便求出一个比较精确地输入输出曲线。

(2) 将上述曲线进行分段，选取各插值基点。曲线分段的方法主要有两种：等距分段法和非等距分段法。

① 等距分段法。等距分段法及沿 x 轴等距离地选取插值基点。这种方法的主要优点是 $x_{i+1}-x_i$ 为常数，简化计算过程。但是，当函数的曲率和斜率变化比较大时，将会产生一定的误差，要想减小误差，必须把基点分得很细，这样，势必占用更多的内存，并使计算机的计算量加大。

② 非等距分段法。非等距分段法的特点是函数基点的分段是不等距的，而是根据函数曲线形状的变化率的大小来修正差值间的距离，曲率变化大的，插值距离小一点。也可以使常用刻度范围插值距离小一点，而曲线比较平缓和非常用刻度区域距离取大一点。所以非等距插值基点的选取相对于等距分段法麻烦。

(3) 根据各插值基点的(x_i,y_i)值，使用相应的插值公式，求出实际曲线 $g(x)$ 每一段的近似表达式 $f_n(x)$。

(4) 根据 $f_n(x)$ 编写出相应程序。

编写程序时，必须首先判断输入值 x 处于哪一段，即将 x 与各插值基点的数值 x_i 进行比较，以便判断出该点所在的区间，然后，根据对应段的近似公式进行计算。

值得说明的是，分段插值算法总的光滑度都不太高，这对于某些应用的存在是有缺陷的。但是，就大多数工程要求而言，已能基本满足需要。在这种局部化的方法中，要提高光滑度，就得采用更高阶的导数值，多项式的次数亦需相应增高。为了只用函数值本身，并在尽可能低的次数下达到较高的精度，可以采用样条插值法。

5.2.6　越限报警处理

在计算机控制系统中，被测参数经上述数据处理后，参数送显示。但为了安全生产，对于一些重要的参数要判断是否超出了规定工艺参数的范围。如果超越了规定的数值，要进行报警处理，以便操作人员及时采取相应的措施。

越限报警是工业控制过程常见而又实用的一种报警形式，它分为上限报警、下限报警和上下限报警。如果需要判断的报警参数是 x_n，该参数的上下限约束值分别为 $x_{\max}$ 和 $x_{\min}$，则它们的物理意义如下：

(1) 上限报警。若 $x_n>x_{\max}$，则上限报警，否则执行原定操作。

(2) 下限报警。若 $x_n<x_{\max}$，则下限报警，否则执行原定操作。

(3) 上下限报警。若 $x_n>x_{\max}$，则上限报警，否则继续判断 $x_n<x_{\max}$ 是否成立。若成立，则下限报警；否则继续执行原定操作。

根据上述规定，编写程序可以实现对被控参数、偏差、控制量等进行上下限报警。

5.3 查表及数据排序技术

计算机控制系统中，有些参数的计算非常复杂，用计算法计算不仅程序长，难以计算，而且需要耗费 CPU 大量的空间，还有一些非线性参数，它们不是用一般算术运算就可以计算出来的，而是要涉及指数、对数、三角函数以及积分、微分等运算。所有这些运算用汇编语言编写程序都比较复杂，有些甚至无法建立相应的数学模型。为了解决这些问题，可以采用查表法。

所谓查表法，就是把事先计算或测得的数据按一定顺序编制成表格，查表程序的任务就是根据被测参数的数值或者中间结果，查出最终所需要的结果，一般将要查询的数据或字符称为关键字。查表法是常用的非数值计算方法，可完成数据的补偿、计算、标度变换等各种功能。查表程序在计算机控制系统中应用非常广泛，常用的键盘处理程序中，查找按键相应的命令处理子程序入口地址，取得 LED 数码管的显示代码等，在一些快速的场合，根据自变量的值，从函数表上查找出相应的函数值等。

查表程序的繁简程度及查询时间的长短，除与表格的长短有关外，很重要的因素在于表格的排列方法。一般来讲，表格有两种排列方法：①无序表格，即表中数据任意排列；②有序表格，即表中数据按一定顺序排列，如按升序或降序排列等。

5.3.1 数据排序技术

数据排序的目的就是把无序的数据表按大小顺序排列，变成有序的数据表。首先，在计算机编程中排序是一个经常遇到的问题。数据只有经过排序后，才更有意义。其次，排序算法说明了许多重要的算法技术，例如二进制细分、递归和线性添加。最后要说明的一点是，不同的方法有不同的优缺点，没有一种方法在任何情况下都是最好的方法。

在排序过程中，若所有的数据都是放在内存中处理，排序时不涉及数据的内、外存交换，称为内部排序(简称内排序)；若排序过程中要进行数据的内、外存交换，则称之为外部排序。常用的排序方法有直接插入排序、希尔排序、选择排序和快速排序等。

1. 直接插入排序

直接插入排序是每次把第 i 个数据与前 $i-1$ 个数据逐个进行比较，一旦找到合适的位置就进行插入。该方法类似于玩纸牌时按大小顺序整理手中的纸牌。图 5.3.1 所示为实现直接插入排序的过程。

初始数据	55	45	78	12	34	23	11	66
i=2	45	55	78	12	34	23	11	66
i=3	45	55	78	12	34	23	11	66
i=4	12	45	55	78	34	23	11	66
i=5	12	34	45	55	78	23	11	66
i=6	12	23	34	45	55	78	11	66
i=7	11	12	23	34	45	55	78	66
i=8	11	12	23	34	45	55	66	78

图 5.3.1 直接插入排序示例

2. 希尔排序

先取一个小于 n 的整数 d_1 作为第一个增量，把所有的数据分成若干组。所有距离为 d_1 的倍数的数据放在同一个组中，如 $d_1=5$，则表中的第 1、6、11、16、…个数据分成一组；表中的第 2、7、12、17、…个数据分成一组，以此类推，并在组内进行排序。然后取增量 $d_2<d_1$，重复上述的分组和排序，直至所取的增量 $d_t=1(d_t<d_{t-1}<\cdots<d_2<d_1)$，即所有记录放在

同一组中进行直接插入排序为止。

该方法实质上是一种分组插入方法，是对直接插入排序的改进，每一遍以不同的增量进行直接插入排序。如图 5.3.2 所示，第一遍增量为 4，第二遍增量为 2，第三遍增量为 1。增量为 1 时，便是插入排序。经过前面几遍的跳跃式排序，所有记录已几乎有序，所以最后一遍作插入排序时，数据移动量较小，由于在前面几遍的排序中不需要逐项进行比较，从而减少了数据移动，提高了排序的速度。

3. 选择排序

选择排序法是一个很简单的算法。设有 n 个数据，首先找到数据表中 n 个数据中最小的数据，然后将这个数据同第一个数据交换位置；接下来在其余的($n-1$)个数据中找出最小(n 个数据中的第二小)的数据，再将其同第二个数据交换位置，以此类推，从($n-1$)个逐步减小到一个(即 n 个数据中的最大数据)，图 5.3.3 所示为实现选择排序的过程。

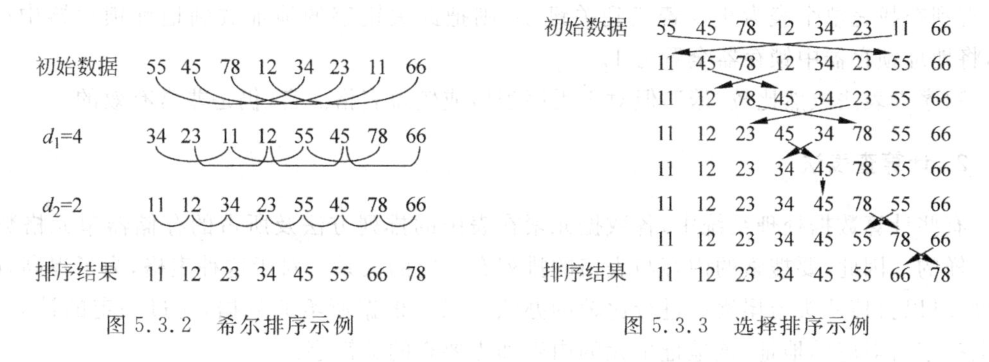

图 5.3.2 希尔排序示例　　　　图 5.3.3 选择排序示例

4. 快速排序

快速排序是目前内部排列中速度较快的一种排序方法，对于大量数据的排序特别有用。

其基本原理是：首先检查数据列表中的数据数，如果小于两个，则直接退出程序。如果有超过两个以上的数据，就从数据表中随机选择一个数据作为分割点，然后将数据表分成两个部分，小于分割点的数据放在一组，其余的放在另一组，然后分别对两组数据排序。

按分割点进行排序的方法如下：首先将分割点数据与表中第一个数据互换，即将分割点放于数据表的第一个位置，用 d_1 表示；从表中最末项 d_j 开始往前与 d_1 比较，找到 $d_k < d_1$ 进行交换($1 < k \leqslant j$)；再从第二个数据 d_2 开始往后与其他数据比较，找到 $d_k < d_2$ 再交换($2 < k \leqslant j$)；继续此过程，直至将数据按分割点分成两部分，前面的数据都小于 d_1，后面的数据都大于 d_1；然后对两组数据进行排序。

假设初始数据为：55　45　78　12　34　23　11　66。取分割点数据为 34，图 5.3.4 显示了快速排序过程，则将初始数据按分割点分成两部分。

34 45 78 12 55 23 11 66
11 45 78 12 55 23 34 66
11 34 78 12 55 23 45 66
11 23 78 12 55 34 45 66
11 23 34 12 55 78 45 66
11 23 34 12 55 78 45 66
11 23 12 34 55 78 45 66

图 5.3.4 快速排序过程示例

5.3.2 查表技术

表的排列方式分为无序表格和有序表格，查表的方法也不同。查表的方法主要有顺序查表法、计算查表法和对分查表法等。

1. 顺序查表法

顺序查表法又称为线性查表法，是针对无序表格查询的一种方法。这种方法的特点是程序设计简单，但是查询效率很低。因为无序表格中所有各项的排列均无一定的规律，所以，只能按照顺序从第一项开始逐项寻找，直到找到所要查找的关键字为止。顺序查表法只适用于表中数据较少的情况。

程序设计时一般将要查找的关键字放在内存单元中，数据表格放在内存单元中。首先取出关键字，然后逐一与表中的数据进行比较。如果没找到，则修改地址，继续比较下一个数，直到查找完整个表为止。若找到关键字，则把此关键字的地址放到地址锁存器中；否则，将地址锁存器中锁存器全置为1。

顺序查表法虽然比较“笨”，但对于无序表格或较短表格而言，仍是非常有效的。

2. 计算查表法

有些计算数据处理系统中，各数据元素在表中的排列方法及所占的存储器单元格数都是一样的。因此，要搜索的内容与表格的排列有一定的关系。对于这种表格，为了提高查表速度，可以丢掉从头至尾逐一进行比较的办法。只要根据所给的数据，通过一定的计算，求出关键字所对应的地址，该地址单元的内容即为要查的关键字。

计算查表法又称直接查表法，一般是通过式(5.3.1)进行查找，即

$$D = KN + F \tag{5.3.1}$$

式中，K 为关键字；D 为关键字在表中的地址；N 为表中每个数据的字节数；F 为数据表的首地址。一般也把 KN 称为偏移地址。

这种有序表格要求各元素在表中排列的格式及所占用的空间必须一致，而且表中各元素严格按顺序排列。它适用于某些数值计算程序、功能键地址转移程序以及数码转换程序等。

采用计算查表法时，对于每一个数值，首先按上述公式计算出关键字所对应的存储单元地址，而后从该地址单元中取出关键字即可。

3. 对分查表法

前面介绍的两种查表方法，顺序查表法速度比较慢，计算查表法虽然速度很快，但对表格的要求比较挑剔，因而都具有一定的局限性。在实际应用中，很多表格都比较长，且难以用计算查表法进行查找，但它们一般都能满足从大到小或从小到大的排列顺序，如热电偶的电压和温度对照表、流量测量中差压与流量对照表等。对于这样的表格，可以采用对分查表法，这是一种快速而有效的方法，要比顺序查表法快很多。

对分查表法的具体做法是：先选择表中间的一个数据 d，与要搜索的关键字 k 进行比较，若相等，则查到；若不等，则继续查找。对于从小到大的顺序来说如果 $k>d$，则取表的

后半中间的数据 d_1，如果 $k<d_1$，那就再取表的前半部中间的数据，再与 k 进行比较，这样重复执行，直到找到多需要的记录。如果没有，则查找失败。

设数据表排列顺序为

12　23　34　45　55　66　78

若 L、H 和 D 为表首、尾和中间的序号。设要查找的数据为 45，查找过程如下：

```
第一次：  11   12   23   34   45   55   66   78
          ↑              ↑                   ↑
         L=1            D=4                 H=8
第二次：  11   12   23   34   45   55   66   78
                              ↑    ↑         ↑
                             L=5  D=6       H=8
第三次：  11   12   23   34   45   55   66   78
                              ↑
                         L=5 D=5 H=5
```

其中，$D=\mathrm{INT}[(L+H)/2]$，INT 表示取整数。经过 3 次比较找到数据 45。由此可见，对分查表比顺序查表查找速度快，但前提是表格为有序表格。

5.4 数字滤波技术

在工业过程控制系统中，由于被控对象所处环境比较恶劣，常存在干扰，如环境温度、电场、磁场等，使采样值偏离真实值。噪声有两大类：周期性的和不规律的。周期性的如 50Hz 的工频干扰；而不规则的噪声为随机信号。对于各种随机出现的干扰信号，可以通过数字滤波的方法加以削弱或滤除，从而保证系统工作的可靠性。所谓数字滤波，就是通过一定的计算程序或判断程序减少干扰在有用信号中的比重。数字滤波器与模拟滤波器相比，具有以下优点：

(1) 由于数字滤波采用程序实现，所以无须增加任何硬件设备，可以实现多个通道共享一个数字滤波程序，从而降低了成本；

(2) 由于数字滤波器不需增加硬件设备，所以系统可靠性高、稳定性好，各回路间不存在阻抗匹配问题；

(3) 可以对频率很低(如 0.01Hz)的信号实现滤波，克服了模拟滤波器的缺陷；

(4) 可根据需要选择不同的滤波方法，或改变滤波器的参数，较改变模拟滤波器的硬件电路或元件参数灵活、方便。

正因为数字滤波器具有上述优点，因而受到相当的重视，并得到了广泛的应用。数字滤波的方法有很多种，可以根据不同的测量参数进行选择。下面介绍几种常用的数字滤波方法。

5.4.1 限幅滤波和中值滤波

1. 限幅滤波

限幅滤波的做法是把两次相邻的采样值 $x(n)$ 与 $x(n-1)$ 相减，求出其变化量的绝对值，然后与两次采样允许的最大差值 e 进行比较，若小于或等于 e，则保留本次采样值 $x(n)$；若大于 e，则取上次采样值 $x(n-1)$ 作为本次采样值，即 $x(n)=x(n-1)$，也就是说：

(1) 当$|x(n)-x(n-1)|>e$时，则$x(n)=x(n-1)$；

(2) 当$|x(n)-x(n-1)|\leqslant e$时，则$x(n)=x(n)$。

这种滤波方法，主要用于变化比较缓慢的参数，如温度、物位等测量系统。使用时关键问题是最大允许误差e的选取，e太大，各种干扰信号将"乘虚而入"，使系统误差增大；e太小，又会使某些有用信号被"拒之门外"，使采样效率变低。因此，最大偏差值e的选取非常重要，取决于采样周期T及采样信号的动态响应，通常可根据经验数据获得，必要时，也可由实验得出。

如某加热控制的采样时间为0.2s，根据控制箱的加热功率以及密封程度、要加热物质等实验得到两次采样的最大偏差为2℃，8次采样结果及滤波后的结果如表5.4.1所示。

表5.4.1 限幅滤波实例

次数	1	2	3	4	5	6	7	8
采样数据/℃	15	17	20	21	22	21	18	18
滤波后数据/℃	15	17	17	21	22	21	21	18

注意第三次采样数据与第二次采样数据之差为3℃，超出最大偏差，所以第三次采样结果去掉，保留第二次采样数据作为第三次采样数据，即17℃。而第四次采样数据是否保留，取决于其与第二次采样结果之差是否在4℃(间隔时间为0.4s)范围内，该差值为4℃，所以第四次采样值保留。

2. 中值滤波

中值滤波是在3个采样周期内，连续采样3个数据x_1、x_2、x_3，从中选择一个大小居中的数据作为采样结果，用算式表示如下：

若$x_1<x_2<x_3$，则x_2为采样结果，假设P_0为脉冲干扰发生的概率，则

(1) 出现1次干扰的概率为$P_1=C_3^1P_0(1-P_0)^2=3P_0(1-P_0)^2$；

(2) 出现2次干扰的概率为$P_2=C_3^2P_0^2(1-P_0)=3P_0^2(1-P_0)$；

(3) 出现3次干扰的概率为$P_3=C_3^3P_0^3=P_0^3$。

由上可见，连续3次出现干扰的概率较连续2次和1次的概率小。如果3次采样中有1次发生干扰，则不管干扰发生在什么位置，都将被剔除掉；当3次采样中有2次发生脉冲干扰时，若2次干扰时导向作用，则同样可以滤掉这2次干扰，取得准确值；当2次干扰时同向作用时，或者3次数据全为干扰时，中值滤波便无能为力了，以致把错误的结果当作准确值。

中值滤波对于去掉偶然因素引起的波动或传感器不稳定而造成的误差所引起的脉冲干扰比较有效。对缓慢变化的过程变量采用中值滤波效果比较好，但对快速变化的过程变量(如流量)，则不宜采用。中值滤波对于采样点多余3次的情况不宜采用。

中值滤波程序设计的实质是：首先把3个采样值按从小到大或从大到小顺序进行排队，然后再取中间值。

5.4.2 平均值滤波

1. 算术平均值滤波

算术平均值滤波是要寻找一个 Y，使该值与各采样值间误差的平方和为最小，即

$$E=\min\left[\sum_{i=1}^{n}e_i^2\right]=\left[\sum_{i=1}^{n}(Y-x_i)^2\right] \tag{5.4.1}$$

由一个函数求极限原理，得

$$Y=\frac{1}{n}\sum_{i=1}^{n}x_i \tag{5.4.2}$$

式中，Y 为 n 个采样值的算术平均值；x_i 为第 i 次采样值；n 为采样次数。

式(5.4.2)便是算术平均值法数字滤波公式。由此可见，算术平均值法滤波的实质是把 n 次采样值相加，然后再除以采样次数 n，得到接近于真值的采样值。

算术平均值滤波主要用于对压力、流量等周期脉动的参数采样值进行平滑加工，这种信号的特点是有一个平均值，信号在某一数值范围附近做上下波动，这种情况下取一个采样值作依据显然是准确的。但算术平均值滤波对脉冲性干扰的平滑作用尚不理想，因而它不适用于脉冲性干扰比较严重的场合。采样次数 n 取决于对参数平滑度和灵敏度的要求。随着 n 值的增大，平滑度将提高，灵敏度降低；n 较小时，平滑度低，但灵敏度高。应视具体情况选取 n，既少占用计算时间，又达到最好效果。通常对流量参数滤波时 $n=12$，对压力 $n=4$。

算术平均值滤波程序实现方法一：将采样值依次保存在内存空间的单元中，将 n 个数据相加得到累加结果，累加结果除以 n，即可得到算术平均值。方法二：将第一次采样值存入内存空间，第二次采样值与第一次采样值相加保存累加结果，以此类推，直至将 n 个结果累加完毕，再将累加结果除以 n 得到平均值。该方法优点是占用内存空间相对第一种方法要小。另外在上述计算过程中，如果采样次数 n 为 2 的幂次时，可以不用除法程序，只需要对累加结果进行一定次数的右移，这样可大大节省运算时间。当采样次数为 3,5,…时，同样也可以根据式(5.4.3)进行累加结果的数次右移，再将右移结果相加，但会引入一定的舍入误差。

$$\begin{aligned}\frac{1}{3}&=\frac{1}{4}+\frac{1}{16}+\frac{1}{64}+\frac{1}{256}\cdots\\ \frac{1}{5}&=\frac{1}{8}+\frac{1}{16}+\frac{1}{128}+\frac{1}{256}+\cdots\end{aligned} \tag{5.4.3}$$

2. 加权算术平均值滤波

由式(5.4.2)可以看出，算术平均值法对每次采样值给出相同的加权系数，即 $1/n$，但实际上有些场合各采样值对结果的贡献不同，有时为了提高滤波效果，提高系统对当前所受干扰的灵敏度，将各采样值取不同的比例，然后再相加，此方法称为加权平均值滤波法。n 次采样的加权平均公式为

$$Y=a_0x_0+a_1x_1+\cdots a_{n-1}x_{n-1} \tag{5.4.4}$$

式中，a_0、a_1、a_2、…、a_{n-1} 为各次采样值的系数，它体现了各次采样值的平均值中所占的比例，可根据具体情况决定。一般采样次数越靠后，取的比例越大，这样可增加新的采样值在

平均值中的比例。这种滤波方法可以根据需要突出信号的某一部分，抑制信号的另一部分。

3. 滑动平均值滤波

不管是算术平均值滤波，还是加权算术平均值滤波，都需要连续采样 n 个数据，然后求算术平均值。这种方法适合于有脉动式干扰的场合。但由于必须采样 n 次，需要时间较长，故检测速度慢，这对采样速度较慢而又要求快速计算结果的实时系统就无法应用。为了克服这一缺点，可采用滑动平均值滤波。

滑动平均值滤波与算术平均值滤波和加权算术平均值滤波一样，首先采样 n 个数据放在内存的连续单元中组成采样队列，计算其算术平均值或加权算术平均值作为第一次采样值；接下来将采集队列向队首移动，将最早采集的那个数据丢掉，新采样的数据放在队尾，而后计算包括新采样数据在内的 n 个数据的算术平均值或加权平均值。这样，每进行一次采样，就可计算出一个新的平均值，从而大大加快了数据处理的速度。

滑动平均值滤波程序设计的关键是，每采样一次，移动一次数据块，然后求出新一组数据之和，再求平均值。值得说明的是，在滑动平均值滤波中开始时要先把数据采样 n 次，再实现滑动滤波。

5.4.3 低通数字滤波

图 5.4.1 所示为常用的一阶低通 RC 模拟滤波器，在模拟电路中常用其滤掉较高频率信号，保留较低频率信号。当要实现低频干扰的滤波时，即通频带进一步变窄，则需要增加电路的时间常数。而时间常数越大，必然要求 R 值或 C 值增大。C 值增大，其漏电流也随之增大，从而使 RC 网络的误差增大。为了提高滤波效果，可以仿照 RC 低通滤波器，用数字形式实现低通滤波。

由图 5.4.1 不难写出模拟低通滤波器的传递函数，即

$$G(s)=\frac{Y(s)}{X(s)}=\frac{1}{T_f+1} \tag{5.4.5}$$

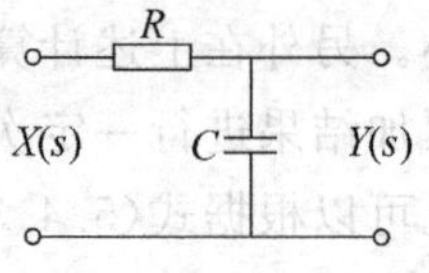

式中，$T_f=RC$ 为 RC 滤波器的时间常数。

图 5.4.1 RC 低通滤波器

由式(5.4.5)可以看出，RC 低通滤波器实际上是一个一阶惯性环节，所以 RC 低通数字滤波也称为惯性滤波法。

为了将 RC 低通数字滤波算法利用计算机实现，须将其转换成离散的表达式。首先将式(5.4.5)转换成微分方程的形式，再利用向后差分法将微分方程离散化，过程如下：

$$\frac{\mathrm{d}y(t)}{\mathrm{d}t}T_f+y(t)=x(t) \tag{5.4.6}$$

$$\frac{y(k)-y(k-1)}{T}T_f+y(k)=x(k) \tag{5.4.7}$$

式中，$x(k)$为第 k 次输入值；$y(k-1)$为第 $k-1$ 次滤波结果输出值；$y(k)$为第 k 次滤波结果输出值；T 为采样周期。

式(5.4.7)整理得

$$y(k)=\frac{T}{T+T_f}x(k)+\frac{T_f}{T+T_f}y(k-1)=(1-\alpha)x(k)+\alpha y(k-1) \tag{5.4.8}$$

式中，$\alpha=\dfrac{T_f}{T+T_f}$为滤波平滑系数，且 $0<\alpha<1$。

RC 低通数字滤波对周期性干扰具有良好的抑制作用，适用于波动频率较高参数的滤波。其不足之处是引入了相位滞后，灵敏度低。滞后程度取决于 α 值的大小。同时，它不能滤除掉频率高于采样频率 1/2(称为香农频率)以上的干扰信号。如采样频率为 100Hz，则它不能滤去 50Hz 以上的干扰信号。对于高于香农频率的干扰信号，应采用模拟滤波器。

5.4.4　复合数字滤波

为了进一步提高滤波效果，有时可以把两种或两种以上不同滤波功能的数字滤波器组合起来，组成复合数字滤波器，或称多级数字滤波器。例如，前面介绍的算术平均滤波或加权平均滤波，都只能对周期性的脉动采样值进行平滑加工，但对于随机的脉冲干扰(如电网的波动、变送器的临时故障等)，则无法消除。然而，中值滤波却可以解决这个问题。因此可以将二者组合起来，形成多功能的复合滤波。即把采样值先按从小到大的顺序排列起来，然后将最大值和最小值去掉，再把余下的部分求和并取其平均值。这种滤波方法的原理可由式(5.4.9)表示，即

若 $x(1)\leqslant x(2)\leqslant\cdots\leqslant x(n)$，$3\leqslant n\leqslant 14$，则

$$y(k)=\frac{x(2)+x(3)+\cdots+x(n-1)}{n-2}=\frac{1}{n-2}\sum_{i=2}^{n-1}x(i) \tag{5.4.9}$$

式(5.4.9)也称为防脉冲干扰平均值滤波。该方法兼容了算术平均值滤波和中值滤波的优点，当采样点数不多时，它的优点尚不够明显，但在快、慢速系统中，它却都能削弱干扰，提高控制质量。当采样点数为 3 时，则为中值滤波。

习题与思考题

1. 简述计算机控制程序设计的步骤和方法。

2. 什么是组态？常用的工控组态软件有哪些？工控组态软件有哪些功能？

3. 测量数据预处理技术包含哪些技术？

4. 系统误差如何产生？如何实现系统误差的全自动校准？

5. 标度变换在工程上有什么意义？在什么情况下使用标度变换？说明热电偶测量、显示温度时，实现标度变换的过程。

6. 某压力测量仪表的量程为 400～1200Pa，采用 8 位 A/D 转位器，设某采样周期计算机中经采样及数字滤波后的数字量为 ABH，求此时的压力值。

7. 某电阻炉温度变化范围为 0～1600℃，经温度变送器输出电压为 1～5V，再经 AD574A 转换，AD574A 输入电压范围 0～5V，计算当采样值为 3D5H 时，电阻炉温度是多少？

8. 某炉温度变化范围为 0～1500℃，要求分辨力为 3℃，温度变送器输出范围为0～5V。若 A/D 不变，现在通过变送器零点迁移而将信号零点迁移到 600℃，此时系统对炉温的分辨力为多少？

9. 说明分段插值算法实现的步骤并利用高级语言编写其程序。

10. 什么是越限报警器？

11. 常用的数据排序技术有哪些？如何实现？试编写其实现程序。

12. 常用的查表技术有哪些？如何实现？

13. 数字滤波与模拟滤波相比有哪些优点？常用的数字滤波技术有哪些？

14. 编制一个能完成复合数字滤波的子程序，每个采样值为12位二进制数。

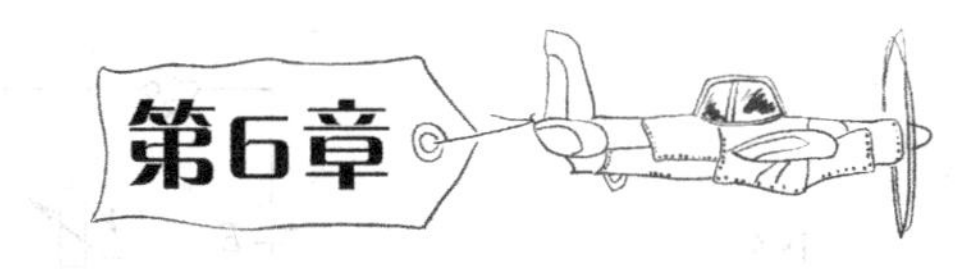

抗干扰技术

在理想情况下，一个电路或系统的性能仅由该电路或系统的结构及所用元器件的性能指标来决定。然而在许多场合，用优质元件构成的电路或系统却达不到额定的性能指标，有的甚至不能正常工作。究其原因，常常是噪声干扰造成的。所谓噪声是指电路或系统中出现的非期望信号。噪声对电路或系统产生的不良影响称为干扰。在检测系统中，噪声干扰会使测量指标产生误差；在控制系统中，噪声干扰可能导致误操作。因此，为使测控系统正常工作，必须研究抗干扰技术。

6.1 干扰噪声的形成

形成噪声干扰必须具备三个要素：噪声源、对噪声敏感的接收电路及噪声源到接收电路间的耦合通道。因此，抑制噪声干扰的方法也相应地有三个：降低噪声源的强度、使接收电路对噪声不敏感、抑制或切断噪声源与接收电路间的耦合通道。多数情况下，须在这三个方面同时采取措施。

6.1.1 噪声源

电路或系统中出现的噪声干扰，有的来源于系统内部，有的来源于系统外部。

1. 内部噪声源

(1) 电路元件产生的固有噪声。电路或系统内部一般都包含有电阻、晶体管、运算放大器等元器件，这些元器件都会产生噪声、晶体管闪烁噪声、散弹噪声等。

(2) 感性负载切换时产生的噪声干扰。在控制系统中包含许多感性负载，如交/直流继电器、接触器、电磁铁和电动机等。它们都具有较大的自感。当切换这些设备时，由于电磁感应的作用，线圈两端会出现很高的瞬态电压，由此会带来一系列的干扰问题。感性负载切换时产生的噪声干扰十分强烈，单从接收电路和耦合介质方面采取被动的防护措施难以取得切实的效果，必须在感性负载上或开关触点上安装适当的抑制网络，使产生的瞬态干扰尽可能减小。

常用的干扰抑制网络有图 6.1.1 所示的几种。这些抑制电路不仅经常用在触点开关控制的感性负载上，也可用在无触点开关(晶体管、可控硅等)控制的感性负载上。

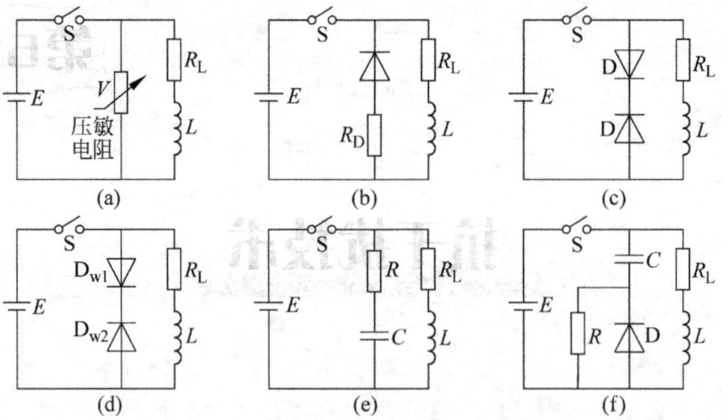

图 6.1.1　感性负载的干扰抑制网络

(3) 接触噪声。接触噪声是由于两种材料之间的不完全接触而引起的电导率起伏所产生的噪声。例如,晶体管焊接处接触不良(虚焊或漏焊),继电器触点之间、插头和插座之间、电位器滑臂与电阻丝之间的不良接触都会产生接触噪声。

2. 外部噪声源

(1) 天体和天电干扰。天体干扰是由太阳或其他恒星辐射电磁波所产生的干扰。天体干扰是由雷电、大气的电离作用、火山爆发及地震等自然现象所产生的电磁波和空间电位变化所引起的干扰。

(2) 放电干扰。如电动机的电刷和整流子间周期性放电,电焊,电火花加工机床,电器开关设备中的开关通断,电气机车和电车导电线与电刷间的放电等。

(3) 射频干扰。电视广播雷达及无线电收发机等,对邻近电子设备的干扰。

(4) 工频干扰。大功率输配电线与邻近测试系统的传输线通过耦合产生的干扰。

6.1.2　噪声的耦合方式

1. 静电耦合(电容性耦合)

由于两个电路之间存在寄生电容,产生静电效应而引起的干扰,如图 6.1.2 所示。图中导线 1 为干扰源,导线 2 为测试系统传输线,C_1、C_2 分别为导线 1、2 的寄生电容,C_{12} 为导线 1 和 2 之间的寄生电容,R 为导线 2 被干扰电路的等效输入阻抗。根据电路理论,此时干扰源在导线 2 上产生的对地干扰电压为

$$\dot{U}_N = \frac{j\omega C_{12} R}{1 + j\omega(C_{12} + C_2)} \dot{U}_1 \tag{6.1.1}$$

通常

$$\omega(C_{12} + C_2)R \ll 1$$

则

$$\dot{U}_N \approx j\omega C_{12} R \dot{U}_I$$

$$U_N \approx \omega C_{12} R U_I \tag{6.1.2}$$

从式(6.1.2)可以看出，当干扰源的电压 U_1 和角频率 ω 一定时，要降低静电电容性耦合效应就必须减小电路的等效输入阻抗 R 和寄生电容 C_{12}。小电流、高电压噪声源对测试系统的干扰主要是通过这种电容性耦合。

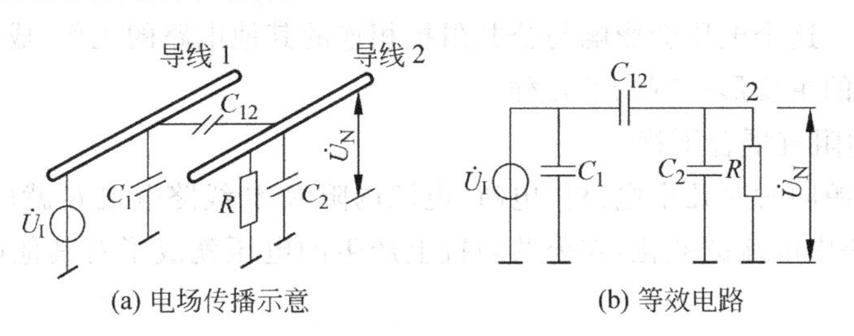

图 6.1.2　静电电容耦合示意图

2. 电磁耦合(电感性耦合)

电磁耦合是由于两个电路间存在互感，如图 6.1.3 所示。图中导线 1 为干扰源，导线 2 为测试系统的一段电路，设导线 1、2 间的互感为 M。当导线 1 中有电流 I_1 变化时，根据电路理论，则通过电磁耦合产生的互感干扰电压为

$$\dot{U}_N = j\omega M \dot{I}_1 \tag{6.1.3}$$

从式(6.1.3)可以看出：干扰电压 $\dot{U}_N$ 正比于干扰源角频率 ω、互感系数 M 和干扰源电流 $\dot{I}_1$。大电流、低电压干扰源，干扰耦合方式主要为这种电感性耦合。

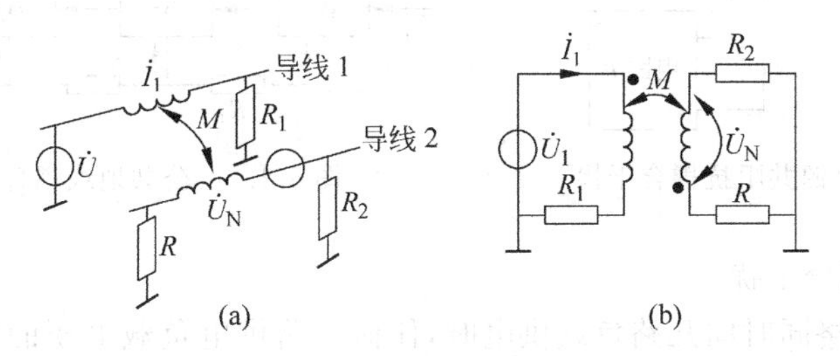

图 6.1.3　两个电路之间的互感

3. 漏电流耦合(电阻性耦合)

测试时由于绝缘不良，流经绝缘电阻 R 的漏电流使电测装置引起干扰。例如，用应变片测量时，通常要求应变片的结构之间的绝缘电阻在 100MΩ 以上，其目的就是使漏电电流干扰的影响尽量减少。图 6.1.4 是电阻耦合的等效电路，干扰电压为

$$\dot{U}_N = \frac{Z_i}{Z_i + R}\dot{U}_I \approx \frac{Z_i}{R}\dot{U}_I \tag{6.1.4}$$

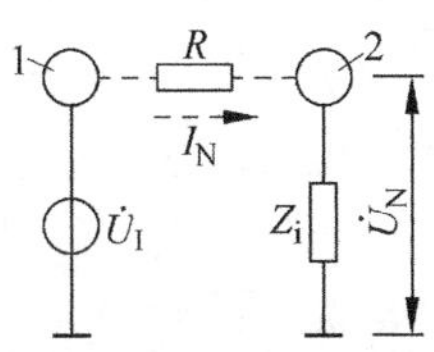

图 6.1.4　电阻耦合等效电路

1,2—平行线

式中，$\dot{U}_I$ 为干扰源电压；Z_i 为干扰测量电路的输入阻抗；R 为漏电阻。

4. 共阻抗耦合

共阻抗耦合是指两个或两个以上电路有公共阻抗时，一个电路中的电流变化在公共阻抗上产生的电压。这个电压会影响与公共阻抗相连的其他电路的工作，成为其干扰电压。

共阻抗耦合的主要形式有以下几种。

1）电源的内阻抗耦合干扰

当用一个电源同时对几个电路供电时，电源内阻 R_0 和线路电阻 R 就成为几个电路的公共阻抗，某一电路中电流的变化，在公共阻抗上产生的电压就成了对其他电路的干扰源，如图 6.1.5 所示。

为了抑制电源内阻抗的耦合干扰，可采取如下措施：①减小电源的内阻；②在电路中增加电源退耦滤波电路。

2）公共地线耦合干扰

由于地线本身就具有一定的阻抗，当其中有电流通过时，在地线上必产生电压，该电压就成为对有关电路的干扰电压。图 6.1.6 画出了通过公共地线耦合干扰的示意图。图中 R_1、R_2、R_3 为地线电阻，A_1、A_2 为前置电压放大器，A_3 为功率放大器。A_3 级电流 I_3 较大，通过地线电阻 R_3 时产生的电压为 $U_3=I_3R_3$，U_3 就会对 A_1、A_2 产生干扰。

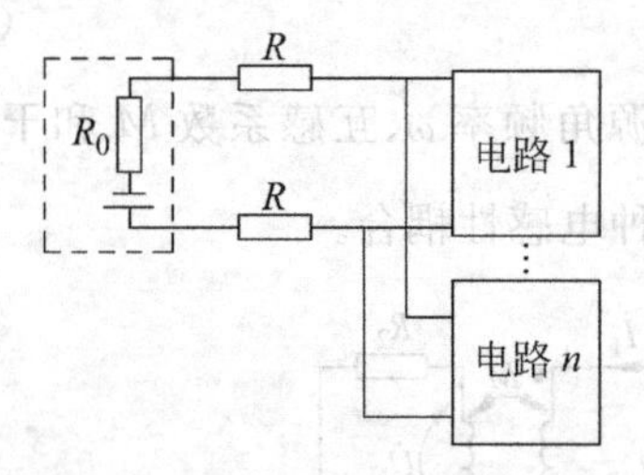

图 6.1.5　电源共阻抗耦合干扰

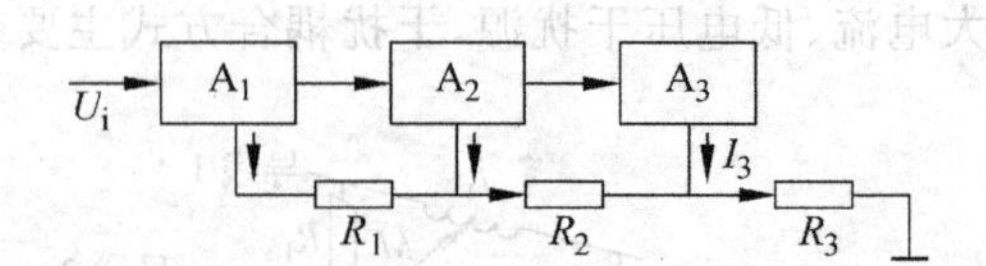

图 6.1.6　公共地线耦合干扰

3）输出阻抗耦合干扰

当信号输出电路同时向几路负载供电时，任何一路供电负载电压的变化都会通过线路公共阻抗（包括信号输出电路的输出阻抗和输出接线阻抗）耦合而影响其他路的输出，产生干扰。图 6.1.7 表示一个信号输出电路同时向三路负载提供信号的示意图。图中 Z_s 为信号输出电路的输出阻抗，Z_o 为输出接线阻抗，Z_L 为负载阻抗。

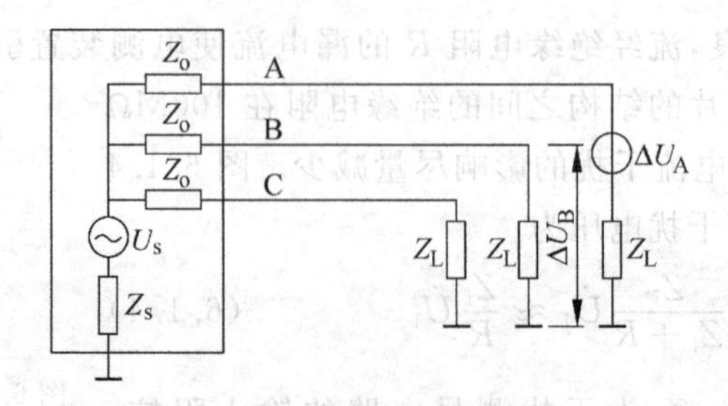

图 6.1.7　输出阻抗耦合干扰

如果 A 路输出电压产生变化 ΔU_A，它将在负载 B 上引起变化，ΔU_B 就是干扰电压。一般 $Z_L \gg Z_s \gg Z_o$，故由图 6.1.7 所示可得

$$\Delta U_B \approx \frac{Z_s}{Z_L}\Delta U_A \tag{6.1.5}$$

式(6.1.5)表明减小输出阻抗 Z_s,可以减小由输出阻抗耦合产生的干扰。

6.1.3 噪声的干扰模式

噪声源产生的噪声通过各种耦合方式进入系统内部,造成干扰。根据噪声进入系统存在的模式可将噪声分为两种形态,即差模噪声和共模噪声。

1. 差模噪声

差模噪声是指能够接收电路的一个输入端相对于另一个输入端产生的电位差的噪声。由于这种噪声通常与输入信号串联,因此也称为串模噪声。这种干扰在测量系统中是常见的。例如在热电偶温度测量回路的一个臂上串联一个由交流电源激励的微型继电器时,在线路中就会引入交流与直流的差模噪声,如图 6.1.8 所示。

2. 共模噪声

共模噪声是相对于公共的电位基准点,在系统的接收电路的两个输入端上同时出现噪声。当接收器具有较低的共模抑制比时,也会影响系统测量结果。例如,用热电偶测量金属板的温度时,金属板可能对地有较高的电位差 U_c,如图 6.1.9 所示。

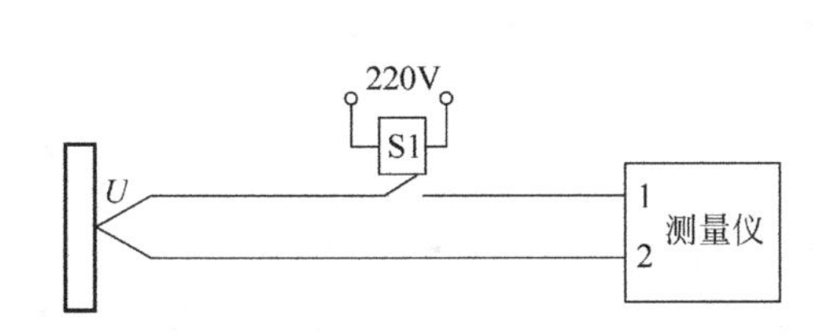

图 6.1.8 热电偶线路中的差模耦合

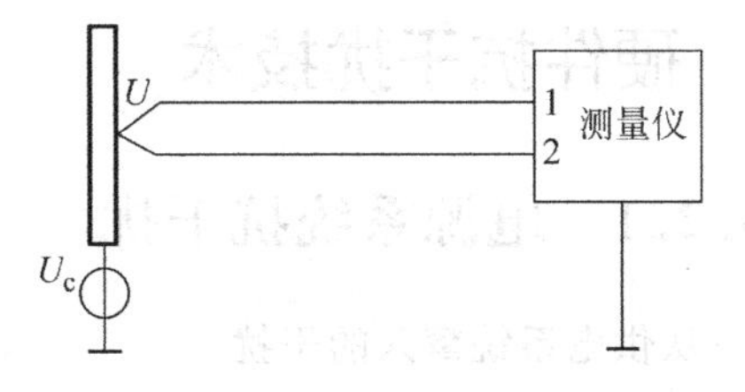

图 6.1.9 热电偶测温线路中的共模耦合

在电路两个输入端对地之间出现的共模噪声电压 U_{cm},只是两输入端相对于接地点的电位同时涨落,并不改变两输入端之间的电位差。因此,对存在于两输入端之间的信号电压本身不会有什么影响,但在电路输出端情况就不一样了。由于双端输入电路总存在一定的不平衡性,输入端存在的共模噪声 U_{cm},将在输出端形成一定的电压 U_{on}(见图 6.1.10),即

$$U_{on} = U_{cm} K_c \tag{6.1.6}$$

式中,K_c 为电路的共模增益。

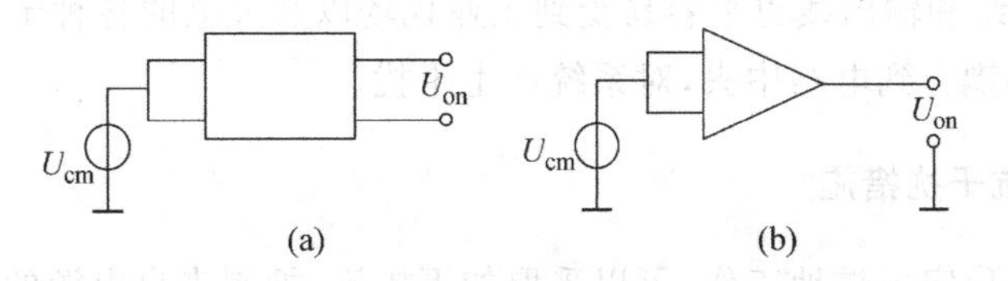

图 6.1.10 共模噪声电压 U_{cm} 的影响

因为 U_{on} 与输出信号电压存在的形式相同,因此,就会对输出信号电压形成干扰,其干扰效果相当于在两输入端之间存在如下差模干扰电压:

$$U_{dm} = \frac{U_{on}}{K_d} = U_{cm}\frac{K_c}{K_d} = \frac{U_{cm}}{CMRR} \tag{6.1.7}$$

式中,K_d 为电路的差模增益。

CMRR 为电路的共模抑制比,其值为

$$CMRR = \frac{K_d}{K_c} \tag{6.1.8}$$

或

$$CMRR = \frac{U_{cm}}{U_{dm}} \tag{6.1.9}$$

作为图 6.1.10(a)的实例,图 6.1.11 画出常见的双线传输电路。图中 r_1、r_2 分别为两传输线的内阻 R_1、R_2 分别为两传输线输出端即后接电路的两输入端对地电阻,由图可见

$$U_{on} = U_{cm}\left(\frac{R_1}{r_1 + R_1} - \frac{R_2}{r_2 + R_2}\right) \tag{6.1.10}$$

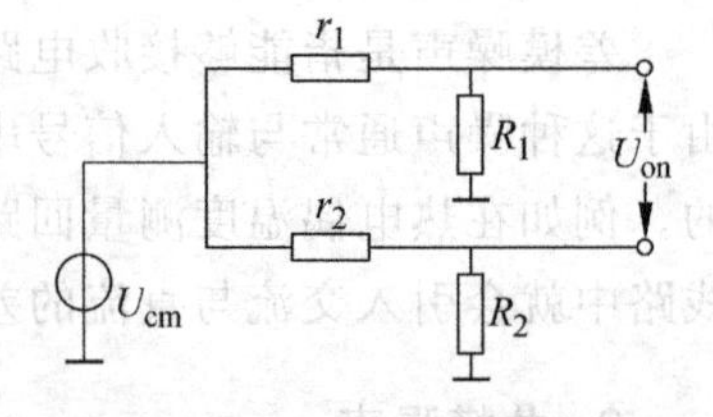

图 6.1.11　双线传输电路

当电路满足平衡条件,即

$$r_1 = r_2, \quad R_1 = R_2 \tag{6.1.11}$$

时,$U_{on}=0$,即 U_{cm} 不在输出端对信号形成干扰;但不满足平衡条件时,$U_{on} \neq 0$,U_{cm} 将在输出端对信号形成干扰。

6.2　硬件抗干扰技术

6.2.1　电源系统抗干扰

1. 从供电系统窜入的干扰

从供电系统窜入的干扰一般有以下几种。

(1) 大功率的感性负载或可控硅的切换时,会在电网中产生强大的反电动势。这种瞬态高压(幅值可达 2kV,频率从几百 Hz 到 2MHz),可引起电源波形的严重畸变,电网中的瞬态高压对系统会产生严重的干扰。其主要途径是:电源线经由电源变压器的初次级绕组间的杂散电容,进入系统电路,再从系统接地点入地返回干扰源。

(2) 当采用整流方式供电时,滤波不良会产生纹波噪声,这是一种低频干扰噪声。

(3) 当采用直流-直流变换器或开关稳压电源时,则会出现高频的开关噪声干扰。

(4) 电源的进线和输出线也很容易受到工业现场以及天电的各种干扰噪声。这些干扰噪声经电源线传导耦合到电路中去,对系统产生干扰。

2. 供电系统抗干扰措施

为了保证系统稳定可靠地工作,可以采取如下措施,抑制来自电源的各种干扰。

1) 电源滤波和退耦

电源滤波和退耦是抑制电源干扰的主要措施。图 6.2.1 示出了一个采用电源滤波和退耦技术的电源系统。该电源系统在交流进线端对称 LC 低通滤波器,用以滤除交流进线上

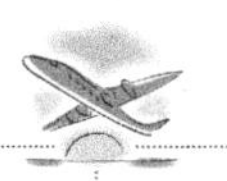

引入的大于 50Hz 的高次谐波干扰，改善电源的波形。变阻二极管(也可跨接适当的压敏电阻)用来抑制进入交流电源线上的瞬时干扰(或者大幅值的尖脉冲干扰)。电源变压器采用双重屏蔽措施，将初、次级隔离起来，使混入初级的噪声干扰源不致进入初级。整流滤波电路中采用了电解电容和无感高频电容的并联组合，以进一步减小高频噪声进入电源系统。整流滤波后的直流电压再经稳压，可使干扰被抑制到最小(有的电源系统还在交流进线端设置交流稳压器，用以保证交流供电的稳定性，抑制电网电压的波动)。考虑到一个电源系统可能同时向几个电路供电，为了避免通过电源内阻造成几个电路间相互干扰，在每个电路的直流电源进线与地之间接入 RC 或 LC 的退耦合滤波电路。

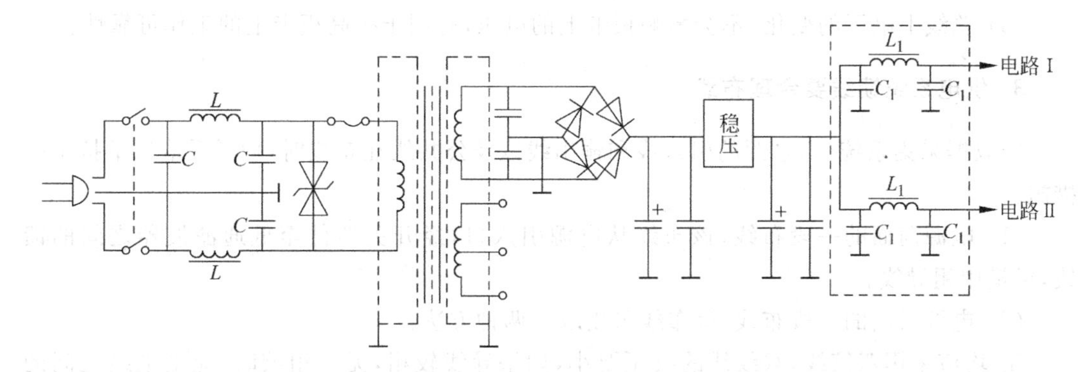

图 6.2.1　电源滤波和退耦技术

2) 采用不间断电源和开关式直流稳压电源

不间断电源 UPS 除了有很强的抗电网干扰的能力外，更主要的是万一电网断电，它能以极短的时间($t<3$ms)切换到后备电源上，后备电源能维持 10min 以上(满载)或 30min 以上(半载)的供电时间，以便操作人员及时处理电源故障或采取应急措施。在要求很高的控制场合，可采用 UPS。

开关式稳压电源由于开关频率可达 10～20kHz，或者更高，因而扼流圈、变压器都可小型化，高频开关晶体管工作在饱和截止状态，效率可达 60%～70%，而且抗干扰性能强。因此，应该用开关式直流稳压电源代替各种稳压电源。

3) 系统分别供电和电源模块单独供电

当系统中使用继电器、磁带机等电感设备时，向采集电路供电的线路应与向继电器等供电的线路分开，以避免在供电线路之间出现相互干扰。供电线路如图 6.2.2 所示。

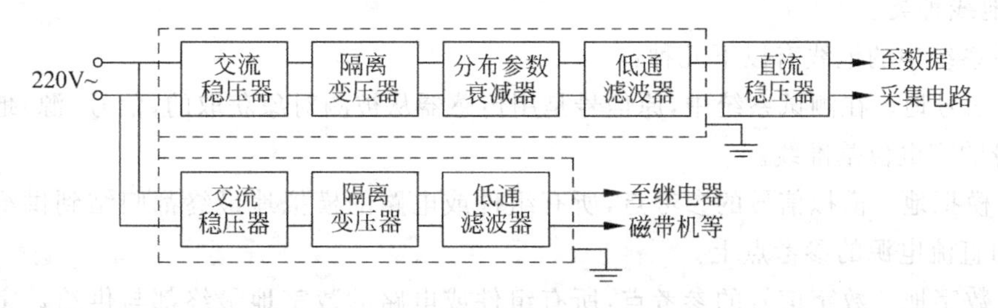

图 6.2.2　系统分别供电的线路

在设计供电线路时，要注意对变压器和低通滤波器进行屏蔽，抑制静电干扰。

近年来，有一些数据采集板卡上，广泛采用 DC-DC 电源电路模块或三端稳压集成块，如

7805、7812、7912 等组成的稳压电源单独供电。其中，DC-DC 电源电路由电源模块及相关滤波元件组成。该电源模块的输入电压为＋5V，输出电压与原边隔离电压为±15V 和＋5V，原、副边之间隔离电压可达 1500V，采用单独供电方式，与集中供电相比，具有以下一些优点：

(1) 每个电源模块单独对相应板卡进行电压过载保护，不会因某个稳压器的故障而使全系统瘫痪。

(2) 有利于减小公共阻抗的相互耦合及公共电源的相互耦合，大大提高供电系统的可靠性，也有利于电源的散热。

(3) 总线上电压的变化，不会影响板卡上的电压，有利于提高板卡上的工作可靠性。

3. 供电系统馈线要合理布线

在数据采集系统中，电源的引入线和输出线以及公共线在布线时，均需采取以下抗干扰措施：

(1) 电源前面的一段布线，该布线从电源引入口，经开关器件至低通滤波器之间的馈线，尽量用粗导线。

(2) 电源后面的一段布线，该布线采用以下两种方法：

① 均应采用双绞线，双绞线的绞距要小，如果导线较粗，无法粗绞时，应把馈线之间的距离缩到最短。

② 交流线，直流稳压电源线，逻辑信号线和模拟信号线，继电器等感性负载驱动线，非稳压的直流线应分开布线。

(3) 电路的公共线。电路中应尽量避免出现公共线，因为在公共线上，某一负载的变化引起的压降，会影响其他负载。若公共线不能避免，则必须加粗公共线，以降低阻抗。

6.2.2 接地技术

1. 接地的基本概念

“地”是电路或系统中为各个信号提供参考电位的一个等电位点或等电位面。所谓“接地”就是将某点与一个等电位点或等电位面之间用低电阻导体连接起来，构成一个基准电位。

1) 地线种类

测控系统中的地线有以下几种：

(1) 信号地。在测试系统中，原信号是用传感器从被测对象获取的，信号(源)地是指传感器本身的零电位基准线。

(2) 模拟地。模拟信号的参考点，所有组件或电路的模拟地最终都归结到供给模拟电路电流的直流电源的参考点上。

(3) 数字地。数字信号的参考点，所有组件或电路的数字地最终都与供给数字电路电流的直流电源的参考点相连。

(4) 负载地。负载地是指大功率负载或感性负载的地线。当这类负载被切换时，它的地电流中会出现很大的瞬态分量，对低电平的模拟电路乃至数字电路都会产生严重干扰，通常把这类的地线称为噪声地。

(5) 系统地。为避免地线公共阻抗的有害耦合,模拟地、数字地、负载地应严格分开,并且要最后汇合在一点,以建立整个系统的统一参考电位,该点称为系统地。系统或设备的机壳上的某一点通常与系统地相连接,供给系统各个环节的直流稳压或非稳压电源的参考点也都接在系统地上。

2) 共地和浮地

如果系统地与大地绝缘,则该系统称为浮地系统。浮地系统的系统地不一定是零电位。如果把系统地与大地相连,则该系统称为共地系统,共地系统的系统地与大地电位相同。这里所说的"大地"就是指地球。众所周知,地球是导体,而且体积非常大,因而其静电容量也非常大,电位比较恒定,所以人们常常把它的电位作为绝对基准电位,也就是绝对零电位。为了连接大地,可以在地下埋设铜板或插入金属棒或利用金属排水管道作为连接大地的地线。

常用的工业电子控制装置宜采用共地系统,它有利于信号线的屏蔽处理,机壳接地可以免除操作人员的触电危险。如采用浮地系统,要么使机壳与大地完全绝缘,要么使系统地不接机壳。在前一种情况下,当机壳较大时,它与大地之间的分布电容和有限的漏电阻使得系统地与大地之间的可靠绝缘非常困难。而在后一种情况下,贴地布线的原则(系统内部的信号传输线、电源线和地线应贴近接地的机柜排列,机柜可起到屏蔽作用)难以实施。

在共地系统中有一个如何接大地的问题,需要注意的是,不能把系统地连接到交流电源的零线上,也不应连到大功率用电设备的安全地线上,因为它们与大地之间存在着随机变化的电位差,其幅值变化范围从几十毫伏至几十伏。因此共地系统必须另设一个接地线。为防止大功率交流电源地电流对系统地的干扰,建议系统地的接地点和交流电源接地点间的最小距离不应小于800m,所用的接地棒应按常规的接地工艺深埋,且应与电力线垂直。

3) 接地方式

两个或两个以上的电路共用一段地线的接地方法称为串联单点接地,其等效电路如图6.2.3所示。图中R_1、R_2、R_3分别是各段地线的等效电阻,I_1、I_2、I_3分别是电路1、2、3的入地(返回)电流。因地电流在地线等效电阻上会产生压降,所以三个电路与地线的连接点的对地电位具有不同的数值,它们分别是

$$V_A=(I_1+I_2+I_3)R_1$$

$$V_B=V_A+(I_2+I_3)R_2$$

$$V_C=V_B+I_3R_3$$

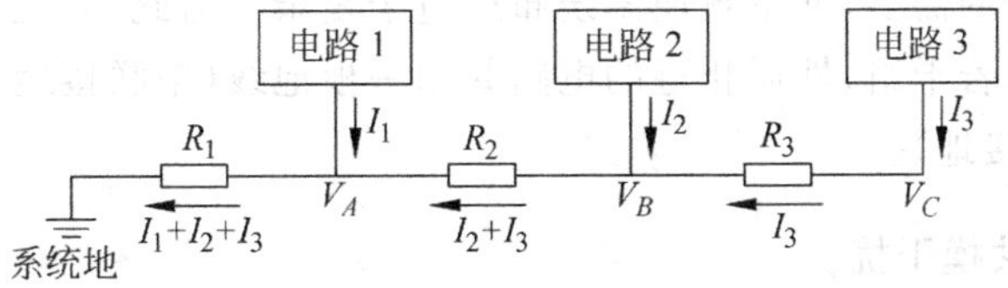

电路1 电路2 电路3
I_1 I_2 I_3
R_1 R_2 R_3
V_A V_B V_C
系统地 $I_1+I_2+I_3$ I_2+I_3 I_3

图6.2.3 串联单点接地方式

显然,在串联接地方式中,任一电路的地电位都受到别的电路地电流变化的调制,使电路的输出信号受到干扰。这种干扰是由地线公共阻抗耦合作用产生的。离接地点越远,电

路中出现的噪声干扰越大，这是串联接地方式的缺点。但是，与其他接地方式相比，串联接地方式布线最简单，费用最省。

串联接地通常用来连接地电流较小且相差不太大的电路。为使干扰最小，应把电平最低的电路安置在离接地点（系统地）最近的地方与地线相接。

另一种接地方式是并联单点接地，即各个电路的地线只有在一点（系统地）汇合（见图 6.2.4），各电路的对地电位只与本电路的地电流和地线阻抗有关，因而没有公共阻抗耦合噪声。

这种接地方式的缺点在于所用地线太多。对于比较复杂的系统，这一矛盾更加突出。此外，这种方式不能用于高频信号系统。因为这种接地系统中地线一般都比较长，在高频情况下，地线的等效电感和各个地线之间杂散电容耦合的影响是不容忽视的。当地线的长度等于信号波长（光速与信号频率之比）的奇数倍时，地线呈极高阻抗，变成一个发射天线，将对邻近电路产生严重的辐射干扰。一般应把地线长度控制在 1/20 信号波长之内。

上述两种接地都属一点接地方式，主要用于低频系统。在高频系统中，通常采用多点接地方式（见图 6.2.5）。在这种系统中各个电路或元件的地线以最短的距离就近连到地线汇流排（通常是金属底板）上，因地线很短（通常远小于 25mm），地板表面镀银，所以它们的阻抗都很小。多点接地不能用在低频系统中，因为各个电路的地电流流过地线汇流排的电阻会产生公共阻抗耦合噪声。

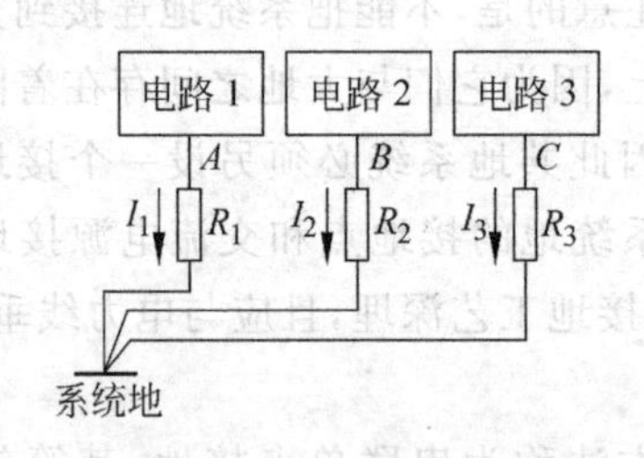

图 6.2.4　并联单点接地方式

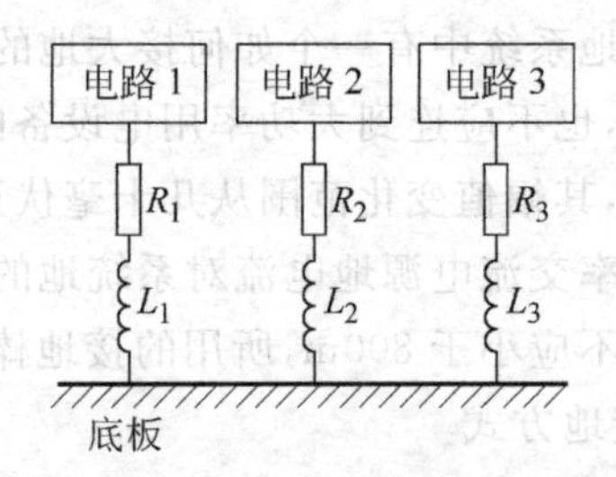

图 6.2.5　多点接地方式

一般的选择标准是，在信号频率低于 1MHz 时，应采用单点接地方式；而当信号频率高于 10MHz 时，多点接地系统是最好的。对于频率处于 1～10MHz 之间的系统，可以采用单点接地方式，但地线长度应小于信号波长的 1/20；如不能满足这一要求，应采用多点接地方式。

在实际的低频系统中，一般都采用串联和并联相结合的单点接地方式，这样既兼顾了控制公共阻抗耦合噪声的需要，又不致使系统布线过于复杂。为此，需把系统中所有地线根据电流变化的性质分为若干组，性质相近的电路共用一根地线（串联接地），然后将各组地线汇集于系统地上（并联接地）。

2. 接地环路与共模干扰

当信号源和系统地都接大地时，两者之间就构成了接地环路。由于大地电阻和地电流的影响，任何两个接地点的电位都不相等。通常信号源和系统之间的距离可达数米至数十米，此时这两个接地点之间的电位差的影响将不能忽视。在工业系统中，这个地电压常常是一个幅值随机变化的 50Hz 的噪声电压。在图 6.2.6(a)所示的系统中，信号源 V_i 通过两根传输线与系统中的单端放大器的输入端相接。由于地电压 V_G 的存在，改变了放大器输入电压。设两根传输线的电阻分别是 R_1 和 R_2，信号源内阻为 R_i。放大器输入电阻为 R_L，两个接地点间的电阻为 R_G，由等效电路(见图 6.2.6(b))可以求得放大器输入端 A、B 之间出现的噪声电压 V_N，其值为

$$V_N = \frac{R_2 \mathbin{/\!/} (R_i + R_1 + R_L)}{R_G + R_2 \mathbin{/\!/} (R_i + R_1 + R_L)} \cdot \frac{R_L}{R_i + R_1 + R_L} \cdot V_G$$

通常 $R_L \gg R_i \gg R_1 \gg R_G$，所以

$$V_N = \frac{R_2}{R_G + R_2} \cdot \frac{R_L}{R_i + R_1 + R_L} \cdot V_G \tag{6.2.1}$$

如 $R_1 = R_2 = 10\Omega, R_L = 10\text{K}\Omega, R_G = 0, V_G = 1\text{V}$，则 $V_N = 899\text{mV}$，V_G 几乎全部加到了系统的输入端。

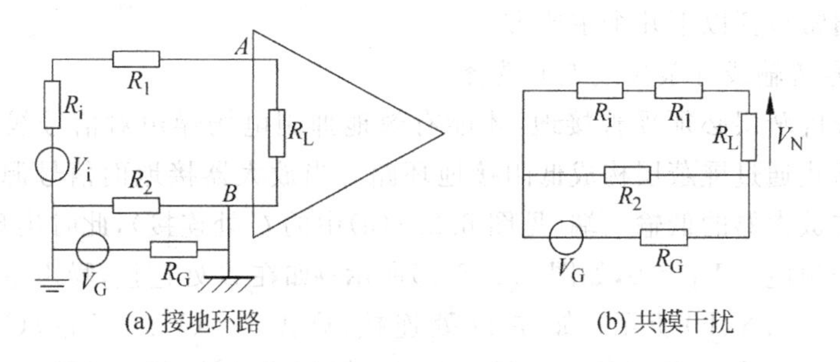

图 6.2.6 接地环路与共模干扰

V_N 与 V_i 串联作为放大器输入信号的一部分，形成了噪声干扰。这个干扰是由于两个信号输入电路上所加的共模电压 V_G 引起的，故称为共模干扰。但是，电路中的共模电压不一定都能产生共模干扰，它必须通过信号电路的不平衡阻抗转化成差模(常模)电压之后，才构成干扰。在图 6.2.6 所示的极端情况下，因放大器采用单端输入，故共模电压几乎全部转化成差模电压。

在信号源和放大器两端(直接或间接)接地的情况下，共模电压 V_G 由下列因素产生：两个接地点之间存在电位差，信号源对地存在某一电压(例如应变电阻电桥等平衡供电式传感器就是这样)，低频噪声磁场在接地闭合回路中产生的感性耦合以及噪声对两根信号传输线的容性和感性耦合。

由上面讨论可以看到两点接地所造成的共模干扰。如果改为一点接地，并保持信号源与地隔离(见图 6.2.7)，图中 R_{sg} 为信号源对地的漏电阻，一般 $R_{sg} \gg R_2 + R_G$，$R_2 \ll R_s + R_1 + R_i$，因此放大器输入端的干扰电压为

$$U_N = \frac{R_i}{R_i + R_1 + R_s} \cdot \frac{R_2}{R_{sg}} \cdot U_G \ll U_G$$

可见比信号源接地时的干扰电压大有改善。

3. 系统接地设计

接地设计的两个基本要求是：消除各电路电流流经一个公共地线阻抗时所产生的噪声电压；避免形成接地环路，从而引进共模干扰。

一个系统中包括多种地线，每一个环节都与其中的一种或几种地线发生联系。处理这

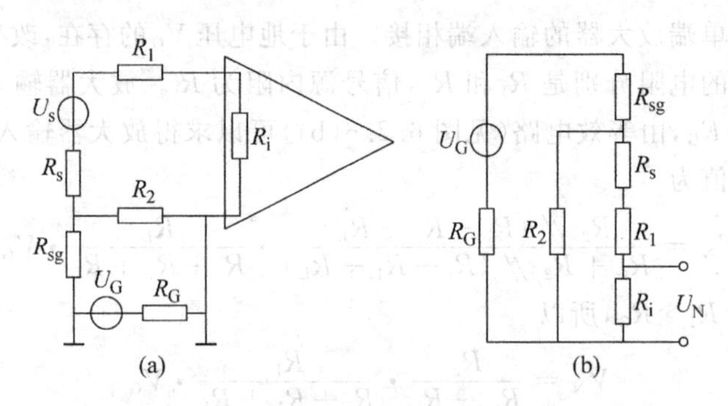

图 6.2.7　测试装置一点接地

些地线的基本原则是尽量避免或减少由接地引起的各种干扰，同时要便于施工，节省成本，系统接地设计通常包括以下几个主要方面。

1）输入信号传输线屏蔽接地点的选择

信号传输线屏蔽层必须妥善接地，才能有效地抑制电场噪声对信号线的电容性耦合；但同时又必须防止通过屏蔽层构成低阻接地环路。当放大器接地而信号源浮地时，屏蔽层的接地点应选在放大器的低输入端（见图 6.2.8(a)中的 C 处连接），此时出现在放大器输入端 1、2 之间的噪声电压 $V_{12}=0$，如图 6.2.8(c)所示；如在 B 处连接，噪声电压 $V_{12}=V_{G1}C_1/(C_1+C_2)$，如图 6.2.8(b)所示；如在 D 处连接，则 $V_{12}=(V_{G1}+V_{G2})C_1/(C_1+C_2)$，如图 6.2.8(d)所示；若在 A 处把信号源低端与屏蔽层相连，因屏蔽不接地，则没有屏蔽效果。

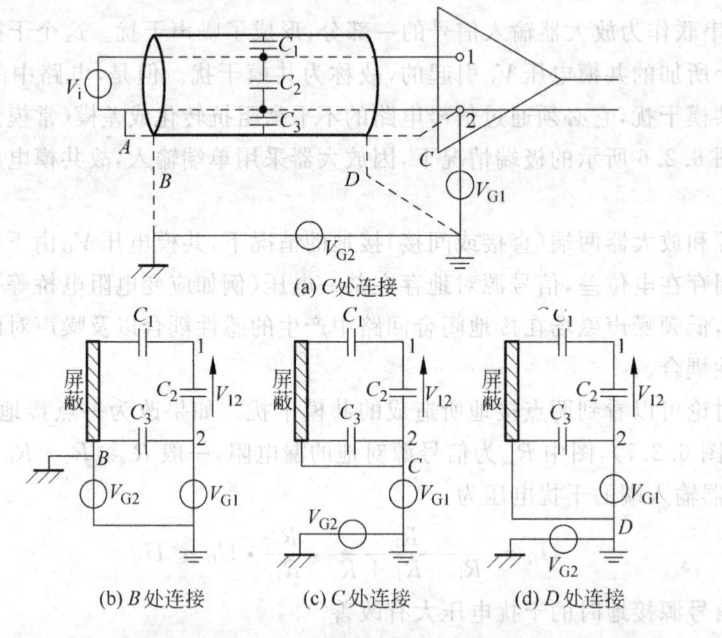

图 6.2.8　浮地信号源和接地放大器的输入信号线屏蔽层的连接

当信号源接地而放大器浮地时，信号传输线的屏蔽应接到信号源的低端（见图 6.2.9(a)中的 A 处连接），此时出现的放大器输入端 1、2 之间的噪声电压 $V_{12}=0$，如图 6.2.9(b)所示；若把屏蔽在 B 处接地，$V_{12}=V_{G1}C_1/(C_1+C_2)$，如图 6.2.9(c)所示；如屏蔽在 D 处接地，则

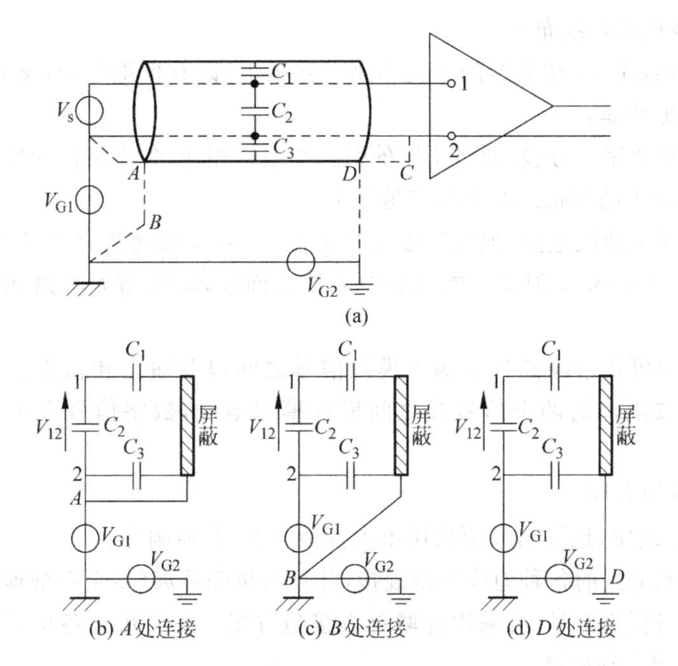

图 6.2.9 接地信号源和浮地放大器的输入信号线屏蔽层的连接

$V_{12}=(V_{G1}+V_{G2})C_1/(C_1+C_2)$；如把屏蔽连接到放大器的低端2(见图 6.2.9(a)中的 C 处)，因它不接地，所以，没有屏蔽效果。

在以上两图中，C_1、C_3 和 C_2 分别为信号线1、2与屏蔽之间以及信号线之间的杂散电容。V_{G1} 为信号源或放大器低端与地之间可能存在的电压，V_{G2} 为地电位差。

2）电源变压器静电屏蔽层的接地

系统中的电源变压器初、次级绕组间设置的静电屏蔽层(此为习惯名称，其实它主要用来抑制交流电源线中拣拾的高频噪声对次级绕组的电容性耦合)的屏蔽效果与屏蔽层的接地点的位置直接相关。在共地系统中，为更好地抑制电网中的高频噪声，屏蔽层应接系统直接电源地，如图 6.2.10(a)所示。在浮地系统中，如仍按这种接法，则因高频噪声不能入地而失去屏蔽作用，此时应将屏蔽层改接到交流电源上，如图 6.2.10(b)所示。

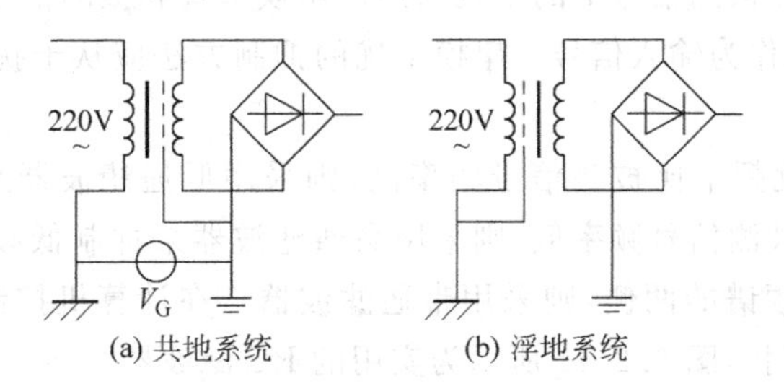

图 6.2.10 电源变压器静电屏蔽的接地点

3）直流电源接地点的选择

一个系统通常需要很多直流电源，有供给模拟电路工作用的和供给数字电路工作用的电源，它们都是稳压电源；此外有可能还需要某些非稳压直流电源，以供显示、控制等用。不同性质的电源地线不能任意互联，而应该分别汇集于一点，再与系统地相接。

4）印刷电路板的地线布局

在包含 A/D 或 D/A 转换器的单元印刷电路板上，既有模拟电源，又有数字电源，处理这些电源地线的原则是：

（1）模拟地和数字地分设，通过不同的引脚与系统相连，各个组件的模拟地和数字地引脚分别连到电路板上的模拟地线和数字地线上。

（2）尽可能减少地线电阻，地线宽度要选取大一些（支线宽度通常不小于 2～3mm，干线宽度不小于 8～10mm）；但又不能随意增大地线面积，以免增大电路和地线之间的寄生电容。

（3）模拟地线可用来隔离各个输入模拟信号之间以及输出和输入信号之间的有害耦合。通常可在需要隔离的两个信号线之间增设模拟地线，数字信号亦可用数字地线进行隔离。

5）机柜地线的布局

在中、低频系统中，地线布局须采用单点接地方案，其原则是：

（1）各个单元电路的各种地线不得混接，并且与机壳浮离（直至系统地才能相会）。

（2）单元电路板不多时，可采用并联单点接地方案。此时可把各单元的不同地线直接与有关电源参考端分别相接。

（3）当系统比较复杂时，各印刷板一般被分装在多层框架上，此时则应采取串联单点接地方案，可在各个框架上安装几个横向汇流排，分别用以分配各种直流电源，沟通各种印刷板的各种地线；而各个框架上安装几个横向汇流排连接所有的横向汇流排，在可能情况下要把模拟地、数字地和噪声地的汇流排适当拉开距离，以免产生噪声干扰。

6.2.3　过程通道抗干扰

过程通道是电子系统进行信息传输的路径。按干扰的作用方式不同，过程通道的干扰主要有串模干扰（常态干扰）和共模干扰（共态干扰）。

1. 串模干扰的抑制

串模干扰指叠加在被测信号上的干扰噪声。串模干扰和被测信号在回路中所处的地位相同，总是以两者之和作为输入信号。串模干扰的抑制方法应从干扰信号的特性和来源入手，可以采取以下措施。

（1）如果串模干扰频率比被测信号频率高，则采用低通滤波器来抑制高频串模干扰。如果串模干扰频率比被测信号频率低，则采用高通滤波器来抑制低频串模干扰。如果串模干扰频率在被测信号频谱的两侧，则采用带通滤波器。在计算机控制系统中，主要用低通 RC 滤波器滤掉交流干扰，图 6.2.11 所示为实用的 RC 滤波器。

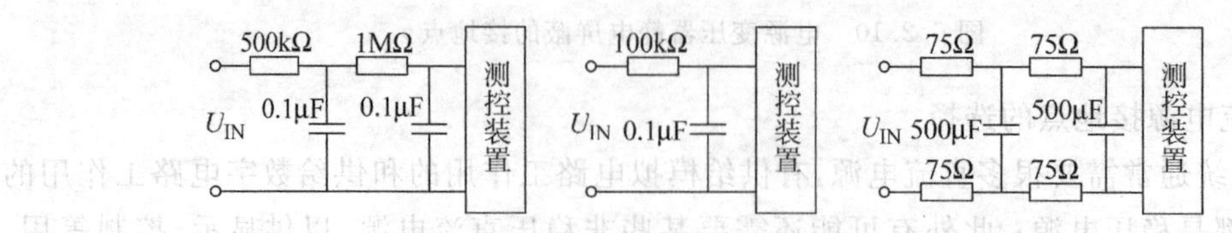

图 6.2.11　RC 滤波器

(2) 对于电磁感应产生的串模干扰,应对被测信号尽可能早地进行信号放大,以提高电路中的信号噪声比;或者尽可能早地完成A/D转换再进行长线传输;或者采用隔离和屏蔽等措施。

(3) 从选择元器件入手,利用逻辑器件的特性来抑制串模干扰,如采用双积分A/D转换器;也可以采用高抗干扰的逻辑器件,通过提高阈值电平来抑制低频噪声的干扰;此外,也可以人为地附加电容器,以降低某个逻辑器件的工作速度来抑制高频干扰。

(4) 利用数字滤波技术对已进入计算机的串模干扰进行数据处理,可以有效地滤去难以抑制的串模干扰。

2. 共模干扰的抑制

共模干扰是指A/D转换器两个输入端上共有的干扰电压。因为在计算机控制系统中,被控制和被测试的参量可能很多,并且分散在生产现场的各个地方,计算机接收的信号或发出的控制信号与现场设备或对象之间一般用很长的导线连接,而导线上存在阻抗。因此,被测信号的参考接地点和计算机控制信号的接地点之间往往存在一定的电位差,如图6.2.12所示。对A/D两输入端而言,输入信号分别为U_s+U_{cm}和U_{cm},其中U_{cm}是共模干扰电压。

共模干扰常用的抑制方法如下:

(1) 利用双端输入的放大器作前置放大器,如AD521等。

(2) 利用变压器或光电耦合器把各种模拟负载和数字信号隔离,即"模拟地"与"数字地"断开,被测信号通过变压器或光电耦合器获得通路,而共模干扰不能形成回路而得到抑制,如图6.2.13所示。注意变压器或光电耦合器隔离前后的部分应分别采用两组互相独立的电源,以切断两部分地线之间的联系。

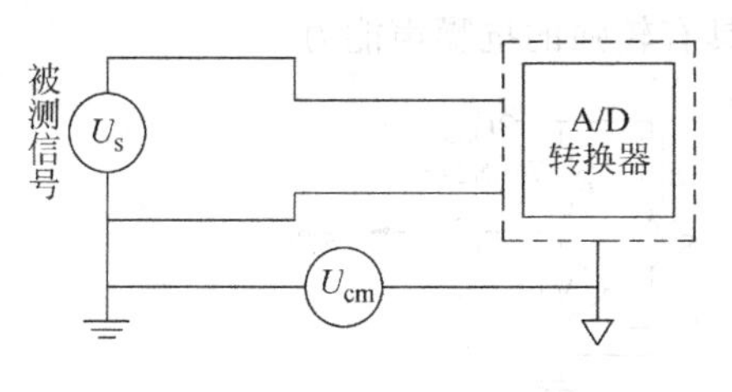

图6.2.12 共模干扰示意图

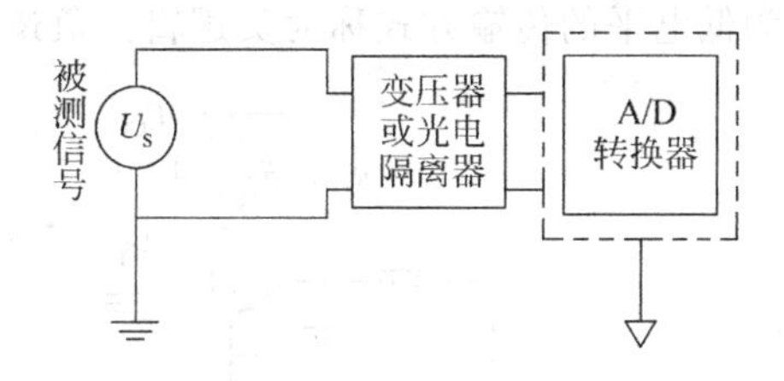

图6.2.13 输入隔离

(3) 采用双层屏蔽-浮地输入方式。该方法是将测量装置的模拟部分对机壳浮地,从而达到抑制干扰的目的。图6.2.14中,模拟部分浮置在一金属屏蔽盒内,为内屏蔽盒,内屏蔽盒与外部机壳之间再次浮置,外机壳接地。一般称内屏蔽盒为内浮置屏蔽罩。通常内浮置屏蔽罩可单独引出一条线作为屏蔽保护端。

Z_1和Z_2分别为模拟地与内屏蔽盒之间、内屏蔽盒与外屏蔽盒(机壳)之间的绝缘阻抗,由漏电阻和分布电容组成,所以此阻抗很大。图6.2.14中,用于传送信号的屏蔽线的屏蔽层与Z_2(外屏蔽盒)为共模电压提供了共模电流I_{cm1}的通路,但此电流对传输信号而言不会产生串模干扰,因为模拟地与内屏蔽盒是隔离的。由于屏蔽线的屏蔽层存在电阻R_c,I_{cm1}会在R_c上产生较小的共模电压,该共模电压会在模拟量输入回路中产生共模电流I_{cm2},I_{cm2}会在模拟量输入回路中产生共模干扰电压。但由于$R\leqslant Z$,$R_s\leqslant Z_1$,U_{cm}引入的串模干扰电压非常微弱,所以这是一种非常有效的共模干扰抑制措施。

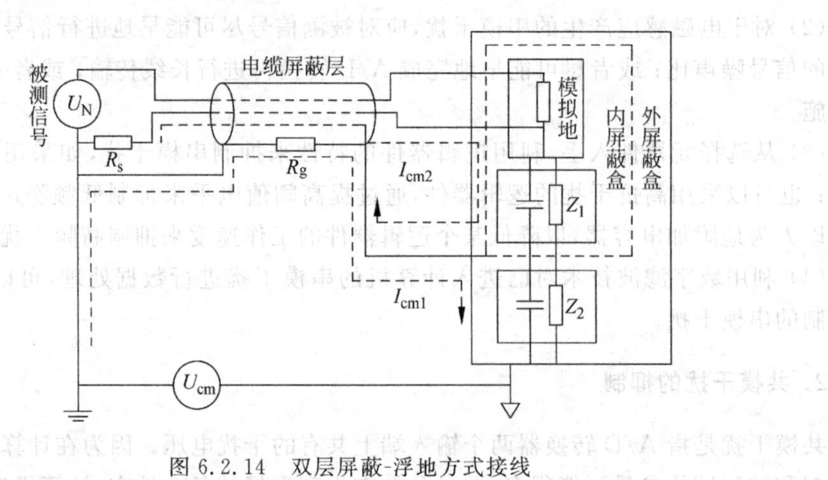

图 6.2.14　双层屏蔽-浮地方式接线

3. 数字量传输通道的干扰抑制

数字输出信号可作为系统被控设备的驱动信号，数字输入信号可作为设备的响应信号和指令信号。由于数字信号所处的环境往往存在很强的干扰，而这种干扰主要是通过数字信号接口进入计算机系统，因此，在工程设计中，对数字信号的I/O通道必须采取可靠的抗干扰措施。

1）数字信号负逻辑传输

图 6.2.15(a)所示为高电平传输方式，开关断开时信号为低电平、接通时为高电平的传输方式称为正逻辑。图 6.2.15(b)所示为低电平传输方式，开关断开时信号为高电平、接通时为低电平的传输方式称为负逻辑。负逻辑方式具有较强的抗噪声能力。

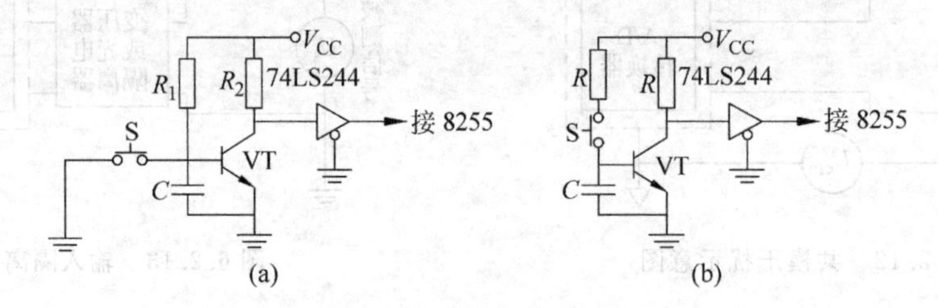

图 6.2.15　数字信号传输方式

2）提高数字信号的电压等级

一般输入信号的动作电平为 TTL 电平，由于电压较低，容易受到外界干扰，触点的接触也往往不良，导致输入失灵。图 6.2.16 把输入信号提高到＋24V。经过长线传输接入计算机，在入口处再将高电压信号转换成 TTL 信号。这种电压传送方式不仅提高了抗干扰能力，而且使触点接触良好，保证运行可靠。图中的二极管 VD1 为保护二极管，反向电压不小于 50V 才能保证运行安全。

3）通过光电耦合隔离

在微机的输入和输出端用光耦作为接口，对信号及噪声进行隔离，典型的光电耦合电路如图 6.2.17 所示。

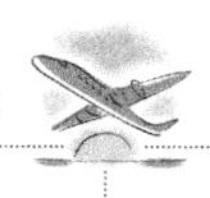

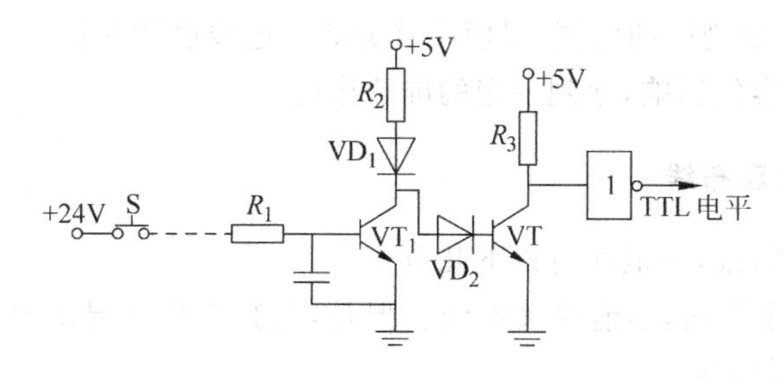

图 6.2.16 提高输入信号的电压等级

4）提高输入端的门限电压

如图 6.2.18 所示，图 6.2.18(a)在输入端加入二极管，图 6.2.18(b)增加施密特触发器，这对于振幅不大的干扰有很好的抑制作用。

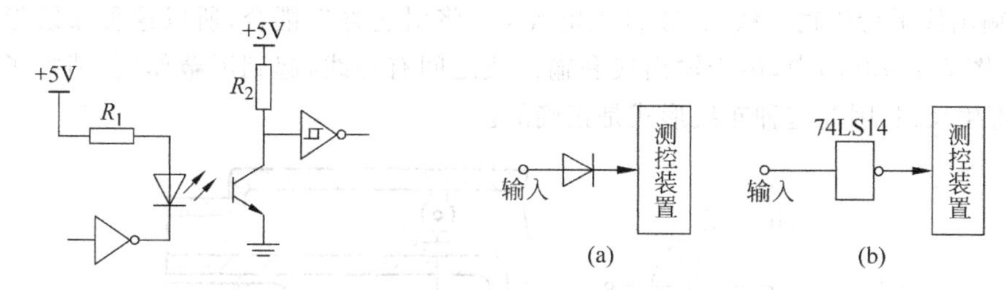

图 6.2.17 光电耦合电路原理图　　图 6.2.18 提高门限电压的抗干扰电路

6.2.4 印刷电路板抗干扰

印刷电路板是测控系统中的器件、信号线、电源线的高度集合体，印刷电路板设计的好坏，对抗干扰能力的影响很大。故印刷电路板的设计不单纯是器件、线路的简单布局安排，还必须符合抗干扰的设计原则。通常应有下述抗干扰措施。

1. 合理布置印刷电路板上的器件

印刷电路板上器件的布置应符合器件之间电器干扰小和易于散热的原则。

一般印刷电路板上同时具有电源变压器、模拟器件、数字逻辑器件、输出驱动器件等。为了减小器件之间的电器干扰，应将器件按照其功率的大小及抗干扰能力的强弱分类集中布置：将电源变压器和输出驱动器件等大功率强电器作为一类集中布置。各种器件之间应尽量远离，以防止相互干扰。此外，每一类器件的布置还应符合易于散热的原则。为了使电路稳定可靠地工作，从散热角度考虑器件的布置时，应注意以下几个问题：

(1) 对发热元器件要考虑通风散热，必要时安装散热器；

(2) 发热元器件要分散布置，不能集中；

(3) 对热敏感元器件要远离发热元器件或进行热屏蔽。

2. 合理分配印刷电路板插脚

当印刷电路板在个人计算机及 S-100 等总线扩展槽中使用时，为了抑制线间干扰，对印制电路板的插脚必须进行合理分配。例如，为了减小强信号输出线对弱信号输入线的干扰，将输入-输出线分置于印刷版的两侧，以便相互分离。地线设置在输入、输出信号线的两侧，以减小信号线寄生电容的影响，起到一定的屏蔽作用。

3. 印刷电路板合理布线

印刷电路板上的布线，一般注意以下几点：

(1) 印刷板是一个平面，不能交叉配线。但是，与其在板上寻求曲折的路径，不如采用通过元器件实行跨接的方法。

(2) 配线不要做成环路，特别是不要沿印刷板周围做成环路。

(3) 不要有长段的窄条并行，不得已而并行时，窄条间要再设置隔离用的窄条。

(4) 旁路电容器的引线不能长，尤其是高频旁路电容器，应该考虑不用引线而直接接地。

(5) 单元电路的输入线和输出线，应当用地线隔开，如图 6.2.19 所示。在图 6.2.19(a)中，由于输出线平行于输入线，存在寄生电容 C_0，将引起寄生耦合，所以这种布线形式是不可取的。图 6.2.19(b)中，由于输出线和输入线之间有地线，起到屏蔽作用，消除了寄生电容 C_0 和寄生反馈，因此这种布线形式是正确的。

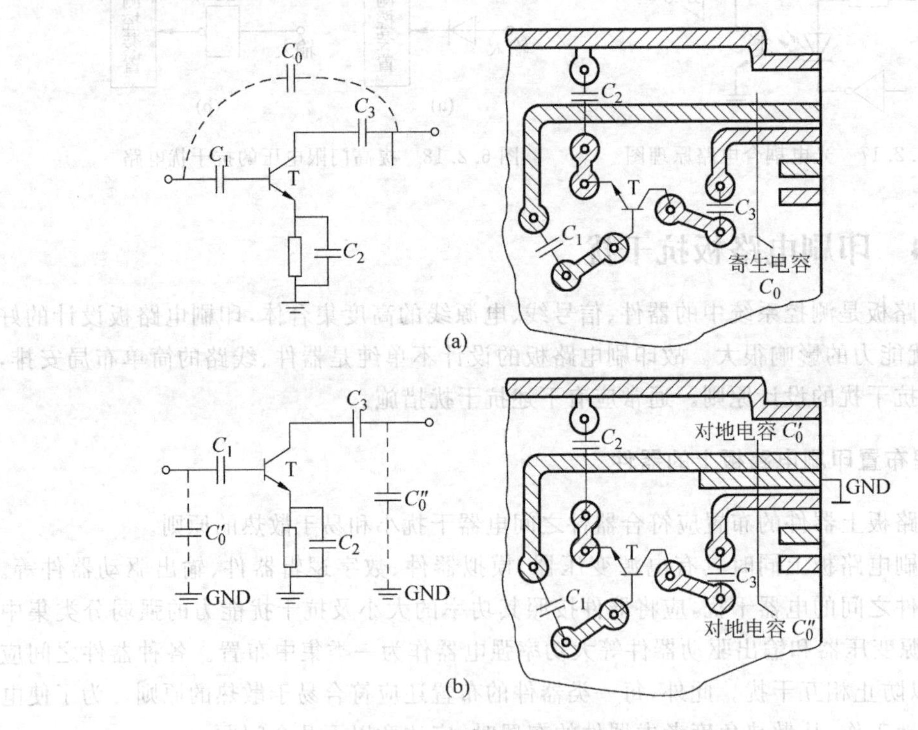

图 6.2.19　印刷电路的输入/输出线布置

(6) 信号线尽可能短，优先考虑小信号线，采用双面走线，使线间距尽可能宽些。布线时元器件面和焊接面的各种印刷引线最好相互垂直，以减小寄生电容。尽可能不在集成芯片引脚之间走线，易受干扰的部位增设地线或宽地线环绕。

4. 电源线的布置

电源线、地线的走向应尽量与数据传输方向一致，且应尽量加宽其宽度，这都有助于提

高印刷电路板的抗干扰能力。

5. 印刷电路板的接地线设计

印刷电路的接地是一个很重要的问题，请见6.2.2节的讨论。

6. 印刷电路板的屏蔽

1）屏蔽线

为了减小外界干扰作用于电路板或者电路板内部的导线、元器件之间出现的电容性干扰，可以在两个电流回路的导线之间另设一根导线，并将它与有关的基准电位（或屏蔽电位）相连，就可以发挥屏蔽作用。如图6.2.20中，干扰线通过寄生电容 C_{K1}，直接对连接信号发送器SS和信号接收器SL造成耦合干扰。图6.2.21中，在干扰线与信号线之间接入一根屏蔽线，这时 $C_{K2} \ll C_{K1}$，干扰可以大大减小，由于屏蔽线不可能完全包围干扰对象，因此屏蔽作用不是完全的。

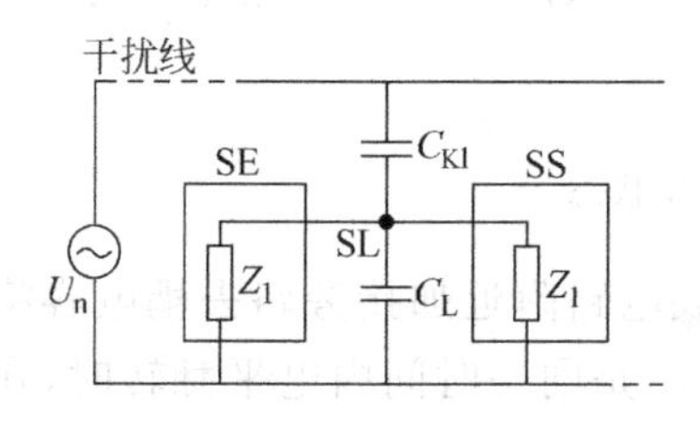

图6.2.20 无导线屏蔽电路板

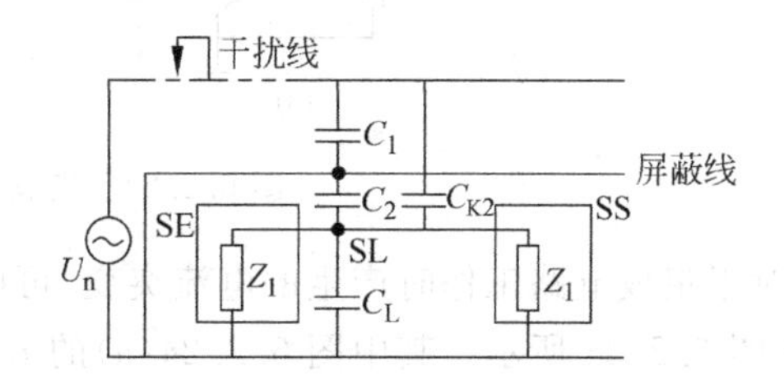

图6.2.21 带屏蔽线的电路板

这种导线屏蔽主要用于极限频率高、上升时间短（<500ns）的系统，因为此时耦合电容小而作用极大。

2）屏蔽环

屏蔽环是一条导通电路，它位于印刷电路板的边缘并围绕着该电路板，且只在某一点上与基准点位相连。它对外界作用于电路板的电容性干扰起屏蔽作用。

如果屏蔽环的起点与终点在电路板上相连，或通过插头相连，则将形成一个短环路，这将使穿过其中的磁场削弱，对电感性干扰起抑制作用。这种屏蔽环不允许作为基准电位线使用。屏蔽环如图6.2.22所示，其中图6.2.22(a)为电容性抗干扰屏蔽环，图6.2.22(b)为抗电感性干扰屏蔽环。

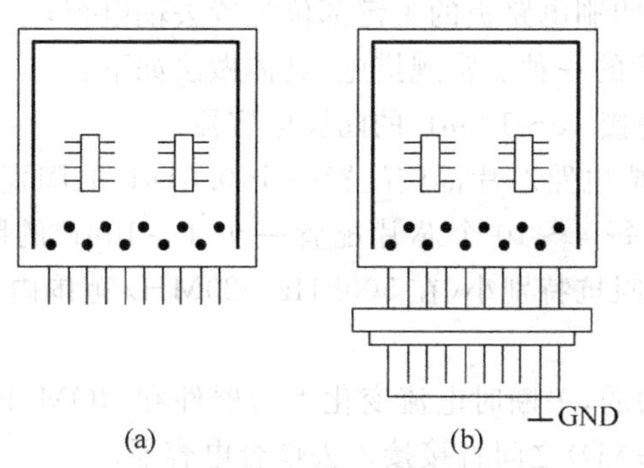

图6.2.22 屏蔽环

7. 去耦合电容器的配备

集成电路工作在翻转状态时，其工作电流变化是很大的。例如，对于具有图 6.2.23 所示输出结构的 TTL 电路，在状态转换的瞬间，其输出部分的两个晶体管，会有大约 10ns 的瞬间同时导通，这时相当于电源对地短路，每一个门电路，在这一转换瞬间有 30ms 左右的冲击电流输出，它在引线阻抗上产生尖峰噪声电压，对其电路形成干扰，这种瞬变的干扰不是稳压电源所能稳定的。

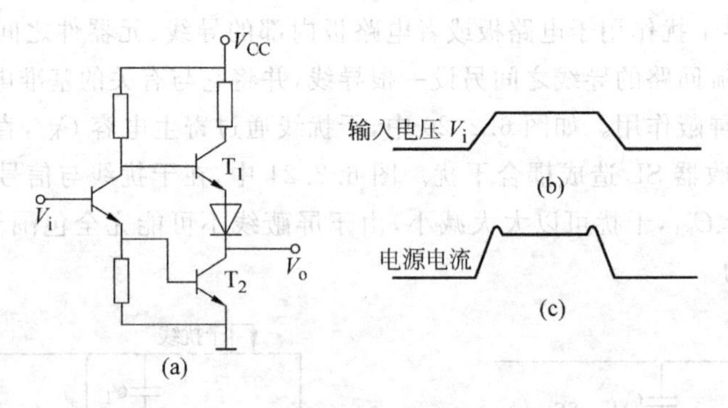

图 6.2.23 集成电路的工作状态

对于集成电路工作时产生的电流突变，可以在集成电路附近加接旁路去耦电容将其抑制，如图 6.2.24 所示。其中图 6.2.24(a)的 $i_1, i_2, \cdots, i_n$ 是同一时间内电平翻转时，在总地线返回线上流过的冲击电流；图 6.2.24(b)是加了旁路去耦电容使得高频冲击电流被去耦电容旁路，根据经验，一般可以每 5 块集成电路旁接一个 0.05μF 左右的陶瓷电容，而每一块大规模集成电路也最好能旁接一个去耦合电容。

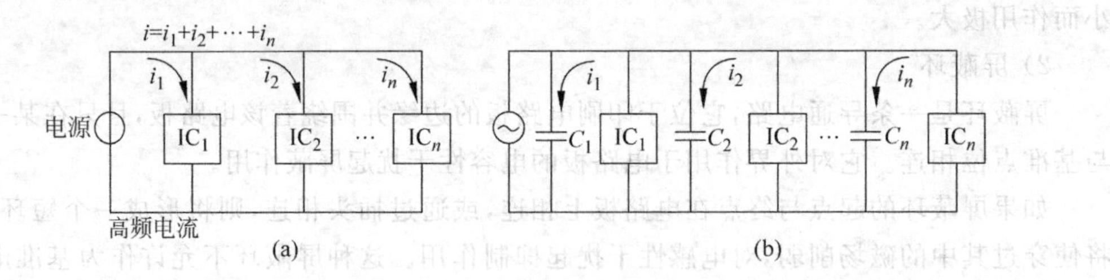

图 6.2.24 集成电路干扰的抑制

由以上讨论可知，在印刷电路板的关键部位配置去耦电容，是避免各个集成电路工作时对其他集成电路产生干扰的一种非常规措施，具体做法如下：

(1) 在电源输入端跨接 10～100μF 的陶瓷电容器。

(2) 原则上，每个集成电路芯片都应配置一个 0.01μF 的陶瓷电容器，如遇到印刷电路板空间小安装不下时，可每 4～10 个芯片配置一个 1～10μF 的限噪声用电容器（钽电容器）。这种电容器的高频阻抗特别小（在 500kHz～20MHz 范围内，阻抗小于 1Ω），而且漏电电流很小（0.5μA 以下）。

(3) 对于抗干扰能力弱，关断时电流变化大的器件和 ROM、RAM 存储器件，应在芯片的电源线（V_{CC}）和地线（GND）之间直接接入去耦合电容器。

(4) 电容引线不能太长，特别是高频旁路电容不能带引线。

6.3 软件抗干扰技术

为了提高计算机控制系统的可靠性，仅靠硬件抗干扰措施是不够的，需要进一步借助软件措施来克服某些干扰。

软件抗干扰技术是当系统受干扰后使系统恢复正常运行或输入信号受干扰后去伪存真的一种辅助方法。因此，软件抗干扰是被动措施，而硬件抗干扰是主动措施。但由于软件设计灵活、节省硬件资源，所以，软件抗干扰技术越来越引起人们的重视。通过软件和硬件的组合化抗干扰措施，就能保证计算机控制系统长期稳定、可靠地运行。

采用软件抗干扰的最根本的前提条件是：系统中抗干扰软件不会因为干扰而损坏。在单片机测控系统中，由于程序有一些重要常数都放置在 ROM 中，这就为软件抗干扰创造了良好的前提条件。因此，软件抗干扰的设置前提条件概括为：

(1) 在干扰作用下，微机系统硬件部分不会受到任何损坏，或易损坏部分设置有监测状态可供查询。

(2) 程序区不会受干扰侵害。系统的程序及重要常数不会因干扰侵入而变化。对于单片机系统，程序及表格、常数均固化在 ROM 中，这一条件自然满足。而对于一些在 RAM 中运行用户应用程序的微机系统，无法满足这一条件。当这种系统因干扰造成运行失常时，只能在干扰过后，重新向 RAM 区调入应用程序。

(3) RAM 区中的重要数据不被破坏，或虽被破坏可以重新建立。通过重新建立的数据，系统的重新运行不会出现不可允许的状态。例如，在一些控制系统中，RAM 中的大部分内容是为了进行分析、比较而临时寄存的，即使有一些不允许丢失的数据也占极少部分。这些数据被破坏后，往往只引起控制系统一个短期波动，在闭环反馈环节的迅速纠正下，控制系统能很快恢复正常，这种系统都能采用软件恢复。

软件抗干扰技术所研究的主要内容是：其一是采取软件的方法抑制叠加在模拟输入信号上的噪声对数据采集结果的影响，如数字滤波器技术；其二是由于干扰而使运行程序发生混乱，导致程序乱飞或陷入死循环时，采取使程序纳入正轨的措施，如软件冗余、软件陷阱、“看门狗”技术。这些方法可以用软件实现，也可以采用软件硬件相结合的方法实现。

6.3.1 软件冗余技术

1. 指令冗余技术

MCS-51 所有指令均不超过 3 个字节，且多为单字节指令。指令由操作码和操作数两部分组成，操作码指明 CPU 完成什么样的操作(如传送、算术运算、转移等)，操作数是操作码的操作对象(如立即数、锁存器、存储器等)。单字节指令仅有操作码，隐含操作数；双字节指令第一个字节是操作码，第二个字节是操作数；3 字节指令第一个字节为操作码，后两个字节为操作数。CPU 取指令过程是先取操作码，后取操作数。如何区别某个数据是操作码还是操作数，当一条完整指令执行完后，紧接着取下一条指令的操作码、操作数。这些操作时序完全由程序计数器 PC 控制。因此，一旦 PC 因干扰而出现错误，程序便脱离正常运行轨道，出现“乱飞”，出现操作数数值改变以及将操作数当作操作码的错误。当程序“乱飞”

到某个单字节指令上时，便自己自动纳入正轨；当“乱飞”到某双字节指令上时，若恰恰在取指令时刻落到其操作数上，从而将操作数当作操作码，程序仍将出错；当程序“乱飞”到某个3个字节指令上时，因为它们有两个操作数，误将其操作数当作操作码的出错几率就更大。

为了使“乱飞”程序在程序区迅速纳入正轨，应该多用单字节指令，并在关键地方人为地插入一些单字节指令NOP，或将有效单字节指令重写，称为指令冗余。

1) NOP的使用

可在双字节指令和3字节指令之后插入两个单字节NOP指令，这可保证其后的指令不被拆散。因为“乱飞”程序即使落到操作数上，由于两个空操作指令NOP的存在，不会将其后的指令当操作数执行，从而使程序纳入正轨。

对程序流向起决定作用的指令(如RET、RETI、ACALL、LCALL、LJMP、JZ、JNZ、JC、JNC、DJNZ等)和某些对系统工作状态起重要作用的指令(如SETB、EA等)之前插入两条NOP指令，可保证乱飞程序迅速纳入轨道，确保这些指令正确执行。

2) 重要指令冗余

对于程序流向起决定作用的指令(如RET、RETI、ACALL、LCALL、LJMP、JZ、JNZ、JC、JNC等)和某些对系统工作状态有重要作用的指令(如SETB、EA等)的后面，可重复写上这些指令，以确保这些指令的正确执行。

2. 时间冗余技术

时间冗余方法也是解决软件运行故障的方法。时间冗余方法是通过消耗时间资源达到纠错目的。

1) 重复检测法

输入信号的干扰是叠加在有效电平信号上的一系列离散尖脉冲，作用时间很短。当控制系统存在输入干扰，又不能用硬件加以有效抑制时，可以采用软件重复检测的方法，达到“去伪存真”的目的。

对接口中的输入数据信息进行多次检测，若检测结果完全一致，则是真输入信号；若相邻的检测内容不一致，或多次检测结果不一致则是伪输入信号。两次检测之间应有一定的时间间隔 t，设干扰存在的时间为 T，重复次数为 K，则 $t=T/K$。

图6.3.1是重复检测法的程序框图。图中 K 为重复检测次数，t 为时间间隔，将相邻的两次结果进行比较，相等时对 J 计数，不等时对 I 计数。当重复 K 次以后，对 I、J 结果进行判别，以确定输入信号的真伪。

2) 重复输出法

开关量输出软件抗干扰设计，主要是采取重复输出的办法，这是一种提高输出接口抗干扰性能的有效措施。对于那些用锁存器输出的控制信号，这些措施

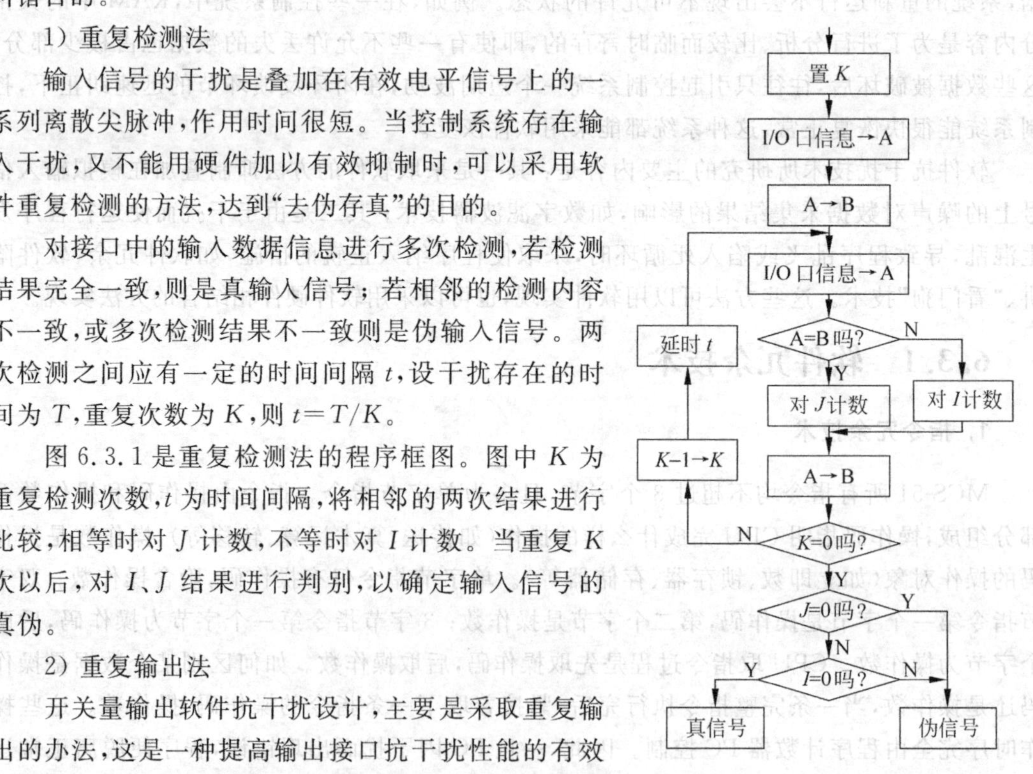

图6.3.1 重复检测法流程

很有必要。在允许的情况下，输出重复周期尽可能短些。当输出端口受到某种干扰而输出错误信号后，外部执行设备还来不及作出有效反应，正确的信息又输出了，这就可以及时地防止错误动作的发生。

在执行重复输出功能时，对于可编程接口芯片，工作方式控制字与输出状态字一并重复设置，使输出模块可靠地工作。

3）指令复执技术

这种技术是重复执行已发现错误的指令，在指令复执期间，有可能不再出现，程序可继续执行。所谓复执，就是程序中的每条指令都是一个重新启动点，一旦发现错误，就重新执行被错误破坏的现行指令。指令复执既可用编制程序来实现，也可用硬件控制来实现，基本的实现方法是：

（1）当发现错误时，能准确保留现行指令的地址，以便重新取出执行；

（2）现行指令使用的数据必须保留，以便重新取出执行时使用。

指令复执类似于程序中断，但又有所区别。类似的是二者都要保护现场；不同的是，程序中断时，机器一般没有故障，执行完当前指令后保留现场；但指令复执，不能让当前指令执行完，否则会保留错误结果，因此，在传送执行结果之前就停止执行现行指令，以保存上一条指令执行的结果，且程序计数器要后退一步。

指令复执的次数通常采用次数控制和时间控制两种方式，如在规定的复执次数或时间之内故障没有消失，称之为复执失败。

4）程序卷回技术

程序卷回不是某一条指令的重复执行，而是一小段程序的重复执行。为了实现卷回，也要保留现场。程序卷回的要点是：

（1）将程序分成一些小段，卷回时也要卷回一小段，不是卷回到程序起点。

（2）在第 n 段之末，将当时各锁存器、程序计数器及其他有关内容移入内存，并将内存中被第 n 段所更改的单元又在内存中另开辟一块区域保护起来。如在第$(n+1)$段中不出问题，则将第$(n+1)$段现场存档，并撤销第 n 段所存的内容。

（3）如在第$(n+1)$段出现错误，就把第 n 段的现场送给机器的有关部分，然后从第$(n+1)$段起点开始重复执行第$(n+1)$段程序。

5）延时避开法

在工业中，实际应用的计算机控制系统，有很多强干扰主要来自系统本身。例如，大型感性负载的通断，特别容易引起电源过电压、欠压、浪涌、下陷以及产生尖峰干扰等。这些干扰可通过电源耦合窜入微机电路。虽然这些干扰危害严重，但往往是可预知的，在软件设计时可采取适当措施避开。当系统要接通或断开大功率负载时，使 CPU 暂停工作，待干扰过去以后再恢复工作，这比单纯在硬件上采取抗干扰措施要方便许多。

6.3.2 软件陷阱技术

当乱飞程序进入非程序区（如 EPROM 未使用的空间）或表格区时，采用冗余指令使程序入轨条件不满足，此时可以设定软件陷阱，拦截乱飞程序，将其迅速引向一个指定位置，在那里有一段专门对程序运行出错进行处理的程序。

1. 软件陷阱

软件陷阱,就是引导指令强行将捕获到的乱飞程序引向复位入口地址 0000H,在此处将程序转向专门对程序出错进行处理的程序,使程序纳入正轨。软件陷阱可采用两种形式,如表 6.3.1 所列。

表 6.3.1 软件陷阱形式

形式	软件陷阱形式	对应入口形式
形式之一	NOP NOP LJMP 0000H	0000H:LJMP MAIN ;运行程序 ⋮
形式之二	LJMP 0202H LJMP 0000H	0000H: LJMP MAIN ;运行主程序 ⋮ 0202H: LJMP 0000H ⋮

形式之一的机器码为:0000020000;

形式之二的机器码为:020202020000。

根据乱飞程序落入陷阱区的位置不同,可选择执行空操作,转到 0000H 和直转 0202H 单元的形式之一,使程序纳入正轨,指定运行到预定位置。

2. 软件陷阱的安排

1) 未使用的中断区

当未使用的中断因干扰而开放,在对应的中断服务程序中设置软件陷阱,就能及时捕捉到错误的中断。在中断服务程序中要注意:返回指令用 RETI,也可用 LJMP。中断服务程序如下所列:

```
NOP
NOP
POP     direct1         ; 将断点弹出堆栈区
POP     direct2
LJMP    0000H           ;转到 0000H 处
```

中断服务程序也可为下列形式:

```
NOP
NOP
POP     direct1         ;将断点弹出堆栈区
POP     direct2
PUSH    00H             ;断电地址改为 0000H
PUSH    00H
RETI
```

中断程序中 direct1、direct2 为主程序中非使用单元。

2) 未使用的 EPROM 空间

实际系统设计时,EPROM 空间留有余量,很少能全部用完。这些非程序区可用

0000020000 或 020202020000 数据填满。注意，最后一条填入数据应为 020000。当乱飞程序进入此区后，便会迅速自动入轨。

3）非 EPROM 芯片空间

单片机系统地址空间为 64KB。一般来说，系统中除了 EPROM 芯片占用的地址空间外，还会余下大量空间。如系统仅选用一片 2764，其地址空间为 8KB，那么将有 56KB 地址空间闲置。当程序计数器乱飞而落入这些空间时，读入数据将为 FFH，这是“MOV R7，A”指令的机器码，将修改 R7 的内容。因此，当程序乱飞进入非 EPROM 芯片区后，不仅无法迅速入轨，而且破坏 R7 的内容。

图 6.3.2 中 74LS08 为四正与门，EPROM 芯片地址空间为 0000H～1FFFH，译码器 74LS138 中的 Y0 为其片选信号，空间 2000H～FFFFH 为非应用空间。当程序计数器落入 2000H～FFFFH 空间时，定有 Y0 为高电平。当取指令操作时，$\overline{\text{PSEN}}$为低，从而引出中断。在中断服务程序中设置软件缺陷，可将乱飞的程序计数器迅速拉入正轨。

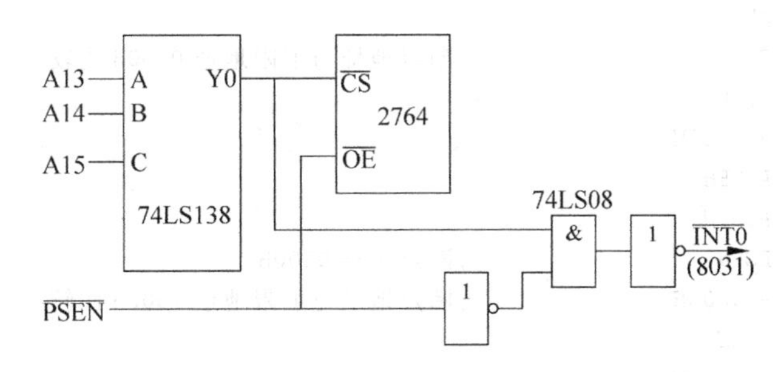

图 6.3.2 非 EPROM 区程序陷阱之一

在图 6.3.3 中，当程序计数器乱飞落入 2000H～FFFFH 空间时，74LS244 选通，读入数据为 020202H，这是一条转移指令，使程序计数器转入 0202H 入口，在主程序 0202H 设有出错处理程序。

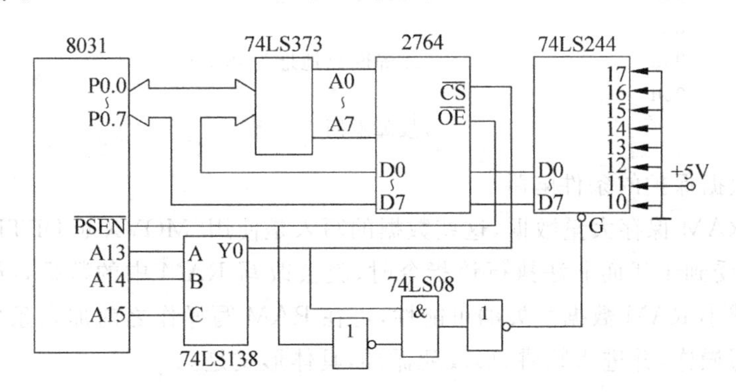

图 6.3.3 非 EPROM 区程序陷阱之二

4）运行程序区

前面曾指出，乱飞的程序在用户程序内部跳转时可用指令冗余技术加以解决，也可以设置一些软件陷阱，更有效地抑制程序乱飞，使程序运行更加可靠。程序设计时采用模块化设计，按照程序的要求逐个模块执行，可以将陷阱指令分散放置在用户程序各模块之间空余的单元里。在正常程序中不执行这些陷阱指令，保证用户程序运行。但当程序乱飞一旦落入

这些陷阱区，马上将乱飞的程序拉到正确轨道。这个方法很有效，陷阱的多少一般依据用户程序大小而定，一般每 1KB 有几个陷阱就够了。

5）中断服务程序

设用户主程序运行区间为 ADD1～ADD2，并设定时器 T0 产生 10ms 定时中断。当程序乱飞入 ADD1～ADD2 区间外，若在此用户程序区外发生了定时中断，可在中断服务程序中判定中断断点地址 ADDX。若 ADDX＜ADD1 或 ADDX＞ADD2，说明发生了程序乱飞，则应使程序返回到复位入口地址 0000H，使乱飞程序纳入正轨。假设 ADD1＝0100H，ADD2＝1000H，2FH 为断点地址高字节暂存单元，2EH 为断点地址低字节暂存单元。编写中断服务程序为：

```
        POP     2FH               ；断点地址弹入 2FH,2EH
        POP     2EH
        PUSH    2EH               ；恢复断点
        PUSH    2FH
        CLR     C                 ；断点地址与下限地址 0100H 比较
        MOV     A,2EH
        SUBB    A,＃01H
        MOV     A,2FH
        SUBB    A,01H
        JC      LOPN              ；断点小于 0100H
        MOV     A,＃00H           ；断点地址与上限地址 1000H 比较
        SUBB    A,2EH
        MOV     A, ＃10H
        SUBB    A,2FH
        JC      LOPN              ；断点大于 1000H 则转
        ⋮                         ；中断处理内容
        RETI                      ；正常返回
LOPN    POP     2FH               ；修改断点地址
        POP     2EH
        PUSH    00H               ；故障断点地址为 0000H
        PUSH    00H
        RETI                      ；故障返回
```

6）RAM 数据保护的条件陷阱

单片机外 RAM 保存大量数据，这些数据的写入是使用"MOVX @DPTR，A"指令来完成的。当 CPU 受到干扰而非法执行该指令时，就会改写 RAM 中的数据，导致 RAM 中数据丢失。为了减小 RAM 数据丢失的可能性，可在 RAM 写操作之前加入条件陷阱，不满足条件时不允许写操作，并进入陷阱，形成死循环，具体形式是：

```
        MOV     A,   ＃NNH
        MOV     DPTR, ＃××××H
        MOV     6EH,  ＃55H
        MOV     6FH, ＃0AAH
        LCALL   WRDP
        RET
WRDP:   NOP
        NOP
```

```
        NOP
        CJNE    6EH,  #55H,XJ      ;6EH 中不为 55H 则落入死循环
        CJNE    6FH,  #0AAH,XJ     ;6FH 中不为 AAH 则落入死循环
        MOVX    @DPTR,  A          ;A 中数据写入 RAM××××H 中
        NOP
        NOP
        NOP
        MOV     6EH,  #00H
        MOV     6FH,  #00H
        RET
XJ:     NOP                        ;死循环
        NOP
        SJMP    XJ
```

落入死循环之后，可以通过下面叙述的"看门狗"技术使其摆脱困境。

6.3.3 数字量传输通道软件抗干扰技术

1. 输入数字量的软件抗干扰技术

干扰信号多呈毛刺状，作用时间短，利用这一特点，对于输入的数字信号，可以通过重复采集的方法，将随机干扰引起的虚假输入状态信号滤除掉。若多次数据采集后，信号总是变化不定，则停止数据采集并报警；或者在一定采集时间内计算出高电平、低电平的次数，将出现次数高的电平作为实际采集数据。对每次采集的最高次数限额或采样次数可按照实际情况适当调整。

2. 输出数字量的软件抗干扰技术

当系统受到干扰后，往往使可编程的输出端口状态发生变化，因此可以通过反复对这些端口定期重写控制字，输出状态字，来维持既定的输出端口状态。只要可能，其重复周期尽可能短，外部设备收到一个干扰的错误信号后，还来不及做出有效的反应，一个正确的输出信息又来到了，这就可及时防止错误动作的发生。对于重要的输出设备，最好建立反馈检测通道，CPU 通过检测输出信号来确定输出结果的正确性，如果检测到错误，便及时修正。

6.3.4 看门狗技术

程序计数器 PC 受到干扰而失控，引起程序乱飞，也可能使程序陷入"死循环"。指令冗余技术、软件陷阱技术不能使失控的程序摆脱"死循环"的困境，通常采用程序监视技术，又称"看门狗"(watchdog)技术，使程序脱离"死循环"。测控系统的应用程序往往采用循环运行方式，每一次循环的时间基本固定。"看门狗"技术就是不断监视程序的循环运行时间，若发现时间超过已知的循环设定时间，则认为系统陷入了"死循环"，然后强迫程序返回到 0000H 入口，在 0000H 处安排一段出错处理程序，使系统运行纳入正规。

"看门狗"技术既可由硬件实现，也可由软件实现，还可由两者结合来实现。为了便于软、硬件"看门狗"技术比较，本节先介绍硬件电路实现"看门狗"功能。

1. 硬件“看门狗”电路

1）单稳态型“看门狗”电路

图 6.3.4 是采用 74LS23（或 74HC123）双可再触发单稳态多谐振荡器设计的“看门狗”电路。74LS123 的引脚与功能表如图 6.3.5 所示。

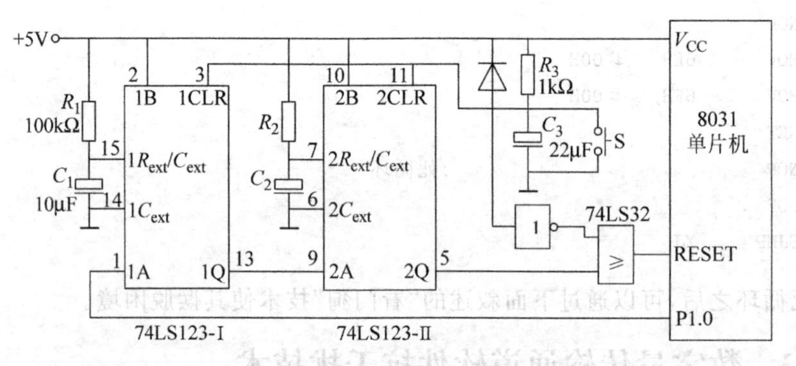

图 6.3.4　单稳态型“看门狗”电路

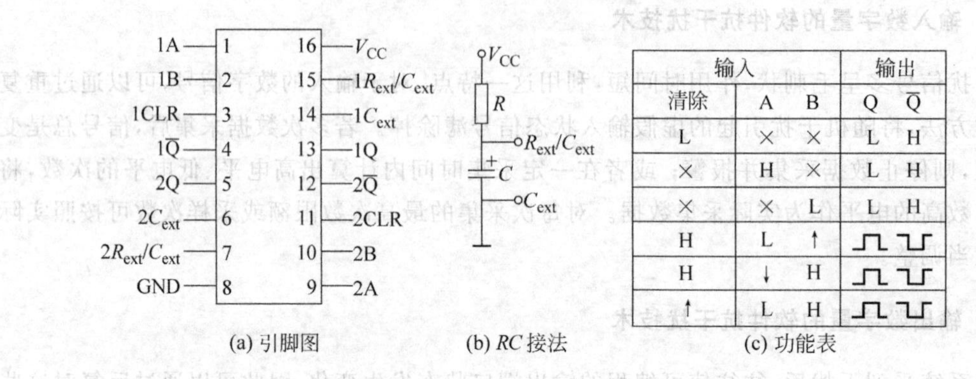

输入			输出	
清除	A	B	Q	$\overline{Q}$
L	×	×	L	H
×	H	×	L	H
×	×	L	L	H
H	L	↑	⊓	⊔
H	↓	H	⊓	⊔
↑	L	H	⊓	⊔

(a) 引脚图　(b) RC 接法　(c) 功能表

图 6.3.5　74LS123 引脚排列与功能

从功能表可以看出，在清除端为高电平，B 端为高电平的情况下，若 A 输入负跳变，则单稳态触发器脱离原来的稳态（Q 为低电平）进入暂态，即 Q 端变为高电平。在经过一段延时后，Q 端重新回到稳定状态。这就是 Q 端输出一个正脉冲，其脉冲宽度由定时原件 R、C 决定。当 $C>1000\text{pF}$ 时，输出脉冲宽度计算式为

$$t_w = 0.45RC$$

式中，R 的单位为 Ω，C 的单位为 F，t_w 的单位为 s。

第一个单稳态电路的工作状态由单片机的 P1.0 控制。在系统开始工作时，P1.0 口向 1A 端输入一个负脉冲，使 1Q 端产生正跳变，但并不能触发 74LS123-Ⅱ动作，2Q 仍为低电平。P1.0 口负触发脉冲的时间间隔取决于系统控制主程序运行周期的大小。考虑系统参数的变化及中断、干扰等因素，必须留有足够的余量。本系统最大运行周期为 0.3s。74LS123-Ⅰ的输出脉冲宽度为 450ms，若此期间内 1A 端再有负脉冲输入，则 1Q 端高电平就会在此刻重新实现 450ms 的延时。因此只要在 1A 端连续的输入间隔小于 450ms 的负脉冲，则 1Q 输出将始终维持在高电平上，这时 2A 保持高电平，74LS123-Ⅱ单稳不动作，2Q

端始终维持在低电平。

在实际应用系统中，软件流程都是设计成循环结构的，在应用软件设计中使“看门狗”电路负脉冲处理语句含在主程序中，并使扫描周期远远小于单稳态 74LS123-Ⅱ的定时时间，如图 6.3.6 所示。

在系统实际运行中，只要程序在正常工作循环中就能保证单稳态 74LS123-Ⅱ处于暂稳态，1Q 输出高电平，2Q 输出低电平。一旦程序由于“乱飞”或进入“死循环”，“看门狗”脉冲不能正常触发，经过 450ms 后单稳态 74LS123-Ⅰ脱离暂态，1Q 端回到低电平，并触发单稳态 74LS123-Ⅱ翻转到暂态，在 2Q 端产生足够宽的正脉冲(0.9ms)，使单片机可靠复位。一旦系统复位后，程序就可重新进入正常的工作循环中，使系统的运行可靠性大大提高。

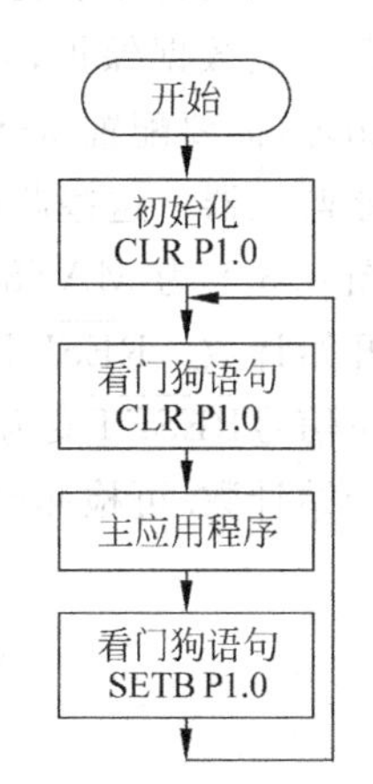

图 6.3.6　单稳态型“看门狗”程序框图

2) 计数器型“看门狗”电路

图 6.3.7 为计数器构成的“看门狗”电路，计数器 CD4020 为 14 位二进制串行计数器。计数器计数在时钟 $\overline{CLK}$ 下沿进行，将 RST 输出置于高电平或正脉冲，可使计数器的输出全部为“0”电平。

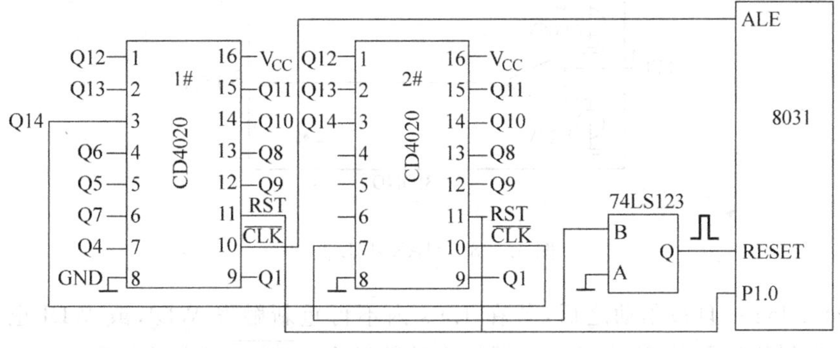

图 6.3.7　计数器型“看门狗”电路

若单片机晶振为 6MHz，则 ALE 信号周期为 1μs。1# CD4020 的 Q14 脚定时时间为 262.144ms。应用主程序在循环过程中，P1.0 脚定时发出清 0 脉冲(假定周期小于 262.144ms)就能保证 2# 计数器 Q4 端输出为零，不影响程序正常运行。当“死循环”超过 262.144ms 时，Q4 为高电平，RESET 为高电平，系统复位。通过 1# CD4020 输出端与 2# CD4020 的连接方式，可获得不同的延时时间，如表 6.3.2 所列。

表 6.3.2　计数器串联延时时间

连接方式	延时时间(Q4 输入)/ms
1# Q14－2# $\overline{CLK}$	262.144
1# Q13－2# $\overline{CLK}$	131.072
1# Q12－2# $\overline{CLK}$	65.536
1# Q11－2# $\overline{CLK}$	32.768
1# Q10－2# $\overline{CLK}$	16.384

3）采用微处理器监控器实现“看门狗”功能

近几年来，芯片制造商开发了许多为处理监控芯片，它们具有“看门狗”功能，如MAX690A、MAX692A、MAX705/706/813L等。

在微机化测控系统中，为了保证微处理器稳定而可靠地运行，须配置电压监控电路；为了实现掉电数据保护，需备用电池及切换电路；为了使微机处理器尽快摆脱因干扰而陷入的死循环，需要配置watchdog电路。将完成这些功能的电路集成在一个芯片当中，称为微处理器监控器。这些芯片集成化程度高，功能齐全，具有广阔的应用前景。

图6.3.8为MAX813L框图。WDI为看门狗输入端，该端的作用是启动watchdog定时器开始计数。$\overline{\text{RESET}}$有效或WDI输入为高阻态时，watchdog定时器被清零且不计数。当复位信号RESET变为高电平，且WDI发生电平变化（即发生上升沿或下降沿变化）时，定时器开始计数.可检测的驱动脉宽短至50ns。若WDI悬空，则watchdog不起作用。

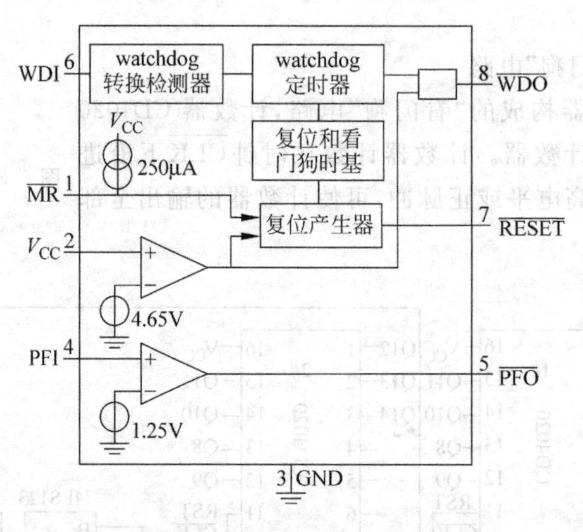

图6.3.8　MAX813L框图

当watchdog一旦被驱动之后，若在1.6s内不再重新触发WDI，或WDI也不呈高阻态，也不发生复位信号时，则会使定时器发生计数溢出。$\overline{\text{WDO}}$变为低电平。通常watchdog可使CPU摆脱死循环的困境。因为陷入死循环后不可能再发WDI的触发脉冲了，最多经过1.6s后，发出$\overline{\text{WDO}}$信号。$\overline{\text{WDO}}$信号可与单片机的$\overline{\text{INT0}}$或$\overline{\text{INT1}}$连接，单片机在中断服务程序中，将程序引到0000H，系统重新正常运行。当V_{CC}降至复位门限之下时，不管watchdog定时器是否完成计数，$\overline{\text{WDO}}$均为低电平。

当$\overline{\text{WDO}}$为低电平时，欲使其恢复高电平的条件是在V_{CC}高于复位门的情况下：

（1）采取手动复位，$\overline{\text{MR}}$有一低脉冲，发出复位信号，在复位信号的前沿，$\overline{\text{WDO}}$变为高电平，但watchdog被清零，且不计数；

（2）若WDI电平发生变化，watchdog被清零，且开始计数，同时$\overline{\text{WDO}}$变为高电平。

若使WDI悬空，则watchdog失效，$\overline{\text{WDO}}$可用做低压标志输出。当V_{CC}降至复位门限以下时，$\overline{\text{WDO}}$为低电平，表示电压已降低。$\overline{\text{WDO}}$与$\overline{\text{RESET}}$不同，$\overline{\text{WDO}}$没有其最小脉宽。

图6.3.9为MAX705/706/813L看门狗定时器的时序图。

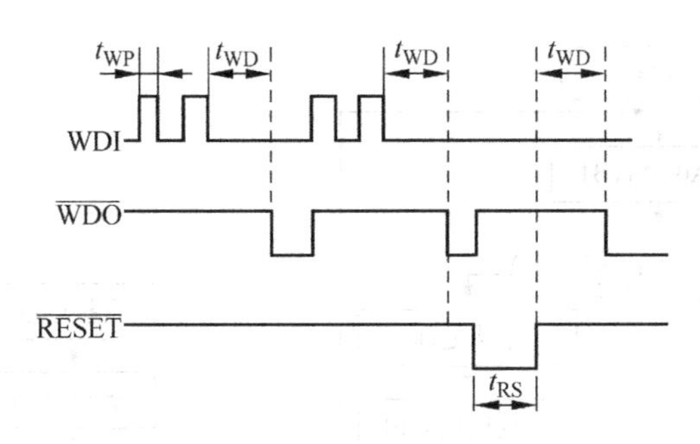

图 6.3.9 “看门狗”定时器时序图

t_{WP}—WDI 脉冲宽度；t_{WD}—看门狗溢出周期；t_{RS}—复位脉冲宽度

2. 软件“看门狗”技术

由硬件电路实现的“看门狗”技术，可以有效地克服主程序或中断服务程序由于陷入死循环而带来的不良后果。但在工业应用中，严重的干扰有时会破坏中断方式控制字，导致中断关系，这时前述的硬件“看门狗”电路的功能将不能实现。依靠软件进行双重监视，可以弥补上述不足。

软件“看门狗”技术的基本思路是：在主程序中对 T0 中断服务程序进行监视；在 T1 中断服务程序中对主程序进行监视；T0 中断监视 T1 中断。从概率观点，这种相互依存、相互制约的抗干扰措施将使系统运行的可靠性大大提高。

系统软件包括主程序、高级中断子程序和低级中断子程序三部分。假设将定时器 T0 设计成高级中断，定时器 T1 设计成低级中断，从而形成中断嵌套。现分析如下：

主程序流程图如图 6.3.10 所示。主程序完成系统测控功能的同时，还要监视 T0 中断因干扰而引起的中断关闭故障。A0 为 T0 中断服务程序运行状态观测单元，T0 中断运行，每中断一次，A0 便自动加 1。在测控功能模块运行程序（主程序的主体）入口处，先将 A0 之值暂存于 E0 单元。由于测控功能模块程序一般运行时间较长，设定在此期间 T0 产生定时中断（设 T0 定时溢出时间小于测控功能模块运行时间），从而引起 A0 的变化。在测控功能模块的出口处，将 A0 的即时值与先前的暂存单元 E0 的值相比较，观察 A0 值是否发生变化。若 A0 之值发生了变化，说明 T0 中断运行正常；若 A0 之值没变化，说明 T0 中断关闭，则转到 0000H 处，进行出错处理。

T1 中断程序流程图如图 6.3.11 所示。T1 中断服务程序完成系统特定测控功能的同时，还监视主程序运行状态。在中断服务程序中设置一个主程序运行计时器 M，T1 每中断一次，M 便自动加 1。M 中的数值与 T1 定时溢出时间之积表示时间值。若 M 表示的时间值大于主程序运行时间 T（为可靠起见，T 要留有一定余量），说明主程序陷入死循环，T1 中断服务程序便修改断点地址，返回 0000H，进行出错处理。若 M 小于 T，则中断正常返回。M 在主程序入口处循环清 0，如图 6.3.10 所示。

T0 中断程序流程图如图 6.3.12 所示。T0 中断服务程序的功能是监视 T1 中断服务程序的运行状态。该程序较短，因而受干扰破坏的几率很小。A1、B1 为 T1 中断运行状态检测单元。A1 的初始值为 00H，T1 每发生一次中断，A1 便自动加 1。T0 中断服务程序中若检测 A1＞0，说明 T1 中断正常；若 A1＝0，则 B1 单元加 1（B1 的初始值为 00H），若 B1 的

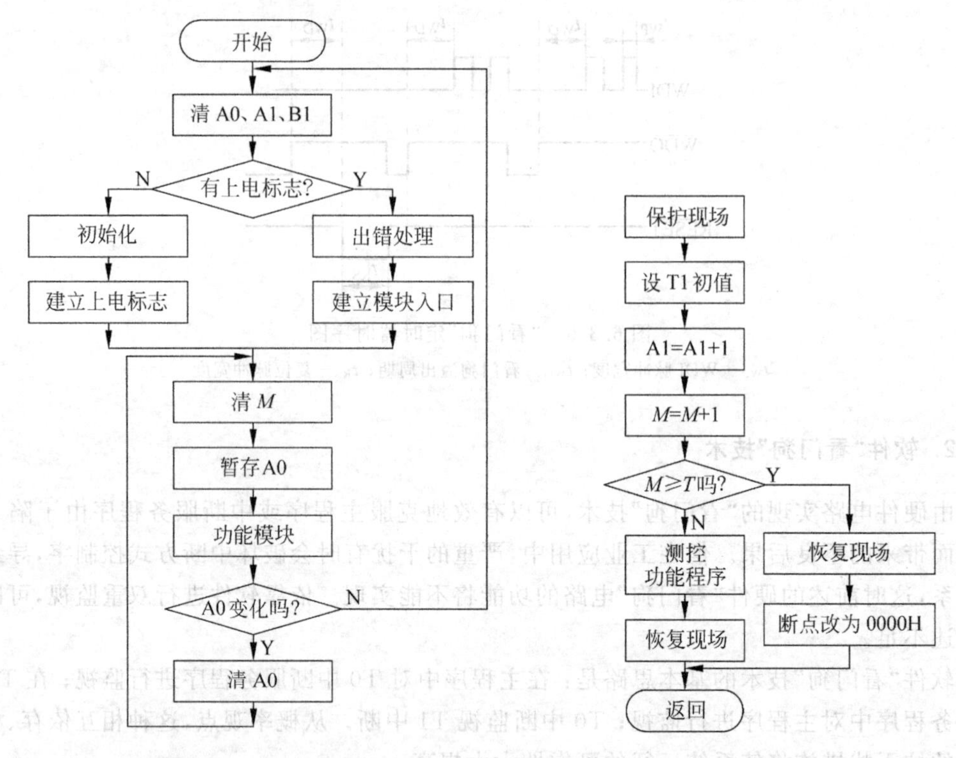

图 6.3.10　主程序流程图　　　　图 6.3.11　T1 中断程序流程图

累加值大于 Q,说明 T1 中断失效,失效时间为 T0 定时溢出时间与 Q 值之积。Q 值的选取取决于 T1、T0 定时溢出时间。例如,T0 定时溢出时间为 10ms,T1 定时溢出时间为 20ms,当 $Q=4$ 时,说明 T1 的允许失效时间为 40ms,在这样长的时间内,T1 没有发生中断,说明 T1 中断发生了故障。由于 T0 中断级别高于 T1 中断,所以,T1 任何中断故障(死循环、故障关闭)都会因 T0 的中断而被检测出来。

当系统受到干扰后,主程序可能发生死循环,而中断服务程序也可能陷入死循环或因中断方式字的破坏而关闭中断。主程序的死循环可由 T1 中断服务程序进行监视;T0 中断的故障关闭可由主程序进行监视;T1 中断服务程序的死循环和故障关闭可由 T0 的中断服务程序进行监视。由于采用了多重软件监测方法,大大提高了系统运行的可靠性。

值得指出,T0 中断服务程序若因干扰而陷入死循环,应用主程序和 T1 中断服务程序无法检测出来。因此,编程时应尽量缩短 T0 中断服务程序的长度,使发生死循环的几率大大降低。

3. 软硬件结合的"看门狗"技术

硬件"看门狗"技术能有效监视程陷入死循环故障,但对中断关闭故障无能为力;软件"看门狗"技术对高级中断服务程序陷入死循环无能为力,但能监视全部中断关闭的故障。若将硬件"看门狗"和和软件"看门狗"结合起来,可以互相取长补短,获得优良的抗干扰效果。

图 6.3.13 为软硬件"看门狗"主程序流程图,其硬件配置与图 6.3.4 相同。

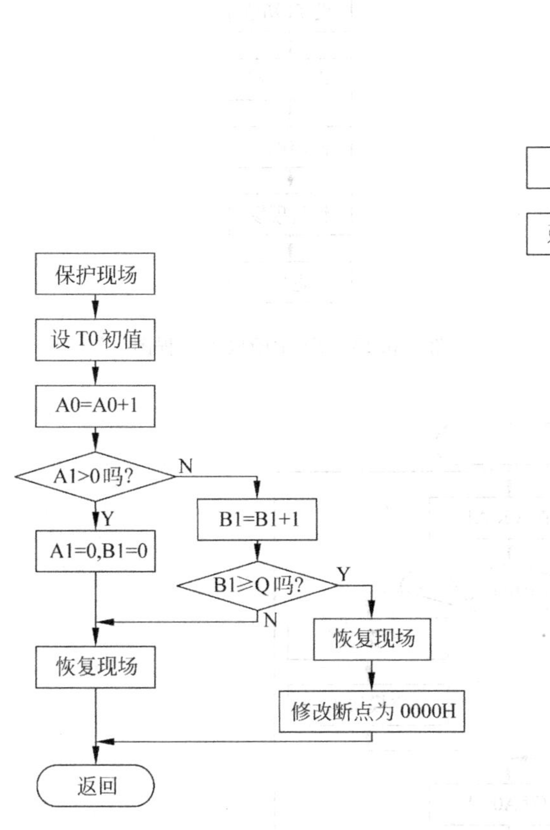

图 6.3.12 T0 中断服务程序

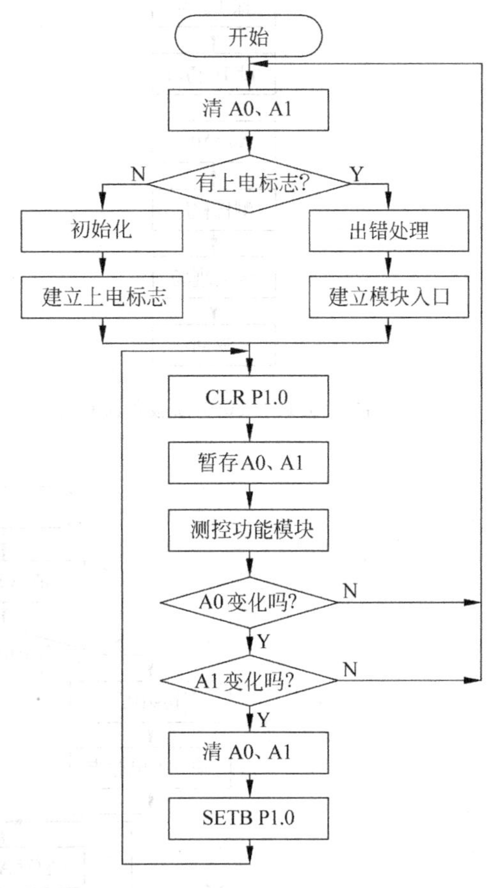

图 6.3.13 软硬件“看门狗”主程序流程图

图 6.3.13 中的 A0、A1 为 T0、T1 中断运行状态观测器。每当 T0、T1 中断一次，A0、A1 分别加 1。E0、E1 为 A0、A1 的暂存单元，在主程序观测测控功能模块的入口处暂存 A0、A1 于 E0、E1 单元。由于测控模块程序一般很长，在执行一次测控模块程序时间内，T0、T1 必发坐定时中断。在测控功能模块的出口处，将 A0、A1 分别同 E0、E1 暂存值比较，以判断 A0、A1 是否变化，从而也就观测出 T0、T1 的中断是否正常执行。若中断因干扰而关闭，则 A0、A1 值不会变化，与暂存单元 E0、E1 中的值完全相同，这时程序转向 0000H，进行出错处理。T0、T1 中断服务程序流程图如图 6.3.14 和图 6.3.15 所示。

若测控功能模块程序较短，执行一次时间内不足以使 T0、T1 发生定时中断，这时可采用图 6.3.16 所示的方案。图中 N 为循环次数，N 次循环时间内确保 T0、T1 发生定时中断（每执行一次测控模块程序，N 自动减 1）。硬件“看门狗”电路的清除脉冲由 P1.0 口发出，发出周期为一次测控功能模块程序执行时间。因此，单稳态电路输出高电平单稳信号脉宽要大于 P1.0 输出脉冲周期。

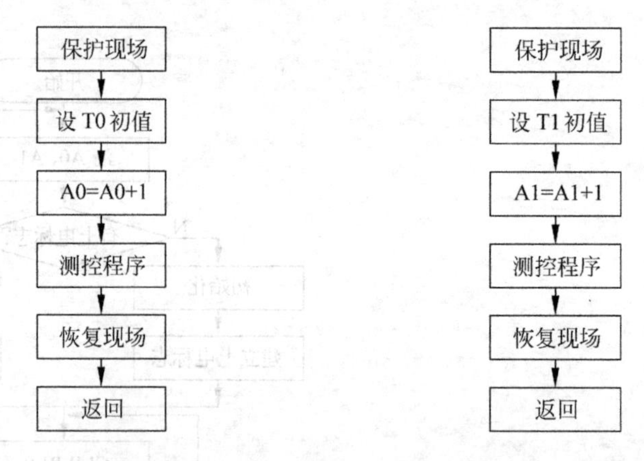

图 6.3.14　T0 中断服务流程图　　图 6.3.15　T1 中断服务流程图

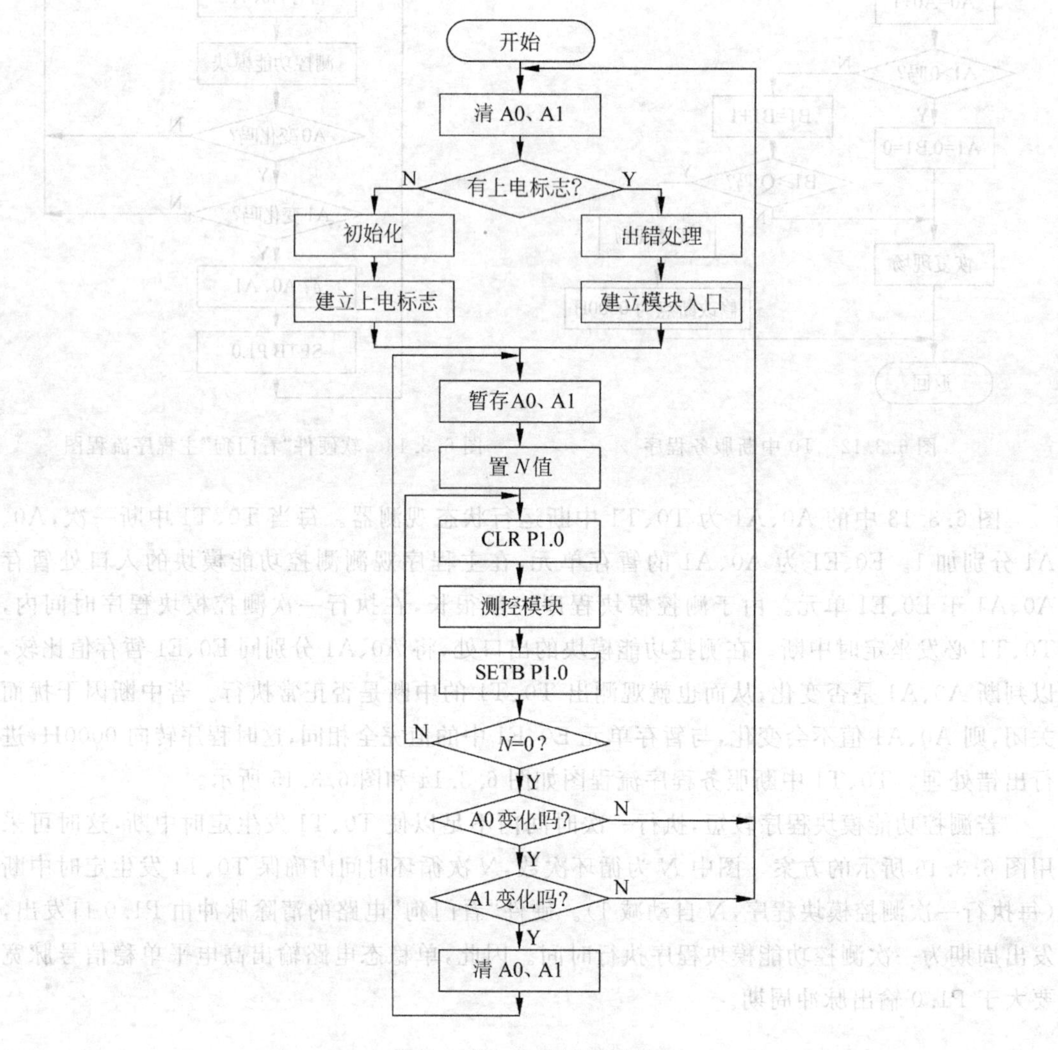

图 6.3.16　主程序流程图

习题与思考题

1. 电路输入阻抗高是否容易接受高频噪声干扰？为什么？

2. 接地方式有哪几种？各适用于什么情况？

3. 信号传输线屏蔽层接地点应怎样选择？

4. 何谓“接地环路”？它有什么危害？应怎样避免？

5. 屏蔽有哪几种类型？屏蔽结构有哪几种形式？

6. 为什么长线传输大都采用双绞线传输？

7. 为什么光电耦合器具有很强的抗干扰能力？采用光电耦合器时，输入和输出部分能否共用电源？为什么？

8. 什么叫“共地”？什么叫浮地？各有何优缺点？

9. 何谓“共模干扰”？何谓“差模干扰”？应如何克服？

10. 如何抑制来自电源与电网的干扰？

11. 在印刷电路板上用地线隔开输入与输出线能抑制干扰吗？为什么？

12. 在软件抗干扰中有哪几种对付程序“乱飞”的措施？各有何特点？

13. 何谓软件冗余技术？它包括哪些方法？

14. 何谓软件陷阱？软件陷阱一般设置在程序的什么地方？

15. 何谓“看门狗”技术？有哪些实现方法？

16. 如何实现对输入数字量和输出数字量的软件抗干扰？

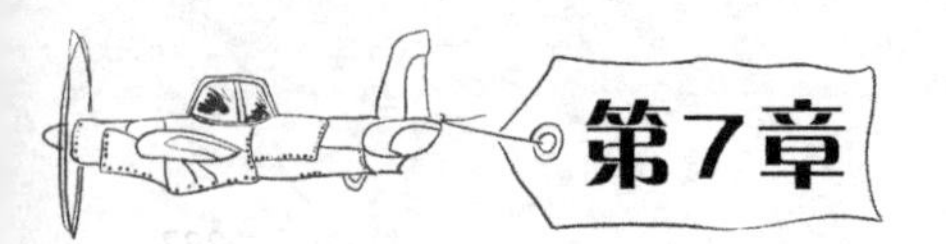

控制网络技术

随着计算机、通信、网络等信息技术的发展，信息交换的领域已经覆盖了工厂、企业乃至世界各地的市场，因此，需要建立包含从工业现场设备层到控制层、管理层等各个层次的综合自动化网络平台，建立以工业控制网络技术为基础的企业信息化系统。

7.1 工业控制网络概述

7.1.1 企业信息化

工业控制网络作为工业企业综合自动化系统的基础，从结构上看可分为3个层次，即管理层、控制层和现场设备层，如图7.1.1所示。

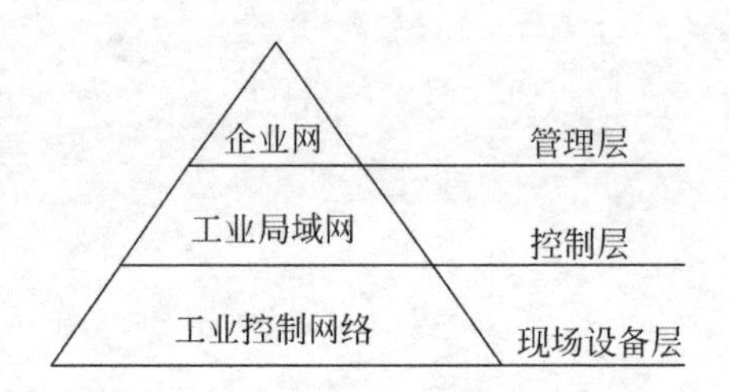

图7.1.1 企业综合自动化系统结构层次

最上层的是企业信息管理网络，它主要用于企业的生产调度、计划、销售、库存、财务、人事以及企业的经营管理等方面信息的传输。管理层上各终端设备之间一般以发送电子邮件、下载网页、数据库查询、打印文档、读取文件服务器上的计算机程序等方式进行信息的交换，数据报文通常都比较长，数据吞吐量比较大，而且数据通信的发起是随机的、无规则的，因此要求网络必须具有较大的带宽。目前企业管理网络主要由快速以太网(100M、1000M、10G等)组成。

中间的过程监控网络主要用于将采集到的现场信息置入实时数据库，进行先进控制与优化计算、集中显示、过程数据的动态趋势与历史数据查询、报表打印。这部分网络主要由传输速率较高的网段(如10M、100M、以太网等)组成。

最底层的现场设备层网络则主要用于控制系统中大量现场设备之间测量与控制信息以及其他信息(如变送器的零点漂移、执行机构的阀门开度状态、故障诊断信息等)的传输。这

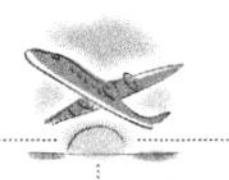

些信息报文的长度一般都比较小，通常仅为几位（bit）或几个字节（byte），因此对网络传输的吞吐量要求不高，但对通信响应的实时性和确定性要求较高。目前现场设备网络主要由现场总线（如 FF、Profibus、WorldFIP、DeviceNet 等）低速网段组成。

7.1.2 控制网络的特点

工业控制网络作为一种特殊的网络，直接面向生产过程，肩负着工业生产运行、测量、控制信息传输等特殊任务，并产生或引发物质或能量的运动和转换，因此它通常应满足强实时性、高可靠性、恶劣的工业现场环境适应性、总线供电等特殊要求和特点。

与此同时，开放性、分散化和低成本也是工业控制网络另外重要的三大特征，即工业控制网络应该具有如下特点。

（1）较好的响应实时性。工业控制网络不仅要求传输速度快，而且在工业自动化控制中还要求响应快，即响应实时性要好，一般为 1ms～0.1s 级。

（2）高可靠性，即能安装在工业控制现场，具有耐冲击、耐振动、耐腐蚀、防尘、防水以及较好的电磁兼容性，在现场设备或网络局部链路出现故障的情况下，能在很短的时间内重新建立新的网络链路。

（3）力求简洁，以减小软硬件开销，从而降低设备成本，同时也可以提高系统的健壮性。

（4）开放性要好，即工业控制网络尽量不要采用专用网络。

在 DCS 中，工业控制网络是一种数字-模拟混合系统，控制站与工程师站、操作站之间采用全数字化的专用通信网络，而控制系统与现场仪表之间仍然使用传统的方法，传输可靠性差、成本高。

7.1.3 控制网络的类型

控制网络一般指以控制“事物对象”为特征的计算机网络系统。从工业自动化与信息化层次模型来说，控制网络可分为面向设备的现场总线控制网络与面向自动化的主干控制网络。在主干控制网络中，现场总线作为主干网络的一个接入节点。从网络的组网技术来分，控制网络通常有两类，即共享式控制网络与交换式控制网络。控制网络的类型及其相互关系如图 7.1.2 所示。

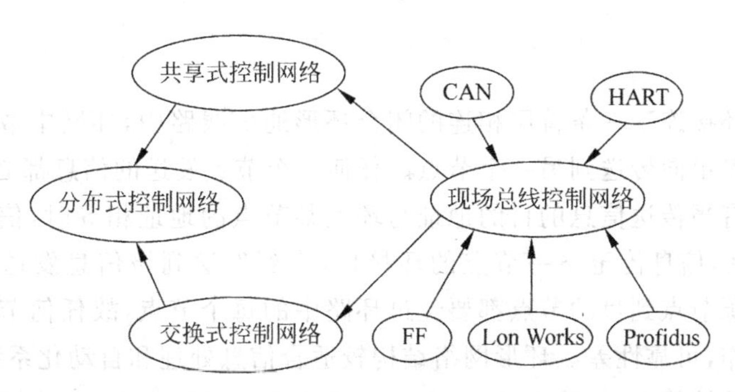

图 7.1.2 控制网络的类型及其相互关系

7.2 网络技术基础

控制网络是一类特殊的局域网，它既有局域网共同的基本特征，也有控制网络固有的技术特征。控制网络的基本技术要素包括网络拓扑结构、介质访问控制技术和差错控制技术。

7.2.1 网络拓扑结构

网络中互连的点称为节点或站，节点间的物理连接结构称为拓扑结构。通常有星形、环形、总线型和树形拓扑结构，如图 7.2.1 所示。

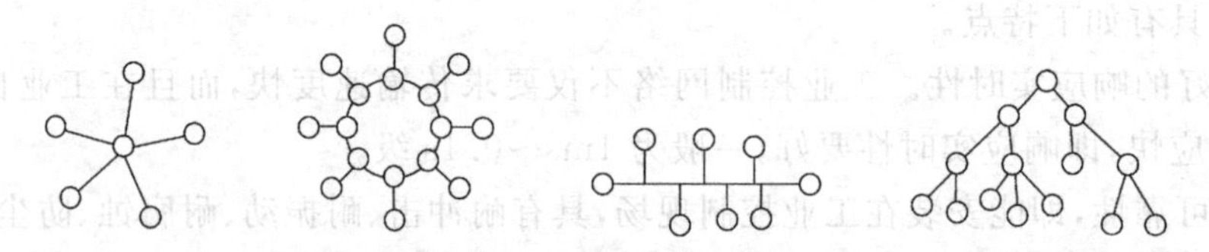

图 7.2.1 网络拓扑结构

1. 星形结构

星形的中心节点是主节点，它接受各分散节点的信息再转发给相应节点，具有中继交换和数据处理功能。当某一节点想传输数据时，它首先向中心节点发送一个请求，以便同另一个目的节点建立连接。一旦两节点建立了连接，则在这两点间就像是有一条专用线路连接起来一样，进行数据通信。可见，中心节点负担重，工作复杂。可靠性差是星形结构的最大弱点。星形结构网络的主要特点如下：

(1) 网络结构简单，便于控制和管理，建网容易；

(2) 网络延迟时间短，传输错误率较低；

(3) 网络可靠性较低，一旦中央节点出现故障将导致全网瘫痪；

(4) 网络资源大部分在外围点上，相互之间必须经过中央节点中转才能传送信息；

(5) 通信电路都是专用线路，利用率不高，网络成本较高。

2. 环形结构

各节点通过环接连于一条首尾相连的闭合环形通信线路中，环网中数据按事先规定好的方向从一个节点单向传送到另一个节点。任何一个节点发送的信息都必须经过环路中的全部环接口。只有当传送信息的目的地址与环上某节点的地址相等时，信息才被该节点的环接口接收；否则，信息传至下一节点的环接口，直到发送到该信息发送的节点环接口为止。由于信息从源节点到目的节点都要经过环路中的每个节点，故任何节点的故障均导致环路不能正常工作，可靠性差。环形网络结构较适合信息处理和自动化系统中使用，是微机局部网络中常有的结构之一，特别是 IBM 公司推出令牌环网之后，环形网络结构就被越来越多的人所采用。环形结构网络主要特点如下：

(1) 信息流在网络中沿固定的方向流动，两节点之间仅有唯一的通路，简化了路径选择控制；

(2) 环路中每个节点的收发信息均由环接口控制,因此控制软件较简单;

(3) 当某节点故障时,可采用旁路环的方法提高网络可靠性;

(4) 节点数量的增加将影响信息的传输效率,故环结构的扩展受到一定限制。

3. 总线型结构

在总线型结构中,各节点接口通过一条或几条通信线路与公共总线连接,其任何节点的信息都可以沿着总线传输,并且能被总线中的任何一节点所接收。由于它的传输方向是从发送节点向两端扩散,类同于广播电台发射的电磁波向四周扩散一样,因此,总线型结构网络又被称为广播式网络。总线型结构网络的接口内具有发送器和接收器。接收器接收总线上的串行信息,并将其转换为并行信息送到节点;发送器则将并行信息转换成串行信息广播发送到总线上。当总线上发送的信息目的地址与某一节点的接口地址相符时,传送的信息就被该节点接收。由于一条公共总线具有一定的负载能力,因此总线长度有限,其所能连接的节点数也有限。总线型网络的主要特点如下:

(1) 结构简单灵活,扩展方便;

(2) 可靠性高,响应速度快;

(3) 共享资源能力强,便于广播式工作;

(4) 设备少,价格低,安装和使用方便;

(5) 所有节点共用一条总线,因此总线上传送的信息容易发生冲突和碰撞,不宜用在实时性要求高的场合。

4. 树形结构

树形结构是分层结构,适用于分级管理和控制系统。与星形结构相比,由于通信线路总长度较短,故它联网成本低,易于维护和扩展,但结构较星形结构复杂。网络中除叶节点外,任一节点或连线的故障均影响其所在支路网络的正常工作。

上述 4 种网络结构中,总线型结构是目前使用最广泛的结构,也是一种最传统的主流网络结构,该种结构最适于信息管理系统、办公室自动化系统、教学系统等领域的应用。实际组网时,其网络结构不一定仅限于其中的某一种,通常是几种结构的综合。

7.2.2 介质访问控制技术

在局部网络中,由于各节点通过公共传输通路传输信息,因此任何一个物理信道在某一时间段内只能为一个节点服务,即被某节点占用来传输信息,这就产生了如何合理使用信道、合理分配信道的问题,各节点能充分利用信道的空间时间传送信息,而不至于发生各信息间的互相冲突。传输访问控制方式的功能就是合理解决信道的分配。目前常用的传输访问控制方式有 3 种:冲突检测的载波侦听多路访问(CSMA/CD)、令牌环(Token Ring)和令牌总线(Token Bus)。

1. 冲突监测的载波侦听多路访问(CSMA/CD)

CSMA/CD 由 Xerox 公司提出,又称随机访问技术或争用技术,主要用于总线型和树形网络结构。该控制方法的工作原理是:当某一节点要发送信息时,首先要侦听网络中有无其他节点正发送信息，若没有，则立即发送；若网络中某节点正在发送信息（信道被占用），该节点就须等待一段时间，再侦听，直至信道空闲时再开始发送。载波侦听多路访问是指多个节点共同使用同一条线路，任何节点发送信息前都必须先检查网络的线路是否有信息传输。

CSMA 技术中，须解决信道被占用时等待时间的确定和信息冲突两个问题。确定等待时间的方法是：当某节点检测到信道被占用后，继续检测下去，待发现信道空闲时，立即发送；当某点检测到信道被占用后，就延迟一个随机的时间，然后再检测。重复这一过程，直到信道空闲，开始发送。

解决冲突的问题可有多种办法，这里只说明冲突检测的解决办法。当某节点开始占用网络信道发送信息时，该点再继续对网络检测一段时间，也就是说该点一边发送一边接收，且把收到的信息和自己发送的信息进行比较，若比较结果相同，说明发送正常进行，可以继续发送；若比较结果不同，说明网络上还有其他节点发送信息，引起数据混乱，发生冲突，此时应立即停止发送，等待一个随机时间后，再重复以上过程。

CSMA/CD 方式原理较简单，且技术上较易实现。网络中各节点处于不同地位，无需集中控制，但不能提供优先级控制，所有节点都有平等竞争的能力，在网络负载不重的情况下，有较高的效率，但当网络负载增大时，分送信息的等待时间加长，效率显著降低。

2. 令牌环

令牌环全称是令牌通行环（Token Passing Ring），仅适用于环形网络结构。在这种方式中，令牌是控制标志，网中只设一张令牌，只有获得令牌的节点才能发送信息，发送完后，令牌又传给相邻的另一节点。令牌传递的方法是：令牌一次沿每个节点传送，使每个节点都有平等发送信息的机会。令牌有“空”和“忙”两个状态。“空”表示令牌没有被占用，即令牌正在携带信息发送。当“空”的令牌传送至正待发送信息的节点时，该节点立即发送信息并置令牌为“忙”状态。在一个节点占用令牌期间，其他节点只能处于接收状态。当所发信息绕环一周，回到发送节点，由发送节点清除，“忙”令牌又被置为“空”状态，沿环传送至下一节点，下一节点得到这令牌就可发送信息。

令牌环的优点是能提供可调整的访问控制方式，能提供优先权服务，有较强的实时性。缺点是需要对令牌进行维护，空闲令牌的丢失将会降低环路的利用率，控制电路复杂。

3. 令牌总线

令牌总线方式主要用于总线型或树形网络结构中。受令牌环的影响，它把总线或树形传输介质上的各个节点形成一个逻辑环，即人为地给各节点规定一个顺序（例如，可按各节点号的大小排列）。逻辑环中的控制方式类同于令牌环。不同的是令牌总线中，信息可以双向传送、任何节点都能“听到”其他节点发出的信息。为此，节点发送的信息中要有指出下一个要控制的节点的地址。由于只有获得令牌的节点才可发送信息（此时其他节点只收不发），因此该方式不需检测冲突就可以避免冲突。

令牌总线具有如下优点：吞吐能力强，吞吐量随数据传输速率的提高而增加；控制功能不随电缆线长度的增加而减弱；不需冲突检测，信号电压可以有较大的动态范围；具有一定的实时性。因此，采用令牌总线方式的网络的联网距离较 CSMA/CD 及 Token Ring

方式的网络远。

令牌总线的主要缺点是节点获得令牌的时间开销较大，一般一个节点都需要等待多次无效的令牌传送后才能获得令牌。表 7.2.1 对 3 种访问控制方式进行了比较。

表 7.2.1 3 种访问控制方式的比较

	CSMA/CD	Token Bus	Token Ring
低负载	好	差	中
高负载	差	好	好
短包	差	中	中
长包	中	差	好

7.2.3 差错控制技术

由于通信线路上有各种干扰，信息在线路上传输时可能产生错误，接收端收到错误信息。提高传输质量的方法有两种：第一种是改善信道的电性能，使误码率降低；第二种是接收端检验出错误后，自动纠正错误，或让发送端重新发送，直至接收到正确的信息为止。差错控制技术包括检验错误和纠正错误。两种检错方法是奇偶校验和循环冗余校验，3 种纠错方法是重发纠错、自动纠错和混合纠错。

奇偶校验(Parity Check)是一个字符校验一次，在每个字符的最高位置后附加一个奇偶校验位。通常用一个字符($b_0 \sim b_7$)来表示，其中，$b_0 \sim b_6$ 为字符码位，而最高位 b_7 为校验位。这个校验位可为 1 或 0，以便保证整个字节为 1 的位数是奇数(称奇校验)或偶数(偶校验)。发送端按照奇或偶校验的原则编码后，以字节为单位发送，接收端按照同样的原则检查收到的每个字节中 1 的位数。如果为奇校验，发送端发出的每个字节中 1 的位数也为奇数。若接收端收到的字节中 1 的位数也为奇数，则传输正确；否则传输错。偶校验方法类似。奇偶校验通常用于每帧只传送一个字节数据的异步通信方式。而同步通信方式每帧传送由多个字节组成的数据块，一般采用循环冗余校验。

循环冗余校验(Cyclic Redundancy Check，CRC)的原理是：发送端发出的信息由基本信息位和 CRC 校验位两部分组成。发送端首先发送基本的信息位，同时，CRC 校验位生成器用基本的信息位除以多项式 $G(x)$。一旦基本的信息位发送完，CRC 校验位也就生成，并紧接其后面再发送 CRC 校验位。接收端在接收基本信息位的同时，CRC 校验器用接收的基本信息位除以同一个生成多项式 $G(x)$。当基本信息位接收完之后，接着接收 CRC 校验位也继续进行这一计算。当两个字节的 CRC 校验位接收完，如果这种除法的余数为 0，即能被生成多项式 $G(x)$除尽，则认为传输正确；否则，传输错误。

重发纠错方式：发送端发送能够检错的信息码，接收端根据该码的编码规则，判断传输中有无错误，并把判断结果反馈给发送端。如果传输错误，则再次发送，直到接收端认为正确为止。

自动纠错方式：发送端发送能够纠错的信息码，而不仅仅是检错的信息码。接收端收到该码后，通过译码不仅能自动地发现错误，而且能自动地纠正错误，但是，纠错位数有限，如果为了纠正比较多的错误，则要求附加的冗余码将比基本信息码多，因而传输效率低。译码设备也比较复杂。

混合纠错方式：这是上述两种方法的综合，发送端发送的信息码不仅能发现错误，而且还具有一定的纠错能力。接收端收到该码后，如果错误位数在纠错能力以内，则自动地进行纠错；如果错误多，超过了纠错能力，则接收端要求发送端重发，直到正确为止。

7.2.4 TCP/IP 参考模型

1. OSI 模型

OSI 模型(Open Systems Interconnection Reference Model)是国际标准化组织创建的一种标准。它为开放式系统环境定义了一种分层模型。"开放"是指：只要遵循 OSI 标准，一个系统就可以和位于世界上任何地方的、也遵循这同一标准的其他任何系统进行通信。OSI 参考模型如图 7.2.2 所示。

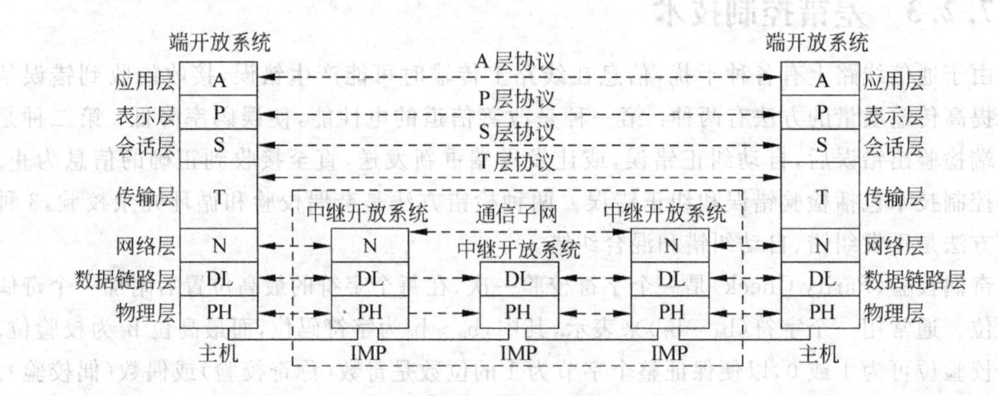

图 7.2.2 OSI 模型

基于分层原则可将整个网络的功能从垂直方向分为 7 层，由底层到高层分别是：物理层、数据链路层、网络层、传输层、会话层、表示层、应用层。图 7.2.2 中带箭头的水平虚线(物理层协议除外)表示不同节点的同等功能层之间按该层的协议交换数据。物理层之间由物理通道(传输介质)直接相连，物理层协议的数据交换通过物理通道直接进行。其他高层的协议数据交换是通过下一层提供的服务来实现的。

层次结构模型中数据的实际传送过程如图 7.2.3 所示。图中发送进程给接收进程传送数据的过程，实际上是经过发送方各层从上到下传递到物理媒体；通过物理媒体传输到接收方后，再经过从下到上各层的传递，最后到达接收进程。在发送方从上到下逐层传递的过程中，每层都要加上适当的控制信息，如图中 H_5、H_4、H_3、H_2所示，统称为报头。到最底层成为由"0"和"1"组成的数据比特流，然后再转换为电信号在物理媒体上传输至接收方。接收方在向上传递时过程正好相反，要逐层剥去发送方相应层加上的控制信息。

可以用一个简单的例子来比喻上述过程。有一封信从最高层向下传，每经过一层就包上一个新的信封。包有多个信封的信传送到目的站后，从第 1 层起，每层拆开一个信封后就交给它的上一层。传到最高层后，取出发信人所发的信交给收信用户。

虽然应用进程数据要经过如图 7.2.3 所示的复杂过程才能送到对方的应用进程，但这些复杂过程对用户来说，却都被屏蔽掉了，以致应用进程 AP_1觉得好像是直接把数据交给了应用进程 AP_2。同理，任何两个同样层次(例如在两个系统的第 4 层)之间，也好像如同图 7.2.3 中的水平虚线所示的那样，将数据(即数据单元加上控制信息)通过水平虚线直接

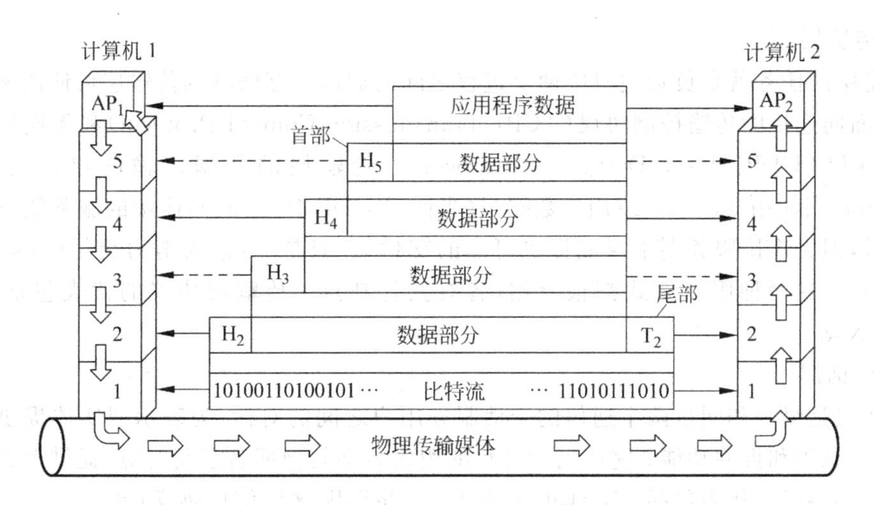

图 7.2.3 数据的传送过程

传递给对方。这就是所谓的"对等层"之间的通信。以前经常提到的各层协议,实际上就是在各个对等层之间传递数据时的各项规定。

OSI/RM 参考模型中的下三层(1～3 层)主要负责通信功能,一般称为通信子网层。上三层(5～7 层)属于资源子网的功能范畴,称为资源子网层。传输层起着衔接上下三层的作用。

1) 物理层

物理层为建立、维护和拆除物理链路提供所需的机械的、电气的、功能的和规程的特性;提供在传输介质上传输非结构的位流功能;提供物理链路故障检测指示。在这一层,数据的单位称为比特(bit)。属于物理层定义的典型规范代表包括:EIA/TIA RS-232、EIA/TIA RS-449、V.35、RJ-45 等。

2) 数据链路层

在发送数据时,数据链路层的任务是将在网络层交下来的 IP 数据报组装成帧(Framing),在两个相邻节点间的链路上传送以帧(Frame)为单位的数据。每一帧包括数据和必要的控制信息(如同步信息、地址信息、差错控制,以及流量控制信息等)。控制信息使接收端能够知道一个帧从哪个比特开始和到哪个比特结束。控制信息还使接收端能够检测到所收到的帧中有无差错。如发现有差错,数据链路层就丢弃这个出了差错的帧,然后采取下面两种方法之一:不作任何其他的处理;或者由数据链路层通知对方重传这一帧,直到正确无误地收到此帧为止。数据链路层有时也常简称为链路层。数据链路层协议的代表包括:SDLC、HDLC、PPP、STP、帧中继等。

3) 网络层

网络层负责为分组交换网上的不同主机提供通信。在发送数据时,网络层将传输层产生的报文段或用户数据报封装成分组或包进行传送。在 TCP/IP 体系中,分组也叫做 IP 数据报,或简称为数据报。网络层的另一个任务就是要选择合适的路由,使源主机传输层所传下来的分组能够交付到目的主机。这里要强调指出,网络层中的"网络"二字,不是指通常谈论的具体网络,而是在计算机网络体系结构模型中的专用名词。网络层协议的代表包括:IP、IPX、RIP、OSPF 等。

4）传输层

传输层的任务就是负责主机中两个进程之间的通信。互联网的传输层可使用两种不同协议，即面向连接的传输控制协议（TCP：Transmission ControI Protocol）和无连接的用户数据报协议（UDP：User Datagram Protocol）。传输层的数据传输的单位是报文段(Segment)（当使用 TCP 时）或用户数据报（当使用 UDP 时）。面向连接的服务能够提供可靠的交付，但无连接服务则不保证提供可靠的交付，它只是“尽最大努力交付（Best—effort Delivery)”。这两种服务方式都很有用，各有其优缺点。传输层协议的代表包括：TCP、UDP、SPX 等。

5）会话层

会话层是组织和同步两个通信的会话服务用户之间的对话，为表示层实体提供会话连接的建立、维护和拆除功能；完成通信进程的逻辑名字与物理名字间对应，提供会话管理服务。会话层协议的代表包括：NetBIOS、ZIP（AppleTalk 区域信息协议）等。

6）表示层

表示层主要用于处理在两个通信系统中交换信息的表示方式，如代码转换、格式转换、文本压缩、文本加密与解密等。表示层协议的代表包括：ASCII、ASN. 1、JPEG、MPEG 等。

7）应用层

应用层是体系结构中的最高层。应用层确定进程之间通信的性质以满足用户的需要（这反映在用户所产生的服务请求）。这里的进程就是指正在运行的程序。应用层不仅要提供应用进程所需要的信息交换和远地操作，而且还要作为互相作用的应用进程的用户代理（User Agent）来完成一些为进行语义上有意义的信息交换所必须的功能。应用层直接为用户的应用进程提供服务。应用层协议的代表包括：Telnet、FTP、HTTP、SNMP 等。

OSI/RM 定义的是一种抽象结构，它给出的仅是功能上和概念上的框架标准，而不是具体的实现。该 7 层中，每层完成各自所定义的功能，对某层功能的修改不影响其他层。同一系统内部相邻层的接口定义了服务原语以及向上层提供的服务。不同系统的同层实体间使用该层协议进行通信，只有最底层才发生直接数据传送。

2. TCP/IP 模型

TCP/IP (Transmission Control Protocol/Internet Protocol)是传输控制协议/网际协议。它起源于美国 ARPAnet 网，由它的两个主要协议即 TCP 协议和 IP 协议而得名。TCP/IP 是 Internet 上所有网络和主机之间进行交流所使用的共同“语言”，是 Internet 上使用的一组完整的标准网络连接协议。通常所说的 TCP/IP 协议实际上包含了大量的协议和应用，且由多个独立定义的协议组合在一起。因此，更确切地说，应该称其为 TCP/IP 协议集。

OSI 参考模型研究的初衷是希望为网络体系结构与协议的发展提供一种国际标准，但由于 Internet 在全世界的飞速发展，使得 TCP/IP 协议得到了广泛的应用，虽然 TCP/IP 不是 ISO 标准，但广泛的使用也使 TCP/IP 成为一种“实际上的标准”，并形成了 TCP/IP 参考模型。不过，ISO 的 OSI 参考模型的制定也参考了 TCP/IP 协议集及其分层体系结构的思想，而 TCP/IP 在不断发展的过程中也吸收了 OSI 标准中的概念及特征。

TCP/IP 共有 4 个层次，它们分别是主机至网络层、互联网层、传输层和应用层。TCP/IP

的层次结构与OSI层次结构的对照关系如图7.2.4所示。

1）互联网层

互联网层（Internet Layer）是TCP/IP整个体系结构的关键部分。它的功能是使主机可以把分组发往任何网络的任何主机，并使分组独立地传向目标（可能经由不同的路径）。这些分组到达的顺序和发送的顺序可能不同，因此如果需要按顺序发送及接收时，高层必须对分组排序。

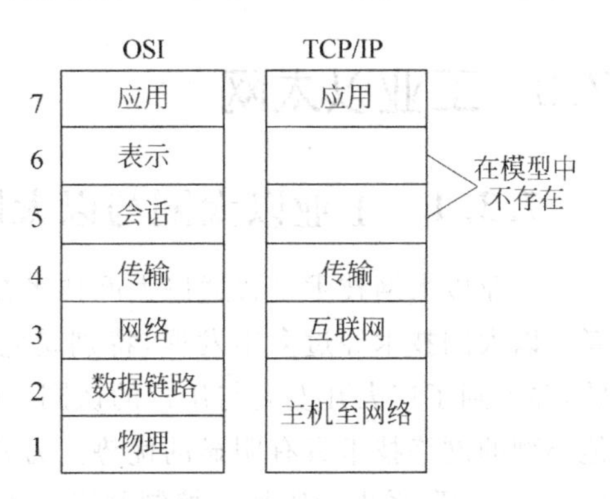

图7.2.4 TCP/IP参考模型

这里不妨把它和邮政系统作个对比。某个国家的一个人把一些国际邮件投入邮箱，一般情况下，这些邮件大都会被投递到正确的地址。这些邮件可能会经过几个国际邮件通道，但这对用户是透明的。而且，每个国家（每个网络）都有自己的邮戳，要求的信封大小也不同，而用户是不知道投递规则的。

互联网层定义了正式的分组格式和协议，即IP协议（Internet Protocol）。互联网层的功能就是把IP分组发送到应该去的地方。分组路由和避免阻塞是这里主要的设计问题。由于这些原因，所以说TCP/IP互联网层和OSI网络层在功能上非常相似。

2）传输层

传输层（Transport Layer）是在TCP/IP模型中，位于互联网层之上的那一层。它的功能是使源端和目标端主机上的对等实体可以进行会话，和OSI的传输层一样。这里定义了两个端到端的协议。

第一个是传输控制协议TCP。它是一个面向连接的协议，允许从一台机器发出的字节流无差错地发往互联网上的其他机器。它把输入的字节流分成报文段并传给互联网层。在接收端，TCP接收进程把收到的报文再组装成输出流。TCP还要处理流量控制，以避免快速发送方向低速接收方发送过多报文而使接收方无法处理。

第二个协议是用户数据报协议UDP。它是一个不可靠的无连接协议，用于不需要TCP的排序和流量控制，而是自己完成这些功能的应用程序。它被广泛地应用于只有一次的、客户-服务器模式的请求-应答查询，以及快速递交比准确递交更重要的应用程序，如传输语音或影像。

3）应用层

应用层（Application Layer）是位于传输层的上面，向用户提供一组常用的应用层协议。它包含所有的高层协议。最早引入的是虚拟终端协议（TELNET）、文件传输协议（FTP）和电子邮件协议（SMTP）。虚拟终端协议允许一台机器上的用户登录到远程机器上并且进行工作。文件传输协议提供了有效地把数据从一台机器移动到另一台机器的方法。电子邮件协议最初仅是一种文件传输，但是后来为它提出了专门的协议。这些年来又增加了不少的协议，例如域名系统服务（Domain Name Service，DNS）用于把主机名映射到网络地址；NNTP协议，用于传递新闻文章；还有HTTP协议，用于在万维网（WWW）上获取主页等。

4）主机至网络层

TCP/IP参考模型没有真正描述互联网层的下层，只是指出主机必须使用某种协议与网络连接,以便能在其上传递 IP 分组。这个协议未被定义,并且随主机和网络的不同而不同。

7.3 工业以太网

7.3.1 工业以太网与以太网

工业以太网技术是普通以太网技术在控制网络延伸的产物。前者源于后者又不同于后者。以太网技术经过多年发展,特别是它在 Internet 中的广泛应用,使得它的技术更为成熟,并得到了广大开发商与用户的认同。因此无论从技术上还是产品价格上,以太网较之其他类型的网络技术具有明显的优势。另外,随着技术的发展,控制网络与普通计算机网络、Internet 的联系更为密切。控制网络技术需要考虑与计算机网络连接的一致性,需要提高对现场设备通信性能的要求,这些都是控制网络设备的开发者与制造商把目光转向以太网技术的重要原因。

为了促进以太网在工业领域的应用,国际上成立了工业以太网协会(IEA)、工业自动化开放网络联盟(IAONA)等组织,目标是在世界范围内推进工业以太网技术的发展、教育和标准化管理,在工业应用领域的各个层次运用以太网。美国电气电子工程师协会(IEEE)也正着手制定现场装置与以太网通信的标准。这些组织还致力于促进以太网进入工业自动化的现场级,推动以太网技术在工业自动化领域和嵌入式系统的应用。

以太网技术最早由 Xerox 开发,后经数字设备公司(Digital Equipment Corp.)、英特尔公司联合扩展,于 1982 年公布了以太网规范。IEEE 802.3 就是以这个技术规范为基础制定的。按 ISO 开放系统互联参考模型的分层结构,以太网规范只包括通信模型中的物理层与数据链路层。而现在人们俗称中的以太网技术以及工业以太网技术,不仅包含了物理层与数据链路层的以太网规范,还包含 TCP/IP 协议组,即包含网络层的 IP 及传输层的 TCP、UDP 等。有时甚至把应用层的简单邮件传送协议(SMTP)、域名服务(DNS)、文件传输协议(FTP),再加上超文本链接 HTTP、动态网页发布等互联网上的应用协议都与以太网这个名词捆绑在一起。因此工业以太网技术实际上是上述一系列技术的统称。工业以太网与 OSI 互联参考模型的对照关系如图 7.3.1 所示。

OSI	以太网
应用层	应用协议
表示层	
会话层	
传输层	TCP/UDP
网络层	IP
数据链路层	以太网 MAC
物理层	以太网物理层

图 7.3.1　以太网与 OSI 互联参考模型的对照关系

从图 7.3.1 可以看出,工业以太网的物理层与数据链路层采用 IEEE 802.3 规范,网络层与传输层采用 TCP/IP 协议组,应用层的一部分可以沿用上面提到的那些互联网应用协议。这些沿用部分正是以太网的优势所在。工业以太网如果改变了这些已有的优势部分,就会削弱甚至丧失工业以太网在控制领域的生命力。因此工业以太网标准化的工作主要集中在 ISO/OSI 模型的应用层,需要在应用层添加与自动控制相关的应用协议。由于历史原因,应用层必须考虑与现有的其他控制网络的连接和映射关系、网络管理、应用参数等问题,解决自控产品之间的互操作性问题。因此应用层标准的制定比较棘手,目前没有取得共识

的解决方案。

7.3.2 以太网的优势

以太网(Ethernet)由于其应用的广泛性和技术的先进性,已逐渐垄断了商用计算机的通信领域和过程控制领域中上层的信息管理与通信,并且有进一步直接应用到工业现场的趋势。与目前的现场总线相比,以太网具有以下优点。

1. 应用广泛

以太网是目前应用最为广泛的计算机网络技术,受到广泛的技术支持。几乎所有的编程语言都支持以太网的应用开发,如 Java、VistlalC++及 Visual Basic 等。这些编程语言由于广泛使用,并受到软件开发商的高度重视,具有很好的发展前景。因此,如果采用以太网作为现场总线,可以有多种开发工具、开发环境供选择。

2. 成本低廉

由于以太网的应用最为广泛,因此受到硬件开发与生产厂商的高度重视与广泛支持,有多种硬件产品供用户选择,而且硬件价格也相对低廉。目前以太网网卡的价格只有 Profibus、FF 等现场总线的十分之一,并且随着集成电路技术的发展,其价格还会进一步下降。

3. 通信速率高

目前通信速率为 10M、100M、1000M 的快速以太网已广泛应用,采用光技术的 100G 光以太网也已实现,其通信速率远高于目前的现场总线,以太网可以满足对带宽的更高要求。

4. 软硬件资源丰富

由于以太网已应用多年,人们对以太网的设计、应用等方面有很多的经验,对其技术也十分熟悉,大量的软件资源和设计经验可借鉴,能显著降低系统的开发和培训费用,从而降低系统的整体成本,并大大加快系统的开发和推广速度。

5. 可持续发展潜力大

由于以太网的广泛应用,它的发展一直受到广泛的重视,吸引了大量的技术投入。同时,在这信息瞬息万变的时代,企业的生存与发展将很大程度上依赖于一个快速而有效的通信管理网络,信息技术与通信技术的发展将更加迅速,也更加成熟,由此保证了以太网技术不断地持续向前发展。

6. 易于与 Internet 连接,能实现办公自动化网络与工业控制网络的无缝集成

工业控制网络采用以太网,可以避免其发展游离于计算机网络技术的发展主流之外,从而使工业控制网络与信息网络技术互相促进,共同发展,并保证技术上的可持续发展,在技术升级方面无需单独的研究投入。

7.3.3　工业以太网的关键技术

正是由于以太网具有上述优势，使得它受到越来越多的关注，但如何利用COTS(Commercial Off The Shelf)技术来满足工业控制需要，是目前迫切需要解决的问题，这些问题包括通信实时性、现场设备的总线供电、本质安全、远距离通信、可互操作性等，这些技术直接影响以太网在现场设备中的应用。

1. 通信实时性

长期以来，以太网通信响应的“不确定性”是它在工业现场设备中应用的致命弱点和主要障碍之一。以太网由于采用CSMA/CD机制来解决通信介质层的竞争，因而导致了非确定性的产生。因为在一系列碰撞后，报文可能会丢失，节点与节点之间的通信将无法得到保障，从而使控制系统需要的通信确定性和实时性难以保证。

采用星形网络结构、以太网交换技术，可以大大减少(半双工方式)或完全避免碰撞(全双工方式)，从而使以太网的通信确定性得到了大大增强，并为以太网技术应用于工业现场控制清除了主要障碍。

(1) 在网络拓扑上，采用星形连接代替总线型结构，使用网桥或路由器等设备将网络分割成多个网段(Segment)。在每个网段上，以一个多口集线器为中心，将若干个设备或节点连接起来。这样，挂接在同一网段上的所有设备形成一个冲突域(Collision Domain)，每个冲突域均采用CSMA/CD机制来管理网络冲突，这种分段方法可以使每个冲突域的网络负荷和碰撞几率都大大减小。

(2) 使用以太网交换技术，将网络冲突域进一步细化。用交换式集线器代替共享式集线器，使交换机各端口之间可以同时形成多个数据通道，正在工作的端口上的信息流不会在其他端口上广播，端口之间信息报文的输入和输出已不再受到CSMA/CD介质访问控制协议的约束。因此，在以太网交换机组成的系统中，每个端口就是一个冲突域，各个冲突域通过交换机实现了隔离。

(3) 采用全双工通信技术，可以使设备端口间两对双绞线(或两根光纤)上可以同时接收和发送报文帧，从而不再受到CSMA/CD的约束，这样，任一节点发送报文帧时不会再发生碰撞，冲突域也就不复存在。

此外，通过降低网络负载和提高网络传输速率，可以使传统共享式以太网上的碰撞大大降低。实际应用经验表明，对于共享式以太网来说，当通信负荷在25%以下时，可保证通信畅通，当通信负荷在5%左右时，网络上碰撞的概率几乎为零。

2. 总线供电

所谓“总线供电”或“总线馈电”，是指连接到现场设备的线缆不仅传送数据信号，还能给现场设备提供工作电源。

采用总线供电可以减少网络线缆，降低安装复杂性与费用，提高网络和系统的易维护性，特别是在环境恶劣与危险场合，“总线供电”具有十分重要的意义。由于以太网以前主要用于商业计算机通信，一般的设备或工作站(如计算机)本身已具备电源供电，没有总线供电的要求，因此传输媒体只用于传输信息。

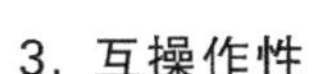

3. 互操作性

互操作性是指连接到同一网络上不同厂家的设备之间通过统一的应用层协议进行通信与互用，性能类似的设备可以实现互换。作为开放系统的特点之一，互操作性向用户保证了来自不同厂商的设备可以相互通信，并且可以在多厂商产品的集成环境中共同工作。这一方面提高了系统的质量，另一方面为用户提供了更大的市场选择机会。互操作性是决定某一通信技术能否被广大自动化设备制造商和用户接受，并进行大面积推广应用的关键。

要解决基于以太网的工业现场设备之间的互操作性问题，唯一而有效的立法就是在以太网 TCP(UDP)/IP 协议的基础上，制定统一并适用于工业现场控制的应用层技术规范，同时可参考 IEC 有关标准，在应用层上增加用户层，将工业控制中的功能块(Function Block,FB)进行标准化，通过规定它们各自的输入、输出、算法、事件、参数，并把它们组成为可在某个现场设备中执行的应用进程，便于实现不同制造商设备的混合组态与调用。这样，不同自动化制造商的工控产品共同遵守标准化的应用层和用户层，这些产品再经过一致性和互操作性测试，就能实现它们之间的互操作。

4. 网络生存性

所谓网络生存性，是指以太网应用工业现场控制时，必须具备较强的网络可用性。任何一个系统组件发生故障，不管它是否是硬件，都会导致操作系统、网络、控制器和应用程序以至于整个系统的瘫痪，这说明该系统的网络生存能力非常弱。因此，为了使网络正常运行时间最大化，需要以可靠的技术来保证在网络维护和改进时，系统不发生中断。

工业以太网的生存性或高可用性包括以下几个方面的内容。

1) 可靠性

工业现场的机械、气候(包括温度、湿度)、尘埃等条件非常恶劣，因此对设备的可靠性提出了更高的要求。

在基于以太网的控制系统中，网络成了相关装置的核心，从 I/O 功能模块到控制器中的任何一部分都是网络的一部分。网络硬件把内部系统总线和外部世界连成一体，同时网络软件驱动程序为程序的应用提供必要的逻辑通道。系统和网络的结合使得可靠性成了自动化设备制造商的设计重点。

2) 可恢复性

所谓可恢复性，是指当以太网系统中任一设备或网段发生故障不能正常工作时，系统能依靠事先设计的自动恢复程序将断开的网络重新链接起来，并将故障进行隔离，使任一局部故障不会影响整个系统的正常运行，也不会影响生产装置的正常生产。同时，系统能自动定位故障，使故障能够得到及时修复。

可恢复性不仅仅是网络节点和通信信道具有的功能，通过网络界面和软件驱动程序，网络可恢复性以各种方式扩展到其子系统。一般来讲，网络系统的可恢复性取决于网络装置和基础组件的组合情况。

3) 可维护性

可维护性是高可用性系统的最受关注的焦点之一。通过对系统和网络的在线管理，可以及时地发现紧急情况，并使得故障能够得到及时的处理。

5. 网络安全性

目前工业以太网已经把传统的三层网络系统(即信息管理层、过程监控层、现场设备层)合成一体,使数据的传输速率更快、实时性更高,同时它可以接入 Internet,实现了数据的共享,使工厂高效率地运作,但与此同时也引入了一系列的网络安全问题。

对此,一般可采用网络隔离(如网关隔离)的办法,如采用具有包过滤功能的交换机将内部控制网络与外部网络系统分开。该交换机除了实现正常的以太网交换功能外,还作为控制网络与外界的唯一接口,在网络层中对数据包实施有选择的通过(即所谓的包过滤技术),也就是说,该交换机可以依据系统内事先设定的过滤逻辑检查数据流中每个数据包的部分内容后,根据数据包的源地址、目的地址、所用的 TCP 端口与 TCP 链路状态等因素来确定是否允许数据包通过,只有完全满足包过滤逻辑要求的报文才能访问内部控制网络。

此外,还可以通过引进防火墙机制,进一步实现对内部控制网络访问进行限制,防止非授权用户得到网络的访问权,强制流量只能从特定的安全点去向外界,防止服务拒绝攻击以及限制外部用户在其中的行为等效果。

6. 本质安全与安全防爆技术

在生产过程中,很多工业现场不可避免地存在易燃、易爆与有毒等场合。对应用于这些工业现场的智能装备以及通信设备,都必须采取一定的防爆技术措施来保证工业现场的安全生产。

7. 远距离传输

由于通用以太网的传输速率比较高(如 10Mbit/s、100Mbit/s、1000Mbit/s),考虑到信号沿总线传播时的衰减与失真等因素,以太网协议(IEEE 802.3 协议)对传输系统的要求作了详细的规定。如每一段双绞线(10BASE2T)的长度不得超过 100m;使用细同轴电缆(10BASE22)时每段的最大长度为 185m;对于距离较长的终端设备,可使用中继器(但不超过 4 个)或者光纤通信介质进行连接。

然而,在工业生产现场,由于生产装置一般都比较复杂,各种测量和控制仪表的空间分布比较分散,彼此间的距离较远,有时设备与设备之间的距离长达数千米。对于这种情况,如遵照传输的方法设计以太网络,使用 10BASE2T 双绞线就显得远远不够,而使用 10BASE2 或 10BASE5 同轴电缆则不能进行全双工通信,而且布线成本也比较高。同样,如果在现场都采用光纤传输介质,布线成本可能会比较高,但随着互联网和以太网技术的大范围应用,光纤成本肯定会大大降低。

此外,在设计应用于工业现场的以太网络时,将控制室与各个控制域之间用光纤连接成骨干网,这样不仅可以解决骨干网的远距离通信问题,而且由于光纤具有较好的电磁兼容性,因此可以大大提高骨干网的抗干扰能力和可靠性。通过光纤连接,骨干网具有较大的带宽,为将来网络的扩充、速度的提升留下了很大的空间。各控制域的主交换机到现场设备之间可采用屏蔽双绞线,而各控制域交换机的安装位置可选择在靠近现场设备的地方。

7.3.4 常见工业以太网协议

目前主要应用的工业以太网协议有以下几种。

1. Modbus/TCP

Modbus/TCP 是 MODICON 公司在 20 世纪 70 年代提出的一种用于 PLC 之间通信的协议。由于 Modbus 是一种面向锁存器的主从式通信协议，协议简单实用，而且文本公开，因此在工业控制领域作为通用的通信协议使用。最早的 Modbus 协议基于 RS-232/485/422 等低速异步串行通信接口，随着以太网的发展，将 Modbus 数据报文封装在 TCP 数据帧中，通过以太网实现数据通信，这就是 Modbus/TCP。

2. Ethernet/IP

Ethernet/IP 是由美国 Rockwell 公司提出的以太网应用协议，其原理与 Modbus/TCP 相似，只是将 ControlNET 和 DeviceNET 使用的 CIP(Control Information Protocol)报文封装在 TCP 数据帧中，通过以太网实现数据通信，满足 CIP 的 3 种协议(Ethernet/IP、ControlNET 和 DeviceNET)共享相同的对象库、行规和对象，相同的报文可以在 3 种网络中任意传递，实现即插即用和数据对象的共享。

3. FF HSE

HSE 是 IEC61158 现场总线标准中的一种，HSE 的 1～4 层分别是以太网和 TCP/IP，用户层与 FF 相同，现场总线信息规范 FMS 在 H1 中定义了服务接口，在 HSE 中采用相同的接口。

4. PROFInet

PROFInet 是在 PROFIBUS 的基础上纵向发展形成的一种综合系统解决方案。PROFInet 主要基于 Microsoft 的 DCOM 中间件，实现对象的实时通信，自动化对象以 DCOM 对象的形式在以太网上交换数据。

7.4 现场总线

7.4.1 现场总线概述

现场总线(Fieldbus)是近年来迅速发展起来的一种工业数据总线，它主要解决现场的智能化仪器仪表、控制器、执行机构等现场设备间的数字通信以及这些现场控制设备与高级控制系统之间的信息传递问题。

人们把 20 世纪 50 年代前的气动信号控制系统 PCS 称作第一代，把 4～20mA 等电动模拟信号控制系统称为第二代，把数字计算机集中式控制系统称为第三代，而把 20 世纪 70 年代中期以来的集散式控制系统 DCS 称作第四代，把现场总线系统称为第五代控制系统，也称作 FCS(现场总线控制系统)。现场总线控制系统 FCS 作为新一代控制系统，一方面突破了 DCS 系统采用通信专用网络的局限，采用了基于公开化、标准化的解决方案，克服了封闭系统所造成的缺陷；另一方面把 DCS 的集中与分散相结合的集散系统结构，变成了新型全分布式结构，把控制功能彻底下放到现场。可以说，开放性、分散性与数字通信是现场总线系统最显著的特征。

1. 现场总线技术概述

根据国际电工委员会（International Electrotechnical Commission，IEC）和美国仪表协会（ISA）的定义，现场总线是连接智能现场设备和自动化系统的数字式、双向传输、多分支结构的通信网络。它的关键标志是能支持双向、多节点、总线式的全数字通信。

1）现场总线及其体系结构

现场总线的本质含义表现在以下 6 个方面。

（1）现场通信网络

传统 DCS 的通信网络截止于控制站或输入输出单元，现场仪表仍然是一对一模拟信号系统。现场总线把通信线一直延伸到生产现场或生产设备，用于过程自动化和制造自动化的现场设备或现场仪表互连的现场通信网络，如图 7.4.1 所示，该图代表了现场总线控制系统的网络结构。

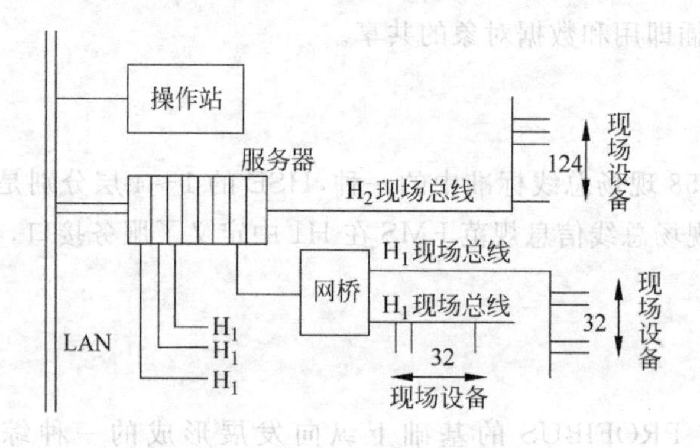

图 7.4.1　新一代 FCS 控制

（2）现场设备互连

现场设备或现场仪表是指传感器、变送器、执行器、服务器和网桥、辅助设备以及监控设备等，这些设备通过一对传输线互连（见图 7.4.1），传输线可以使用双绞线、同轴电缆、光纤和电源线等，并可根据需要选择不同类型的传输介质。

（3）互操作性

现场设备或现场仪表种类繁多，来自不同制造厂的现场设备，不仅可以互相通信，而且可以统一组态，构成所需的控制回路，共同实现控制策略。也就是说，用户选用各种品牌的现场设备集成在一起，实现“即接即用”。现场设备互连是基本要求，只有实现互操作性，用户才能自由地集成 FCS。

（4）分散功能块

FCS 废弃了 DCS 的输入/输出单元和控制站，把 DCS 控制站的功能块分散地分配给现场仪表，从而构成虚拟控制站。例如，流量变送器不仅具有流量信号变换、补偿和累加输入功能，而且有 PID 控制和运算功能；调节阀的基本功能是信号驱动和执行，还内含输出特性

补偿功能，也可以有 PID 控制和运算功能，甚至有阀门特性自校验和自诊断功能。由于功能块分散在多台现场仪表中，并可统一组态，供用户灵活选用各种功能，构成所需控制系统，实现彻底的分散控制，如图 7.4.2 所示，其中差压变送器含有模拟量输入功能块（AI110），调节阀含有 PID 控制功能块（PID110）及模拟量输出功能块（AO110），这 3 个功能块构成流量控制回路。

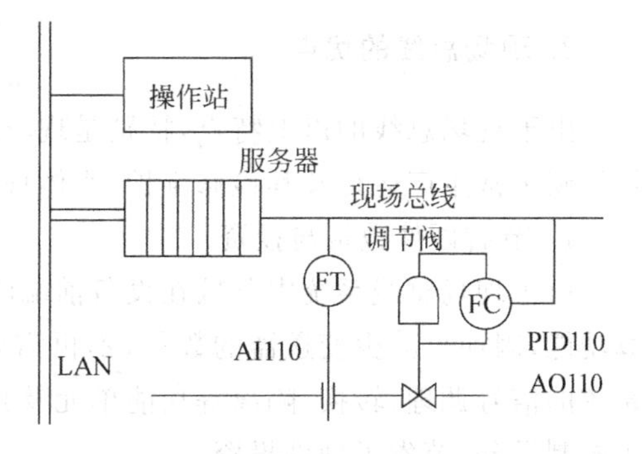

图 7.4.2 现场总线的分散功能

(5) 通信线供电

通信线供电方式允许现场仪表直接从通信线上摄取能量，这种方式提供用于本质安全环境的低功耗现场仪表，与其配套的还有安全栅。众所周知，化工、炼油等企业的生产现场有可燃性物质，所有现场设备必须严格遵循安全防爆标准，现场总线设备也不例外。

(6) 开放式互联网络

现场总线为开放式互联网络，既可与同层网络互联，也可与不同层网络互连。图 7.4.1 开放式互联网络还体现在网络数据库共享，通过网络对现场设备和功能块统一组态，把不同厂商的网络及设备融为一体，构成统一的 FCS。

2. 现场总线的技术特点

1）系统的开放性

开放系统是指通信协议公开，各不同厂家的设备之间可进行互连并实现信息交换，现场总线开发者就是要致力于建立统一的工厂底层网络的开放系统。这里的开放是指对相关标准的一致、公开性，强调对标准的共识与遵从。一个开放系统，它可以与任何遵守相同标准的其他设备或系统相连。一个具有总线功能的现场总线网络系统必须是开放的，开放系统把系统集成的权利交给了用户，用户可按自己的需要和对象把来自不同供应商的产品组成大小随意的系统。

2）互可操作性与互用性

互可操作性，是指实现互联设备间、系统间的信息传送与沟通，可实行点对点、一点对多点的数字通信。互用性指不同生产厂家的性能类似的设备可进行互换而实现互用。

3）现场设备的智能化与功能自治性

它将传感测量、补偿计算、工程量处理与控制等功能分散到现场设备中完成，仅靠现场设备即可完成自动控制的基本功能，并可随时诊断设备的运行状态。

4）系统结构的高度分散性

由于现场设备本身已可完成自动控制的基本功能，使得现场总线已构成一种新的全分布式控制系统的体系结构，从根本上改变了现有 DCS 集中与分散相结合的集散控制系统体系，简化了系统结构，提高了可靠性。

5）对现场环境的适应性

工作在现场设备前端，作为工厂网络底层的现场总线，是专为在现场环境工作而设计的，它可支持双绞线、同轴电缆、光缆、射频、红外线、电力线等，具有较强的抗干扰能力，能采用两线制实现送电与通信,并可满足本质安全防爆要求等。

3. 现场总线的优点

由于现场总线的以上特点,特别是现场总线系统结构的简化,使控制系统的设计、安装、投运到正常生产运行及其检修维护,都体现出优越性。

1) 节省硬件数量与投资

由于现场总线系统中分散在设备前端的智能设备能直接执行多种传感、控制、报警和计算功能,因而可减少变送器的数量,不再需要单独的控制器、计算单元等,也不再需要 DCS 系统的信号调理、转换、隔离等功能单元及其复杂接线,还可以用工控 PC 作为操作站,减少了控制设备,节省了硬件投资。

2) 节省安装费用

现场总线系统的接线十分简单,由于一对双绞线或一条电缆上通常可挂接多个设备,因而电缆、端子、槽盒、桥架的用量大大减少,连线设计与接头校对的工作量也大大减少。当需要增加现场控制设备时,无需增设新的电缆,可就近连接在原有的电缆上,既节省了投资,也减少了设计、安装的工作量。据有关典型试验工程的测算,可节约安装费用 60%以上。

3) 节省维护开销

由于现场控制设备具有自诊断与简单故障处理的能力,并通过数字通信将相关的诊断维护信息送往控制室,用户可以查询所有设备的运行,诊断维护信息,以便早期分析故障原因并快速排除,缩短了维护停工时间,同时由于系统结构简化、连线简单而减少了维护工作量。

4) 用户具有高度的系统集成主动权

用户可以自由选择不同厂商所提供的设备来集成系统,大大扩展了系统设备的选择范围,不会为系统集成中不兼容的协议、接口而一筹莫展,系统集成过程中的主动权完全掌握在用户手中。

5) 提高了系统的准确性与可靠性

由于现场总线设备的智能化、数字化,与模拟信号相比,它从根本上提高了测量与控制的准确度,减少了传送误差。同时,由于系统的结构简化,设备与连线减少,现场仪表内部功能加强,减少了信号的往返传输,提高了系统的工作可靠性。此外,它的设备标准化和功能模块化,还使它具有设计简单、易于重构等优点。

7.4.2 典型现场总线

自 20 世纪 80 年代末以来,有几种现场总线技术已逐渐产生影响,并在一些特定的应用领域显示了自己的优势和较强的生命力。目前较为流行的现场总线主要有以下 5 种,即 FF、LONWORKS、PROFIBUS、CAN 和 HART。

1. FF(Foundation Fieldbus)基金会现场总线

FF 基金会现场总线是在过程自动化领域得到广泛支持和具有良好发展前景的技术,该总线协议是以美国 Fisher-Rosemount 公司为首,联合 Foxboro、横河、ABB、西门子等 80 家公司制定的 ISP 协议和以 Honeywell 公司为首,联合欧洲等地 150 家公司制定的 World

FIP 协议为基础。这两大集团于 1994 年 9 月合并,成立了现场总线基金会,致力于开发出国际上统一的现场总线协议。它以 ISO/OSI 开放系统互联模型为基础,取其物理层、数据链路层、应用层为 FF 通信模型的相应层次,并在应用层上增加了用户层。用户层主要针对自动化测控应用的需要,定义了信息存取的统一规则,采用设备描述语言规定了通用的功能模块集。

FF 分低速 H1 和高速 H2 两种通信速率。H1 的传输速率为 31.25kbit/s,通信距离可达 1900m(可加中继器延长),可支持总线供电,支持本质安全防爆环境;H2 的传输速率为 1Mbit/s 和 2.5Mbit/s 两种,其通信距离分别为 750m 和 500m。物理传输介质可支持双绞线、光缆和无线发射,协议符合 IEC 1158-2 标准,其物理介质的传输信号采用曼彻斯特编码。

FF 的主要技术内容包括:FF 通信协议,用于完成开放互连模型中第 2~7 层通信协议的通信栈(Communication Stack);用于描述设备特征、参数、属性及操作接口的 DDL 设备描述语言、设备描述字典,用于实现测量、控制、工程量转换等应用功能的功能块;实现系统组态、调度、管理等功能的系统软件技术以及构成集成自动化系统、网络系统的系统集成技术。

为满足用户需要,Honeywell、Ronan 等公司已开发出可完成物理层和部分数据链路层协议的专用芯片,许多仪表公司已开发出符合 FF 协议的产品。1996 年 10 月,在芝加哥举行的 ISA96 展览会上,由现场总线基金会组织实施,向世界展示了来自 40 多家厂商的70 多种符合 FF 协议的产品,并将这些分布在不同楼层展览大厅的不同展台上进行展示,用醒目的橙红色电缆互连为 7 段现场总线演示系统,各展台现场设备之间可进行现场互操作,展现了基金会现场总线的成就与技术实力。

2. LONWORKS(Local Operating Networks)局部操作网

LONWORKS 局部操作网络是一具有强劲实力的现场总线技术,由美国 Ecelon 公司推出并由它与摩托罗拉、东芝公司共同倡导,于 1990 年正式公布而形成的。它采用了 ISO/OSI 模型的全部七层通信协议,采用了面向对象的设计方法,通过网络变量把网络通信设计简化为参数设置,其通信速率从 300bit/s 至 1.5Mbit/s 不等,直接通信距离可达 2700m(78kbit/s,双绞线);支持双绞线、同轴电缆、光纤、射频、红外线、电力线等多种通信介质,并开发了相应的本质防爆安全产品,被誉为通用控制网络。

LONWORKS 技术的核心是具备通信和控制功能的 Neuron 芯片。LONWORKS 技术所采用的 LonTalk 协议被封装在 Neuron 神经元中而得以实现。集成芯片中有 3 个 8 位 CPU:一个用于完成开放互连模型中第 1 层和第 2 层的功能,称为介质访问控制器,实现介质访问控制与处理;第二个用于完成第 3~6 层的功能,称为网络处理器,进行网络变量的寻址、处理、背景诊断、函数路径选择、软件计时、网络管理,并负责网络通信控制、收发数据包等;第三个是应用处理器,执行操作系统服务与用户代码。芯片中还具有存储信息缓冲区,以实现 CPU 之间的信息传递,并作为网络缓冲区和应用缓冲区。如 Motorola 公司生产的神经元集成芯片 MC143120E2 就包含了 2K RAM 和 2K EEPROM。

Neuron 芯片的编程语言为 Neuron C,它由 ANSI C 派生出来。LONWORKS 提供了一套开发工具 Lon Builder 与 Node Builder。LONWORKS 技术的不断推广促成了神经元芯片的低成本，促进了LONWORKS技术的推广应用。此外，LonTalk协议还提供了5种基本类型的报文服务：确认（Acknowledged）、非确认（Unacknowledged）、请求/响应（Request/Response）、重复（Repeated）、非确认重复（Unacknowleged Repeated）。

Lon Talk协议的MAC子层（介质访问控制）对CSMA（载波信号多路监听）作了改进，采用了一种新的称作预测的P坚持CSMA（Predictive Presistent CSMA）的协议。带预测的P坚持CSMA在保留CSMA协议优点的同时，注意克服了它在控制网络中的不足。所有的节点根据网络积压参数等待随机时间片来访问介质，有效避免了网络的频繁碰撞。

LONWORKS模型的分层如表7.4.1所示。

表7.4.1 LONWORKS模型的分层

模型分层	作用	服务
应用层7	网络应用程序	标准网络变量类型：组态性能文件传递
表示层6	数据表示	网络变量：外部帧传送
会话层5	远程传送控制	请求/响应，确认
传输层4	端与端传输可靠性	单路/多路应答服务，重复信息服务，复制检查
网络层3	报文传递	单路/多路寻址，路径
数据链路层2	媒体访问与成帧	成帧，数据编码，CRC校验，冲突回避/仲裁，优先级
物理层1	电气连接	媒体特殊细节（如调制），收发种类，物理连接

LONWORKS技术产品已被广泛应用在楼宇自动化、家庭自动化、保安系统、办公设备、交通运输、工业过程控制等行业。在开发智能通信接口、智能传感器方面，LONWORKS神经元芯片也具有独特的优势。

3. PROFIBUS（Process Fieldbus）过程现场总线

PROFIBUS是德国国家标准DIN 19245和欧洲标准EN 50170的现场总线。PROFIBUS-DP、PROFIBUS-FMS（Fieldbus Message Specification）、PROFIBUS-PA（Process Automation）组成了PROFIBUS系列，分别用于不同的场合。DP型用于分散的外围设备之间的高速数据传输，适用于加工自动化领域。FMS意为现场信息规范，FMS型适用于纺织、楼宇自动化、可编程控制器、低压开关等。PA型则是用于过程自动化的总线类型，通过总线供电，提供本质安全，可用于危险防爆区域。PROFIBUS遵从IEC1158-2标准，由以Siemens公司为主的十几家德国公司、研究所共同推出的。它采用OSI模型的物理层、数据链路层，由这两部分形成了其标准第一部分的子集，DP型隐去了3-7层，而增加了直接数据连接拟合作为用户接口，FMS型隐去第3～6层，采用了应用层，作为标准的第二部分。PROFIBUS的传输速率为96～12kbit/s，在12kbit/s时最大传输距离为1000m，15Mbit/s时最大传输距离为400m，可用中继器延长至10km。其传输介质可以是双绞线，也可以是光缆，最多可挂接127个站点。PA型的标准目前还处于制定过程之中，其传输技术遵从IEC1158-2(1)标准，可实现总线供电与本质安全防爆。

PROFIBUS引入功能模块的概念，不同的应用需要使用不同的模块。在一个确定的应用，按照PROFIBUS规范来定义模块，写明其硬件和软件的性能，规范设备功能与通信功能的一致性。PROFIBUS为开放系统协议，为保证产品质量，在德国建立了FZI信息研究中心，对制造厂和用户开放，并对其产品进行一致性检测和实验性检测。

PROFIBUS 支持主-从系统、纯主站系统、多主多从混合系统等几种传输方式。主站具有对总线的控制权，可主动发送信息。对多主站系统来说，主站之间采用令牌方式传递信息，得到令牌的站点可在一个事先规定的时间内拥有总线控制权，并事先规定好令牌在各主站中循环一周的最长时间。按 PROFIBUS 的通信规范，令牌在主站之间按地址编号顺序，沿上行方向进行传递。主站在得到控制权时，可以按主-从方式，向从站发送或索取信息，实现点对点通信。主站可采取对所有站点广播(不要求应答)，或有选择地向一组站点广播。

4. HART(Highway Addressable Remote Transducer)可寻址远程传感器数据通路

HART 可寻址远程传感器数据通路是由美国 Rosemount 公司研制，用于现场智能仪表和控制室设备间通信的一种协议。其特点是在现有模拟信号传输线上实现数字信号通信，属于模拟系统向数字系统转变过程中的过渡产品，因而在当前的过渡时期具有较强的市场竞争力，且得到了较快发展。

HART 通信模型由三层组成：物理层、数据链路层和应用层。它的物理层采用基于 Be11202 通信标准的 FSK(频移键控法)技术，即在 4～20mA(DC)模拟信号上叠加 FSK 数字信号，逻辑 1 为 1200Hz，逻辑 0 为 2200Hz，传输速率为 1200bit/s，调制信号为 ±0.5mA 或 0.25Vp-p(250Ω 负载)。用屏蔽双绞线连接单台设备时距离为 3000m，而多台设备互连距离为 1500m。数据链路层用于按 HART 通信协议规则建立 HART 信息格式，其信息构成包括开头码、终端与现场设备地址、字节数、现场设备状态与通信状态、数据、奇偶检验等。数据帧长度不固定，最长为 25 个字节。可寻址位 0～15，当地址为 0 时，处于 4～20mA(DC)与数字通信兼容状态；当地址为 1～15 时，则处于全数字通信状态。通信模式为"问答式"或"广播式"。应用层的作用在于使 HART 指令付诸实现，即把通信状态转换成相应的信息。规定了三类命令。第一类称为通用命令，用于遵守 HART 协议的所有产品；第二类称为一般行为命令，所提供的功能可以在许多现场设备(不是全部)中实现，这类命令包括最常用的现场设备功能库；第三类称为特殊设备命令，在某些设备中实现特殊功能，这类命令即可以在基金会中开放使用，又可以为开发此命令的公司所独有。在一个现场设备中通常可发现同时存在这三类命令。

HART 采用统一的设备描述语言 DDL。现场设备开发商采用这种标准语言来描述设备特性，由 HART 基金会负责登记管理这些设备描述并把它们变为设备描述字典，主设备运用 DDL 技术来理解这些设备的特性参数而不必为这些设备开发专用接口。但是由于这种模拟数字混合信号制，导致难以开发出一种能满足各公司要求的通信接口芯片。HART 能利用总线供电，可满足本质安全防爆要求，并可组成由手持编程器与管理系统主机作为主设备的双主设备系统。

5. CAN(Control Area Network)控制器局域网

CAN 控制网络是由德国 Bosch 公司推出的，用于汽车检测与执行部件之间数据通信。其总线规范现已被 ISO 国际标准组织制定为国际标准，广泛应用在离散控制领域。CAN 协议也是建立在国际标准组织的开放系统互联模型的基础之上，其模型结构只采用了其中的物理层、数据链路层，提高了实时性。信号传输介质为双绞线，通信速率最高可达 1Mbit/s

(40m 时)，直接传输距离最远可达 10km(1Kbit/s 时)，可挂接设备最多可达 110 个。CAN 可实现全分布式多机系统且无主、从机之分，每个节点均主动发送报文，用此特点可方便构成多机备份系统；CAN 采用非破坏性总线优先级仲裁技术，当两个节点同时向网络上发送信息时，优先级低的节点主动停止发送数据，而优先级高的节点可不受影响地继续发送信息，按节点类型不同分成不同的优先级，可以满足不同的实时要求，CAN 支持四类报文帧：数据帧、远程帧、出错帧和超载帧，采用短帧结构，每帧有效字节数为 8 个，这样传输时间短，受干扰的概率低，且具有较好的检错效果；CAN 采用 CRC 循环冗余校验及其他检错措施，保证了极低的信息出错率；CAN 节点具有自动关闭功能，在节点错误严重的情况下，能自动切断与总线的联系，这样可不影响总线正常工作。CAN 单片机有 MOTOROLA 公司生产的带 CAN 模块的 MC68HC05x4、HILIPS 公司生产的 82C200、Intel 公司生产的带 CAN 模块的 P8XC5921。CAN 控制器有 PHILIPS 公司生产的 82C200、Intel 公司生产的 82527；CAN 的 I/O 器件有 PHIIIPS 公司生产的 82C150，它具有数字和模拟 I/O 接口。

目前，CAN 已被广泛用于汽车、火车、轮船、机器人、智能楼宇、机械制造、数控机床、纺织机械、传感器、自动化仪表等领域。

表 7.4.2 给出各种总线的比较。

表 7.4.2　5 种现场总线的比较

类型 特性	FF	Profibus	CAN	LonWorks	HART
OSI 网络层次	1,2,3,8	1,2,3	1,2,7	1~7	1,2,7
通信介质	双绞线、光纤、电缆等	双绞线、光纤	双绞线、光纤	双绞线、光纤、电缆、电力线、无线等	电缆
介质访问方式	令牌(集中)	令牌(分散)	仲裁	P-P CSMA	查询
纠错方式	CRC	CRC	CRC		CRC
通信速率/(bit/s)	31.25K	31.25K/12M	1M	780K	9600
最大节点数/网段	32	127	110	2EXP(48)	15
优先级	有	有	有	有	有
保密性				身份验证	
本安性	是	是	是	是	是
开发工具	有	有	有	有	

习题与思考题

1. 工业局域网通常有哪 4 种拓扑结构？各有什么特点？
2. 工业局域网常用的传输访问控制方式有哪 3 种？各有什么特点？
3. ISO 提出的开放系统互联参考模型即 OSI 模型是怎样的？
4. IEEE 802 标准包括哪些内容？
5. 什么是现场总线？有哪几种典型的现场总线？其各自的特点是什么？
6. 工业以太网的关键技术有哪些？
7. DCS 的特点是什么？
8. 工业以太网的特点是什么？

参 考 文 献

[1] 孙传友. 测控系统原理与设计[M]. 北京：北京航空航天大学出版社，2007.

[2] 马明建，周长城. 数据采集与处理技术[M]. 西安：西安交通大学出版社，1998.

[3] 孙传友. 测控电路与装置[M]. 北京：北京航空航天大学出版社，2002.

[4] 于素芹. 信号与系统分析基础[M]. 北京：北京邮电大学出版社，1997.

[5] 顾德英. 计算机控制技术[M]. 北京：北京邮电大学出版社，2007.

[6] 马忠梅，等. 单片机的C语言应用程序设计[M]. 北京：北京航空航天大学出版社，1998.

[7] 赵文礼. 测试技术基础[M]. 北京：高等教育出版社，2009.

[8] 胡汉才. 单片机原理及其接口技术[M]. 北京：清华大学出版社，2004.

[9] 钟约先. 机械系统计算机控制[M]. 北京：清华大学出版社，2008.

[10] 王锦标. 计算机控制系统[M]. 北京：清华大学出版社，2004.

[11] 孙增圻. 计算机控制理论及应用[M]. 北京：清华大学出版社，2001.

[12] 童诗白. 模拟电子技术基础[M]. 北京：高等教育出版社，2000.

[13] 张国雄. 测控电路[M]. 北京：机械工业出版社，2001.

[14] 李嗣福，等. 计算机控制技术[M]. 合肥：中国科学技术出版社，2001.

[15] 李华. MCS-51系列单片机实用接口技术[M]. 北京：北京航空航天大学出版社，1993.

[16] 谢宜仁. 单片机接口技术实用宝典[M]. 北京：机械工业出版社，2011.

[17] 何立民. I^2C总线应用系统设计[M]. 北京：北京航空航天大学出版社，1995.

[18] 董景新. 控制工程基础[M]. 北京：清华大学出版社，2003.